中國茶全書

― 安化黑茶卷 ―

蒋跃登　主编

中国林业出版社

图书在版编目（CIP）数据

中国茶全书.安化黑茶卷 / 蒋跃登主编 . —— 北京：中国林业出版社，2021.9
ISBN 978-7-5219-1353-8

Ⅰ.①中… Ⅱ.①蒋… Ⅲ.①茶文化—安化县 Ⅳ.① TS971.21

中国版本图书馆 CIP 数据核字 (2021) 第 181965 号

中国林业出版社
策划编辑：段植林　李　顺
责任编辑：李　顺　陈　慧
出版咨询：（010）83143569

出版：中国林业出版社（100009 北京西城区德内大街刘海胡同 7 号）
网站：http://www.forestry.gov.cn/lycb.html
印刷：北京博海升彩色印刷有限公司
发行：中国林业出版社
电话：（010）83143500
版次：2021 年 10 月第 1 版
印次：2021 年 10 月第 1 次
开本：1 / 16
印张：32.00
字数：600 千字
定价：298.00 元

《中国茶全书·安化黑茶卷》

顾问委员会

主　　任：刘仲华

副 主 任：彭建忠

委　　员：谌再来　曹文成　刘勇会　肖　义　胡跃龙

　　　　　刘志敏　肖力争　卢　跃　朱　旗　朱海燕

　　　　　蔡正安　吴章安　周重旺　陈社强　彭雄根

　　　　　刘新安　王　伟　谭伟中

编纂委员会

主　　任：谢寿保

副 主 任：匡维波　蒋跃登

委　　员：彭志强　李建国　肖伟群　汪　勇　龙建琪

编辑部

主　　编：蒋跃登

副 主 编：欧阳建安

编　　辑：曾学军　陈辉球　周正平　刘国平　李朴云

　　　　　陈历清　陈　庆　夏新情　夏琼玲　夏天平

序

　　辛丑开春，蒋跃登同志送来这本《中国茶全书·安化黑茶卷》清样，并邀我作序。我很少写序，但为此书，欣然应允。因为对安化黑茶乃至益阳茶产业，我是倾注着很深责任和情感的。我曾经有幸在益阳工作五年，亲历和见证了安化黑茶重新崛起并飞速发展的不寻常岁月，故安化黑茶能够取得今天的成就，甚是欣慰。

　　湖南"七山二水一分田"，耕地少，山地多，这在安化体现得尤为明显。安化总面积4950km²，是湖南省第三个面积最大的县，山地面积达82%，林地面积35.9万hm²，是典型的山区县，产业发展有较多局限性。初到益阳工作时，安化是全市唯一的国家级贫困县，且人口过百万。对于如何加快安化发展步伐，尽快实现脱贫致富，我是思考得比较多的。基于安化自身特殊的地理环境和产业基础，就必须要利用好山地多、林地多这个优势，发展特色产业，走出一条独特的县域经济发展之路，而这个特色产业就是安化黑茶产业。经过广泛的调查研究和深入的思想发动，大家统一了思想、形成了共识。

　　安化地处北纬28°左右的中国黄金产茶带，有着独特的自然环境和气候条件，境内峰峦挺拔、溪流纵横，山高林密，气候湿润，四季分明。茶园基地平均海拔500m以上，属典型的中山区，山中常年云雾缭绕，茶树"山崖水畔，不种自生"。资江流经全境达110km²多，柘溪库区常年烟雨朦胧、云蒸霞蔚，给茶树生长提供了独特的自然环境。安化是全世界冰渍岩最集中的地区，约占全球已探明总量的85%，拥有这种6亿年前冰河世纪遗迹的地区，形成一种相对独特的沙砾岩土壤条件，非常适合茶树生长。安化土壤富含硒元素，安化茶叶平均硒含量为0.22mg/L，是全国茶叶平均值的2倍，世界茶叶平均值的7倍。硒元素能刺激免疫蛋白及抗体的产生，增强人体对疾病和辐射的抵抗力。冰渍岩区和富硒区这两个特点都具有不可复制性。

　　安化是中国黑茶发源地之一，黑茶文化源远流长。在中国黑茶史上，安化黑茶是"储边易马"的重要交易品种，是游牧民族不可缺少的"生命之饮"和古丝绸之路上的神秘之茶。唐朝就有"渠江薄片，一斤八十枚"的记载。明万历年间，安化黑茶确定为运销西北的"官茶"。明清安化黑茶进入发展的黄金期。清末民初，安化黄沙坪仅仅1km²多的街区里聚集商铺百余家，茶号52家，差不多全国所有的大茶号都有分庄设在此处，常驻人口达到4万，高峰期人口总数达30万之多，盛况空前。安化茶还在1915年巴拿马万国博览会上荣获金质奖章。民国时期，湖南省国民政府茶叶处设在安化。中华人民共和国成立后，安化黑茶一直是国家指定的重点边销茶，为维护民族团结和政权稳定作出了积极贡献。而在计划经济向市场经济转变的过程中，安化黑茶经历了自己漫长的阵痛期，一度衰落到谷底。我刚到益阳工作的时候，许多老茶厂都倒闭了，还在经营的也是举步维艰。经过深入调研，大家都觉得完全有可能实现安化黑茶产业的重新崛起。2006年底，我和当时市委"一班人"形成共识，确定了举全市之力打造"安化黑茶"特色产业的发展战略，实施基地建设、龙头企业建设、市场建设、文化建设"四措并举"，高起点、高标准、高位推动安化黑茶发展。经过上上下下的不懈努力，这一目标已经实现了。如今安化黑茶已经成为益阳市和安化县农业产业化发展的标杆和脱贫攻坚的支柱产业，安化黑茶走出了一条具有典型意义的农业现代化发展之路。

习近平总书记指出，民族要复兴，乡村必振兴。新时代新阶段，安化县要实现脱贫攻坚与乡村振兴有效衔接，推进社会主义现代化新征程，必须要在更高起点上推进黑茶产业继续做大做优做强，实现高质量发展。而实现这个目标，我认为尤其要注重以下几点：第一，要树牢品牌保护意识。安化黑茶已发展成为国家地理标志保护产品和中国驰名商标，安化黑茶地域品牌价值评估高达600多亿元，这一金字招牌来之不易，要始终把安化黑茶品牌保护放在第一位。要坚持做好"安化本地茶"这个根本，要以安化地理区域为核心，以安化本地黑毛茶原料为主体，全力守护好安化黑茶地理标志品牌，这是安化黑茶的核心价值高地。特别是要坚守安化黑茶精神道德高地，坚持信誉第一、质量至上，以做人的标准来做茶，努力打造老百姓的放心茶、高品质的健康茶，使安化黑茶永远保持纯真自然的本味。第二，要加大茶叶种植面积。安化境内水源丰富，林地多、山地多，特别是资江沿岸种植空间大，要打造"百里茶廊""百万亩茶园"夯实做大做优做强的产业基础。第三，要深入推进茶文旅康养一体化发展，将安化建设成为全域旅游的样板，打造成为世界级黑茶健康养生休闲度假旅游目的地。安化自然风光秀美，历史文化厚重，地大物博，人杰地灵，境内山奇、水秀、石怪、洞幽、林茂，是蚩尤故里和梅山文化的发祥地，有着历史悠久的人文景观和民俗风情，神韵独特。历经沧桑的安化茶马古道，以南方最后一支马帮和最完整的茶马古道遗存著称于世。这些都是茶旅文化发展得天独厚的条件。第四，要扶持企业做大做优做强，不断提升安化黑茶产业的组织化程度，推动全产业规模化集约化发展，进一步完善标准体系，持续推进标准化生产。扶持重点龙头企业加强基地建设和科技创新力度，推动"茶产业＋"新业态加快发展，不断延伸产业链条，发展精深加工，提高黑茶产品附加值。我坚信，安化黑茶产业高质量发展之路一定会越走越宽广，一定会在安化乡村全面振兴中发挥更大的作用。

蒋作斌

2021年春

目 录

绪　论

茶，一个传承几千年的文化存在！

茶，一个涵盖数十亿人的饮食文明！

"开门七件事，柴米油盐酱醋茶""宁可三日无食，不可一日无茶"，这是人们对茶的喜爱和依赖。

"茶"在中唐以前称"荼"，后来才演变为"茶"，它的别名雅号很多，如茗、甘露、灵草、嘉木、瑶草等。中国是茶的故乡，追溯发展史，有起于周，起于秦，起于三国等不同说法。经过历史的演进，各类茶产品千姿百态、万紫千红。按照业界的基本定性，加工茶归类为：绿茶、红茶、黑茶、青茶、白茶、黄茶。随着技术创新和人们生活需求，又涌现了众多再加工、下游和外延性产品，如花茶、速溶茶、冰茶、茶糕点……

黑茶是茶叶大家庭中的重要成员，主要有安化黑茶、云南普洱茶中的熟普、四川藏茶与康砖、广西六堡、湖北青砖、泾阳茯茶等地域性品牌产品。

益阳，位居湘中腹地，西倚雪峰山脉，北临洞庭湖畔，神秘北纬 30° 贯穿全境，既有"湖广熟，天下足"的核心地位，又有"湘中药库""天下茶仓"的美誉，其中安化县被广泛认为是"茶窝子"，是黑茶发源地和黑茶中心，是中国万里茶道的起点之一，具有千年演进史，是茶文化、茶古迹保存最多的地方。

安化黑茶历史上称为黑茶，又称煎茶。最早有文字记载安化黑茶的是唐大中二十三年（856 年），考古可追溯到西汉时期（公元前 168—160 年），因主产地在湖南省益阳市的安化县而得名。安化黑茶千年的演变发展中，其主要表现形态有紧压茶、散茶两大类，现代产品形态简称为"三尖""三砖""一花卷（千两茶）"。紧压茶主要包括千两茶系列、砖茶系列；散茶主指天尖系列产品，其实天尖产品大都经过轻压，即压篓，也有少量完全散茶形态产品。

什么是安化黑茶？安化黑茶是一个渐发酵茶类，除颜色呈油黑或黑褐色外，其区别于其他茶类的主要特点是以渐发酵工艺为核心技术，其中茯砖茶是黑茶加工工艺流程中经过特殊发花工艺而成。对安化黑茶发酵工艺的表述，多以后发酵定义，这是不准确的。因为安化黑茶发酵从干毛茶制作的初加工阶段到成品茶制作的精加工阶段，都有一个十分重要的环节——渥堆发酵。茯砖茶制作中，还需进入特定的发酵仓（也称烘房）进行独有的发酵发花，即冠突散囊菌的培植。安化黑茶产品完成后，进入仓储、运输、消费环节仍然追求不断发酵。这种初制—精制—仓储—运输—消费全程不间断发酵过程，就是渐发酵。安化黑茶发酵的关键要领是不断满足温度、湿度等渐发酵的条件。

"安化黑茶"又是一个集体商标，即公共品牌，它于2007年由安化县向国家工商总局申请注册，2009年正式获准，由安化县人民政府享有，委托安化县茶业协会管理，授予符合生产条件的企业使用，是中国驰名商标、中国十大茶叶区域公用品牌、湖南省十大农业品牌。

"安化黑茶"还是一个地理标志保护产品。2009年向国家质量技术监督总局申请，2010年获准。地理标志保护范围约7000km²，行政区域包括安化县22个乡镇、桃江县6个乡镇、赫山区3个乡镇、资阳区1个乡镇。其中，安化县是国家质量技术监督总局授牌的"全国知名品牌示范区"、农业农村部颁布的"国家现代农业产业园""农产品质量安全示范县"。原产地、特殊地域（如冰碛岩地区）和山头出产的原料是决定产品质量的关键因素，加工工艺流程中的拼配、渥堆发酵、金花培植是其核心技术。安化黑茶中已有安化千两茶制作技艺，益阳茯砖茶制作技艺被列入国家第二批文化遗产保护名录。

安化黑茶是现代农业中认真贯彻落实"绿水青山就是金山银山"理念的实践典范。益阳市持续十多年认真遵循"绿色、环保、安全"准则，实现产品到产业的升级；跳出长期困守的"边销茶"圈子，按完全市场经济准则规范、运行；着力茶与科技、茶与自然、茶与健康、茶与文化、茶与历史、茶与旅游等高度融合，创造了通过发展安化黑茶精准脱贫的"安化模式"，从绿水青山间走出了一条奔向小康的金光大道。

第一章

安化黑茶历史纪事

01

中国黑茶博物馆

求新求变是社会发展的原动力。安化黑茶千年演进史，既是中国茶叶最具代表性的发展史，也是中国社会发展的一个缩影。渐进过程中，既紧扣时代文明，同频共振；也经过了千锤百炼，大浪淘沙。

第一节　唐代及以前的益阳茶叶

唐代以前是益阳茶业发展的早期阶段（其时安化尚未置县），境内居民以梅山峒蛮人为主体，还有少量汉人，并逐渐与越人、濮人和巴人交流融合。独特的地理和气候条件，成就了"山崖水畔，不种自生"的茶树生长环境，人们在远古时期即开始利用茶叶。

一、安化把蚩尤奉为茶祖

在中国，一般把神农氏作为茶祖，《神农本草经》"神农尝百草，日遇七十二毒，得茶而解之"，《茶经》"茶之为饮，发乎神农氏"，即是对神农氏发现并利用茶叶的通行说法。但是，中国地域广阔、民族众多，有些地方把神农氏奉为茶祖，也有地方不同。古梅山地区，人们所信奉的茶祖大多是蚩尤（图1-1）。

图 1-1　蚩尤

古代，雪峰山称梅山，地域十分辽阔。今天的湘中地区称为梅山蛮地，其范围包括今安化县、涟源市、新化县、冷水江市、隆回县的全部以及宁乡市、湘乡市、桃江县和新邵县的部分，区域面积超过 2 万 km²（图1-2）。上古传说，蚩尤为九黎族部族首领，据《史记》张守节"正义"记载："蚩尤有兄弟八十一人，铜头铁额，食沙石子，创立兵杖刀戟大弩，威行天下。"蚩尤上识天文，下知地理，故用兵如神，曾与黄帝作战，九战九胜，誉为战神。后黄帝联合炎帝，与蚩尤战于涿鹿，擒杀之，余部南徙，同土著苗蛮杂居，开辟了梅山蛮地，相传安化及周边即是其繁衍生息之地，安化县梅城

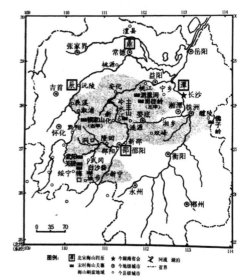

图 1-2　北宋梅山峒蛮地区位置示意图

镇、乐安镇是其中心。乐安镇有蚩尤村，还有一些遗址、遗迹，如蚩尤屋场、蚩尤庙等。他们在这里安营扎寨后，发明茶叶入药、入食、入饮。目前仍保留有擂茶、芝麻豆子茶，房屋落成在主梁摆放茶叶、大米为主的禁坛，及婚庆敬茶、祝寿敬茶等众多茶礼习俗。

梅山地区信仰梅山教。梅山教是一种原始的多神教，除了崇拜祖先，还信奉万物有灵，主神张五郎既是梅山的祖宗之神、庇护之神，也是智慧之神、狩猎之神。在梅山教老法师的科仪本中，张五郎全身倒立，"左脚上面顶碗水，右脚上面顶炉香，左手拿把斩妖剑，右手雄鸡祭五猖（"五猖"即张五郎率领的东南西北中五路猖兵）"。而在梅山地区古老的娱神傩戏中，由跳傩戏的法师主持，配置有多种兽面人身、巨目广口、长角獠牙的傩面具（傩戏角色）。

现代研究普遍认为，梅山教的各种神祇和梅山傩戏的各种傩面具，就是蚩尤及其部属的化身。张五郎是其代表人物（图1-3）。梅山人坚信张五郎、山神土地等神祇，可以保佑家园平安、农作丰收。在安化流传的《十二个月采茶歌》中，专门以五月来歌唱这些神祇："五月采茶茶叶圆，茶菟脚下恶蛇盘。多把大钱敬土地，山神土地保平安。"（这里的山神土地不是道教意义上的神祇，而是梅山的庇护之神，也就是梅山傩戏中"开山神""土地公公""土地婆婆"等神祇。）因此，在以安化、新化县为核心的湘中梅山教流行地区，其民间普遍尊崇的茶祖则是蚩尤及其神化的梅山教主神张五郎。

图1-3 张五郎

根据近现代考古成果来看，大约在1.5万年前，生活在湘桂一带的九黎先民发明了野生稻的人工栽培技术，并开始沿湘、资、沅三水和雪峰山脉北上进入洞庭湖畔，并且摆脱了单纯狩猎和采集经济的制约，不断沿长江向东、向北迁徙，距今7000年左右已经向北垦殖到黄河岸边（1991年开始发掘的城头山古文化遗址，位于湖南省澧县车溪乡城头山村，拥有约8000—6000年前的古城市、稻田遗址，被称为"中国最早的城市"）。洞庭湖以南、今湘中地区的万山丛中，则成为九黎氏族群巩固的核心基地。

他们面对"山涯水畔，不种自生"的茶树，开始以茶入药、以茶为食。至今仍有安化民间"草药郎中"采野茶鲜叶入药，称此为梅山古方；而以茶叶为重要原料的安化擂茶，则一直是民间"每日必需、款客为敬"的特色食物。此外，西南地区的德昂族和缅甸、泰国等地，仍然保留着将鲜茶叶腌入缸内数月，然后以辣椒、食盐拌食的习俗。

考古发现，安化先民熟练掌握青铜冶炼技术，在益阳及周边地区，多处地方发现了品质非常高的青铜器，如安化县的虎食人卣（图1-4，卣，音 yǒu，一种酒器）、宁乡县炭河里的四羊方尊、桃源县的皿方罍（罍，音 léi，一种酒器）等，特别是与安化仅一山之隔的宁乡炭河里，陆续出土青铜器 3000 余件，被称为"青铜器之乡"。这些青铜器的大量出现，证明最迟在商周之际，梅山地区已经掌握了用火烹制食物和茶叶的技术。

图 1-4 安化县高明乡出土的商周青铜器虎食人卣

二、马王堆汉墓的茶叶来自何方

1972 年，长沙马王堆汉墓出土文物中，发现了一篓黑米状的小颗粒，以及"一笥"或"笥"竹简（木牍）。古文字学家认为即《尔雅》"槚，苦荼"之"槚"。"一笥"意即"苦荼一箱"（图1-5）。1987 年《茶叶通讯》杂志刊登文章称，通过切片分析，确认马王堆汉墓竹篓内黑色颗粒状物品为茶叶。

图 1-5 马王堆汉墓出土的木牍、古茶

2008 年 9 月 21 日《益阳日报》晚报版，在头条位置刊登时任益阳市茶叶局局长、高级农艺师易梁生《马王堆出土茶叶源自安化黑茶》一文。他认为有三大理由可以支撑马王堆出土茶叶来自安化的论点：第一，从地域位置来看，汉唐时期，今安化县境隶属长沙郡（长沙国）管辖，而安化茶叶品质优良，是封建社会上层人士的首选；第二，竹篓是安化黑茶特有的包装形式，与马王堆出土的黑茶包装契合；第三，安化黑茶要经松枝、松木烘烤干燥，具有杀菌防腐的功效，陪葬功能显著，而马王堆出土的茶叶已炭化成黑色小颗粒，与现存的陈年安化散装黑茶十分相似。

根据出生于安化县的清代两江总督、大学士陶澍及其父亲陶必铨的考证，安化所属的梅山境内，夏商周时代即产茶。陶必铨在《鹞子尖募茶引》（见鹞子尖古碑及《资江陶氏族谱》）一文中论证：

《禹贡》荆州之域，“三邦底贡厥名”（语出《禹贡·荆州》：三邦底贡厥名，包匭菁茅。也作：三邦致贡其名）。李安溪以为“名，茶类”（见李光地《尚书七篇解义》卷二：“荆地有三邦者，贡此诸物也。名，或曰‘茗’也。古字通。周礼：祭祀丧纪则聚茶。盖亦大礼所用。故与包茅并言。”）。窃意吾楚所辖，如今之通山、君山及吾邑，实属产茶之乡。六书中古简（即六书造字多古朴简约之意），后人始加以“艸”，而“名”乃从“茗”。

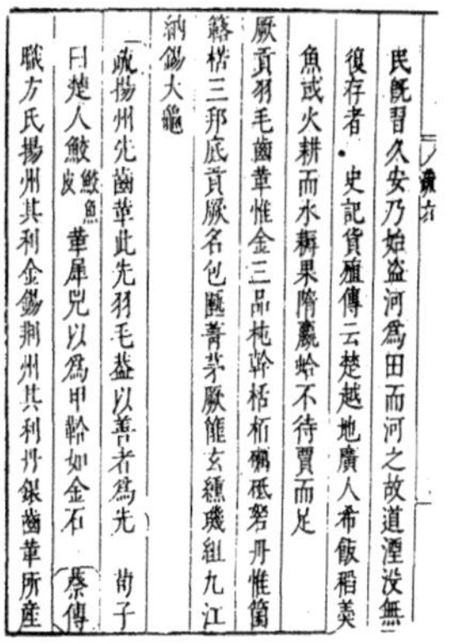
民既習久安乃始盜河爲田而河之故道湮沒無
復存者・史記貨殖傳云楚越地廣人希飯稻羹
魚或火耕而水耨果隋蠃蛤不待賈而足
厥貢羽毛齒革惟金三品杶幹栝柏礪砥砮丹惟箘
簵楛三邦底貢厥名包匭菁茅厥篚玄纁璣組九江
納錫大龜
疏揚州先齒革此先羽毛蓋以善者爲先　荀子
曰楚人鮫皮鮫魚革犀兕以爲甲鞈如金石　蔡傳
職方氏揚州其利金錫荊州其利丹銀齒革所產

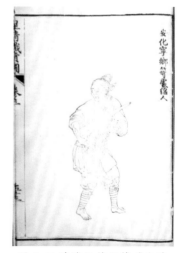

图 1–6 明代茅瑞徵《禹贡汇疏》

陶澍在《试安化茶诗》第四中说：“我闻虞夏时，三邦列荆境。包匭旅菁茅（包匭，裹束而置于匣中，旧亦指贡品。旅，野生的。菁茅，一种香草。古代祭祀时用以缩酒。一说菁、茅为二物），厥贡名即茗。”认为虞夏之时，安化所处的古荆州境内分布着三个国家，向中原王朝进贡用以滤酒的三脊茅，另外所贡的“名”其实就是茗茶（图 1–6）。

历代安化县志都记载，安化为古益阳县地，至五代时期为峒蛮所割据。《楚宝》还有一种说法：“梅鋗从吴芮之国长沙，以益阳梅林为家，遂世有其地。”但是安化县小淹镇青桑村、梅城镇中田村桅子湾等处遗址的出土，证明在 1.5 万年以前的旧石器时期，安化境内就有人类活动，到商周时期更是形成了村落，出现了虎食人卣这样精美绝伦的生活艺术品，有着较高的文明程度。战国时期，秦灭楚，置长沙郡、益阳县，均紧邻安化。西汉初，封建长沙国，并于沅湘之西设郡（郡治最初设在今溆浦县城的南郊），在《汉书·吴芮传》中，无“梅鋗以益阳梅林为家”的记载，倒是记录了沅湘之间“长沙蛮”与“武陵蛮”分据的事实。东汉末年，东吴经营荆州，黄盖驻益阳以防“山越”“山贼”。“山越”“山贼”，就是世居沅湘并融合了长江下游百越、上游百濮的蛮夷。隋唐之际，这批蛮夷又被统称为“莫徭”（包括后世所谓的“长沙蛮”“武陵蛮”“五溪蛮”“桂阳蛮”“梅山蛮”等族群），“自云先祖有功，常免徭役（《隋书·地理志下》）”。到唐僖宗光启初年光启初年（885—886 年）“梅山蛮”族称首次见于记载，之后直到宋元之际，均称“梅山峒蛮”。

图 1–7 清傅恒等编纂《皇清职贡图》卷三中的安化瑶人

因此，考古实况和历史记录有力地证明，在今天的安化、新化境内，从远古到宋代置县之前，一直存在着不曾断绝的本土文明，而且这种文明从未被中央王朝所臣服，

是为湖南境内最晚被开发的“生苗巢穴”（图 1-7）（清潘宗洛《请准苗童以民籍应试疏》“臣查湖南之新化、安化两县，在宋时名为梅山，尚系生苗巢穴。一归版图，人文渐盛，中进士举人者，每不乏人。人不知其为苗，彼亦忘乎其为苗矣。”）。梅山居民开始发现和利用茶叶的具体年代虽不可考，但在虞夏时代已经有以茶进贡的记录，人们发现和利用茶叶的历史，也要比我们想象的古老得多。

汉以后，湖湘诸蛮利用茶叶已经有一些记载，但也语焉不详。三国张揖的《广雅》中明确提出了“荆巴间采叶作饼”的概念。说明在三国时期（220—280 年），梅山出现了与后世相近的茶饼。此后，南齐（479—501 年）刘澄之在《荆州土地记》中记载：“武陵七县通出茶，最好”。这也是目前发现较早的、离安化和益阳最近的茶事记载。梅山地区与武陵密迩相连，甚至历史上曾经几分几合，“武陵蛮”“五溪蛮”等族群与梅山蛮同源同种，这些关于茶叶的记载，可以反映梅山蛮利用茶叶的情形。

三、渠江薄片：益阳茶最早的文字记录

最早记录益阳、安化茶事的是唐末杨晔《膳夫经手录》（图 1-8）和五代毛文锡《茶谱》。《膳夫经手录》一作《膳夫经》，成书于唐宣宗大中十年（856 年），早已散佚，其记载益阳和安化茶的这一段，全文如下：

潭州茶，阳团茶（粗恶），渠江薄片茶（有油、苦硬），江陵南木茶（凡下），施州方茶（苦硬），已上四处，悉皆味短而韵卑，唯江陵、襄阳皆数十里食之。

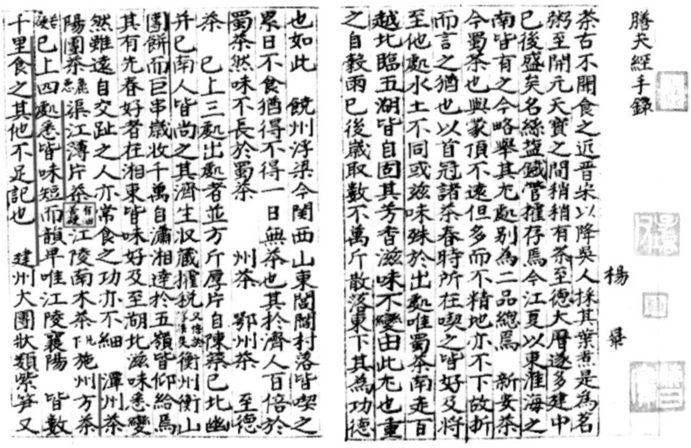
膳夫經手録
楊曄
茶古不聞食之近晋宋以降吴人採其葉煮是為茗
粥至開元天寶之間稍稍有茶至德大曆遂多建中
已後盛矣名繇盌鐵管摧存焉今江夏以東淮海之
南皆有之今略舉其尤處別為二品總焉 新安茶
今蜀茶也與蒙頂不遠但多而不精地亦不下故析
而言之猶也以首冠諸茶春時所在喫之皆好及將
至他處水土不同或滋味殊於出處唯蜀茶南走百
越北臨五湖皆自固其芳香滋味不變由此尤也重
之自穀雨已後歲取數不萬斤散落東下其為功德
也如此 饒州浮梁今關西山東閭閻村落皆喫之
累日不食猶得不得一日無茶也其於濟人百倍於
蜀茶然味不長於蜀茶 州茶 鄂州茶 至德
茶 已上三處出處者並方斤厚片自陳蔡已北幽
并已南人皆尚之其濟生收藏摧稅又倍於浮梁矣 衡州衡山
團餅而巨串歲收千萬自瀟湘達於五嶺皆仰給焉
其有先春好者在湘東皆味好及至湖北滋味悉變
然雖遠自交趾之人亦常食之功亦不細 潭州茶
陽團茶粗惡 渠江薄片茶有油苦硬 江陵南木茶凡下 施州方茶
苦硬 已上四處悉皆味短而韻卑唯江陵襄陽皆數
十里食之其他不足記也 建州大團狀類紫筍又

图 1-8 《钦定四库全书》载《膳夫经手录》

原湖南省茶叶研究所王威廉研究员则认为，其首句抄写和句读有误，应该是：“潭州，益（茶）阳团茶（粗恶）”。从这里可以看出，不管是“阳团茶”还是“益阳团茶”，《膳夫经手录》至少记载了一种以上益阳茶，那就是“渠江薄片”。

比杨晔稍晚的五代蜀国（907—966 年）进士、词人毛文锡，其所著《茶谱》今也散佚，

关于安化茶的记载共二则：

> 潭邵之间有渠江，中有茶而多毒蛇猛兽。乡人每年采撷不过十六、七斤^①。其色如铁，而芳香异常，烹之无滓也。

> 渠江薄片，一斤八十枚。

今天所称的渠江，是发源于新化，途经溆浦，进入安化境内资江的支流。其流域范围主要在安化县，但不过数十平方千米，即使晚唐时期这里是漫山茶树，产量和对外影响也十分有限。根据多种史料分析，渠江薄片的产地，应该是潭州与邵州之间一个较为宽广的区域，是《水经注》所称"资水迳流山峡名之为茱萸江"的一段，也就是现在的安化及其周边属于资水流域范围的区域。

根据安化茶叶生产的发展来看，渠江薄片应该是一种采用蒸青工艺制作的小型饼茶或团茶。所谓"由油"，指这种茶采用蒸青形式制作，制作过程中要将压出的茶膏涂抹在茶饼上，这就是"由油"的含义。晚唐至五代期间，其采制方法有了很大的改进。杨晔认为渠江薄片"由油、苦硬"，是采用成熟度较高的鲜叶制成。而毛文锡认为渠江薄片"芳香异常，烹之无滓"，是因为在时隔数十年之后，渠江薄片采取嫩叶制作。渠江薄片最初面世，即以紧压的团饼茶出现，这是安化茶产品紧压传统悠久之由来。"乡人每年采撷十六七斤"，是指每个人一季采茶的重量，与现代手工采摘芽茶基本相符。

第二节 五代和宋元时期益阳茶叶

从晚唐到五代时期，梅山地区与外界的接触更加全面深入，一直到北宋末年朝廷"开梅山"置安化县、南宋加强对梅山地区的管理，在这个过程中，益阳、安化的茶叶开始在国家茶业经济中崭露头角。而元代对茶叶贸易的开放政策，为安化茶叶在明清走向鼎盛打下了基础。

一、马楚国与"梅山蛮"的茶叶交易

自唐代开始，中国北方饮茶习惯已经比较普遍。据《封氏闻见记》："（饮茶之风）起自邹、齐、沧、棣，渐至京邑。城市多开店铺，煎茶卖之，不问道俗，投钱取饮。其茶自江、淮而来，舟车相继，所在山积，色类甚多。"唐末军阀割据、五代诸侯分立，南方产茶地区的割据政权纷纷把向北方贩运茶叶作为重要的国计。这其中最为出色的就是马楚国（图1-9）。

---

① 1 斤 =500g。

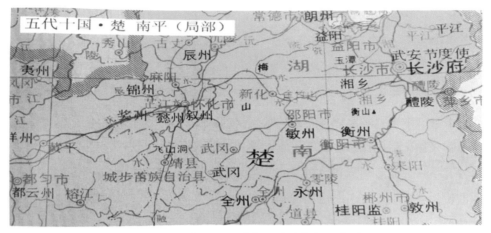

图 1–9 五代十国·楚南平（局部）示意图

《膳夫经手录》面世之后 40 年（896 年），许州鄢陵（今河南省许昌市鄢陵县）人马殷攻取荆湖以南地区，建立楚国，成为五代十国时期南方十国之一，并一直延续至公元 951 年。马楚国的全盛时期，疆域包括武安、武平、静江等 5 个节镇，潭、衡、永、道、郴、邵、岳、朗、澧、辰、溆、连、昭、宜、全、桂、梧、贺、蒙、富、严、柳、象、容等 24 个州，相当于今天湖南全境和广西大部、贵州东部、广东北部地区。在马楚政权延续期间，楚国实行了一系列大力发展地方经济的举措，而“（湖）南茶北贩，收其算以赡军”即是马楚兴盛的重要原因。《十国春秋》卷六十九载（图 1–10）：

（开平二年，即公元 908 年）六月，判官高郁请听民售茶北客，收其征（即茶税）以赡军。从之。秋七月，王奏梁于汴、荆、襄、唐、郢、复诸州置回图务，运茶河之南北，以易缯纩战马。仍岁贡茶二十五万斤。梁主诏曰可。由是属内民皆得摘山。收茗算，募户置邸阁以居茗，号曰“八床主人”。岁算数十万，国用遂足。九月，荆南兵屯汉口，绝我朝贡之路。王遣许德勋击之。兵至沙头，荆南求成。又遣步军都指挥使吕师周伐岭南，与清海节度使刘隐十余战，取其昭、贺、梧、蒙、龚、富六州。王土地既广，息民礼士，湖南遂安。

弟永州刺史存知桂州事乙亥遣兵攻鄂州為淮南將
秦裴所敗是月秦彥暉克朗州雷彥恭奔廣陵囟其弟
彥雄等七人送于梁奏改武貞軍為永順軍澧州刺史
向瓌來降瓌與彥恭相表裏至是納款我始得澧朗二
州之地六月判官高郁請聽民售茶北客收其征以贍
軍從之秋七月王奏梁於汴荊襄唐郢復諸州置回圖
務運茶河之南北以易繒纊戰馬仍歲貢茶二十五萬
斤梁主詔曰可由是屬內民皆得擷山收茗算募戶置
邸閣以居茗號曰八牀主人歲算數十萬國用遂足九
月荊南兵屯漢口絕我朝貢之路王遣許德勳擊之兵
至沙頭荊南求成又遣步軍都指揮使呂師周伐嶺南
與清海節度使劉隱十餘戰取其昭賀梧蒙龔富六州
王土地既廣息民禮士湖南遂安
開平三年夏六月危全諷自稱鎮南節度使攻洪州時
淮南將劉威守其地全諷請兵于我王遣指揮使苑玫
會袁州刺史彭彥章玫之兄也圍高安以助全諷秋七月苑

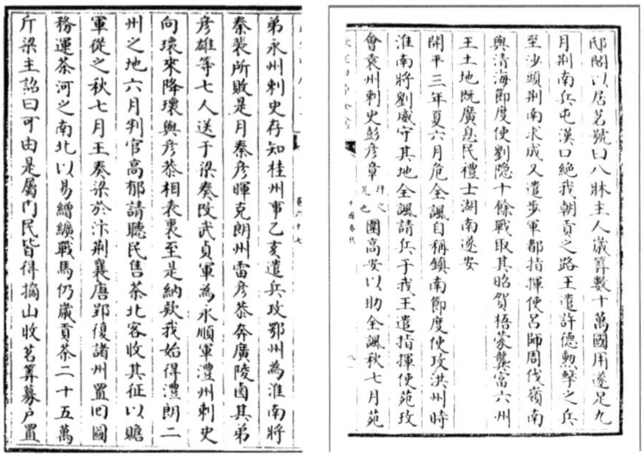

图 1–10 《十国春秋》卷六十九

从这里可以看出，马楚向当时北方的后梁政权年贡茶达到了 12.5 万 kg，而从南北茶叶贸易中所获得的税费收入每年达到 10 万两（白银）。这使马楚国实力大增，迅速形成了以潭州为中心的湖南经济区，并成为当时中国的八大财赋地区之一，当时要得到这个排名，除地丁两税要有规模外，还要一定数量的盐、茶税。而当时湖南地区产茶的仅朗州、衡州、岳州和潭州，且前三州产量相对有限，潭州近郊产量亦不多，因此，马楚国巨额商品茶极为可靠的来源就是以安化县为核心的梅山地区。

马楚国建立初期，曾试图占领周边溪峒，但遭到各地少数民族的强烈抵抗，马殷曾经派江华指挥使王仝进攻梅山，被"梅山蛮"全歼于今安化县高明乡境内（图1-11）。同时由于马楚国处于四战之地，周边强敌环伺，无力再平定辖区内的溪峒少数民族，只能通过分封土官、开展贸易等手段安抚。因此，当时梅山地区是马楚国外销茶叶的重要来源。

图1-11 建于安化县高明乡境内的王仝墓

图1-12 溪州铜柱铭

梅山道路险阻、峒蛮桀骜，马楚政权直到灭亡也没有对这一区域形成有效的统治。但梅山地区与马楚的政治经济文化核心长沙近在咫尺，梅山蛮所需的生产、生活和战略物资都需要用本地特产向周边的益阳县、长沙市（马楚国都城）、邵阳市（时称敏州）交换，因此梅山主要特产茶叶自然会成为马楚的贸易对象。比如后晋天福五年（939年），马希萼的哥哥文昭王马希范为了安抚梅山蛮的兄弟民族"五溪蛮"，与溪州刺史彭士愁签订了《溪州铜柱铭》（图1-12）这一和平条约，五溪蛮要求马楚国"凡是王庭差纲，收买溪货，并都募采伐土产，不许辄有庇占"，马希范也答应"尔能恭顺，我无科徭"（李弘皋《溪州铜柱铭记》）。这些条款应该也同时适用于梅山地区。也就是说，"五溪蛮"和"梅山峒"蛮名义上服从马楚王国的管理，但税收应该留在溪峒本地，楚国不能征走；采购土特产也要公平交易，不能强抢强征。因此我们可以推论出，五代时期"梅山峒蛮"不仅出售茶叶给外界和官府，而且还维持了一种比较平等的贸易关系。

整个五代时期，梅山地区事实上成为了马楚国的"国中之国"，但马楚国官方并没有对梅山地区执行严格的封锁政策，恰恰相反，马楚国的上层贵族与"梅山蛮"的关系还处理得不错，在马楚国的末期，"梅山蛮"曾数度参与其兄弟内乱等重大历史事件。南唐保大八年（950年），马殷第30子马希萼不满弟弟马希广（马殷第35子）承袭王位，联络梅山蛮攻陷潭州，缢杀马希广，"蛮兵大掠三日，杀吏民，焚庐舍，自武穆王父子所积宝货，尽入蛮落，宫殿屋宇咸为灰烬焉"（《十国春秋》卷六九）。"梅山峒蛮"帮马希萼夺取王位，还在长沙城内放了一把火，大抢三天。

从马楚国每年巨额的茶叶销售和与"梅山蛮"的交往贸易来看，从马楚时期开始，益阳、安化的茶叶已经开始大规模、远距离地参与到中国南方与北方的茶叶贸易中。如果说马楚国进行了中国历史上一次成功的"茶业经济"实践，那么安化茶在其中扮演了举足轻重的角色。这也是后世北宋王朝要求"开梅山"的重要原因之一。

二、梅山故地的茶叶博易场

北宋乾德元年（963年），赵匡胤统一了荆湖地区，在长达百余年的时间内，对梅山峒蛮进行残酷的镇压和严厉的经济封锁。直到宋神宗熙宁初年，王安石变法派章惇察访荆湖南北路，经制蛮事，并以东作坊使石鉴为湖北钤辖兼知辰州协助章惇。章惇先兵分三路，平定懿、洽、鼎州，控制"南北江蛮（沅水流域）"，同时割断"飞山蛮（雪峰山西南部）"与"梅山蛮（资水流域）"的联系，终于在宋神宗熙宁五年（1072年），和平解决梅山问题，设置安化、新化二县，以安化县隶于潭州府，新化县隶于邵州府。并在安化县设置博易场，由官方主办，以丝布、盐铁和粮食等与当地百姓交换茶叶等土产。而且后来还设置了龙塘寨，驻军戍守，维护茶叶交易。目前，安化、新化两县仍盛行的赶集，是博易场的延续。

博易场是北宋朝廷主持设立的商品交换的官方市场，即所谓"溪峒缘边州县置博易场，官主之"。北宋于宋哲宗元祐三年（1088年）在安化县设博易场。但考之史书，安化县博易场均仅记其罢，未记其置。如《宋会要辑稿·食货七〇》载："（元祐三年）六月九日，诏罢潭州安化县博易场，其人户欠息特行除放。从荆湖南路转运司。"而《续资治通鉴长编》卷四百十二则载："（元祐三年六月）甲申，诏罢潭州安化县博易场，其人户欠息特行除放，趣纳本钱。从荆湖南路转运司请也。"可见从前所引史实，均将"罢"误为"置"，导致在安化县设博易场易茶的时间在一定程度上被推迟了。据上述记载推断，安化县博易场应该设置于开梅山建县不久，至元祐三年裁撤，期间最少存在了十余年左右。而且安化博易场由于以茶叶交易为主，因此允许农户先行赊易货物，而以来年新茶偿付，故在博易场撤销时，宋哲宗特地命令免除赊货的利息，只要求偿还本钱。裁撤安化县博易场的决策是应荆湖南路安抚司请求，其原因应该是当时朝廷茶法改革，安化博易场茶叶交易多以现钞进行，以物易茶的博易场已经没有必要存在。

还有一些史料也能旁证北宋末期益阳、安化茶叶参与南北交易的事实。继五代南方茶叶大规模北上销售之后，回鹘、党项、吐蕃等民族已经养成了"不可一日无茶以生"的饮茶习俗（图1-13），无论是北宋与西北民族之间的贡赐贸易、榷场贸易还是民间贸易，茶叶都成为交易的大宗产品。特别是吐蕃对茶叶的需求更为迫切，"番地苦寒，五谷不生，所

图 1-13 藏民用酥油、茶叶制作酥油茶

种惟青稞、菽豆已耳，土人碾作炒面，杂以芜菁、酪浆，非茗饮辄病，则茶不可须臾离，若潜制其命者。"北宋前期，经过"雍熙北伐""澶渊之盟"，宋廷已经无力北顾，不得不陈兵西北，巩固边疆，而边疆兵食则依靠商人的"入中"来保障，于是南方的茶叶又开始大规模运销北方。如《文献通考》卷十五、十八（清光绪二十八年上海鸿宝书局石印本）："雍熙二年三月（据考证，实为雍熙三年，即986年），令河东、北商人如要折博茶盐，令所在纳银赴京请交引。""至京师给以缗钱，又移文江淮荆湖给以颗末盐及茶"（分别见《文献通考》卷十五、十八，清光绪二十八年上海鸿宝书局石印本）。其实这里记载得很明白，不仅雍熙年间（1662—1736年）就开始允许商人向西北入中茶叶，而且其中有一部分茶叶就来自于湖南（荆湖南北路）。

1038年党项族建立西夏，加上辽、金政权，和吐蕃一起严重威胁北宋西北边境安全。宋神宗熙宁年间，朝廷不得不派王韶经营西北，收复河湟，拓地2000余里[2]，控驭吐蕃、羌人各族，对西夏形成包围之势。同时于熙宁五年（1072年）开辟梅山、熙宁七年（1074年）禁榷川茶，并对西北茶业市场进行了官营垄断。这一时期，虽然没有查到明确的历史文献记载，但多种史料和文物遗存，充分佐证梅山地区的茶叶继续参与宋代西北的茶马交易和贡赐贸易。

在榷茶、贡茶等制度逐步趋于完善，茶叶已经成为国家重要的战略物资的宋代，安化茶叶在梅山区域开发和安化建县的过程中，已经扮演着举足轻重的角色。

三、元代"茶引由法"和安化茶"民渐艺植"

元代中国幅员广大，产马之地皆在域中，所以除羌藏外不行以茶易马之法。元世祖至元十六年（1279年）之后，茶马法改为茶引法，边疆各族买茶与内地一样，由茶商交

---

② 1里=500m

钱买引，凭引与茶户交易茶叶，引与茶相随入指定地区发卖（茶引是宋代以来，茶商纳税后由官府发给的运销凭证）。但是，茶叶对于民生与国家经济的巨大作用，仍然为统治者所重视，"夫茶，灵草也，种之则利博，饮之则神清，上而王公贵人之所尚，下而小夫贱隶之所不可阙，诚民生日用之所资，国家课利之一助也"。

元初至元十三年（1276年），朝廷定长短引之法（长引指远距离贩运，从领引到茶叶销完缴引之间时间较长；短引则反之）后又在长短引之外增加"茶由"（类似于茶引的运销凭证），大抵长引每引准贩茶一百二十斤，短引九十斤，茶由"自三斤至三十斤分为十等……其小民买食及江南产茶去处零斤采卖，皆须由贴为照"（《元史·食货五》，卷九十七志第四十五下）。到元文宗天历二年（1329年），元朝甚至废除设置近50年的江州（今江西省九江市）榷茶都转运司，把征收茶课的职责交给各地方政府。

茶叶交易由榷茶制度改为凭引由买卖的课税制度，刺激了益阳茶叶的发展。如至元三十年（1336年），江西、湖广两行省就曾因添印茶由事咨呈中书省，认为"茶由数少课轻，便于民用而不敷，茶引课重数多，止于商旅兴贩，年终尚有停闲未卖者。"每岁合印茶由，以十分为率，量添二分，计2617058斤"，把凭茶由贩卖量增加到总贩卖量的十二分，使"官课无亏，而便于民用"（《元史·食货五》，卷九十七志第四十五下）。此外，元代出现了茗茶、末茶、腊茶、荈茶等名目，其中茗茶、末茶都是散茶，腊茶即充贡茶的团饼茶，荈茶即茶中加入粟子、松子等调饮。可见自元代开始，茶制品已经转以散茶为主，饮用方法也日益趋于简便；加之北方民族主政，更崇尚味苦而宜酥酪的茶，这为

图 1-14 安化古茶园里的老茶树

安化茶的发展提供了很好的机会。在安化本地的罗姓族谱中，发现其先祖至元年间（1335—1340年）迁安化"艺（种植之意）茶"的记载，证明安化已经出现了茶树种植的情形（图1-14）。清同治《安化县志》也记载，安化茶"当北宋启疆之初，茶犹力而求诸野"，而到元代"民渐艺植"，民间开辟茶园、以茶为业的越来越多，茶叶产量不断提高，为明清时期安化黑茶的大规模生产销售奠定了重要的基础。

伴随茶树人工种植，茶园种植培管技术和茶叶加工技术也有了明显进步。元代王祯《农书》就依据《四时类要》等古代农书，较为详细地记载了选地、开坎、布籽、施肥、芸草、防水等"种艺之法"。同时，也记载了蒸青、烘焙和以箬叶储藏茶叶等与安化古

代茶叶生产完全一致的制作与储存方法。

此外，一直到元代，益阳、安化茶由于大规模参与南北商品交易或私贩，其制作大部分仍然是所谓的"草茶"，即散茶形态，但也保留了将散茶紧压的传统，以利于长途贩运；其饮用的社会阶层，也相应地以社会中下层尤其是西北游牧民族中下层为主，茶品形成了粗梗大叶、煎煮而饮的特色，以及物美价廉、利于大众健康的独特功用。

第三节　明代的官茶与贡茶

明代，茶叶作为国家战略物资的重要性更加突出。《明史·食货志·茶法》开宗明义："番人嗜乳酪，不得茶则以病。故唐宋以来，行以茶易马之法，用制羌戎，而明制尤密"。为落实"以茶制边"的国策，明代把茶分为三种，每一种的用途及管理方法均不相同。《清史稿·食货志》载："明时茶法有三：曰官茶，储边易马；曰商茶，给引征课；曰贡茶，则上用也。"明代的安化茶，在初期即被定为贡茶，晚期则已经成为名正言顺的官茶。明代末年，安化黑茶已经奠定了南北茶叶交易大宗产品的地位。明代成为安化茶业鼎盛的重要历史时期。

一、安化黑茶从私贩到商茶、官茶的转变

为了加强对官茶的管理，明朝一开始就制定了极为严格和系统的禁榷政策。明太祖洪武十九年（1386年）增设碉门、黎州两处茶马司（图1-15），诏"天全六番司，专令蒸乌茶易马"。同时，由朝廷颁发给西北番族部落金牌符信，作为纳马易茶的凭证，持有金牌的各部落每三年向朝廷按预定数目交纳一次马匹，朝廷"差京官赍捧金牌信符入附近番族招番对验"，并按一定比价，发给纳马番族一定数量的茶叶。

图1-15　四川省名山县茶马司遗址

但茶禁愈严，则茶利愈厚，私贩愈甚，明初茶马之法在洪武末期即因私贩开始败坏。洪武三十年（1396年），朱元璋最小的女儿安庆公主的丈夫、驸马都尉欧阳伦纵容家人周保等贩运私茶出境，并殴打巡检司官吏。朱元璋得报大怒，不仅把欧阳伦赐死，而且把知情不报的布政使司长官也赐死，把欧阳伦的家人周保等处死，所贩茶货尽数没收入官。

明英宗正统十四年（1449年）金牌符信制度中止，"奸商利湖南之贱，蹑境私贩；

番族享私茶之利，无意纳马，而茶法马政两弊矣"（《明神宗实录》卷二八二）。私贩茶叶更加厉害，而且越来越与湖茶特别是安化茶紧密联系。明英宗天顺二年（1458年），明廷觉察到番僧私贩夹带茶叶之后，马上下令"凡番僧夹带奸人并军器私茶违禁等物，许官司盘验，茶货入官，伴送夹带人役送所在官司问罪。若番僧所至之处各该衙门不即应付，纵容收买茶货及增改关文者，巡按御史按察司官体察究治"（陈讲《马政志》卷一）。明孝宗弘治三年（1490年），明廷进一步明确"今后进贡番僧该赏食茶，给领勘合，行令四川布政司，拨发茶仓，照数支放。不许于湖广等处收买私茶，违者尽数入官"（《明会典·茶课》）。也就是说，最迟到15世纪末期，明廷已经发现了番僧到湖广地域私运茶叶入藏，采取措施禁止。弘治十七年（1504年），都御史杨一清"疏请于四川地方严禁私贩（其他地方茶叶）"，户部议覆要求杨一清把严禁私贩他处茶叶的范围扩大到夔州（今奉节）、东乡（今宣汉）、保宁（今阆中）、利州（今广元利州区）一带，也就是说不仅番僧在私贩夹带湖广茶，四川商人也私贩运湖广茶，当时四川东北（今重庆市）与湖广接界之处，成为了湖广私茶入川的重要通道。

番僧以进贡为名绕道湖广收买夹带私茶，四川茶商要舍近求远私贩湖南茶叶之后近百年，明神宗万历二十三年（1595年），宁夏镇御史、山西崞县人李楠连上三道奏折，认为自从湖南茶销往西北之后，愿意贩卖汉中、保宁等处茶叶的每年仅剩下一二十引，建议对私贩湖南茶严加禁止。当时满朝文武对茶政都不甚了解。直到两年之后，今江西金溪县籍的御史徐侨，才以其对湖南茶和明朝茶政的透彻研究，对李楠进行了驳斥："汉川（指陕西汉中与四川）茶少而值高，湖南茶多而值平……湖茶之行原与汉中无妨。汉茶味甘，煎熬易薄；湖茶味苦，酥酪相宜。湖茶之行，于番情亦便……"（《明神宗实录》卷三百零八）。其实事情明摆着了，如果汉川茶的性价比超过了湖南茶，那么茶商和番族还冒风险私下交易干什么呢？在事实面前，户部不得不"折衷二议，以汉茶为主，湖茶佐之。各商中引，先给汉川。完日方给湖南。如汉引不足，听于湖引内据补"（《明神宗实录》卷三百零八）。

明世宗嘉靖年间（1522—1566年），湖广行省要求安化县和新化县在私茶出境的要道设置征税关卡，后演变为安化县敷溪关、新化县苏溪关两处巡检司，扼制资水安化段的上下游。经安化县敷溪关出境的安化黑茶，沿资江水路直下洞庭湖，在今益阳市查验引票，将黑毛茶运到今湖北荆州，踩制成"茶筒"等紧压茶，再通过陆路运往四川及西北。而经新化县苏溪巡检司出境的安化黑茶，当时主要是四川商人贩买，则由宝庆府查验引票，由陆路沿湖广入川的"辰西之道"，经溆浦（溆浦明朝属于辰州府）、辰州，再从今吉首、花垣到达今重庆市酉阳，最终运往四川、陕西等地。

至此，自唐末即大规模远销北方的安化茶，在700年之后终于取得了名正言顺的"官茶"地位。公元1597年，也就成为安化黑茶远销欧亚、利及八方的历史起点。

二、林之兰的茶农情结

自明神宗万历二十五年（1597年），明廷允许湖南茶作为"储边易马"的"官茶"之后，安化黑茶产业得到了迅速发展，产制贩运量十分惊人。从安化本地紧压茶生产来看，大的茶厂仅拣茶的"拣手"就多达上千人，还不包括从事茶筒踩制的其他工人。而所踩制的茶筒，就是"安化千两茶（花卷茶）"的雏形。但万历晚期后，社会动荡加剧，明廷财政空虚，负担层层转嫁，到明天启年间，茶农负担不胜其重，安化黑茶产业接近崩溃的边缘。安化籍退休官员林之兰回乡之后挑起为茶农请命的担子，他记述道："顷予致仕还里，所晤乡人靡不疾首相对曰：'吾邑之苦，里甲、茶蠹两患，至今日而极矣。尔叨乡绅之列，且敫历中外甚久，如之何不为梓里效一臂耶？'予因赧然愧曰：'斯诚吾辈剥肤之患，义有不容缄嘿者，予即庸劣，其何敢辞？'"（见林之兰《山林杂记·序言》，清初重刊版，存湖南图书馆）于是从天启到崇祯年间（1621—1628年），他7次上书湖广行省、长沙府、安化县，逐级陈述安化茶农所受的盘剥和苦楚，与各级官吏就革除茶业陋规、减轻茶农负担、增加财政收入等方面进行商讨。

林之兰分别于明万历四十五年（1620年）六月、天启七年（1627年）正月、崇祯二年（1629年）二月等3次专门就茶政管理上书，集中反映安化茶行、牙商（茶叶交易经纪）、茶总（茶业行业管理负责人）、埠头（茶码头及承运组织头领）在茶叶产制运销过程中坑害百姓、损公肥己的不法行为，请求严厉打击。所陈请的很多措施，都被当时的安化县衙采纳施行，比如茶政管理十分困难，普遍存在假茶、假秤和假银三大问题：一是周边县"外路假茶"涌入安化茶叶市场，使正宗安化"道地真茶"壅塞滞销，损害茶农利益、亏短朝廷税费。对此，林之兰《山林杂记》记载："由县衙'责令各经纪于产茶之时，每年携客先买里递丁粮多者之茶，（当年'道地真茶'）尽数买完后（再）买囤贩（其他茶货）。有不遵者，许里递告究。'"通过对不先买安化"道地真茶"的经纪、茶行和茶商予以严惩，确保茶叶市场的秩序。二是一些茶行私造"加五重秤"收购黑毛茶，即每两加五钱，致使本为16两一斤的官方秤，变为24两一斤的重秤，以此盘剥茶农。对此，县衙规定"颁发法马（图1-16）、较定广秤，行令各经纪一体遵行。其私造'加五

图1-16 清道光二年（1822年）颁发的刘公铁码

茶秤'尽行弃毁。如有敢违，仍用重秤称茶，许卖茶之人执秤指名告究"。三是茶商、茶行用假银、劣质白银支付茶农茶价。为此，县衙谕令"各乡（都）俱用一色纹银，概不许用钻铅烧粉等项代银。敢有不遵者，许里递保甲指名呈首重治。每月取其银匠结状投递在卷"。

按照林之兰的记载，明熹宗天启年间（1621—1627年），安化县敷溪关每年查征茶税银在300两以上，而经新化县苏溪关出境的安化黑茶，年征茶税银在3000两以上。按明代茶法制度所定征课比率，年征茶税银3300两以上，意味着当时安化黑茶外销量每年在5万kg以上，这还不包括无处不在的私贩茶。因此，林之兰质问本地官员："今查到新化茶税每岁三千七百有奇，敷额之外，尚欲裒馀税以助饷。此岂有神输龟运之术乎？不过有每月初二、十六苏溪称验之一法耳。本县之茶亦不减于新化，本县之税只三百零二两耳，及年年亏额，其故云何？以称验之法未立、缴票之法未行，故经纪、埠对得以任意包侵、任意走漏也。"（见《山林杂记·天启七年茶法覆议碑》林之兰著，湖南省图书馆藏。裒，音póu，意为聚集）这段话的大意是当时经安化敷溪关出境的安化黑茶，并不少于新化苏溪关；但新化县苏溪关每年收茶税3700多两白银，除上缴外还可充做辽饷，采用的是苏溪关收税，到宝庆府再验票的办法；而安化县的敷溪关每年茶税仅及新化苏溪关的十分之一，其原因就是缺少监督，应入库的茶税被茶行经纪和把持茶运的埠头所侵吞（内文已删）。

为防止所立茶法因人而变，林之兰组织里甲人等，将每一次批示的禀帖勒石为碑，立于县衙前面、交通要道或茶市、茶码头等公共场所处，以警示茶农、茶商和管理者。清朝初年，安化茶业再次兴盛，林氏宗族和安化茶农为纪念林之兰，同时为安化茶业管理提供借鉴，由家族负责将林之兰收集整理的碑文刻录为《明禁碑录》；同时还将林之兰自撰的每次禀帖起因、过程及上级批示编为《山林杂记》（图1-17）。从林之兰这两本专著，我们乃得以窥见明代安化茶业的大致情形。经林之兰等人申诉倡议、安化县衙采用的这些茶政管理措施，对维护当时安化黑茶市场秩序、减轻茶农负担起到了积极作用，成为推动安化黑茶产业发展的重要保障。

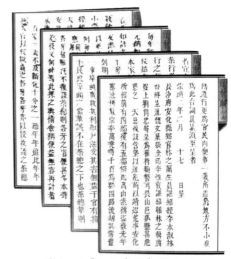

图1-17《山林杂记》影印稿

三、"四保贡茶"的来龙去脉

贡茶是地方官府或特定人士以自愿的名义向皇室进献的茶叶特产。在封建时代，贡茶与官茶、商茶均须强制性交纳税收，其茶质以满足特定人群需求为主；而贡茶茶质为上等品，虽然名义上是臣民自愿贡献，但因为各级官府和皇室的督办，带有一定的强制性。我国贡茶制度起源于西周，《尚书·禹贡》中"三邦底贡厥名"，即指当时荆州范围内有三个小国，向周王朝进贡茶叶。五代十国马楚时期，马希萼曾以渠江茶进献后晋，这也许是有史以来安化茶入贡的最早记载。

据《明史·食货志》记载："其上贡茶，天下贡额四千（斤）有奇……"

《钦定续通典》卷九认为，明初有土贡方物的制度，"中叶以后悉计亩征银，折办于官，所贡者唯茶药、野味及南京起运杂物而已"。湖广行省贡茶的地方府县有：岳州府湘阴县贡茶六十斤，宝庆府邵阳县贡茶二十斤、武冈州贡茶二十四斤、新化县贡茶十八斤、长沙府安化县贡茶二十二斤（图1-18）、宁乡县贡茶二十斤、益阳县贡茶二十斤。安化县办理贡茶的情形，因历修《安化县志》以及《保贡卷宗》存世，保存了较为完整的历史纪录。

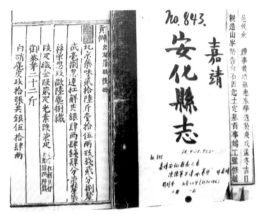

图1-18 明嘉靖《安化县志》记载：御茶芽二十二斤

嘉靖《安化县志》卷五专列"贡办"一条，注明"出《湖藩赋役册》"，其中第三项即为"御茶芽二十二斤"。据此可以推断，洪武年间钦定的安化贡茶不同于一般上贡皇室的茶，而是明确为"御茶芽"，历代皇帝享用的茶。这种御茶芽不仅是由安化县衙督促里甲、茶农采摘制作上解，还载入了专门记载湖广藩王办理赋役的《湖藩赋役册》中。

安化县贡茶产地据嘉庆《安化县志》记载，"于县北芙蓉山麓向阳处采办"。明初确定贡茶产地时，曾经多处对比与斟酌，最后确定了芙蓉山麓东南面的仙溪、大桥、龙溪、九渡水等归化乡下辖四保承办（四保今均为仙溪镇范围）。据同治八年（1869年）邱育泉晓谕碑文，除仙溪、龙溪、大桥、九渡水四保外，圳上保（现仙溪镇圳上村）也承担了贡茶六斤一两八钱的任务，并将此任务归于仙溪保上缴。同治十一年（1872年）刊刻的《保贡卷宗》（图1-19）也仅例大桥、龙溪、九渡水"三保公刊"。由此可知，所谓"四保贡茶"中，仙溪保作为茶行汇聚之所领办贡茶，而茶叶的来源是大桥、龙溪、九渡水和圳上四保。

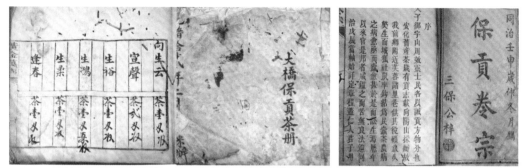

图 1-19 明代《保贡卷宗》和大桥保贡茶册

安化贡茶解运路线不同于官茶或商茶，贡茶注重快捷、安全。由安化县衙督促封好，举行解运进贡仪式之后，由押运人员以马匹沿驿道送往长沙府，由长沙府加盖封印，再启运送往京城。因此，安化"四保贡茶"的解运路线与驿道重合，即从安化县原县城梅城出发，经"三十六铺（即驿站）"、总里程 180km 运送到长沙。

到了明代晚期，藩王办贡转变成为县衙办贡、里甲负责上解。据林之兰《明禁碑录》及《山林杂记》记载，当时的贡茶负担主要是两项：一是每年进贡的 22 斤茶芽，按规定须向安化县归化乡大桥、龙溪、仙溪、九渡水等四保茶农采购鲜叶，再由县衙确定"精洁好手"炒制。为了标榜贡茶不扰黎民，每年开春，须由长沙府确定鲜叶收购价格（据林之兰记载，万历末年每年额定"茶价银四两四钱"，远远低于实际价格，实际上也是对茶农的剥夺）。二是每年必须由全县民众承担贡茶上解到北京（明前期为南京）的解差费用（据林之兰记载，官方规定安化县到北京进贡的"官帮长夫"工价银费用为白银拾两，实际上远远超出）。万历末年，押解贡品进京的官方马帮以路途远、工价低为由，不愿承运。地方启用私家马帮押解贡茶进京，每年贡茶制造、押解费用上百两白银。经林之兰等申诉，安化县衙最终确定："（今后押解贡茶进京）议加奏本纸札贰钱、黄包袱壹钱、京中更换奏本纸张工食银壹两、写本催工银肆钱、印本用三牲一副银壹钱，本府转批合用纸札、歇家店钱、饭米银贰两，用里民正从二人解府，转解赴京交纳。自安化至京往回一百馀日，每日盘费饭食四分，共银四两。其长夫银两以作京中铺垫、歇家店钱饭米之费，共该官帮银柒两捌钱（实际增加陆两捌钱）。"并且规定"每年比照茶税事例，茶的程序是：每年早春，约集各办贡茶行到仙溪贡茶公所，将原编长夫茶价并新加官帮支给茶总经纪，领解赴京，以后并不许混扯里递帮解，亦不许科敛分毫……"也就是说，安化所贡 22 斤茶芽，在官方规定 14 两 4 钱办理费用的基础上，万历末年增加了押解费用 6 两 8 钱，每年由安化茶业界的茶总和经纪负责，选派两名人员押解进京。而且贡茶要用皇家专用明黄包袱包好，随贡茶应附上进贡的奏本，并经湖广行省长沙府转批后，才能送达北京。（以

上所引均见《明禁碑录》)

安化年贡茶芽 22 斤的负担，至满清仍然延续。清康熙三十三年（1694 年），湖广行省奏明朝廷，改变贡茶上解程序："往例进京奉赉（奉命送达）名色（贡品种类），皆当年里递出办，道里殷遥，虽所费浩繁犹以迟误为虑。自康熙三十三年，奉上司差官汇解。小民既已省虑，而方物亦得以及时入贡，民甚便之。"（嘉庆《安化县志》卷四）

自清康熙到道光年间（1662—1850 年），安化"四保贡茶"办理较为稳定，府、县各级衙门注重减轻茶农负担。但到咸丰年间（1851—1861 年），"四保贡茶"办理体制又陷入混乱。官府随意增加贡茶额度。自明嘉靖《安化县志》至同治《安化县志》，官方一直声称安化贡茶为 22 斤。而清咸丰元年（1851 年）安化县令李逢春发布的晓谕碑上，"四保贡茶额"变成 33 斤；到清同治八年（1869 年）县令邱育泉出示的晓谕碑文上，贡茶数额又变成了 55 斤；更有史料称安化贡茶数额达百余斤之多，说明地方各级官吏藉端加重贡赋是经常存在的。此外，据同治八年邱育泉晓谕碑文，除仙溪、龙溪、大桥、九渡水四保外，圳上保（现仙溪镇圳上村）也承担了贡茶六斤一两八钱的任务，并将此任务归于仙溪保上缴。除以实物形式上贡茶芽外，四保办贡的产户还要承担每年一两二钱七分八厘银子的贡税，名义上是解送贡茶的费用。

同时，出现了承办贡茶为名的欺压与剥削。满清定鼎后，"四保贡茶"由县衙和乡保办贡，变为由相对固定的简、姚、李、陶 4 家茶行承办。道光年间（1821—1850 年），因茶行茶商无节制征收产户生叶，邑人罗绕典（图 1-20）参与确定了 1 斤贡茶任务只须上交 8 斤生叶的规定，一定程度上减轻了产户的负担。罗绕典为道光九年即 1829 年进士，选庶吉士，授编修，历任顺天、四川乡试主考，山西平阳知府、陕西督粮道、山西按察使。道光二十四年任贵州布政使，二十九年擢湖北巡抚，参与镇压太平天国运动，咸丰三年即 1853

罗绕典画像

图 1-20 清代云贵总督罗绕典画像

年升任云贵总督，旋在平定贵州少数民族起义中病逝，谥"文僖"。咸丰元年（1851 年）李逢春确定办理贡把象征各办贡茶行的图案标记印刷出来，发给采茶雇工，凭此到指定产户茶园采摘贡茶生叶之后，由当地保正负责过称并将生叶重量登记在册，某产户茶园应摘贡茶生叶达到规定重量，即不许再采。但当地各级官吏、商人以及地方恶霸，总是将贡茶作为牟利之机，冒充承办贡茶，"恃强混摘"，层层加重产户负担。清咸丰七年（1857 年），湖南布政使司派员到安化考察后，改变多家茶行办理贡茶体例，指定由姚泩源茶行一家办理贡茶。后来姚泩源茶行违规把一家办贡变为八家办贡，导致办贡资格被吊销，从此越来越多的茶行借办贡茶剥削茶户。到同治年间（1862—1874年），有27家茶行声称自己是承办贡茶的主体，出动上百名采茶雇工采摘达半月之久；同时索取茶农40至上100文不等的贡茶税，并阻止外来茶客。为此，仙溪四保产户与豪强茶商之间在同治初年进行了多次诉讼，先后经历了4任县令的裁决或调解，均未能息讼。最后，大桥、龙溪、九渡水等三保地方绅士和产户决定团结一致，自行捐钱购置田产，以租谷出粜收入来办理贡茶。这一办法得到时任县令邱育泉的支持，并于同治八年（1869年）出示晓谕（由保民刊刻成碑），编订成《保贡卷宗》一书（同治版，现藏于湖南香木海茶业公司），并请求邱育泉将此案审结情况、保民捐置田产等内容刊入当时正在修纂的县志（即清同治《安化县志》）。

《保贡卷宗》奠定了"四保贡茶"自同治八年之后直至满清灭亡40余年内茶户置产办贡的基础，使产户免遭茶行和豪强商户欺凌，自家茶园除按量完贡外，还有一定量的商品茶出售；同时贡茶生叶收购价格从数十文一斤，提高到了160文1斤。产户置产办贡促进了安化县芙蓉山地方茶产业的发展。

第四节　清代益阳、安化茶业鼎盛时期

清代以安化为代表的益阳茶业逐渐从官茶演变为大宗商品性质的商茶，销量进一步扩大；安化红茶在清代咸丰年间较大规模生产并一度占据出境茶叶的大宗。整个安化茶业朝着规模更大、品类更全、商品化特性更明显的方向发展。

一、从"仓匮厩空"到商茶勃兴

清顺治元年（1644年）九、十月间，满清迁都北京，顺治皇帝宣布"兹定鼎燕京，以绥中国"，中国历史上最后的封建王朝建立。第二年，清军大举挺进西北，开始统一中国之战。此时百废待举，战事方兴，各处均急需战马军饷，同时也要抚绥西北各少数民族，清廷即把茶马之政放到了十分重要的位置，急派廖攀龙作为"督理陕甘洮岷等处茶马御史"，赶赴西北清理督办茶马之政。此后，受满清重用的前明降官苏京、史谧等人连续出任巡茶御史，其中廖攀龙、史谧、姜图南、王道新等四人的奏议，后世编为《历朝茶马奏议》（图1-21）。廖攀龙，明朝开国大将廖永忠后人，天启

图1-21　《历朝茶马奏议》

丁卯年（1627年）举人、丁丑年（1637）进士，曾任明河北遵化县令、清巡茶御史等职。史詥，山西孝义人，明崇祯十六年进士，授户部主事。清朝入关后，考选广西道监察御史。顺治五年任巡视陕西茶马监察御史。姜图南，字汇思，号真源，浙江钱塘人，崇祯壬午举人，顺治六年进士，初任栾城县教谕，后选翰林为庶吉士，出为巡视两淮盐课御史等职。顺治八年任巡视陕西茶马监察御史。王道新，字介公，山东济宁人。顺治三年进士。顺治十年任巡视陕西茶马监察御史。

清廷派往西北恢复茶马旧制、为满清统一全国打基础的第一任茶马御史廖攀龙受任后，人还没有到陕西，就向顺治皇帝上奏："今蜀楚未通，虽渐次终归底定，而目下民逃商绝，安得有茶？无茶安得有马？即陕西地方亦自产茶，而为数不多；或往年积有旧茶，自寇乱以来，非被贼焚劫则经变价借充兵饷，恐亦久属乌有。况诏谕未颁、金牌勘合亦未革故换新、番人何所信从？然则年额茶马11088匹尚属子虚，前数年犹且解未及额，在今日必不能按数考成可知矣。"《历朝茶马奏议》廖攀龙巡行陕甘的第一件事就是核实各地明末官茶数量，其结果当然是账上还有成千上万的数字，而库内却只有少量陈腐沤烂的茶叶。

从顺治二年到十五年（1645—1658年），西北茶马之政可以用廖攀龙奏中的八个字概括，那就是"仓匮厩空，番寇蠢动"，茶仓里没有中马的好茶，马厩里缺乏可调拨的战马，而各少数民族则因为没有茶叶而相当不满。因此，招商运茶易马以满足西北各民族的茶叶消费需求，就成为历任巡茶御史的急务。在这种情况之下，鼓励湖茶北运，以解燃眉之急。顺治九年（1654年），姜图南的奏折中，将这一情形分析得很透彻，"照得茶法中马，故明旧有川茶、汉茶、湖茶。川茶自隆庆三年题改折价，臣前有蜀省文移一疏，业经覆议，行彼中抚按酌议开征。汉茶自万历十四年（1586年）题改折价，所有茶园茶课见在，催征册报□（原字'漫漶'）下见行，每岁招商散引，前往汉南及湖襄收茶转运，官商对分，以供招中耳。顾汉南州县产茶有限，且层崖复岭，山程不便，商人大抵浮汉江，于襄阳接买。"（见《历朝茶马奏议》）。说明虽然前明易马官茶有川茶、汉茶和湖茶三种来源，但一则因为川茶和汉茶都改为折价交茶课银，并非交茶叶；二则因为川茶和汉茶总量严重不足且道路运输不畅，到明末清初时，西北易马及给赏少族民族的茶叶，基本上都是运往襄阳的湖茶。姜图南奏折中请求催促湖茶加速进入西北，其实是以水路运出的安化黑茶为主。至道光年间，更是有人一言以蔽之：（引商所运正茶、附茶）"向皆湖南安化所产之湖茶"。（《军机处录副奏折》，道光十五年七月初九日陕甘总督瑚松额奏折）。

甘陕巡茶御史一职，至清康熙七年（1668年）才裁撤，而三十四年（1695年）又恢复设置，再至四十二年（1703年）永远裁撤，期间存续40余年。此后商茶日益兴起，雍正十三年（1735年），官营茶马交易制度终止，边茶贸易取代了800余年的茶马互市，以安化黑茶为代表的湖茶边销、外销进一步崛起。雍正八年（1730 年），在安化县查验茶叶出境的敷溪关对面（今小淹镇苞芷园），人们竖起了一块禁碑，其中刻道："缘安邑僻处山陬，土薄民贫。我后乡一、二、三等都，所赖以完国课、活家口者，惟茶叶一项。"（图 1-22）。这块碑标志着历经明末清初的战乱风云，安化黑茶已经成为事关国计民生的巨大产业，从此开始了安化黑茶的历史最盛时期。

图 1-22 苞芷园茶叶禁碑碑文
彭先泽《安化黑茶》第 45 页

清初商茶兴起之后，茶叶在西北运用的功能和领域也进一步拓展，主要在四个方面：

一是易马制边。明末以茶易马年额达到 13088 匹；清初没有定数，但随着大规模统一战争的结束，至顺治十三年（1656 年）即告以茶中马之数已经充足；雍正九年（1731 年）"命西宁五司复行中马法……十三年（1735 年）复停甘肃中马"（《清史稿·茶法》）。此后以茶易马时断时行，至乾隆二十五年（1760 年）平定大小和卓叛乱以后，以茶中马基本停止。

二是折饷赡军。最早在明初期，由于边疆积贮茶叶过多，就曾以茶叶来充作官兵的军饷。如明洪熙元年（1425 年）正月，保宁府积茶过多，于是罢买民茶，依当地时价折作官俸，其不堪易马之茶全部烧毁。到清代，将官茶折饷赡军的行为更为常见。《清史稿·茶法》载："自康熙三十二年，因西宁五司所存茶篦年久浥烂，经部议准变卖。后又以兰州无马可中，将甘州旧积之茶，在五镇俸饷内，银七茶三，按成搭放。寻又定西宁等处停止易马，每新茶一篦折银四钱、陈茶折六钱充饷。"从康熙年间（1662—1722 年）开始，这种以官茶折价充作军饷的行为每隔一段时间就要实行一次，到乾隆二十四年（1759 年）参与"搭放充饷"的官茶更是达到 40 余万封，成为中马停止之后，官茶的一项重要功能。而且在折价时，陈年官茶明显要高于新茶，说明当时人们已经认识到黑茶越陈越好的特点。

三是边贸征课。朝廷给引贩茶，引茶官商各半，官茶中马折饷，商茶凭引贸易，这已经是康熙之后边茶贸易的常态。官方如需要茶篦，就在商人领引时规定茶课必须征纳"本色（即茶叶）"；官方如果茶叶富余，就在商人领引时规定茶课征纳"折色（即银两）"，这样保证官府对边茶市场的掌控权。同时，引商来回贩运茶叶、瓷器和皮货、药材等南北商品，极大地繁荣了边疆经济，促进了民族团结。特别是清代除前明固有引茶销场外，还开辟了新疆、蒙古等边贸空间；在原有的川商衰落后，甘、陕、晋商随即兴起，造就了近代一批实力强大的商帮，为安化黑茶跨越大漠做出了不朽的贡献。

四是对外销售。雍正五年（1727年），中俄双方签订了涵盖勘界、贸易等内容的《恰克图条约》，规定俄商每隔3年可以自由出入北京进行贸易一次，人数不得超过200人，中国不收赋税，同时允许俄商在两国交界处进行零星贸易。这一条约直接成就了中俄恰克图互市以及万里茶道。因此而兴起的晋商从清廷理藩院领取"信票（龙票）"，前往南方贩运茶叶等货物，西路经雁门关出内长城后，走山阴县到应县，经左云县、右玉县，然后从明长城重要关隘杀虎口（西口）出关，再经和林格尔、归化城（呼和浩特市）到达恰克图；东路从雁门关出关后到大同，然后顺桑干河流域经河北阳原、宣化到塞上重镇张家口（东口），再走张北、三台坝、大清沟至呼和浩特市、恰克图。在康熙以后，晋商还开辟了经由漠北乌里雅苏台、科布多和唐努乌梁海等地区直达新疆古城子、哈密等地的贸易路线。

二、《行商遗要》与万里茶道的开辟及延续

自明代被确认为官茶之后，随着安化黑茶产销量的增长，其经营方式也开始了新的历史性的改革。明代中期开始，甘陕人挟地利的优势，成为历史上最先涉足安化黑茶采办运输的地域性、专业化茶商，并且最迟在明代末期形成了产地采购与西北精制的"二阶段运销模式"，即将安化黑毛茶在产地踩制成"引包"，长途运输到甘陕之后，一部分较粗的安化黑毛茶被进一步压制成茶砖，而另一部分较细的黑毛茶则以篓装形式直接出售。

清代以来，安化黑茶进一步成为大规模运销的商茶，运销的主体逐步转变为具有更大资本规模的晋商。根据安化县档案局汇总的《安化茶业馆藏档案汇编》、民国二十八年（1939年）彭先泽撰写的《安化黑茶》及1912—1949年其它史料（包括茶行帐册、姓氏谱牒、老字号招牌、印章、碑刻等），统计出民国年间安化尚有茶商号417家、其中有据可查的晋帮商号97家。这近百家晋帮商号，虽然仅仅是清代晋商蜂拥而聚安化办茶的绪余，但却因为《行商遗要》等茶商经营文献的发现，使我们得以窥视晋商经营安化黑茶、开辟万里茶道这一伟大的商业创举。

《行商遗要》手抄本由山西祁县渠家长裕川（图1-23）茶庄伙友王载赓据旧本抄录，全书分7篇、2万多字，从长裕川老号三和

图1-23 山西祁县渠家长裕川

斋（原书作"三和齐"）清嘉庆年间（1796—1820 年）入安化办茶开始，至民国初年止，详细记录了安化传统茶区概况、茶叶收购、加工（含黑茶、红茶）、水陆运输路线、脚钱、厘金、伙食等项目及应注意事项。其记载的山西祁县到安化边江的路线全长 4010 里（其中水路 2655 里），经由何处、何处用餐或住宿，以及两地之间的里程，都写得十分详细。如益阳至边江水路顺序：益阳三十里至兴家河进山上水，三十里至桃花港，二十五里至苏滩，五里至休山（即今桃江县修山），三十里至三滩界，三十里至桐子山，三十里至马家滩（即今桃江县马迹塘镇），三十里至湖溪（即今安化县敷溪），二十里至小淹，十五里至边江。益至边江计水路二百五十五里。这是叙述从洞庭湖水路进入清代益阳县境之后，再到达安化县江南镇资江北岸边江茶市的路程，其中新家河、羞女山、桐子山、马迹塘、敷溪、小淹、边江等地名至今仍然沿用。

由此可见，最迟在清乾隆嘉庆年间（1769—1821 年），已经形成以晋商为主体，以西北茶市和中俄边境恰克图茶市为主要目的，并连接欧洲腹地的"万里茶道"。这一茶道南达湖南省益阳市安化县、福建省武夷山地区，经由汉口、襄阳、赊旗等地，到达太原及周边祁县、太谷、平遥等地茶货集散中心，再出东口或西口，到达新疆境内各城及恰克图。2019 年 3 月，万里茶道正式列入《中国世界文化遗产预备名单》，中、蒙、俄持续开展联合申遗活动，这条以晋商为主力开辟的 500 年茶道，理应成为最有影响力的世界线性文化遗产。

万里茶道的开辟首先带来的是产销量的扩张。众多史料证明，益阳茶业正是随着万里茶道的开辟而走向鼎盛时期，乾嘉以后安化黑茶大量销往西北少数民族地区，还远销俄罗斯等地。与此同时，大规模、长周期安化黑茶的经营需要巨额商业资本支撑，故而促进了晋商票号的发展，并且使票号和茶号日益联结成统一的利益体，反过来促进茶业的发展。据《甘肃通志稿》（第 130 卷，杨思、张维编撰，1937 年，甘肃省图书馆藏本）记载，到晚清时期，边茶销售总量的比例大致为：安化黑茶 40%，四川乌茶 20%，广西六堡茶 15%，云南普洱茶 15%，湖北老青茶 10%。

其次，万里茶道的开辟，使安化黑茶的经营进入一个崭新的阶段，茶商开始重视品牌效应，以品牌为核心构建与茶山、产地茶行之间稳定的供应关系，坚持优质优价，强调"勿惜价，贪便宜，岂有好货"（《行商遗要·德行篇》），改变产品的形制。同时，不断优化合理的经营模式，建立规范的财务和激励机制，探索并稳定长期的运输通道，招徕熟练的技术工人，逐步扩大边销和外销渠道，形成了"茶山—茶行—茶道—茶市"一条龙经营体系，并以《行商遗要》等"员工手册式"的文本世代相传。

《行商遗要》和万里茶道既证明了晋商在古近之交，推进中国茶叶内外贸易的努力，也证明了益阳、安化当时已经成为世界性茶叶主产区和茶道的重要起点。18世纪末期，安化黑茶的经营体系，已经日渐具备近现代商业组织的元素。

三、左宗棠茶务改革与茶业发展

清咸丰元年（1851年），太平天国起义爆发，义军一路北上，于翌年12月攻克益阳县，改名得胜县，旋劫民船数千，挥师岳州（今岳阳），攻陷武汉，直下南京建都称王。此后60余年内，神州动荡、列强环伺，安化黑茶产业在动荡中发展，经历了不同凡响的嬗变：其一，因茶道不畅、边茶停滞，直到左宗棠平定陕甘才恢复；其二，以"安红"为代表的湖南红茶兴起，安化茶业结束了300余年黑茶一枝独秀的局面，转向黑红兼营。同治版《安化县志·卷三三时事》记载："越咸丰间，发逆猖狂，阛客（阛，音huán，原意指市场的围墙，也借指市场，阛客即客商）裹足，茶中滞者数年……缘此估帆取道湘潭抵安化境，倡制红茶，收买畅行西洋等处，称曰广庄，盖东粤商也。方红茶之初兴也，打包封箱，客有冒称武夷以求售者；孰知清香厚味，安化固十倍武夷，以致西洋等处无安化字号不买。同治初，逆魁授首，水面肃清，西北商亦踵至。自是怀金问价，海内名茶以安化为上品。"据《湖南安化茶业调查》，在太平天国之后，安化所产的茶有60%仍然是黑茶，主要由晋商等由恰克图销往俄国；其它40%为红绿茶，主要由广东商帮、江右商帮贩往广州、上海和福建出口欧美。

回顾这60余年的安化茶业历史，具有标志性的事件就是左宗棠西北茶务改革（图1-24）。同治元年（1862年），太平天国义军已成强弩之末，扶王陈得才、遵王赖文光等远赴河南、陕西招兵，与中原捻军、甘陕回民合流，形成声势浩大的反清力量，陕甘回民起义揭开序幕。起义初期，回汉杂居的三原、泾阳等地即被荼毒，一时间茶商被杀或逃散、茶包被劫或焚毁，西北安化黑茶集散精制中心毁于一旦。与此同时，新疆反叛势力乘机而动，中亚浩罕汗国（在今乌兹别克斯坦境内）军事头目阿古柏在英国暗中支持下，于同治四年（1865年）率军侵入新疆，自立为汗，建立"哲德沙尔"伪政权。到同治五年（1866年），陕甘回民起义进入高潮阶段，西北回民联为一体，

图1-24 左宗棠奏请朝廷改革茶务

并与西路捻军张宗禹部形成夹击之势，西北形势危若累卵。在这一背景下，清廷特授左宗棠为陕甘总督，督办陕甘军务，并给钦差大臣关防，集军政于一身，于11月进军陕甘，

以"缓进速战"的方略平定新疆、逼退沙俄。

为保持西北稳定、筹措军饷，左宗棠在动乱基本平定之后，即开始改革已经废弛10余年的茶务章程。同治十一年（1872年），左宗棠上奏清廷，极言茶务之弊："军兴以来，引茶被焚，道梗商逃，茶务因以废弛……查茶商积欠带征课银及已领茶引欠课不下40余万两，各商委因匪扰，无力呈交；至每年额领茶引2.8万余道，引地多被蹂躏，诚难足额。"针对这种状况，左宗棠着重在四个方面改革茶务：一是豁免欠税，使茶商轻装上阵。"该商等积欠银两，因频年贼扰、销路梗滞，实与寻常商欠不同，概予豁免。俾试办商人得以划清界限、承完新课，以免赔累。"二是以票代引，免除茶商后顾之忧。左宗棠认为，原来西北茶引接续承办，茶商担心"一经充商承引，则定为永额，将来须责赔旧欠"，同时如果"行销不旺致有亏折，不能辞商缴引，亏累无穷"，因此改引为票，一票合旧茶法50引，有能力贩运一票之茶，即完纳一票之税，使大小茶商没有后顾之忧。三是减轻税费等茶商负担。"按茶务正课，每引征（正课）银三两……若于正课外加入杂课，又加入厘税，是一物三征，杂课厘税所定，翻多于正课，于事体非宜姑勿论，成本过昂，商累已甚也。兹拟将杂课并归厘税项下征收，其行销内地者照纳正课银三两外，于行销地面仿厘局章程……完纳厘税，大率每引一收银一两数钱为度，至多不得过二两……"并要求湖南、湖北、河南等省各厘局，"凡遇陕甘商贩运茶经过，沿途地方应完厘税概按照行销海口茶厘，减纳十成之八，只抽两成。所有减纳八成厘银，各省划抵积欠甘饷，作解甘肃以划抵欠饷作收。年终由陕甘督臣咨部以清款目。"四是增设南柜，壮大茶商资本。"溯甘省茶商，旧设东西两柜，东柜之商，均籍山陕；西柜则皆回民充商，而陕籍尤众。乱作，回商多被迫胁，死亡相继，存者寥寥。山陕各商逃散避匿，焚掠之后，赀本荡然。引无人承，课从何出？""兹既因东西两柜茶商无人承充，应即添设南柜，招徕南茶商贩，为异时充商张本。"事实上，第一、二轮领票的大多数是南柜茶商，如第二轮"此次甘陕两省准领16800引、共票336张，拨给南柜316票，拨给东柜20票"。经过左宗棠西北茶务改革，可以说奠定了此后百余年间，安化黑茶在中国边销茶方面的主导地位。（以上未注明资料，均引自左宗棠《奏免茶商积欠课银招商试办疏》《奏变通办理甘肃茶务疏》、光绪八年谭钟麟《重定茶务新章十五条》，见《甘肃新通志》）。

第五节　20世纪安化黑茶产业的发展

20世纪是中国社会十分动荡的时期，也是社会变革十分激烈的时期，益阳、安化茶业同样起伏不断，曲折前行。

一、安化茶获巴拿马博览会金奖

1912 年 2 月，美国政府宣布，为庆贺巴拿马运河即将开通（巴拿马运河区当时由美国统治），定于 1915 年 2 月在西海岸的旧金山市举办"巴拿马太平洋万国博览会（以下简称巴拿马博览会）"。紧接着，美国政府于 1913 年 5 月 2 日率先承认中国北洋政府。于是，急需取得中国传统产品对外出口利益的北洋政府，把参加巴拿马博览会作为中国走向国际舞台的一件大事（图 1–25）。

图 1–25 1915 年巴拿马万国博览会中国馆

当时的国民政府农商部全权办理参赛事宜，专门成立筹备巴拿马赛会事务局，颁发《办理各处赴美赛会人员奖励章程》，规定凡各处人员征集出品赴美能得到大奖章 3 种以上的，由国民政府大总统分别核给各等勋章。茶叶出口大省湖南积极响应，成立湖南筹备巴拿马赛会出口协会，制定章程，重点征集茶叶产品。为了安化茶产品能够征集入围，当时的安化茶界也进行了精心的准备，根据国际市场的变化，把安化红茶、绿茶作为重点方向。而且按照农商部的要求，决定放弃传统手工炒制方法，特地指定安化红茶厂昆记梁徵辑引进先进的机械制茶设备，在 1914 年开春采摘、精制安化红茶参赛。

1914 年秋，安化所有参赛茶样品送缴湖南省筹办会，并于是年冬天运往美国旧金山。1915 年 2 月 20 日正午 12 时，巴拿马万国博览会正式开幕，传统大气的中国馆一度引起轰动，首日参观人数达 8 万人，时任美国总统伍德罗·威尔逊、副总统托马斯·马歇尔等国家政要亲临中国馆助兴。是年 5—8 月，主办方美国从各参赛国中聘请了 500 名审查员组成大赛评委会对所有参赛产品进行审查评比，其中中国获得 16 个席位。中国赴美展品 10 万余种，共获奖章 1218 枚，为参展各国之首。其中中国茶叶共获奖 44 个，包括最高奖章 7 枚、金牌奖章 21 枚、银牌奖章 4 枚、铜牌奖章 1 枚以及口头表彰产品 5 个（除大奖章授予中华民国农商部外，其他奖项均由民间获得）。此次博览会，湖南居中国内陆省份之冠，茶叶共获得最高奖章 1 枚；金牌奖章 3 枚，即湖南安化县昆记梁徵辑红茶（图

1-26）、湖南浏阳分商会红茶、湖南黔阳商会绿茶；名誉奖章 1 枚，即湖南宝大隆兴曾昭模红茶。据屠坤华 1916 年著作的《万国博览会游记》（图 1-27）记载："安徽祁门红茶，以及湖南安化芙蓉各山红茶，皆由山西宝聚公司监制。中华茶叶公司陈列……"

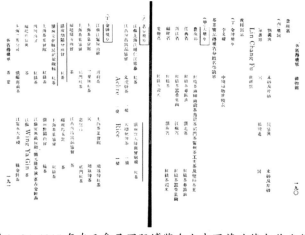

图 1-26 1915 年在巴拿马国际博览会上中国茶叶获金奖名单　　图 1-27 万国博览会游记

此次参展，中国茶叶产品种类丰富、品质优良、工艺精湛、价格实在。参赛之后，中国官方即详细分析了中国茶叶实情，并且呼吁茶界自重（《中国食品》杂志 1988 年第 9 期至第 12 期连载：刘景元，《"巴拿马"太平洋万国博览会实况重述》。转自《中国参与巴拿马太平洋万国博览会纪实》影印本，1917 年 2 月出版）。此后几年当中，中国茶叶出口赢得了一定的份额，当年中国对美国出口茶叶就达到 1800 多万美元。

二、抗战期间的安化黑茶实业救国

20 世纪 30 年代，随着日本帝国主义对中国入侵加剧，国民政府开始由平时体制转向战时体制，在军事委员会之下设立贸易调整委员会（后易名贸易委员会，改隶财政部），由复兴商业公司、中国茶叶公司和富华贸易公司专门负责桐油、茶叶、猪鬃等农产品的收购、运输与外销工作。1938 年 2—3 月间，中国茶叶公司通过香港拓展外销，并"利用放空回俄的汽车，与苏俄以货易货"。1937—1939 年，国民政府分 3 次向苏方借款 2.5 亿美元，中方以农矿产品抵偿。为此，中茶公司用大量贷款收购茶叶，于 1938 年与安化益川通、孚记两家茶号订立合约，共办联合精制茶厂，并派技术人员指导。经过努力，当年出口不但没有降低，反而有所增加，产销量同比增加约 5 万担[③] 左右、销售总额增加约 460 万元，同时茶叶价格有所提升，茶农茶商受益良多，政府外汇增加。随后，苏联

---

③　1 担 =50kg。

取消购买日本、锡兰茶叶计划，全部茶叶都从中国购买，茶叶成为中国对苏易货偿债的主要商品，苏方年订购量达到红绿茶 1.06 万 t、砖茶 20.5 万箱，总价值约 1400 余万元。这一协定增强了国内茶叶生产、收购和运输的动力，贸易委员会决定加快茶叶在内地集中生产步伐，由产茶各省政府负责办理。

为了进一步发挥安化茶叶支持抗战的作用，湖南省建设厅成立茶叶管理处，以刘宝书为处长、彭先泽为副处长，并在安化县东坪镇设立办事处，通过彭先泽的组织协调，将中茶公司、湖南私立修业高级农业职业学校、湖南省第三农事试验场（1938 年 6 月改为湖南省农业改进所安化茶场）以及安化各大茶商联络起来，形成了一股巨大的茶业实业救国力量。湖南省茶叶管理处联合修业农校师生，在资江两岸动员茶区群众组织茶叶生产合作社 98 个、社员 4671 人、社股 9522 元，同时发展茶业金融，申请茶贷扶植，并由湖南省农业改进所安化茶场负责各合作社茶叶的产制运销。据统计，1938 年湖南全省共发放茶叶贷款 69 万余元，其中安化 34 万余元，占 49%；翌年发放 139 万余元，其中安化 86 万余元，占 62%（《湖南省茶叶管理处报告》）。中茶公司原拟择地开设茶叶示范场，后来鉴于安化茶界的热情与成绩，改为在安化设置红茶精制厂，同时在安化仙溪、小淹、江南、鸦雀坪、西州、乔口、东坪、马路、探溪、润溪、蓝田等处设立鲜叶初制厂。并于翌年 12 月，由彭先泽在安化江南坪筹建茶厂，以安化茶场罗运隆为主要技术骨干，采用湘潭手摇螺旋压砖机，研制安化黑砖茶。安化茶场聘黄本鸿、杨开智为技师（1938 年 8 月，安化茶场高桥分场房屋被日寇全部炸毁，分场停办，人员遭散，杨开智等技术人员调安化茶场工作）、张嘉涛、谢国权、周显谟、刘达等为技士，另有技佐、技助等共 14 人，除继续改进茶叶产制技术外，还侧重于制茶机械的研究与创制，并承担了安化黑砖茶研发生产的技术支持等工作（见 1942 年 8 月 15 日《湘农讯》）。这一时期，黄本鸿主持的红茶精制示范，当年"裕农"唛头在香港获 115 元/担的历史最高价；先后成功研制木质揉茶机、茶叶筛分机、拼堆机、捞筛机、轧茶机、抖筛机、脚踏撞筛机，各地争相仿造，推广极为迅速（据 1941 年《安化茶场经济制茶计划暨概算书》）。

抗战期间，交通阻塞，西北市场砖茶奇缺。1937 年，内蒙古每 50kg 羊毛可换砖茶 42、43 片；而抗战爆发后，蒙民每 50kg 羊毛仅可换砖茶 6 片多一点。为了团结抗战和筹措资金偿还抗战外债，中央政府要求大力发展茶叶生产，益阳茶区积极响应。1940 年，彭先泽主持压制安化黑砖茶成功，经检验被认定为"堪合俄销"，随即设法扩大生产规模。1941 年，江南坪砖茶厂更名为"湖南省砖茶厂"，增赁德和俊记、德和云记厂房（图 1-28），增设桃源沙坪分厂（1943 年改为工作站）。是年 7 月，新产 10 万片安化黑砖茶运抵兰州，获各方好评。1942 年，中茶公司与湖南省政府合办砖茶厂，定名"国营中国茶叶公司湖南砖茶厂"，江南坪总厂扩充到租赁9家茶行、分设12个工场（还在西州增设分厂），压机由6部增加到50部，延聘复旦大学茶业系及修业农校茶科毕业生多人，以充实技术力量，大量压制安化黑茶砖茶；同时安化茶场首创土法制造茶素（咖啡碱）工艺，每50kg低级红茶可提炼茶素1~3磅，每磅售银元100元，由当时的私营同济药房、

图1-28 安化县江南坪德和茶行

大中华茶厂等运销四川，为东坪、桥口、黄沙坪、西州等地茶厂滞销红茶找到了新的出路，促进了茶叶资源的充分利用。1943年，彭先泽任安化茶场技正兼主任，是年共压制砖茶251.8万片折合5200t，其中约4000t运至新疆猩猩峡及哈密，由中国茶叶公司销往苏联，为国家偿还贷款及换购物资，支援抗日战争。

战争原因，铁路和汉水运输中断，彭先泽等人冒着炮火硝烟，于1941、1944年两度实地考察安化茶叶运输路线，并与甘肃、蒙古和苏联代表签订供货合同，最后确定了安化黑茶运西北和出口的4条"抗战茶道"。1938—1941年，国民政府共供应苏方茶叶折款达1426.93万美元，占农产品的76.76%；其中安化茶叶5444t，占湖南易货茶叶的59.17%。

战时益阳、安化茶界，为发展茶业实业救国，可以用想尽千方百计、行尽千山万水、历尽千辛万苦概括。特别是以彭国钧、彭先泽和黄本鸿、杨开智等为代表的茶人，锲而不舍、忍辱奋争，从组织协调、理论探讨、技术改进、包装和工具革新、运输、人员培训等方面惨淡经营十余年，艰苦备尝，取得了举世瞩目的成绩，不仅维持了西北市场，而且持续开展与苏联等国的易货贸易，为抗战胜利做出了很大的贡献，也为安化黑茶的发展打下了很好的基础。

三、公私合营及茶业管理体制的形成

1949年8月，湖南省和平解放。10月27日，湖南省军管会财委会贸易处代表于非赴安化，成立了新的中国茶叶公司中南区公司安化支公司（设东坪镇，后迁长沙），并接管安化茶场，定名为中国茶叶公司安化实验场，由该公司副经理杨开智兼任场长；接管并监督原湖南省茶业公司制茶厂（设西州）、安化茶叶公司安化砖茶厂（原设江南，后迁小淹白沙溪）继续生产，所产砖茶交由省土产公司经销；1950年，中国茶叶公司安化茶叶分公司在西州建安化茶厂，加工精制红茶出口；1951年，中国茶叶公司安化砖茶厂两

厂合一，由江南全部迁移至白沙溪，加工各种黑茶，初步形成了安化县新的茶业体系。

1953年，各行业公私合营开始。中国茶叶公司中南区公司安化支公司安化红茶厂和西帮、广帮茶商（均已返乡）部分茶行陆续并入华湘茶厂，成为中华人民共和国成立后湖南省最早、规模最大的国营茶叶加工企业，有"中南第一茶厂"之称，1953年3月安化红茶厂改为中国茶业公司安化第一茶厂（图

图1-29 安化第一茶厂

1-29），并于翌年与安化第二茶厂（原安化砖茶厂）合并改为"湖南省茶业公司安化茶厂"；设于白沙溪的安化第二茶厂改名安化茶厂白沙溪加工处。1957年3月，根据湖南省供销社通知要求，安化茶厂与白沙溪加工处分开，其西州本部作为"湖南省安化第一茶厂"，以生产红茶为主，1959年更名为湖南省安化茶厂；设于白沙溪的原安化砖茶厂更名为安化第二茶厂，随后一部分迁益阳，定名为湖南省益阳茶厂（1959年全部建成投产），原厂变更为益阳茶厂安化白沙溪精制车间。1964年，改名为湖南省白沙溪茶厂，直属省外贸茶叶土产进出口公司，成为安化县第一家生产边销茶的国营茶厂。

1951—1953年，安化县人民政府设农建科，负责茶产业的行政领导，并建立农业技术推广站（下设茶叶组），配备茶叶技术干部，开展技术推广工作。1954年，安化县成立茶叶工作办公室，领导全县茶叶生产、收购工作。1956年县农业局设经济作物股，主要抓茶叶，各区建立农业技术推广站，配备兼职或专职茶技人员；同时成立县农产品采购局，主要负责茶叶及畜产品收购。1959年2月安化县设立茶叶局；1963年又改为由县委成立茶叶工作办公室，翌年更名为县经济作物办公室，并经省编制委员会同意成立安化茶叶技术推广站（编制7人）；1969年撤销县属各局成立生产指挥组，其下设农水管理站，配备茶叶专干；1971年再改由县多种经营办公室管理茶叶；1973年由县农林局下设茶叶技术股，1974年改为县农业局下设经济作物股。

四、"以后山坡上要多多开辟茶园"

益阳茶区茶园面积长期存在较大起伏。1935年湖南省茶事试验场对全省茶园面积进行过一次大规模调查，核定安化茶园面积为1.34万hm²。但因战争等原因，茶叶面积大减，至1949年，总面积减少近一半，其中熟土茶园面积仅4690hm²左右。

中华人民共和国成立后，安化县、桃江县、赫山区等响应中央号召，迅速恢复和发

展茶叶生产。1949年冬,安化县人民政府向茶区发放大米1500t,帮助茶农垦复荒芜茶园。1950年,采取取消陈规陋习及苛捐杂税,无息贷款贷粮,无偿推广揉茶机,收购茶叶执行中央规定的样、价等政策,极大地调动了茶农的种茶积极性。1950—1953年4年中,共对茶农无息贷放大米1008.4t,人民币50亿元(相当于1955年币制改革之后的50万元)。至1952年,安化县茶园面积由民国末期的7万亩[④]恢复到10.15万亩,茶叶产量由2370t增加到4456t。1950—1958年的9年间,安化县年均向国家交售茶叶3930t,茶叶均价由1950年每50kg的23.05元增加到1958年的46.32元。

1950年,根据湖南全省茶产区的分工,划定安化为红茶区,但除马辔市以上区域外,大部分茶区仍然坚持夏季采制黑茶。1951年,规定全县仍然以产制红茶为主,但划定梅城、仙溪、小淹等地为黑茶区。1952年初,根据中央的"产销分工"精神,茶叶生产及初制由农林部门掌握,收购加工由中茶公司经营,并由湖南省人民政府划定安化县江南镇以西为红茶区、以东为黑茶区(这一划区生产政策沿用到1985年),在划定区域内,除群众自用茶外不得产制其他种类茶叶。

从1950年起,国家对安化茶叶实行统购,农民不得对外出售茶叶或自由交易。但具体的收购方式经历了几次变化:1950和1951年,由国营茶厂派人到茶区设立茶叶收购站,直接收购毛茶,规定毛茶税金统一由经营单位缴纳,废除一切旧社会的行规陋习。1952年起,各茶区毛茶统一由县供销社和县农产品采购局代购,各茶厂负责收购资金及评茶技术。1957年开始,毛茶代购改为内部调拨,收购资金统由县供销社向银行贷款解决,各茶厂负担统购及调拨手续费。1961年起,规定茶叶属国家计划调拨二类物资,实行派购(图1-30);并于次年实行茶叶奖售政策,规定每收购50kg级内茶奖原粮12.5kg、化

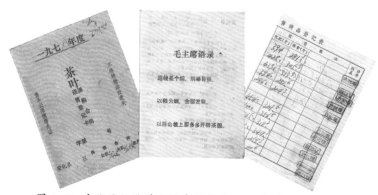

图1-30 安化县仙溪镇向远幸收藏的1978年茶叶派购合同

④1亩=1/15hm²

肥 60kg，每收购 50kg 级外茶及边销茶（黑茶）奖原粮 5kg、化肥 20kg（这一奖励标准后历年都有所调整）。1964—1972 年，采取每年发放 15%~40% 不等的毛茶预购定金，在交售时分次扣回，在一定程度上减轻了茶区负担。1973 年之后改内部调拨为内部作价调拨，毛茶仍由县供销社统一收购。1980 年开始，成立县茶叶公司专营毛茶收购，在全县设立主要收购站点 75 处。

1952 年开始，安化县根据"自愿互利，组织起来"的原则，通过互助合作发展茶业，引导群众走专业经营的路子，推广茶叶栽培、初制技术及揉茶机。同时把每年 11 月定为荒芜茶园垦复月，由县里派出茶叶技术干部、从茶厂抽调和雇请一批有茶叶生产专长的人员深入茶区，指导采茶制茶技术，宣传发展茶叶生产的方针政策。是年，云台山茶叶互助组伍芬回及岳溪茶叶互助组曾寒林被评为全省劳动模范。此后，临时单一的茶叶采制合作发展为农茶结合的常年互助合作。1954 年黄沙坪白泡湾建立全省第一个茶叶生产合作社。1955 年，尝到互助甜头的云台山伍芬回互助组精制绿茶 1kg，寄给毛主席品尝。1956 年茶区全面实现合作化。是年，湖南省在安化县马路口召开茶叶发展现场会。1957 年，茶叶生产专业队进一步发展，全县茶园面积达到 7484hm²，在茶叶采制季节共安排专业劳力 1.8 万多人，其中经过技术培训的有 8000 多人。1958 年起试办专业茶场，至 20 世纪 60 年代，全县共建立社队茶场 1101 个，组织茶叶初制所（组），推广茶叶产制技术及制茶机具，促进茶叶单产及品质逐步提高。

1958 年，一方面国家开始实施"大跃进"，号召"以粮为纲"，鼓励安化茶农摘"统销帽"（指自产粮食不足，须购买国家统销粮），在茶园中套种粮食，甚至挖茶种粮；加之国家修建柘溪水库、湘黔铁路等重大工程占用茶园面积 1.365 万亩，导致茶园减少。另一方面，毛泽东主席在安徽舒城舒茶公社视察茶叶生产时，发出了"以后山坡上要多多开辟茶园"的号召，从此时开始直至 1964 年"农业学大寨"运动，安化群众因地制宜，大力扩建新茶园，重点建设社队茶场，并在种植技术上进行重大革新，单行、双行条列式及密植速成茶园占 70% 以上，特别是在"知识青年上山下乡"运动中，基本上把公社和县级茶场作为知青驻点，很快就形成了"社社有茶厂、大队有茶场、小队有茶园"的发展格局。至 1977 年，有县茶场、木子、唐溪等 10 个公社（乡镇）办厂生产。全县茶园面积达 1.11 万 hm²。

1968 年以来，桃江县人民遵照毛主席关于"以后山坡上要多多开辟茶园"的指示，奋战三个冬春，开垦荒山种茶，茶园面积由 1966 年前的 308hm² 发展到 7337hm²，增长 23 倍。茶叶生产飞速发展，全县掀起了一个大辟茶场的热潮，实现了村村有茶场，社社有茶厂。

1974年，全国茶叶会议提出促进茶叶生产大发展，计划到1980年在全国建100个年产茶叶5万担的主产县。会后，益阳积极落实会议精神，社队集中连片建茶园、办茶场，实行科学种茶，改进制茶工艺，茶叶加工实现机械化或半机械化，种茶技术和茶叶质量显著提高，茶叶生产的发展速度大大加快。到1976年，益阳县产茶5万担，加上之前已经达到年产5万担的安化、桃江两县，在全国第一批18个年产茶5万担茶叶主产县中，益阳地区就占了3个，而且提前4年实现了目标。1977年5月，出席了农林部、外贸部和全国供销合作总社在安徽休宁联合召开的"全国年产茶叶五万担的经验交流会"并受到表彰。

五、传统产品体系的形成及建国十周年献礼茶

中华人民共和国成立后，益阳和安化茶业创新不断，名茶迭出，因而形成了以安化黑茶为主、兼及红茶和绿茶的较为完整的产品体系（图1-31）。

图1-31 安化县人大常委会原主任蒋跃登（右）带领周正平（左）、
刘国平（中）在中国黑茶博物馆考证安化黑茶发展历史

这一时期，益阳茶业经历了公私合营、茶业机械大规模普及的历史阶段，整个行业逐步进入机械化大规模生产。白沙溪茶厂、安化茶厂、安化茶叶公司茶厂、益阳茶厂、益阳砖茶厂、桃江香炉山茶厂等6家茶厂先后成为国家边销茶定点厂家，占湖南9家边销茶厂的三分之二、全国26家边销茶厂的五分之一。到20世纪70年代中期，湖南全省每年边销茶产量达到2万t以上，占据全国边销茶产量的半壁江山，其中三分之二出自益阳和安化。产品系列也基本形成，其中，安化黑茶产品形成了以安化黑茶砖、茯砖、花砖为主的砖茶系列，天尖、贡尖、生尖为主的湘尖茶系列，千两茶系列；红茶类分为

红碎茶、工夫红茶和小种红茶 3 个大类。

1950 年，新成立的中国茶叶公司湖南省公司安化实验茶场总产量比上年增加了99%，茶农资金、技术等问题都由中国茶叶公司得到妥善解决，全场职工看到社会进步与未来的希望，于 1951 年 4 月向毛主席写信表示感谢（图 1-32），同时表明了开展爱国主义生产竞赛，多产好茶、抗美援朝的决心，随信寄上了职工们生产的 5kg 玉露茶。这

是安化茶场职工第一次向毛主席献茶。这
种玉露茶是蒸青茶，由实验茶场技师杨润
奎制作。此次献茶，得到了中央办公厅秘
书处的回信和勉励。1955 年，云台山伍芬
回茶叶互助组精制 1kg 绿茶，寄给毛主席品
尝，中央办公厅回信"茶质很好，希努力
发展"。

图 1-32 安化实验茶场写给毛主席的信
载《中国茶讯》1981 年第二期

1959 年，全国各地产区开展的"建
国十周年"献礼活动，湖南省农业厅向高桥、安化两茶场下达试制名茶，向建国十周
年献礼的任务。安化茶场由场长方永圭、技师姜文辉主持，经过实地调查和经验总结，
反复研究成功地创制了绿茶新品种——"安化松针"。该产品送国内科研、农业院校和
有关茶叶单位审评，认为其"细直秀丽，翠绿匀整，状似松针，白毫显露，香气馥郁，
滋味甜醇，品质具有独特风格，可与各地名茶媲美"，而且咖啡碱、儿茶素含量为湖南
名茶最高，多次参加国内外评比，被列为全国名茶之一。庄晚芳教授主编的《中国名茶》
及陈椽教授主编的《中国名茶研究选集》均对安化松针叙述颇详。庄晚芳教授并有诗
称颂："芳丛产安化，云露凝清华。且见雪峰容，露止掇灵芽。细炒塑成针，翠绿星秀霞；
毫茸纤纤现，洁白无疵瑕。煮火泡玉叶，余香延幽遐。敬奉外宾客，众口皆称佳。"

六、改革开放初、中期安化黑茶的变化

20 世纪 80—90 年代，是国家经济体制全面改革的时期，也是产业经济调整关系的
基础性时期，由于观念、方法、步伐等原因，产业之间、地域之间发生了很大差异。改
革开放的力度与经济发展成正比，并呈现沿海地区、中部地区、西部地区三级梯度。茶
业经济在改革开放中同样受到较大冲击，益阳茶业虽然一度出现亮点，但最终没有跟上
改革节拍，步入低迷、艰难生存状态。

表象之一是茶园面积严重萎缩。以 80 年代为主要时期，全面实施了联产承包责任制。
人们为了解决温饱问题，十分重视粮食生产，大量茶场在承包过程中被改散，茶园改种。

同时，原有一定规模或标准的茶场，基本上作为上下乡知识青年驻地，或是下放知识青年多年辛勤劳动的成果，随着回城政策到位，这类茶场基本改散，或名存实亡（图1-33）。"社社有茶场，队队有茶园"的模式被彻底打破，导致茶园面积迅速下滑。统计资料表明，这20多年中，全市茶园面积锐减60%以上，部分县、区和乡镇已全部退出。

图1-33 安化上马公社茶场和知青驻地原址

80年代后期，人们对茶叶生产又有重新认识。益阳地委、行署提出"以粮为主，多种经营，全面发展"的口号，把茶叶列入多种经营范围，并采取统一部署安排，成立地区茶叶公司等多种措施。安化县推行"八七工程"，把茶叶产业列入八大农业产业之中，加以重点发展。桃江县把茶叶产业作为全县农业发展的拳头产业。地区和各县大力推行茶叶品种改良、免耕密植技术措施等等，茶园面积、毛茶生产有了一些恢复性转机，但终因改革不到位等原因，茶业经济仅有短暂曙光，仍然没有出现良好势头。毛茶市场变化，茶叶比较效益不高，影响茶人的积极性，茶园面积再次减少（表1-1）。

茶叶加工实体发育不全，老企业改革不彻底，产、加、销脱节也是关键性原因。20世纪80年代虽然有民族政策的影响和对外开放的效应，益阳几家茶叶加工企业出现过一段生产相对比较稳定时间，其中以白沙溪茶厂、益阳茶厂为代表的安化黑茶依然实行计划经济为主，国家对加工企业实行补贴、包销，生产基本维持，但处于等靠要的半饥饿状态。以安化茶厂为代表的红茶市场，有国家对外开放释放的能量，红碎茶、功夫红茶一度出现较好势头，其中1994出口西德、英国、美国、俄罗斯、日本等。1977年出口500t多，1978年达1500t多，1984年增到了7700t多。但随着国际市场变化，进入90年代也步入困局。全市茶叶加工企业直到21世纪初的十几年里，原有国企几乎处于停产半停产状态。而在此期间内，个体、私营等多种经济成份的茶叶加工新机制开始萌发、成长，涌现出益阳地区茶厂、安化县茶叶公司茶厂、安化酉州茶行等一批个体、私营、集体所有制实体，但这种小打小闹的小农经济模式，完全不能撑起产业天地。

市场拓展缺位，激烈竞争中束手无策也是重要原因。"搞活"是改革开放的目的。在"搞活"的大潮下，茶区在市场拓展上也经过不懈努力，包括增设地、县级茶叶公司，销区设置办事处、联络处，实行经济承包、销售与奖金挂钩和销售责任制等。但改革不到位，导致市场主体错位。保守封闭的观念和企业经营机制的陈旧，完全不适应市场经济要求,终究在这场市场大博弈中败下阵来。出口市场份额被立顿等品牌占领,国内市场被绿茶、红茶挤占。同时期,饮料行业迅速发展,出现了"湖南一车猪换不回广州一车水"的情况,加之国外饮料大势进入,到21世纪初,益阳茶业、安化黑茶市场日趋萎缩,夹缝生存。

表 1-1　1949—1985 年安化县茶园生产情况表

年度 / 年	面积 /hm²	产量 /t	年度	面积 /hm²	产量 /t
1949	5169	2370.0	1968	5603	3532.9
1950	5169	3626.2	1969	6243	3600.0
1951	5169	3934.5	1970	8671	3776.5
1952	6770	4030.0	1971	9805	4246.9
1953	6770	4005.3	1972	10314	4600.0
1954	6957	4233.9	1973	11039	4650.0
1955	6957	4220.0	1974	11352	5050.0
1956	7204	4740.0	1975	11106	5150.0
1957	7450	3400.0	1976	11106	5234.8
1958	7697	4110.0	1977	11106	5645.0
1959	4589	3152.5	1978	11106	5880.0
1960	4976	5362.5	1979	10979	6139.9
1961	4796	3776.2	1980	10999	6080.0
1962	4676	3145.0	1981	10659	6359.7
1963	4742	3083.4	1982	10659	7160.0
1964	5092	3274.3	1983	10659	7033.8
1965	5349	3625.0	1984	9445	7803.5
1966	5449	3716.1	1985	9445	8543.5
1967	6010	3500.0			

注:本表录自 1991 年《安化县农业志》。

第二章　安化黑茶盛世复兴

02

实现安化黑茶盛世复兴，一直是茶区人们的梦想。1992年，安化县在谋划"八五"期间发展的时候，就提出以"种养起步，加工起飞"为突破口，大力发展茶叶、药材等八大优质农产品基地和食品、医药、矿产等七大工业系列产品的"八七工程"发展战略。从2006年开始推进茶产业发展、壮大和转型升级，"一片茶叶成就一个产业"成为安化县和益阳市的共识，"重振黑茶、绿色崛起"成为区域特色产业发展的主旋律，并演绎了一场"黑茶大业"。"十年磨一剑"，到2018年安化黑茶终于在中国茶叶行业成为一匹黑马，跃居全国重点产茶区前四强，成为湖南省最靓丽的农产品名片。安化黑茶先后荣获"中国十大茶叶区域公用品牌""最具成长性的产业""中国驰名商标""湖南省十大农业品牌"等荣誉，居中国茶叶产区品牌价值十强，占全国茶叶产量的3%、黑茶产量的30%以上，安化黑茶的品牌价值高达639.9亿元。

第一节 安化黑茶产业复兴的背景与基础

安化黑茶产业有过兴盛，也有过衰落。随着社会的发展，人们生活水平的提高，对发酵茶特别是安化黑茶的需求越来越由区域性、阶段性向全域化、时代化发展，茶学专家、营养学家把安化黑茶视为"人类21世纪的健康之饮"。正是在这一大背景下，安化黑茶产业开始走上以现代化为核心的复兴征程。

一、全球经济一体化与"立顿模式"的启示

进入21世纪，全球经济"一体化"成为基本格局和大势。我国自1986年申请重返关贸总协定以来，通过长达15年的努力，2001年12月11日正式加入世界贸易组织，成为第143个成员。这对于我国具有发展潜力的产品而言，是一个极大的利好，既能提供广阔的空间，也能借鉴别人的经验，提升自身竞争力。英国"立顿"公司是苏格兰汤姆斯·立顿创建，1890年正式在英国推出立顿红茶，1892年开始全球化运动。他的广告词是"从茶园直接到茶壶的好茶"。目前已在120个国家和地区行销。据有关资料显示，2017年的销售额达到300亿。在我国有"七万家茶企抵不上一个立顿"的感叹。

相对于世界茶产业而言，中国茶产业一直囿于传统产业范畴。其具体表征为种植与加工紧密依存、品牌营销的区域化特征明显、加工以传统手工作坊式为主、实体企业体量始终小而杂等等。究其根本，就在于尚未真正进入工业化大生产和现代化营销。

中国茶产业并非不具备成为现代化产业的特质，毕竟立顿等全球化、现代化的巨无霸企业，都是在利用中国、印度、斯里兰卡等国茶产业的基础上发展起来的。认真审视

安化黑茶，不难发现其特质完全可以成为中国茶产业走向现代化的必备条件。

安化黑茶通过微生物发酵等技术，茶品的质量和功能得到可靠改善与增强。茶界通常以发酵的程度及程序来区分茶叶的品类。但事实上发酵通常是指借助微生物在有氧或无氧条件下的生命活动来制备微生物菌体本身、直接代谢产物或次级代谢产物的过程，其实质是微生物对有机物的分解。因此茶界所讲的发酵在大多数情况下只是一种生物氧化，是茶叶细胞液中的多酚类物质、细胞壁中的氧化酶相互接触所产生的酶促反应，以及通过酶促反应对茶叶的颜色、香气和滋味所产生的改变（图2-1）。黑茶的制作过程，除自身酶促反应的生物氧化发酵外，在杀青、揉捻后的渥堆过程中，以及产品完成后的运输、储存、消费的长期过程中会通过微生物的参与，使茶叶不断发生生理生化变化的渐发酵，不仅达到改善颜色、香气和滋味的效果，还可以增添许多微生物菌体本身或其代谢物等多种有效成分。特别是安化黑茶的微生物发酵过程始终处于适度的、可控的范围之内，促使茶叶发生深度的良性生理生化变化，融入了冠突散囊菌

图 2-1 安化黑茶发酵

等代谢活性物质以及微生物菌体，因此对于改善安化黑茶的品质、增强或发挥安化黑茶的益生功能具有积极意义。可以说，基于传统安化黑茶制作技术的微生物发酵，既是老祖宗留给现代人的宝贵财富，也是21世纪茶产业发展的科学路径。

安化黑茶通过初制和精制工艺，能实现主要产品感官、功效的长期相对稳定。茶叶现代化生产营销的基础前提是标准化。纯料茶、山头茶、单株茶、手工茶，市场有需求，因而也有其存在的价值。但感官与功效长期相对稳定，并可以接受国际公认的现代标准体系和技术检测的茶叶产品，既是茶叶现代化大生产的目标，也是茶叶全球化营销的要求，更是茶品稳定消费群体、稳定拓展市场的重要基础。面对中国茶产业品类繁多、产区土壤与气候条件各异、生产加工技术高低不平等现实，要生产规模化、标准化的产品，就要像安化黑茶一样，一方面通过毛茶的初制与精制相对分离，另一方面成熟度低、中、高的茶叶综合利用，再采取原料拼配的方式保证同类产品的多样化和同一产品的标准化。"茶要拼配，酒要勾兑"，拼配的目的是达到感官与功效的标准化，因而拼配不仅是一种工艺、一种技术，更蕴含着传统中国茶产业现代化的方法与路径。安化黑茶生产工艺流程清晰，适合于机械化、自动化的大工业生产。由于通过多年的技术创新，特别是制造

业的突飞猛进，已解决了黑茶加工过程中的几大瓶颈技术，比如发酵仓、全自动流水压制机械、温控自动化等，保证了从手工式转变为机械化、自动化的必备条件。

安化黑茶有广阔的市场空间。从明代开始,安化黑茶已经成为运销西北的大宗农产品,此后更是远销欧洲腹地。这种在封建社会即已经出现的大规模、远距离产销活动，证明安化黑茶国际市场的地位。立顿茶叶能走向世界，是安化黑茶的榜样。从现代人们生活与安化黑茶基本保健功能分析，特别是对亚健康人群具有明显调理保健功效，为安化黑茶提供了广阔的市场空间。当前，茶农、茶商、消费者之间形成了比较紧密、长远的生产经营关系，产业链的各个环节日益完善，其运行日益规范并朝着现代化大营销的方向演进。在安化黑茶营销过程中形成的官茶制度、统制经营制度和边销茶制度、市场经济制度等经营制度因素，是成为传统安化黑茶产业向现代化转型的宝贵财富和有力支撑。

二、"马帮进京"等重大茶事活动对安化黑茶的启示

2001 年，台湾茶文化学者曾至贤花费十年心血，写成《方圆之缘——深探紧压茶世界》，盛赞安化千两茶是"茶文化的经典，茶叶历史的浓缩，茶中的极品"，并在随后引发了一股收藏紧压茶、品饮紧压茶的热潮。陕西一家茶叶公司盘库时清理出两篓湖南安化第二茶厂生产的"53 天尖"（图 2-2），被资深茶人纪晓明、陈楚平发现，并把它们搬到了 2005 年 2 月 14 日央视《鉴宝》栏目中，专家鉴定评估出每一篓 48 万元的天价。正是这两篓安化黑茶引发了各大媒体和茶叶界的一场地震，迅速掀起了韩国、日本和港澳台地区及广州、深圳、东莞等地的茶人、藏家到安化访寻老黑茶及相关文物的热潮。

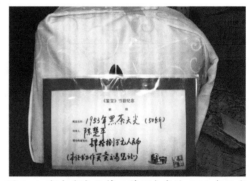

图 2-2 湖南省安化第二茶厂生产的 1953 年天尖

2005 年，云南普洱茶产业界策划了大型茶事活动"马帮进京"。当来自云南的马帮行走在北京的大街上，引发了北京市民的空前热情，让京城的记者惊呼马帮——一种渐行渐远的行走艺术，从而引起了连篇累牍的报道。在全国各路媒体的争相报道下，马帮新闻事件引起了全国性的普洱茶热潮，从而推动普洱茶迅速升温。马帮进京是一次成功的茶事活动，也预示了普洱茶正在强势崛起。

"马帮进京"又一次给安化黑茶以启迪。时任安化县委书记彭建忠、县长谢寿保、主管茶叶产业的副县长蒋跃登敏锐地抓住了安化黑茶复兴的机遇，随即部署调查研究，向

专家、厂家、商家和销区了解安化黑茶的历史发展、现实情况和健康机理，通过普洱茶的兴起反观安化黑茶复兴的可能与镜鉴，最终认定安化黑茶具备现代化发展的有利因素。而且举凡中国六大茶类以及众多的区域茶业品牌，同时具备这些产业现代化条件的，可以说唯有安化黑茶。因此，安化县委、县政府提出了"安化黑茶、世界独有"的口号，并正式确定把复兴安化黑茶作为全县重点产业战略。这一决策得

图2-3 益阳市委书记蒋作斌（右二）、益阳市委组织部长贺修铭（左二）、安化县委书记彭建忠（左一）在安化茶企调研

到了益阳市委、市政府的高度肯定，时任市委书记蒋作斌迅速要求将其提升为市级战略，举全市之力打造安化黑茶这一特色产业（图2-3）。

三、茶业振兴是"小康中国""脱贫攻坚"在安化的首要选项

小康社会是古代思想家描绘的诱人的社会理想，也表现了普通百姓对宽裕、殷实的理想生活追求。我国实行改革开放后，邓小平就提出了小康目标。党的"十八大"更是明确地把小康中国写进会议报告。随后党和国家把全面建成小康社会作为执政目标，并要求地方各级付诸实践。安化是一个资源大县，同时又是一个国家重点扶贫攻坚县，实现小康先要迈过脱贫大坎，真可谓使命光荣，任务艰巨。如何实现脱贫与小康目标，发展产业成为安化的当务之急。茶产业有4个明显特点：一是有广阔的市场空间，全球饮茶人超过30亿，全国饮茶人达8亿之多；二是安化有广泛、扎实的基础，既有千年茶文化的沉淀，又有大量的茶园基地；三是适合全民参与，不同层次的人员均能在茶产业链上找到就业的岗位；四是对茶产业进行工业化、现代化改造，延长产业链，完全可以达到茶人增收、企业增效、财政增长的目的。

2006年，安化县决定把茶产业做成一项"富民工程"，成立安化县茶产业茶文化开发领导小组，由分管农业农村和扶贫工作的副县长蒋跃登挂帅，县农业局局长吴章安任办公室主任。着眼21世纪新形势，果断提出并长期坚持"用市场经济手段复苏和振兴安化茶产业"的方针，从"树立品牌意识打好营销战、树立抱团意识打好整体战、树立质量意识打好持久战"等方面入手，面向国际茶叶大市场，突出产品功能化、形态便捷化、品饮大众化等变革重点，稳定边销市场、拓展内销市场、突破外销市场。

第二节　安化黑茶迅猛发展的 12 年

2006—2018 年的 12 年间，在益阳大地上创造的"黑茶大业"，也被业界誉为"安化黑茶现象"。

一、产业规模快速持续扩大

2019 年，益阳市茶产业综合产值为 277 亿元，产量 16.8 万 t，茶园面积 3.35 万 hm²。安化县 2007 年与 2018 年的几个主要指标比较：茶产业综合产值由 0.9 亿元增加到 180 亿元，增加 200 倍（图 2-4）；茶园面积由 7296hm² 增加到 2.345 万 hm²，增长 234.5%（图 2-5）；茶叶生产企业由 4 家发展到 165 家（不含关联企业与手工作坊）；茶叶年加工量由 1.05 万 t 增加到 8.2 万 t（图 2-6），占全国茶叶总产量的 3%、黑茶总产量的近 30%；茶叶企业入库税收由 120 万元 / 年上升到 3.2 亿元 / 年（图 2-7），成为全国茶叶税收第一县。连续 5 年位列全国重点产茶县前四强。

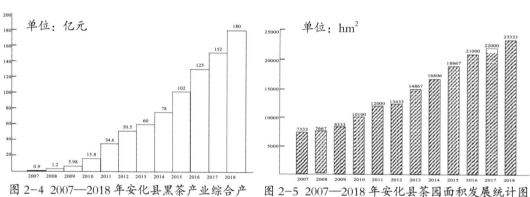

图 2-4　2007—2018 年安化县黑茶产业综合产值变化图

图 2-5　2007—2018 年安化县茶园面积发展统计图

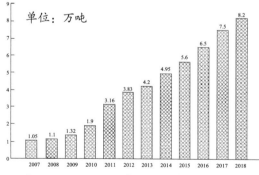

图 2-6　2007—2018 年安化县年加工成品茶统计图

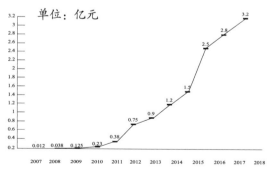

图 2-7　2007—2018 年安化县茶叶纳税统计图

二、茶园基地健康发展

茶叶种植是茶业发展的基础，合理调整配置企业与茶农的关系是关键，通过12年的发展已全面形成"公司＋基地＋农户""公司＋合作社＋农户"的茶园基地组合模式；全面推广"小块茶园，林中有茶，茶中有林"的生态茶园模式，确保茶业质量稳步提高。茶树品种基本实现以本地选育的云台大叶茶为主体，保障内含物充分的品质。茶园培管全面推广有机、绿色、环保机制，其中颁证的有机茶园面积达133.4hm^2，并形成了对茶园培管标准的广泛共识。

三、企业集群加快聚集，并基本实现现代企业管理机制

目前益阳市共有茶叶加工企业700多家，其中安化县达500多家。湖南华莱生物科技有限公司成为"农业产业化国家重点龙头企业"，省级龙头企业有益阳茶厂、白沙溪茶厂、中茶安化茶厂、浩茗茶业公司等11家，市级龙头企业42家。机械化、现代化、标准化、清洁化全面形成，一批企业走向了全自动智能化机器人时代。华莱生物科技公司、白沙溪茶厂、中茶安化茶厂等已建成全自动流水线和机器臂作业；华莱生物科技公司还在冷市、万隆两个生产区中建成十万级净化车间（GMP）2个；中茶安化茶厂建成十万级净化车间（GMP）1个；益阳唯楚福瑞达公司建成十万级净化车间（GMP）1个。益阳茶厂、香木海茶业、浩茗茶业、高马二溪茶业、梅山崖茶业、怡清源、八角茶业、冠隆誉茶业、高家山茶业、千秋界茶业等一批茶叶生产企业已形成标准化生产规模。同时，"毛茶厂建山头，加工厂建园区"的态势已经形成。320多家干毛茶厂基本分布在山头、基地，其中标准化毛茶厂达270多家，加工厂主要集中在安化国家现代农业产业园、益阳工业园和梅城工业园。在马路镇、冷市镇、仙溪镇等原料集中产区建设了一批小园区。

四、品牌影响力不断增强

2004年，受普洱茶的影响，安化县以县茶业协会名义，联系10多家茶业企业开始向国家工商行政管理总局注册"安化茶"集体商标；2007年，安化县茶业协会经县政府批准后，正式向国家工商总局注册"安化黑茶""安化千两茶"两个证明商标；2010年，安化黑茶被国家质检总局列入国家地理标志产品保护目录；2011年，安化黑茶被国家工商总局认定为中国驰名商标；2015年，"全国安化黑茶产业知名品牌创建示范区"由国家质检总局正式授牌；2016年，由农业部牵头组织全国茶公共品牌评选，获评全国"十大茶叶区域公用品牌"（图2-8），是年荣获湖南省"十大农业品牌"第一名；2018年，

正式确定为"国家现代农业产业园"（图2-9）。目前，安化黑茶加工企业已拥有中国驰名商标5个，省著名商标15个，湖南名牌11个，中华老字号1家，湖南老字号3家。安化黑茶品牌价值2018年估值32.99亿元，比2013年升值22亿元。从2016年开始，"安化黑茶"已申请马德里协约国的国际商标注册。

图2-8 中国十大茶叶区域公用品牌

图2-9 国家现代农业产业园

五、科技水平稳步提升

现代产业的形成并实现可持续，关键要素是科技融入。传统产业的传承，必须与现代科技、现代文明相结合，机械的、僵化的、一成不变的传承是没有生命力的，更不可能做大做强。安化黑茶这一传统产业的发展，始终坚守了用现代科技传承传统产业。一是与科研机构、科研团队全面联姻，包括与中国茶叶研究所、杭州茶叶研究院、湖南农业大学、湖南省茶叶研究所等全面合作。二是外聘科研人员，聘请了中国工程院院士、中国茶叶学会名誉理事长、中国农业科学院茶叶研究所研究员陈宗懋（图2-10），中国茶叶流通协会会长王庆，茶学家、茶学教育与茶树育种栽培专家刘祖生，湖南省茶叶学会名誉理事长、湖南农业大学教授施兆鹏，中华全国供销合作总社杭州茶叶研究院院长张士康，中国工程院院士、中国茶叶学会副理事长、湖南省茶叶学会理事长、湖南农业大学教授刘仲华，中国农业科学院茶叶研究所所长、国家茶叶产业技术体系首席科学家杨亚军等茶叶科学家为安化县经济顾问和安化黑茶产业首席科学家，及时为产业发展把脉问诊、现场指导。2014年10月12日，在安化县举办"安化黑茶产业发展科学家论坛"，7位科学家分别作专家讲演，中国新农村发展研究院给共建单位湖南农业大学、安化县人民政府授牌"湖南省安化黑茶产业技术创新与推广中心"。三是加快黑茶机械设备的研发与

图2-10 中国工程院院士陈宗懋在第三届安化黑茶文化节开幕式上

应用，提高产出效益。特别是在分选、全自动压制、全自动发酵设备改造上取得重大进展，益阳胜希茶叶机械厂10年内为30多家企业实行了改造升级。四是新产品开发呈现良好势头，速溶茶、袋泡茶、黑茶胶囊、小黑神浓缩口服液、娃哈哈黑茶饮料、黑茶糕点、黑茶酒、黑茶牙膏、黑茶面膜等产品全面上市，比重不断上升。五是茶包装、物流相关产业链的科技水平加快提升。

六、市场占有稳健扩张

安化黑茶长期规模小、市场窄的根本原因是没有跳出"边销茶"圈子。从2006年开始，通过全面突围，赢得了飞速发展的市场空间。据调查分析，全国所有县城以上城市，已全部布局了安化黑茶销售网点，网点总量突破4万家，已形成城市设营销中心、乡村设销售门店、专柜等网络（图2-11）。全国所有茶叶城均有安化黑茶销售区，北京马连道茶城（图2-12）、广州芳村茶叶城、长沙神农茶都、长沙高桥大市场茶叶城、济南四大茶叶城、深圳茶叶渗透大市场等知名茶城成为重要辐射中心。电商、微商等互联网新型模式全面渗透，完全实现了从边销茶走向大市场的裂变，从养在深闺人未识走进了寻常百姓家。并且在国际大市场上开始起步。东南亚国家均有安化黑茶市场，尤其在马来西亚、新加坡、韩国、泰国等国家销售良好，台湾、香港、澳门等地区已有较大规模的销量。欧洲部分国家开始饮用，法国、德国等地均设有专门机构和网点，对美洲地区也有出口。在安化黑茶打开国际市场的进程中，中茶公司、白沙溪茶厂、益阳茶厂、浩茗茶业公司、桃江天问茶业公司等业绩明显，据初步统计安化黑茶年出口已突破1亿元人民币。但由于出口编码没有获批，国际注册还没有全面完成，导致出口规模有限和统计口径不一。这也是安化黑茶走向国际化的当务之急。

图2-11 天植坊茶业许昌直营店

图2-12 北京茶伴书香驿站

第三节 安化黑茶在区域经济和精准扶贫中的地位和作用

2010 年，国家实行新一轮扶贫战略，以县为单位，农民年人均收入 1300 元、人均 GDP 2700 元、人均财政收入 120 元为限线，确定中西部 21 个省（直辖市、自治区）中 592 个县为"国家扶贫开发工作重点县"。安化县位列其中，并确定中国远洋航运公司作为中央单位对口扶持安化县。2015 年 11 月 23 日，党中央作出《关于打赢脱贫攻坚战的决定》，要求通过 5 年的精准扶贫，让仍在贫困线上的 7000 万人实现脱贫。安化县自 1994 年 4 月被纳入全国第一批重点扶贫县后，经过多年努力，至 2010 年全县仍有贫困人口 7.2 万户、24.76 万人，脱贫攻坚任重道远。2014 年经精准识别，全县 90.51 万农业户籍人口中，建档立卡贫困人口 15.85 万人，贫困发生率 17.5%，贫困村 130 个。党中央发出打赢脱贫攻坚战的号令，益阳市及安化县、县政府充分认识到，这是当前最大的政治任务和第一民生工程，是一场攻坚战，更是一场必胜战，既要有量变，更要有质变。2016 年 2 月，湖南省省长杜家毫视察安化时提出茶产业要帮助群众脱贫致富（图 2-13）。经过 4 年的艰苦奋斗，至 2018 年底全县累计脱贫 43415 户、164370 人，130 个贫困村出列，贫困村出列率 100%，贫困发生率降为 1.01%。据统计，10.8 万人通过产业扶贫项目带动实现脱贫，到户小产业项目实现全覆盖；22269 人通过培训就业实现脱贫；4954 户、20042 人通过易地搬迁实现脱贫；826 人通过生态补偿实现脱贫。2019 年 4 月，湖南省人民政府批准同意安化县脱贫摘帽（图 2-14），安化人民从此走上了全面小康的康庄大道。

图 2-13 领导、专家调研安化茶产业扶贫工作

图 2-14 湖南省人民政府批复同意安化等 13 个县市脱贫摘帽

安化能顺利脱贫摘帽，其中一条重要的经验就是把安化黑茶作为脱贫攻坚的主导产业，安化黑茶挑起了脱贫攻坚的大梁。2018 年全县地区生产总值 233.5 亿元，其中茶业产值贡献率为 21%，茶叶税收 3.2 亿元，占全县税收总额的 24%，从事茶产业及关联产

业的从业人员达 35 万人，占全县常住人口的 40%，年劳务收入 38 亿元以上。其中，建档立卡贫困户中从事茶产业的 9.4 万户，贫困人口年收入 9 亿元左右，全部实现脱贫摘帽，部分贫困农户实现了致富奔小康（表 2-1）。安化黑茶产业已成为当地拓展就业的支柱、脱贫攻坚的支撑和品牌创新的亮点。不仅在农民收入中的比重不断增加，更为可喜的是，对固定资产投资、城镇建设、特色工业园区形成起到了关键性的作用。

表 2-1　2014—2018 年建档立卡贫困人口脱贫摘帽统计表

年度 / 年	贫困村出列 / 个	脱贫人口			农村居民人均可支配收入 / 元
		脱贫户	脱贫人数	贫困发生率 /%	
2014		6263	23848	16.55	
2015		5247	20284	14.29	
2016		6376	24915	11.54	
2017	65	10069	39578	7.17	7465
2018	65	15460	55709	1.01	9115
合计	130	43415	164370		

图 2-15　领导、专家考察安化茶旅产业

安化县紧紧依托资源禀赋发展黑茶产业，通过产业扶贫变"输血式"为"造血式"，实现了安化黑茶产业扶贫的蝶变（图 2-15）。

一、变劣势资源为优势资源

安化集山区、库区、穷区于一体，山多田少，资源匮乏，主要贫困人口集中在高寒山区。而全县茶叶大部分种植在海拔 500m 以上的高山区，此区域常年云雾缭绕，气候湿润，多为 6 亿年前冰河世纪的冰碛岩风化土壤层。高山云雾出好茶，在山高林密的高山区域发动贫困人口种植茶叶比较效益好，贫困人口脱贫致富快。经测算，种植一亩茶园，每年除去成本能获益 5000 元以上，高山茶、"山头茶"能达到 8000~15000 元的收益。

图 2-16 帮贫困户运送优质茶苗

贫困户种 1 亩茶园，3 年后可脱贫，种 2 亩茶园可脱贫致富。通过发动贫困户种茶（图 2-16），把劣势资源变成了优势资源。

二、化陈腐观念为市场经营理念

高寒山区贫困人口种茶尝到了实惠，观念发生了全新的变化。过去贫困人口认为脱贫自己既没能力，又没有实力，抱着"等、靠、要"的思想让政府来帮扶。茶产业作为产业扶贫的主导产业后，贫困人口观念发生了根本性转变，脱贫靠种茶，致富靠销茶。把茶叶产品转化为市场商品，过去有困难找县长，如今脱贫致富找市场，脱贫要快就种好茶、做好茶、销好茶，贫困人口成为了茶叶市场的主要经营者，高寒山区的人民依靠一方山水养活一方人家。同时，也激发提振了人们开发多种优势农产品的热情和信心。

三、贫困人口的素质、技能大幅提升

素质是影响致贫的又一个根本原因。益阳市政府及各产茶县区通过"阳光工程"和新型职业农民培训，培育了一大批茶产业的新型职业茶农，茶叶企业广泛开展员工技能培训，让贫困人口自觉参与到茶叶种植、加工和下游产品的开发上来，努力提高自身素质，适应茶产业发展需要。经过政府组织培训和自身的学习，贫困人口在依靠黑茶产业脱贫的过程中全面提升了劳动技能，每个贫困家庭至少一人掌握了一门以上的专业技能，大部分掌握了多项种养技术，贫困人口可在家门口实现多次就业。

四、贫困人口信心全面提振

通过黑茶产业扶贫，广大贫困人口在茶产业的实践中实现了走出贫困的梦想，一部分人还成为了脱贫致富的能人，医治了思想上懒散的痼疾。安化黑茶产业的发展，提振了贫困人口的信心，提高了他们发展茶产业的自觉性。黑茶产业扶贫使他们有了获得感，在发展茶产业的同时找到了生活的激情和工作的热情，大部分贫困人口不但生活上脱了贫，精神面貌也走出了颓废状态，依靠茶产业脱贫，依靠茶产业致富的信心越来越足。同时，也激发了他们开发各种优势农产品的热情和信心，产业扶贫路子越走越宽。

安化县委、县政府在产业扶贫中大力培育新型农业经营主体，突出安化黑茶产业的主导地位，努力实现各级产业扶贫项目，推行多种产业扶贫模式，探索"公司（合作社）+基地+贫困户""乡镇（村）+示范点+贫困户+非贫困户""扶贫车间+扶贫产品+贫困户""致富能人+贫困户"等多种利益联结机制，让贫困户真正分享产业发展红利。其精准扶贫的主要形式：

（一）项目扶贫

省、县、乡、村4级产业扶贫项目，实现了贫困村、贫困户全覆盖（图2-17）。2014—2018年，共实施省级产业项目9个，其中安化黑茶项目6个，共投入专项资金3808万元，与1.76万名贫困对象签订帮扶协议，每人年增收1000元以上。同一时期县级产业项目投入资金1.5亿元，实施项目129个，对参与脱贫攻坚的新型农业经营主体予以支持，整体实施成效显著，受益贫困人口达7.5万人；对130个贫困村每村安排50万元项目资金，发展以茶为主的村级集体经济。乡镇产业项目主要是发挥乡镇自

图2-17 领导、专家考察安化黑茶扶贫项目

主权，对参与脱贫攻坚的新型农业经营主体、乡镇辖区扶贫产业进行培育发展。2018年安排乡镇产业扶持基金1520万元，共实施项目122个，13535名贫困人口受益。村级到户小产业项目主要是对贫困户种植茶叶、蔬果、养殖鸡鸭牛羊等给予帮扶，资金风险小，贫困户受益直观。2017年，以茶产业项目资金为主，县统一安排产业巩固基金1618万元，给予2014—2016年已脱贫户1000元/户进行脱贫成效巩固；安排产业再帮扶基金1566万元，给予2017年预脱贫户1500元/户进行产业再帮扶，2.2万多贫困户近9万贫困人口受益。2018年，县政府再安排2370万元资金，给予2018年预脱贫户1500元/户进行产业再帮扶。

（二）直接帮扶

主要对既有产业发展愿望，又有产业发展能力的贫困对象，在政府的组织引导下，直接参与区域特色产业开发。通过以奖代补、贷款贴息等方式，组织贫困户跟着有能力、有头脑、有市场的企业和能人发展生产。在发展过程中，由企业或能人提供种子种苗、技术指导、市场信息、产品包销等服务，双方之间确定相应的利益连接机制。近3年，按照茶叶种苗基地2000元/亩、新建基地1000元/亩、老茶园改造500元/亩的补贴标准，扶持2万多户贫困户发展茶园2814hm²。

（三）委托帮扶

主要针对缺劳力、缺技术、缺思路、缺发展条件的贫困户，将产业扶持资金委托给有合作意愿、有社会责任、讲诚信和有实力的新型农业经营主体，实行项目统一开发、统一管理、统一经营、统一核算，项目产权归贫困户所有，项目收益按比例分成。对参与委托帮扶的企业，以帮助贫困人口数为依据，给予2000元/人的县级产业扶持基金和1万~5万元/户的小额信贷支持，签订企业、农户、银行、政府4方协议，确保县乡投入到贫困户的产业扶持基金75%以上用于贫困户增收，小额信贷年收益不低于8%，连续受益不低于6年。

（四）股份合作帮扶

主要针对有劳力、有资源、有愿望但自己不会干或干不好的贫困农户，用扶贫资金和小额信贷资金以及自己的山林田土等生产资料折算入股，由农业企业、农民专业合作社、家庭农场统一管理和生产经营，结成联股、联利的共同体。白沙溪茶厂让出钧泽源茶园总股本1000万元的80%给4000名贫困对象，以每人每股2000元量化到户，4000名贫困户年人均保底收益3600元。湖南华莱、八角茶业、千秋界茶业、碧丹溪茶业、安蓉茶业等企业都采取了订单农业帮扶方式。湖南华莱科技有限公司是产业扶贫上的标杆企业，有扶贫办公室、扶贫项目基地、扶贫车间、扶贫产品、扶贫基金。自2017年以来，公司采取"委托帮扶＋股份合作帮扶"的方式，帮扶安化县内6049户建档立卡贫困人口，公司安排长期就业人员4000余人，惠及土地流转的农民、茶农及茶叶生产相关人员9.67万人，其中贫困农户2.32万人。公司扶贫车间专门定制扶贫产品"富民茶"（图2-18）。公司每销售一片富民茶，将提取5元用于湖南华莱产业扶贫项目，可直接帮助贫困户，帮助政府更快推进精准扶贫工作。目前，富民茶每年可销售60多万片。八角茶业帮扶马路镇八角村、岳溪村等6个村635户2216名建档立卡贫困人口，采取订单农业方式对3000亩贫困户茶园基地实行按市场行情收购茶叶，每亩茶园能为贫困户增收7000多元。云上茶业、安蓉茶业、千秋界茶业、碧丹溪茶业等对区域特困户实行帮扶措施，确保贫困人口脱贫摘帽。

图 2-18 华莱公司扶贫车间及生产的扶贫产品"富民茶"

第四节 新时期安化黑茶复兴战略

从一个产品演进成一个产业,从"边销茶"裂变为"全国十大公共品牌",回眸其复兴历程,要诀在于四大战略:

一、体制、制度、机制创新战略

体制、制度与机制是任何事业、任何区域发展的要素。安化黑茶从"以茶易马""以茶治边"到"边销茶"的形成,其实是一部"官茶"历史。明代的榷茶制度、清代的茶引、民国时期的茶票、解放后的指令性计划,无一不是做"官茶"行"官道",因而导致了长期的依赖性、依附性。乃至党的十一届三中全会确定改革开放后,近20年轰轰烈烈的改革开放大潮中,也基本没有触动,更谈不上突破。到2005年,产业地位依然是可有可无,顺其自然。企业机制依然是"大锅饭"。尚存的白沙溪茶厂、安化茶厂、益阳茶厂是省部属国有企业。其企业归属问题长期处于上级要把管理权下放到县、区,而县、区拒不接受这种踢皮球的状态。企业经营处于停产半停产的危险境地,国家民委、全国供销总社下达一点计划就生产一点,没有计划就全面停产。安化县茶叶试验场(原褒家冲茶场)、安化县茶叶公司茶厂、益阳市茶叶公司茶厂为市县属集体企业,基本名存实亡。全市仅有的几家小型企业、作坊式个体只进行一些季节性生产。市场地位基本被绿茶、红茶挤占,沿海和发达地区根本没听说过"安化黑茶"。拥有上千年传承历史的大宗茶出现这种惨淡局面,一个极为重要的原因就是政府没有主导,企业没成为主体,茶人没当作主人。寻求突破,解决体制、制度、机制问题,是2006年开始安化县委、县政府使出的第一招。

（一）建立政府主导机制

2006 年 12 月，成立安化县茶产业茶文化开发领导小组，赋予领导、协调、指挥的权力、义务、责任；明确安化县委书记、县长为顾问，作为茶产业发展的坚强保证；领导小组组长由具有较强指挥、操作能力的人担任，要求保证连贯性；领导小组下设办公室（简称"茶业办"），为相对稳定的事业单位，抽调一批专业人员集中办公，2007 年安化县农业局加挂县茶业局的牌子，增派一线副局长，2013 年 5 月经益阳市编委批准，成立安化县茶业局（益编办发〔2013〕19 号）。2016 年益阳市编委正式批准设置安化县茶业局，编制 10 人，属农业和粮食局二级副科级事业机构，2006 年 12 月，根据当时的情况组建了半官方、半民间的安化县茶业协会，与茶业办合署办公，具有部分独立性。各重点产茶乡镇成立相应指挥机构。为了确定茶产业茶文化的战略地位和工作目标，中共安化县委以〔2007〕1 号文件下发了《关于加强和发展安化县茶产业的意见》，对安化黑茶定位、目标、抓手等事项进行明确。这个文件被公认为安化黑茶产业发展的奠基石，也是政府主导茶产业的"尚方宝剑"。益阳市委、市政府综观全市茶产业的基础与条件，决定把安化县的茶产业发展上升为市级战略，举全市之力，发展安化黑茶产业，要求有产茶历史的桃江县、赫山区、资阳区协力发展茶产业。2007 年 4 月，成立益阳市茶产业领导小组，并成立益阳市茶叶协会。益阳市委、市政府先后作出了若干决定和部署，为安化黑茶成为区域品牌、知名品牌起到了关键性作用（图 2-19）。桃江县、赫山区、资阳区党委、政府结合自身特点，全面升级茶产业发展地位，为安化黑茶的迅速崛起作出了巨大努力和贡献。

图 2-19　领导、专家检查安化黑茶区域品牌和知名品牌创建工作

（二）深化企业体制改革

在产业发展的历史长河中，无论是尚存还是消失了的企业，均为安化黑茶的发展作出了贡献，如生产技艺的研发与延续、技术人员的培养与培训、市场地位的拓展与巩固、茶文化的挖掘与传播等，至今为后人受益。尤其是白沙溪茶厂、安化茶厂、益阳茶厂、香炉山茶厂、安化县茶叶公司茶厂等这批尚存企业贡献颇多，但由于多方面的原因，企业活力严重不足，有的企业曾经名存实亡，有的甚至岌岌可危。要发展茶产业，又需要依靠这些企业和这些企业的技术。地方党委、政府经过反复调研论证，最终形成共识，

一致认为必须釜底抽薪，彻底改革，这既是政府的责任，也是企业蜕变涅槃的必经阵痛。从2006年开始，益阳市委、市政府与安化县委、县政府主导下，在企业主管机关的全力配合下，对这些国营和市、县属集体企事业单位进行彻底改革。白沙溪茶厂从2004年开始，历时4年破产重组，实施由湖南省茶叶公司控股、全体员工持股的股份制改革，2007年5月18日重新注册为湖南省白沙溪茶厂股份公司，参与改革的员工按完全自愿的原则参股。益阳茶厂更是经过了多轮、多形式的改革，第一轮改革2003年2月至2006年8月，以劳动人事制度改革为核心，简单地解除人事关系，把职工推向社会，没有涉及企业体制改革；第二轮改革2006年9月到2009年11月，以"转制救活"为目的，但没有迈出关键性的步伐，2007年8月起全面停产；第三轮改革是当时市委、市政府根据改革的要求和安化黑茶迅速发展的大好形势，指示益阳茶厂进行深度改革，并敦促其上级主管机关高度重视和支持，2009年12月正式启动破产重组，至2011年基本完成股份制改革。企业真正出现了活力、生机。安化茶厂始建于1902年，是中国最早且成规模的茶叶生产企业，其改革过程更为复杂艰难。原归属中国土产畜产进出口公司管辖，后划归湖南省进出口公司管理，本世纪初，省直有关单位行文下放归安化县管理，但该企业一直沿袭党内职务归地方任命，行政职务和职工归省管理的模式，且因国家规定的企业改革没有启动、债权债务不清等原因，地方政府进退两难，没有真正接管，归属长期处于悬空状态。安化黑茶的迅速发展给该厂燃起了希望之火，同时安化黑茶做大做强也需要一批有基础、上规模的市场主体。安化县委、县政府积极与湖南省省属国有企业改革领导小组对接，形成了统一的改革意见，2008年7月7日，湖南省省属国有企业改革领导小组办公室正式以湘国企改革办函〔2008〕103号《关于湖南茶叶进出口公司下属8家茶厂关闭注销有关问题的函》答复"原则同意你公司下属8家茶厂实施关闭注销，职工安置执行湘政办发〔2004〕25号及湘政办发〔2005〕12号中非资源枯竭型企业破产政策，安置费由你公司统筹解决"。是年10月24日，中国土产畜产湖南茶叶进出口公司在长沙召开动员大会，宣布湖南省内8家茶厂关闭注销工作正式启动。随后，在益阳市委、市政府统筹安排下（图2-20），安化县委、县人民政府正式与中国茶叶进出口公司（原中土畜公司）讨论安化茶厂的改革事宜，决定改革基准日为2008年12月31日，改革形式为破产重组，由中茶公司投入资金4078万元，对原

图2-20 中共益阳市委书记、益阳市人大主任瞿海在安化调研茶产业发展情况

有职工进行社劳保险、历史遗留问题和原有资产处置。同时商定，由中茶公司注资重组纯国有股份公司，2012年1月1日正式成立"中茶安化第一茶厂股份有限公司"，注册资金为8000万元，到2018年已累计投入1亿多元，修建现代化厂房、自动化生产线及工业旅游设施等。目前已成为中茶公司核心企业，安化黑茶龙头企业。

（三）激励市场主体的形成、壮大

一个产业的形成与壮大，市场主体是根本，企业从生存到充满活力，激励机制在特定时期起关键性作用。为了迅速扩大茶产业企业群体和培育骨干龙头企业，安化县制定了若干鼓励措施和政策。

一是大力招商引资。全面制定公开创办茶叶企业的准入条件。实行"一站式""代理式"服务；对领办企业给予土地、项目、资金、服务等方面倾斜式扶植。初始时期，考虑到投资者对安化黑茶的认知度和信心，把领办企业的着力点放在原有茶叶企业盘活存量，扩大增量上；放在有过茶叶企业管理经验的人身上，让他们挂帅办厂；放在外地创业具有成就的人身上，鼓励他们回乡投资创办茶叶企业（图2-21）。这3个方阵，是安化黑茶发展杰出贡献者，至今仍占主导地位。他们通过办厂发展，又把积累的资金、技术、经验滚动式再投入茶产业及关联产品，从而推动安化黑茶走向更高更远。

图2-21 原中共益阳市委书记魏漩君（女）在检查安化黑茶人才回乡创业情况

二是制定激励政策与措施。从2007年开始，制定实行了《安化县涉农资金整合支持茶产业发展的决定》《安化县招商引资奖励办法》《安化县创建全国知名品牌示范区管理办法》《安化黑茶茶园保险办法》以及茶叶产业创品牌、获荣誉、创纳税大户等一系列奖励办法。出台了土地使用、项目支持、资金扶植、风险防控、企业主和职工保障等全方位激励政策。2008 年，安化县人民政府印发了《关于加强和发展安化茶产业的意见》的实施细则。

三是推行活而不乱的准入门槛制度。鼓励有一定经济条件的人员领办、创办茶叶企业。根据茶产业食品安全为上、买方市场、销售为上的特点建立相应的准入制度，规定生产企业必须具备 5 有：有茶园基地，3 年内达到 33.5hm² 以上茶园；有标准化厂房，面积不少于 2000m²；有清洁化设施，包括封闭、除尘、消毒等；有专业技术人员；有一般纳税人资格（不含红茶、绿茶和其他加工茶）。对销售企业实行无门槛制度，并给予一定鼓励措施。包括开展"十杰、百佳、千优"茶商评比活动，召开全国茶商大会等，浓厚营销氛围。

二、从产品到产业的可持续发展战略

走产品到产业的路子，是安化黑茶实现高速、持续、健康、高质量发展的精准定位。

一是制定中长期发展规划，坚持一张蓝图绘到底。2007 年以来，益阳市、安化县分别编制茶产业发展 5 年、10 年、20 年规划，主要内容是：明确茶产业发展的基本定位、工作目标、基本操守、保障措施，确定为全市茶区主导产业，制定了 5 年、10 年、20 年 3 个目标（图 2-22）。工作上突出 5 个重点：以市场经济理念发展现代茶产业，防止穿新鞋走老路，把一产业延伸到二、三产业；打造区域品牌，形成有规模、有标准、国际化的产品，达成可持续、大众化的目标；走产业化路径，把关键点放在产业链的延长和配套功能健全上，包括茶叶机械研制与开发，茶产品深度开发、包装、物流、仓储等建设；把茶产业发展深度融入区域发展和脱贫攻坚之中，充分利用好乡村振兴、脱贫攻坚、产城融合等政策优势，实现多赢目的；加大科技研发与提升，实现生产工艺现代化、产品多样化、原料有机化。发展目标是 2012 年达到综合产值 50 亿元，2017 年达到 150 亿元，2020 年达到 220 亿元。在湖南千亿湘茶产业中实现"三分天下有其一"。

图 2-22 原益阳市市长胡衡华（左）在安化调研黑茶企业发展规划

二是引导鼓励关联产品和产业的研发与延伸。对茶叶生产机械、包装、物流等关联产业纳入茶产业范围统一规划、协同开发。目前，全市关联产业规模突破 20 亿产值，益阳胜希机械、仓水铺包装及安化、桃江竹制包装等发展迅速。全力支持以安化黑茶为原料的下游产品开发。目前产品有与娃哈哈合作的黑茶饮料，盛唐黑金研发的"小黑神"功能性茶饮料，湖南华莱开发的黑茶牙膏、黑茶面膜、黑茶洗护用品，胖鱼公司开发的黑茶糕点等，全市还开发了黑茶酒、黑茶饰品、黑茶美食等系列产品，并且认可度较高。以冰碛岩、竹木为原料的茶具、茶器已走向系列开发、深度开发，市场占有率直线上升。与上海交通大学共同研发的从黑茶中提取特殊成份控制胰腺癌项目取得重大进展，已正式向国家专利局申请专利，其论文已投送世界知名期刊，并进入审查修改阶段。由湖南农业大学研究的"金花"功效项目正在进行。

三是全面实施一、二、三产业的深度融合

（图 2-23）。黑茶与其它茶类相比有一个明显特征，即两个阶段生产：从鲜叶到干毛茶加工，划分为第一产业；干毛茶进行再加工，划分为第二产业。第一、第二产业的融合具体，且互为条件、互为依靠。安化黑茶发展始终走"公司＋基地＋茶农"的融合模式，一方面把茶农作为产业的基础性支撑，进行技术培训。通过创办黑茶职业中专、水库移民转型、扶贫、农广校、农民再就业等渠道培训茶农，提高茶叶

图 2-23 原中共益阳市委书记胡忠雄（左二）在安化县委常委、副县长邹雄彬陪同下检查茶旅产业融合情况

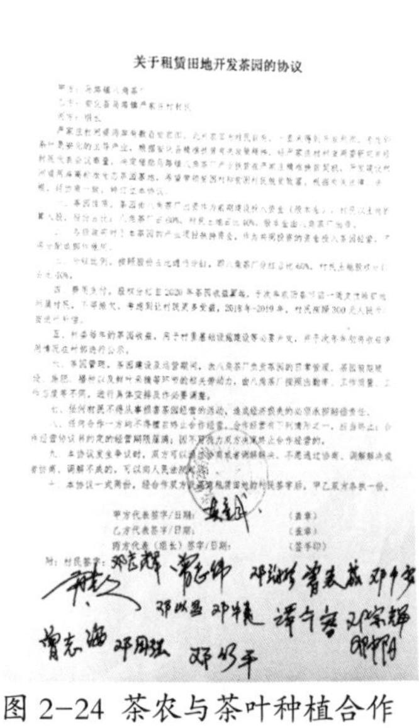

种植和毛茶加工技能，每年培训达万人次。对茶叶合作社、种茶大户给予产业资金、种苗、肥料、病虫害防治技术支持。另一方面建立稳定的干毛茶收购机制，让茶农安心、放心。主要有以下三种方式：①订单模式。主要与茶叶种植合作社签订长期合作合同（图 2-24），合作社组织社员种植、采摘、加工干毛茶，工业厂家负责收购，并可预付部分茶款，提供种苗、肥料等，这种方式的占比较大；②契约模式。针对部分地区因以家庭为单位种植茶园，鲜叶量相对小而分散的特性，建立一批干毛茶加工厂，工业企业与他们实行稳定的契约合作，契约时间一般以 5 年为周期；③工业企业直接创办茶园基地，实行工厂化管理，茶农就近招工，季节性就业。

与三产业融合是安化黑茶实现产业化的鲜明特点，也是再攀高峰的潜力所在：

图 2-24 茶农与茶叶种植合作社签订的合同

（一）茶旅游

首先是编制茶旅融合规划，2013 年安化县政府编制了《安化县旅游发展近中期规划》。其次是全力打造一批有品质、有规模、有影响的茶旅观光园区。茶乡花海、云台山旅游区、安化黑茶小镇已具雏形。

茶乡花海坐落在东坪镇与龙塘乡交汇处，占地近 4000 亩，计划总投资 8 亿元，由原籍安化、在北京创业的黄朗云先生全资建设。园区由北京大学土人规划设计院等单位设计，高品位体现茶与花、茶与文化、茶与建筑艺术、茶与彩色树种、茶与健康养生的融合，达到茶香花艳、四季烂漫，品性高雅，游人如织的目标（图 2-25）；区内有春、夏、秋、冬 4 大园区，有蓝色之梦、荷塘月色、秋天的幻想、空中玻璃漂流、悬崖宾馆等世界级景点。年接待能力 300 万人次，同时还可开展大型山脊自行车、跳台跳水、攀崖、山谷秋千等体育活动。

图 2-25　茶乡花海

云台山旅游区坐落在安化县马路口镇云台山上，由云台茶旅集团公司独资开发，总面积超过 5km²，其中核心区 3km²，规划总投资 5 亿元，现已投资 3 亿多元。景区充分体现茶园观光与自然美景巧妙结合、黑茶加工与游客体验全程互动、历史古迹与现代文化交相辉映，好看、好玩、好享受的理念，已建成并开放的有 201hm² 精美茶园、古朴风格黑茶加工体验厂、鬼斧神工的龙泉洞、已有 600 年历史的真武寺、彪炳安化史册的英雄公园，有体现趣、乐、险的玻璃吊桥、玻璃栈道（图 2-26）、斗牛场等等。区内处处是景、步步为乐。

图 2-26　云台山旅游区神山岩玻璃栈道

2018 年接待游客超过 300 万人次。

安化黑茶小镇位居安化县东坪镇与田庄乡交汇处的资江两岸，上起东坪镇资江大桥，下至唐家观，总面积 20.52km²。由湖南华莱生物科技有限公司全资建设，安化县人民政府设置指挥部负责协调与服务，规划总投资 80~100 亿元，建设周期 5~8 年，2017 年正式启动。由同济大学规划设计，以旅游、黑茶加工体验、茶文化展示、品茶、鉴茶、藏茶、买卖茶和康养、休闲为目的。规划建设资江漫游、康养中心、钟鼓山观光茶园、《天下黑茶》演艺中心、黑茶收藏品鉴中心、安化黑茶交易中心、黑茶大市场、超五星级大酒店、黄沙坪古茶市（图 2-27）等一批高起点、高品位、高传播的景区设施，力求游客赏心悦目、

流连忘返，真正成为中国黑茶中心、中国黑茶文化体验中心。2018 年底已实际投资达 20 多亿元，其中投资上亿元、全长 3km 的南岸主干道正式通车，投资 10 亿元的万隆黑茶产业园投入使用，投资 8 亿元的华莱国际大酒店及周边小区全面开工；黑茶大市场、万隆广场基本完工；南岸区域基本完成征地拆迁。

图 2-27 2017 年修复的黄沙坪古茶市

同时，全力打造以工业旅游和自驾游为主的体验游。体验游作为当前旅游业中正在迅速崛起的一种时尚，并成井喷式发展，为了迎接这一春天，安化黑茶产业顺势而为，颇有建树。其中，工业旅游已开辟了白沙溪茶厂游、万隆黑茶产业园游、益阳茶厂游、安化茶厂百

图 2-28 华莱冷市黑茶产业园

年木仓游、华莱冷市产业园游（图 2-28）等。茶山体验游已开发高马二溪、芙蓉山、九龙池、鹞子尖、云台山、六步溪、烟溪红茶产区等多条线路，茶叶企业自办体验游场所遍地开花。

（二）茶 + 文化

即茶与文化及文创产业融合。安化黑茶既是千年茶文化的沉淀，又是一种与文化相互为依托、相得益彰的产品。联手大媒体编导了电视连续剧《菊花醉》，计划拍摄的有《大国茶商》等，正在拍摄的《古道茶香》，还有多部电影剧本通过初审，近期可以拍摄。电视片已公开播放的有湖南卫视新闻六集大片《黑茶大业》，中央电视台拍摄的《鉴宝》、

走遍中国栏目拍摄的《黑茶之王》等20多部（集）。书籍作品有湖南农大教授蔡正安编著的《湖南黑茶》、湖南师大教授蔡镇楚的《世界茶王》、伍湘安编写的《安化黑茶》、蒋跃登主编的《一小时读懂安化黑茶》、安化县人大城环工委与县茶业办等5单位联合编写的《安化黑茶文物实录》等十多部。同时，2007年县委、县政府在省档案馆查阅并翻印了彭先泽1940年制版的《安化黑茶》《安化黑砖茶》两本书，重新发行。《安化黑茶》杂志于2014年创刊，已成为国内较高水准的专业刊物。以安化黑茶为元素的歌、诗、词、赋、小说等丰富多彩，如中国著名词曲家及音乐制作人何沐阳创作的《你来得正是时候》，是"第三届中国湖南安化黑茶文化节"的主题歌，已唱响全中国。以安化黑茶为背景的戏剧、摄影、画、楹联等文化艺术作品层出不穷。以安化黑茶为基础的文创产品进入高发期，茶饰、茶器、茶雕、茶工艺压制以及茶文艺、茶典当、茶收藏、茶品鉴已涌现呈井喷趋势。

三、品牌强企战略

品牌通常具有宣传、聚合、磁场三大效应，是当代产业核心竞争力的重要标志。"安化黑茶"迅速崛起，品牌建设是一个成功的典范。

图 2-29 安化各类茶图标

注册公共品牌，实施"母子商标"制度。中国茶产业的普遍现象是品牌众多，规模奇小，各自为战，力量分散。安化黑茶要重振雄风，必须跳出这个固态思维，走大品牌路径。为此，从2004年开始把注册公共商标作为打造大品牌的头等大事。由时任县委书记彭建忠、县长谢寿保主持，主管副县长蒋跃登、农业局局长吴章安及相关人员参加，邀请当地文化美术名人罗亮夫、刘权青共同商讨公共商标的设计、美工制作，2004年向国家工商行政管理总局注册"安化茶"集体商标，2007年4月正式向国家工商总局注册"安化黑茶""安化千两茶"两个证明商标获批。为防止恶意抢注，同时注册了天尖、贡尖、生尖、黑砖、花砖等5个保护性商标。2011年10月又注册了"安化红茶""安化红"两个证明商标（图

2-29）。为了突出地域特色，又于 2009 年向国家质量监督总局申报了"安化黑茶"地理标志保护，2010 年获准通过。当前正在开展"马德里同盟""安化黑茶"国际商标注册工作，计划第一批向 95 个国家注册，到 2018 年底已有 22 个国家获准。这些商标成功注册，为抱团打造区域大品牌，形成共振效应创造了必要条件。

为了使公共商标和地理标志的能量得到发挥，安化县茶产业茶文化开发领导小组与茶业协会联合制定了《"安化黑茶"证明商标授权使用管理办法》，授权安化县茶业协会发布并管理，同时明确安化县茶业协会是唯一的合法所有人。规定授权使用的基本条件，包括产品原料必须来源于规定的地域范围：安化县的清塘铺镇、梅城镇、乐安镇、仙溪镇、长塘镇、大福镇、羊角塘镇、冷市镇、龙塘乡、小淹镇、滔溪镇、江南镇、田庄乡、东坪镇、柘溪镇、马路镇、奎溪镇、烟溪镇、平口镇、渠江镇、南金乡、古楼乡；桃江县的桃花江镇、石牛乡镇、浮邱山乡、鸬鹚渡镇、大栗港镇、马迹塘镇；赫山区的新市渡镇、泥江口镇、沧水铺镇；资阳区的新桥河镇等 32 个乡镇行政区域（图 2-30）。使用企业必须具备《全国工业产品生产许可证》(QS 证)《营业执照》《组织机构代码证》《税务登记证》等。同时，对厂区条件、生产设备、技术力量、原料基地、产品质量、经营管理、依法纳税、遵守协会章程等做了明确规定。根据产业发展的要求界定了管理与使用方的权利、义务和责任，建立退出机制、处罚机制。

图 2-30 "安化黑茶"地理标志使用范围

根据公共商标与企业商标的特性，为了实现相互促进、相得益彰，实施"母子商标"制度。规定授权企业所有产品必须标注公共商标和企业商标，公共商标为母商标，企业商标为子商标，其比例尺寸为1∶0.8，标注位置也依产品规格做了明确。同时要求各企业在开展对外宣传、产品推介等活动时，应优先表现公共商标，从而形成聚合效应。

制定产品标准，保证品牌标准化。产品标准是产业的生命线。公共品牌具有覆盖厂区面积较广、企业数量众多、产品名目复杂等特性，保证产品质量最有效的途径是制定统一的产品标准。2007年开始益阳市和安化县两级茶产业领导小组、茶业协会牵头，邀请湖南农业大学、湖南省茶叶研究所的专家学者和部分骨干茶叶企业全面制订地方性干毛茶、千两茶类、砖茶类、天尖类茶叶加工标准，然后推动市、县标准升级为省级地方标准，再报国家质检机关审核，升格为国家标准。目前，安化黑茶已有国家标准8个、省级标准13个。一批骨干企业、特色企业还制订了个性化企业标准（图2-31）。

图2-31 2018年在益阳召开全国标准化委员会黑茶工作组一届三次会议

苦练内功，形成区域特性。一是引导、鼓励创办现代企业，严格控制作坊式、家庭式加工，保证产品质量长期稳定、安全。2018年底，全产区共有成品茶加工企业700多家，其中属一般纳税人的企业占40%。二是统一生产流程，做到5有：有检测室、有电气发酵干燥仓、有食品级卫生装备与监控、有原料来源清单、有中高级技术人员。三是建立产品溯源和全程监控体系。从茶园培养→茶叶采摘→加工→包装→仓储→销售全过程实行电脑跟踪监控。云台山产区和云上茶业、华莱生物科技、白沙溪茶业等已全面覆盖。芙蓉山产区、高马二溪产区正在有序推进。四是引导企业走"大而全、小而专"的发展路子。对小产区和小企业提倡专注一种产品，做出个性、特性，呈现竞争优势。对大企业鼓励做好主导产品的同时，进行下游产品和外延产品的研发，形成多产业链的集团模式。湖南华莱不仅茶叶生产、销售、纳税成为全国茶叶行业之最，而且研发了便捷黑茶茶品、黑茶深加工产品、茶食品、黑茶日化用品、茶文化产品等。湖南白沙溪茶厂、益阳茶厂、中茶安化茶厂、云上茶业等正在迈向集团模式。

重视品牌宣传，提高知名度。一是与现代媒体牵手。先后与新华社、中央电视台、人民日报、中国报道、新华网、人民网等央媒开展长期合作，包括制作传播《万里茶道》《鉴宝》等专题片，在黄金时段播放广告片。与省级和市县级媒体合作比较广泛，在湖南卫视、湖南经视、湖南茶频道以及安徽、浙江、上海、广东、深圳、山东、河南等地方媒体经常开展宣传。湖南卫视的新闻大片《黑茶大业》6集2018年两会前连续播出（图2-32），影响广泛。与《人民日报》《中国报道》《茶周刊》《中华茶人》《茗边》等纸质媒体合作比较密切，还不间断地开展微博、抖音、微电影等多种形式的宣传。二是注重办会办节。安化黑茶的办会办节已被业界广泛认可和推崇。从2009年开始，已连续举办四届《湖南·安化黑茶文化节》，规模宏大，气势磅礴，主题明显，影响深远，其中2015年第三届文化节参加人员达30万人次之多，被公认为业界之最。2018年第四届黑茶文化节有进一步创新，把每年的10月28日确定为"中国黑茶日"，并同日开展千城、万店、千万人"免费饮、优惠购"的活动，影响深远。创造性举办了多次在国内外具有影响力的茶事活动：以安化黑茶"登五岳"为主题，2016年开展"安化黑茶进少林、登泰山"活动，2017年开展安化黑茶上南岳活动等；以"安化黑茶进军旅、援边疆"为主题，将安化黑茶登上了"辽宁舰""益阳舰"等；以安化黑茶"欧洲行""美洲行"为主题，在美国、俄罗斯、匈牙利、捷克、罗马尼亚、乌克兰等国举行大型黑茶推介会等等。同时积极参加全国重大茶事活动，尤其是农业部、中国茶叶流通协会等牵头组织的茶博会及评比活动。基本实现"抱团"式参加，并注重选择主题，形成亮点，留下记忆。三是开展流动与固定形式的户外宣传。已取得北京至广州、北京至上海8列高铁的冠名权，在首都机场、黄花机场、北京西客站、长张高速、二广高速、益安高速等多条高速广告宣传位上百个（图2-33）。其他形式的宣传推陈出新，尤其是企业宣传不断刷新记录。

图2-32 湖南卫视2018新闻片《黑茶大业》

图2-33 北京首都机场安化黑茶广告牌

四、实施"小块茶园，林中有茶，茶中有林"的生态茶园战略

原料是产品之母，以农产品为原料的食品加工，尤为重要。现代茶叶市场竞争激烈，绿色、有机、环保的原料成为核心竞争力。在安化黑茶盛世复兴进程中，全面推行"小块茶园，林中有茶，茶中有林"生态茶园的"安化模式"，牢牢把握主动权。

（一）新植茶园合理布局

重点布局在海拔 400~1000m 山地。安化黑茶产区地处北纬28°神奇纬度带，气候温和，四季分明，无霜期较长，境内崇山峻岭，山高林密，云雾缭绕，海拔 400~1000m 这一区域，雨量充沛，云雾多，空气湿度大，漫射光多，最适宜茶树生长，同时这一海拔区域无工业污染，有利于生产出

图 2-34 乌云界厚朴基地林中茶

无污染、高品质的茶叶原料。重点布局在冰碛岩集中区。安化是全世界冰碛岩最集中的地区，约占全球已探明总量的 85%，拥有这种 6 亿年前冰河世界遗迹的地区，形成一种相对独特的土壤环境，非常适合高档茶叶生长。安化境内冰碛岩分布近千平方千米，能基本满足不可复制的先天性条件。重点布局在历史名茶区。安化产茶历史悠久，生态茶园建设重点部署在历史名茶区，如历史记载 "四保贡茶" 产地芙蓉山区域、被认定为生产贡茶的 "皇家茶园" 高马二溪区域、生长着中国 21 个优良茶树品种之一云台大叶种的云台区域。对新植茶园明文规定，连片规模控制在 67hm² 以内，每片茶园的生态隔离区力争达到 1000m 左右，连片 13.4hm² 以上的茶园要求适度栽种各类树种，特别是木本药材，以提高其生物功能（图 2-34）。

（二）对老茶园基地全面提质改造

2007 年开始对在农业学大寨、人民公社时期建成的老茶园，全部纳入提质改造计划，由政府实行 "以奖代补" 方式鼓励改造。采取网格模式，标准为连片，每片不超过 20hm²，隔离带纳入退耕还林、长江防护林、生态公益林等计划。对老改、低改茶园给予每亩 500 元的 "以奖代补"。到 2017 年已全部提质完成改造，累计改造面积达 7035hm²。

（三）大力推行 "绿色、有机" 基地建设

严控农业投入品管理与使用。明确农业部门为责任单位，全面实现 "主管部门＋企业＋基地（含合作社）＋茶农" 的防控联动机制，并实行投入品清单和 "明白卡" 制度。全区域禁止使用杀虫剂和除草剂等农药，不得在采茶前施用氮肥。鼓励企业与茶叶合作社、大户申请有机茶园认证，每认证 1 亩奖励 500 元，已获准认证有机茶园近 3350hm²，成为全国有机茶最集中的区域。全面实施生物防控技术，与中国农科院、湖南农业大学联手，其中由陈宗懋院士挂帅的生物防控技术推广第一批面积 670hm²，由农业部门指导推广的生物防控面积超过 17 万亩，与湖南农业大学、湖南茶叶研究所联手实施生物防控面积达 3350hm²。

第五节　安化黑茶产业发展规划

根据益阳市茶产业领导小组与益阳市茶叶局制定的《安化黑茶产业发展规划》，安化黑茶近、中期发展贯彻"创新、协调、绿色、开放、共享"5大发展理念，以提质增效、质量管控、产业升级为核心，坚持"立品牌、重科技、强龙头"的原则，通过"技术、装备、人才"实现产品升级，依靠"营销、管理、文化"推动品牌升级，做强黑茶、做大红茶、做优绿茶，聚焦产业园和茶庄园建设，着力推动茶旅融合，把益阳建

图 2-35　原益阳市市长张值恒（中）、刘仲华院士（左）在安化黑茶产业园调研

成世界黑茶中心，到 2025 年实现综合产值 700 亿元的宏伟目标，争做产业兴旺和乡村振兴的排头兵（图 2-35）。

一、总体目标

根据益阳市现有产业基础、优势条件和发展潜力，集聚优势资源，突出产品特色，以黑茶为重点，兼顾红绿茶，重点建设安化县、桃江县、赫山区和资阳区。规划在 2018—2025 年时段内，积极优化茶产业布局，建设良种繁育基地，打造生态茶园模式，新建和升级初制、精制加工厂，构建质量安全标准体系，创建国家级出口茶叶质量示范区，培育龙头企业，探

图 2-36　益阳市副市长汤瑞祥调研茶产业发展规划编制工作

索市场营销、品牌建设和茶旅融合模式，加强科技、文化和人才建设，促进益阳茶产业朝着高质量、高效益、高文化附加值的目标发展（图 2-36）。

二、近期目标（2018—2020 年）

按照良种化、规模化、标准化、生态化的要求，建成 67hm² 茶苗良种繁育基地，本土茶苗年出圃能力达 1 亿株以上。累计建成优质生态茶园 4.02 万 hm²，其中新建茶园 9098hm²，升级改造茶园 7966hm²。

建成 897 个初制加工厂，全市年产干毛茶达到 14 万 t。

规划建设安化黑茶一二三产业融合产业园、安化红茶产业园、桃江茶叶产业园、赫山茶叶产业园和资阳茶叶产业园 5 大产业园，建成 223 个精制加工厂，全市年加工成品茶达到 18 万 t。

重点建设好资江两岸茶叶观光带，在现有的基础上建设 50 家茶庄园；实现茶叶产业综合产值 300 亿元，其中茶叶出口创汇 0.5 亿美元，涉茶税收 5 亿元；带动 15 万茶农脱贫致富，提供 5 万个以上就业岗位；全市新增 1 家茶叶上市企业。

三、中期目标（2021—2025 年）

全市建成 134hm² 茶苗良种繁育基地，本土年茶苗出圃能力达到 2 亿株以上。全市建成 4.69 万 hm² 优质生态茶园，其中新建茶园 6700hm²，改造茶园 5910hm²。

全市建成 1105 个初制加工厂，年产干毛茶 20 万 t。产业园建成 200 个精制加工厂，年加工茶叶 25 万 t。

沿资江两岸建设 80 家茶庄园；实现茶叶产业综合产值 500 亿元，其中茶叶出口创汇 1 亿美元，涉茶税收 10 亿元；带动 30 万茶农增收，提供 10 万个以上就业岗位；全市新增 3 家茶叶上市企业。

四、长期目标（2026—2035 年）

全市建成 6.67 万 hm² 优质生态茶园，其中新建茶园 2 万 hm²，改造茶园 3335hm²。

全市建成 1460 个初制加工厂，其中新建 355 个，升级改造 54 个，年产毛茶 25 万 t。产业园建成 180 个精制加工厂，其中新建 4 个、整合 24 个，年加工成品茶 30 万 t（图 2-37）。

图 2-37 领导在安化茶区考察

沿资江两岸建设 100 家茶庄园；实现茶叶产业综合产值 1000 亿元，其中茶叶出口创汇 2 亿美元，涉茶税收 15 亿元，带动 50 万茶农增收，提供 20 万个以上就业岗位，全市新增 5 家茶叶上市企业。

保护和繁育好中国 21 个优良茶树品种之一，安化群体品种——"云台大叶种"资源。

主要目标和规划指标详见表 2-2 至表 2-5。

表 2-2　益阳市茶叶产业发展目标

目标	类别	2017 年	2018—2020 年	2021—2025 年	2026—2035 年
茶园建设	生态茶园 / 万亩	46.42	60.00	70.00	100.00
	其中：新建 / 万亩	—	13.58	10.00	30.00
	改造 / 万亩	—	11.89	8.82	5.00
	良种繁育基地 / 亩	—	1000	2000	2000
加工建设	年产毛茶 / 万 t	9.5	14	20	25
	年加工成品茶 / 万 t	13	18	25	30
	初制加工厂 / 个	708	897	1105	1460
	其中：新建 / 个	—	189	208	355
	改造 / 个	—	452	109	54
	精制加工厂 / 个	203	223	200	180
	其中：新建 / 个	—	20	3	4
	整合 / 个	—	—	26	24
茶旅建设	茶庄园 / 家	—	50	80	100
市场建设	综合产值 / 亿元	200	350	700	1000
	出口茶创汇 / 亿美元	0.15	0.2	1	2
	涉茶税收 / 亿元	3.5	6	10	15
	上市企业 / 家	2	3	5	7
产业兴旺	带动茶农增收 / 万人	—	15	30	50
	提供就业岗位 / 万个	—	5	10	20

表 2-3　益阳市茶园发展规划

市县	2017 年	2018—2020 年			2021—2025 年			2026—2035 年		
	总面积 / 万亩	总面积 / 万亩	新建 / 万亩	改造 / 万亩	总面积 / 万亩	新建 / 万亩	改造 / 万亩	总面积 / 万亩	新建 / 万亩	改造 / 万亩
资阳区	2.03	2.50	0.47	0.52	3.00	0.50	0.42	4.00	1.00	0.70
赫山区	3.50	4.00	0.50	0.50	5.00	1.00	0.90	6.00	1.00	0.80
桃江县	7.89	10.00	2.11	0.00	12.00	2.00	0.00	20.00	8.00	0.00
安化县	33.00	43.50	10.50	10.87	50.00	6.50	7.50	70.00	20.00	3.50
合计	46.42	60.00	13.58	11.89	70.00	10.00	8.82	100.00	30.00	5.00

表 2-4　益阳市初制加工厂发展规划

县(区)	2017 年		2021—2025 年				2026—2035 年			
	产量/t	总厂数/个	产量/t	总厂数/个	新建/个	改造/个	产量/t	总厂数/个	新建/个	改造/个
资阳区	1776	42	2600	60	10	3	4000	80	20	15
赫山区	3000	116	5450	149	21	20	6450	165	16	18
桃江县	15300	26	24000	76	25	0	40000	175	99	0
安化县	74924	524	167950	820	152	86	199550	1040	220	21
合计	95000	708	200000	1105	208	109	250000	1460	355	54

注：初制加工厂原则上按 300~500 亩茶叶基地建设 1 个。

表 2-5　益阳市茶产业园发展规划

产业园名称	2025 年					2035 年				
	茶类	产量/t	总厂数/个	新建/个	整合/个	茶类	产量/t	总厂数/个	新建/个	整合/个
安化黑茶一二三产业融合产业园	红绿黑	146000	132	0	18	红绿黑	150000	113	0	19
安化红茶产业园	红、黑	4500	8	3	0	红、黑	10000	12	4	0
桃江茶叶产业园	黑绿红	27000	16	0	2	黑绿红	60000	15	0	1
赫山茶叶产业园	绿黑	65000	35	0	5	绿黑	70000	32	0	3
资阳茶叶产业园	绿红黑	7500	9	0	1	绿红黑	10000	8	0	1
合计		250000	200	3	26		300000	180	4	24

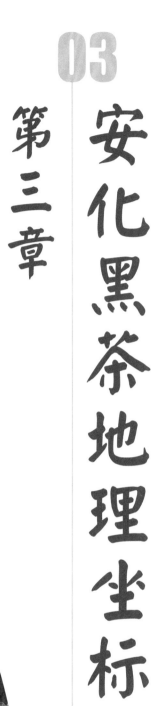

03

第三章

安化黑茶地理坐标

大千世界，万物众生，南橘北枳，其质大别。植物类产品对地理环境的依赖度具有决定性。益阳史称"天下茶仓"，安化拥有"以茶甲诸州县"的地位，安化茶享有"无安化二字不买"的崇高信誉，不可复制的独特的地理环境是其决定性因素。

第一节　益阳地理要览

"背靠雪峰观湖浩，半成山色半成湖"。益阳，因"益水之阳"而得名（资江下游段古称益水）。全市位居湘中偏北，跨越资江中下游、沅水、澧水尾闾，环洞庭湖西南、雪峰山的东端及其余脉。全市地形西高东低，呈狭长状。东西最长距离217km，南北最宽距离173km。南部山区最高处为安化县的九龙池，海拔1622m，乃湘中最高峰；北部湖区最低处海拔为26m，南北自然坡降为9.5%。益阳周边与长沙、常德、怀化、娄底、岳阳接壤，早在旧石器时代就有人类繁衍生息。益阳行政管辖历经多次更迭，曾属潭州（长沙府）、常德专区等，现为地级市，辖安化县、桃江县、南县、沅江市、赫山区、资阳区、大通湖区、高新区等8个县市（区），总人口470万。益阳历史上就是我国农产品供应基地，北部为"鱼米之乡"，南部为"湘中药库""天下茶仓"。目前已列入全国重点农产品生产基地、湖南省"3+2"城市群、环洞庭湖经济圈。

一、神奇的北纬30°黄金产茶带

图 3-1　安化县唐溪茶场

"神奇的北纬 30°"，主要是指北纬 30° 上下波动 5° 所覆盖的地域。这一地带横穿古中国、古埃及、古巴比伦和古印度四大文明古国，有着这个星球上最为玄妙的奇迹、最为难解的谜团，同时也是地球上物种最为丰富的地带。

北纬 30° 除集中了地球上很多秘密外，还是世界茶叶生产的主要地带。在中国，茶叶产区虽然分布在从海南岛三亚市（北纬 18°）至河北省灵寿县（北纬 38°）的广阔地区，并随着种植技术的进步和气候的变化进一步扩展，但中国的绝大多数名茶、优质茶始终产自北纬 30° 左右，特别是北纬 28° 左右更为集中（图 3-1）。因此，北纬 30°，也被称为"名茶纬度"或"茶叶生产的黄金纬度带"。

益阳市位于东经 110°43′02″~112°55′48″、北纬 27°58′38″~29°31′42″ 之间。南部雪峰山脉，是云贵高原东坡过渡到江南丘陵的东侧边幅，是中国第二级地势阶梯的南段转折带；雪峰山脉进入安化境内后，突然从烟溪断裂，并由南北转成东西走向，成为连接云贵高原、湘中丘陵地区与洞庭湖平原的一个独特的地理单元。境内的雪峰山脉南北两支，正处于北纬 30° 左右的"地球脐带"，是江南古陆经加里东运动和燕山运动作用而成的高山深谷。也正是因为这些形成于白垩纪之前的高山深谷，保护了之后产生的众多动植物，使其免受第四纪之后历次冰河期的劫数，得以繁衍至今。这其中，就有安化云台大叶种茶树。

二、冰碛岩与独特的宜茶地质

陆羽《茶经》记载："其地，上者生烂石，中者生砾壤，下者生黄土"。现代科学和工作实践表明，茶生存的区域比较广泛，多种土壤皆可以生存，但质量和产量高低差异很大。土壤是茶树生长的自然基础，所需养分和水分，都是从土壤中取得，土壤的物理、化学性质与茶树生长紧密相关。茶树一般生长于 pH 值为 4.5~6.5 的偏酸性中低山区。上等茶土壤为分化的砾质，如花岗岩分化质、板页岩分化质，安化黑茶产区是冰碛岩和其他多种岩质分化土壤，造就该区域内产好茶的先天性条件。

冰碛岩又称冰碛砾泥岩。在距今约 6 亿年前前寒武纪后期，地球发生了全球性"冰盖气候"和"冰球"事件（也称"雪球事件"），此后又发生了"热室"气候事件，冰川裹挟泥沙、碎石、岩块和其它物质形成特殊时期的冰碛。而后，通过极冷极热的气候演变和沉积作用，最终成为冰碛岩。冰碛岩成因奇特，在世界范围内分布极少，为稀有岩石之一，其颜色灰褐或暗褐，质量重，坚而脆，内夹杂有砂石或其他小生物化石。

地球上，沉积岩的体积本来只占岩石圈的 5%，冰碛岩又是沉积岩中极为稀少的品类。因此，尽管中国有很多地方出现过震旦纪南沱组冰碛岩，但其集中度、蕴藏量都无法与安化相比。2001 年 8 月，中南科学院南京地质古生物研究所陈均远教授及外国专家一行到安化进行地质勘测，偶然在柘溪镇肖木村发现大片冰碛岩（图 3-2）。而后多批地质科学人员实地考察，普遍认为世界除南非有小面积的冰碛岩外，中国也有部分地区发现过很小规模的冰碛岩，唯有安化分布有面积最大、

图 3-2 安化县柘溪镇境内的冰碛岩

最原始、最完整的冰碛岩层，且具有厚度大、规模大、碳酸岩含量高的特点，为全球罕见。

冰碛岩中裹挟的不规则分布的冰碛，含有多种稀有微量元素；有的还分布有原始蓝藻化石，蕴含着远古生命起源的奥秘。安化优质黑毛茶主产区，基本上都有冰碛岩分布。因此茶业界普遍认为生长在冰碛岩风化土质中是安化黑茶品质优异、功效神奇的重要原因。

安化全境成土母质以板岩、页岩和砂砾岩风化物为主，石灰岩、花岗岩风化物亦有少量分布，土壤类型比较齐全，土质粘沙适度，呈弱酸性，有机质、矿物质等含量丰富。据有关报道称，冰碛岩含有丰富的矿物质，这些矿物质对人体具有一定的保健功能。1965 年，湖南农学院采摘安化云台山大叶茶样本和学院所在地产的茶叶进行理化分析，发现安化云台山大叶茶的茶多酚和氨基酸含量高出后者一倍。1988 年湖南农学院再次对安化云台山大叶茶进行化验分析，结果为茶多酚 23.88%、氨基酸 1.539%、水浸物 44.5%、儿茶素 102.09mg/g、黄酮素 6.715mg/g，品质之优异，为国内茶叶所少见。另据有关部门检测，安化茶叶平均硒含量 0.22 百万分比浓度，是全国茶叶平均值的两倍、世界茶叶平均值的 7 倍，但没有超过 0.3 百万分比浓度的国际安全标准，属于适度富硒的健康茶。

安化土壤分布属于红、黄壤地带，其成土母质比较复杂，板页岩风化物形成的土壤占了全县土壤的 71.1%，其次是砂砾岩风化物形成的土壤占 20.8%，然后是石灰岩风化物形成的土壤占 5.6%，花岗岩风化物形成的土壤占 2.3%。成土母质以及高温多湿的气候条件对全县土壤形成中产生了如下影响：一是由于温度的年变化和日变化都很大，为母岩强烈的物理风化提供了条件。如花岗岩、砂岩等，往往有比较厚的风化壳，大部分地方形成了较厚的土层。二是由于高温多湿，化学作用也比较强烈，以板页岩、砂砾岩、花岗岩风化物发育的土壤，一般偏酸；许多原生矿物被分解，生成了高岭土老土等次生矿物。同时，淋溶作用强，碱土金属被淋走，因而土壤偏酸性，盐基饱和度低。

三、宜茶的山区地貌与气候

研究表明，茶叶质量、产量与土壤有很大的因果关系，与阳光、雨量、气候、地形等同样有很大的关联度。"高山云雾出好茶"（图3-3）。茶树生长在不同环境中，导致其芳香特点产生明显差异。云雾弥漫，空气湿度大、白光较弱、多蓝紫光、昼夜温差大的条件下，茶叶中的蛋白质、氨基酸及芳香油等物质形成较多，叶质柔软、持嫩性好。

图3-3 安化县龙塘乡半边山茶园

安化黑茶产区属典型的山区地貌，地面切割强烈，地形极为复杂。具有三大特点：一是海拔高差大。海拔千米以上山峰有157座，最高峰九龙池海拔1622m；最低点善溪口海拔仅57m，比差为1565m，自然降比为27%。二是切割密度大。河流众多，基本为资江流域。资江干流自新化县瓦滩进入县境，至善溪流入桃江县，全长127km。其中长5km、流域面积10km²以上的支流有170条。地势以低山区和中低山区为主，低山区坡度普遍为25°以内；中低山地坡比一般为25°~35°之间。境内雪峰山余脉为主干山脉，还形成了众多支脉，如芙蓉山、九龙池山、五龙山、云台山等。这种山体重叠、沟壑纵横、山峦起伏、褶皱明显的地形地势，十分利于雾气和漫射光的生成和温差变化，为优质茶叶的出产提供了先天条件。益阳属亚热带季风湿润气候区，但因地形复杂，各地气温分布不均。益阳市平均气温为16.2℃，最高峰九龙池年平均气温为8.3℃，而最低处善溪口年平均气温则为16.5℃。一般无霜期276天。气候温和，热量丰富，无霜期长，雨量充沛，气候多变，有利于茶树的生长（表3-1至表3-3）。

表3-1 安化县历年月份平均气温表

月份	气温/℃	月份	气温/℃	月份	气温/℃
1	4.4	5	20.5	9	22.6
2	5.9	6	24.5	10	17.1
3	10.1	7	27.6	11	11.7
4	16.0	8	26.9	12	6.9

表 3-2　安化县历年月份平均日照时数表

月份	日照 /h	月份	日照 /h	月份	日照 /h
1	63.8	5	114.2	9	132.2
2	54.0	6	133.5	10	111.5
3	64.4	7	207.6	11	92.3
4	94.6	8	186.5	12	81.1

注：年平均日照时数为 1376.9h，≥ 10℃的活动积温 5060℃。

表 3-3　安化县历年月份平均降水表

月份	降水量 /mm	月份	降水量 /mm	月份	降水量 /mm
1	69.4	5	243.9	9	94.3
2	87.6	6	256.7	10	111.6
3	141.9	7	186.7	11	80.3
4	215.4	8	167.7	12	50.6

注：历年平均降雨量为 1706.7mm，历年平均雨日约 171 天。

　　地形与海拔高度变化剧烈，因而使气候差异较大。一般海拔每升高 100m 气温垂直递减率为 0.53°，大于 10° 的积温减少 130° 左右，降水量也有较大的变化；相同坡位，北坡比南坡气温低。在一定范围内，海拔愈上升，气温越低，雨雾天气愈多。安化海拔 400m 以上的山地茶园，在正确的培管下，冬季不伤茶树且能以低温有效杀灭病虫害，春夏秋三季则云蒸霞蔚，形成能够增加茶叶内含物质的漫射光环境。

四、优质的云台大叶种茶树

　　茶树按其植株形态分为乔木型、小乔木型和灌木型，按其成熟叶片大小分为特大叶类、大叶类、中叶类和小叶类，按其萌芽时限分为早芽种、中芽种和晚芽种。按这 3 个分类等级，当有 36 种类型，益阳茶树资源普查过程中发现的安化群体种，除乔木型系列较少外，几乎所有种类都有发现。在安化群体种中，云台山大叶种属于小乔木型或灌木型，特大叶类或大叶类，中芽种或晚芽种。中国部分茶树品种是以县命名的，比如祁门种、福鼎大白茶等。安化群体种也是以县命名，称安化云台山大叶种（图 3-4）。

图 3-4　安化县云台山大叶种茶叶

1957 年，湖南省农业厅组织茶叶专家到安化调查茶树品种，于海拔 978.8m 的云台山一带溪谷发现了与众不同的野生大叶茶树，叶片肥大，长度竟达 20cm。1965 年，在福州召开的全国茶树品种资源研究学术会议上，云台山大叶茶被确认为全国 21 个地方茶树优良品种之一，也是最为著名的 8 个大叶茶种之一。随后，政府组织对云台山大叶种茶进行普查，在云台山系周边的约 330km² 内均发现了云台大叶茶。安化云台山大叶种的特点是叶肉肥厚而叶形狭长，叶色深绿而叶质柔软，开花晚而花朵稀少，旁枝发达健全且挺直，枝上叶数多而叶序密，树枝高度为 1.8~2m，春芽萌发早。

目前在安化的深山老林还能见到一棵棵乔木或半乔木型的原始野生茶树，其成熟鲜叶叶大肉厚，生长势极强，节间长，持嫩性好，芽叶分化到五六叶尚不出现木质化现象。20 世纪 60 年代，湖南农业大学茶学系对云台山大叶种和当地引进的福鼎大白茶进行了理化分析，发现两者茶多酚和氨基酸的含量差异很大，前者几乎高出后者一倍，可见安化茶品质之优。此外，在中华人民共和国成立前后的安化茶树资源普查中，发现了乔木型茶树的存在。20 世纪 80 年代再次组织的云台山大叶种调查中，也发现了众多的小乔木型大叶种茶树，还选出 27 个优良单株，编成了《云台山茶树良种资源图谱》一书（现藏益阳市知名茶文化研究者汪勇处）。其中记录的云台地区小乔木型大叶种茶，树高有 2m 多，成熟叶片面积近 50cm²。

安化云台大叶种茶树的发现和推广，促进了湖南乃至全国茶叶种质资源的优化。中华人民共和国成立前后，茶叶科技工作者以安化群体种（云台山大叶种）等安化优良茶树品种为母本，先后成功选育了湘波绿、槠叶齐、安茗早等一批良种茶树，并向全省乃至全国茶区推广。这些品种不仅适应益阳及湖南的气候地理环境，而且茶多酚和氨基酸等物质含量较高，为安化黑茶特有品质的形成奠定了基础。

第二节　安化茶叶产区划分

益阳产茶，自唐末至五代时期，仅记载茱萸江（资江）沿岸产茶，没有具体的分区概念。明嘉靖《安化县志·卷九》记载，"邑伊溪、中山、资江、东坪产茶，比他乡稍佳。谣云'宁喫安化草、不喫新化好'，指茶也。山崖水畔，不种而生，人趋其利。"这就意味着最迟到明代，人们对于安化境内各山头、流域产茶品质，已经有了一定的比较；同时，也对以安化为核心产区的"道地茶"，与周边其它县的"外路茶"有了明确的区分。充分证明在宋代建县之后，人们对益阳、安化周边地区的茶叶品质已经有较深了解。

一、清代及民国时期的传统茶叶产区划分

晋商长裕川伙友王载赓《行商遗要》手抄本中，专辟一篇介绍安化的基本情况，而

以茶质情况为主要内容（文中错讹字已据实改正）：

安化为前四乡，后五都。计常安乡、常丰乡、丰乐乡、归化乡；都一、二、三、四、五。设立开行者，一都、三都之境。开行埠头小淹、边江、江南、鸦雀坪，俱一都之界；株溪口、酉州、黄沙坪、桥口、东坪，俱三都界。产茶地土佳者名曰：河南境内（资江南岸）马家溪、高甲溪、蔡家山、横山、杂木界、白竹水、白溪水、马河板、黄子溪；河北境内（资江北岸）竹子溪、水田坪、小水溪、龙阳洞、董家坊、雷打洞、半边山。安化一都、三都之茶甚佳，二都、五都次点，四都更次，四乡不佳（图3-5）。

图 3-5 民国时安化县茶产地、茶行分布图

这一介绍，囿于某一商号或几代商号采购黑毛茶的经验，更由于交通不通、信息不通、品种不同，虽然对安化黑茶的核心产区大概分布与品质情况有所描述，但不具备科学性、全面性、公正性和真实性。

同样介绍安化黑茶产区的概述还有彭先泽民国二十九年（1940年）所著的《安化黑茶》《安化黑茶砖》等书，其时安化县境内行政区域已由原来的"前四乡后五都"改为9个区，但彭先泽先生由于时势的原因，专一关注安化黑茶产销，因此对安化茶区的介绍与晋商归纳大同小异。

"安化黑茶"以安化县属五、六两区之资水南北两岸为主要产区，若第五区之麻溪西迤至第六区（应为第八区）之辰溪一带，如思贤溪之火烧洞、竹林溪之条鱼洞，大酉溪之漂水洞与檀香洞，黄沙溪之深水洞，竹坪溪之仙缸洞，均为资水两岸著名之黑茶产区，俗有"六洞茶"之称。若第六区（应为第八区）之湖南坡东迤至第五区之金鸡坳一带，如神仙界、水田坪、半边山、岩坡子、乌云界、杨林、卢家坊、鱼胶溪、黄蜂界、溧水洞、冷家咀、大桥水、牛栏冲、土洞溪、人字桥、栏木寨、沙田溪、红岩坪、陶贺村、麻叶湾、柳山湾、黄沙溪、漫滩水、渭溪、文阁溪、鲁家湾、楠竹园、苦竹溪等地，则为资水北岸著名之黑茶产区（彭先泽《安化黑茶砖》附录四《安化黑茶砖与鄂南洞砖之异同》）。

抗战胜利之后，当时湖南省的银行系统受命支持茶产业发展，因而在民国三十五年（1946年）对安化县、临湘县等地的茶产业情况进行了较为全面的调查。由于着眼于黑茶、红茶和绿茶的发展，因此这次调查对安化茶叶产区的分析较为合理。

安化地域辽阔，因气候与农业习性不同，采制茶叶方法亦各有异，按其产制情形，可大别为三部：

① 前乡：安化前乡地势较平坦，多小丘陵，茶之发育较早，清明前后即可入山采制。茶叶质地淡薄，宜于采制青、绿茶，行销本省；亦有采制红茶者，于红茶输出畅时产量亦火，产制中心为蓝田、仙溪二地。

② **后乡上段**：安化后乡自东坪以西、以南，包括沅陵、桃源之广漠茶区，山势较高，茶质淳厚，宜于采制红茶。其中以湖南坡猫儿岩、马路口所产为最有名。而以东、桥、黄、酉（东坪、桥口、黄沙坪、酉州）四埠为采制中心地。

③ **后乡下段**：安化后乡自东坪以东、以北地区，采茶习性较粗老，宜制黑茶，产量最丰。其中以高马二溪所产为最著，江南、小淹、边江诸埠为其采制中心（《安化茶叶产销概况》，李盛，民国三十五年《湖南经济》创刊号）。

在明清和民国时期，凡谈及安化黑茶产地，则有"道地茶"与"外路茶"的区别，并将其作为茶叶收购和行政管理的重要依据，但其概念也并非合理。当时的商贩和官府，大抵把安化境内为大家公认的主要茶区、质量符合要求的茶叶称为"道地茶"，而把安化县周边各县的茶称为"外路茶"。商贩进山收购，首重"道地茶"，但由于利益的驱使，有时也收一些"外路茶"；官府往往标榜打击"外路茶"，但有时查验不严、贪图税费，又对"外路茶"睁一只眼闭一只眼。彭先泽先生在安化设厂制砖，对"外路茶"多有了解，所抱态度较为合理，他认为相对于安化的"道地茶"，益阳、宁乡、新化、溆浦、沅陵、桃源、常德、汉寿、湘阴、武冈等地的茶均称"外路茶"，但"外路茶"品质亦有可观。如："益阳鲊埠镇内之烂柴洞、葡萄洞及马迹塘内之卢洞溪、茅屋冲等处所产者为上益阳（现桃江县境内）茶，与安化之仙溪、樑叶溪、长乐、小淹一带所产者品质相若"；"（新化县）马家冲、湖田、高枫、大湾、山枣溪、夹溪、烟山、鹅溪、落雁冲一带所产者与安化一都茶亦略相似"；"桃源县属之甘溪、后溪、鄢家坪、老屋棚、马路坳、插花岭、王板溪、文龙坳、十八敦、蒋家坪、管水、管水祠、黄山、凉散坳、雷公洞等处均产黑茶，且与邻近安化县所产者，品质为佳"。

二、计划经济时期的茶叶产区分布

中华人民共和国成立后，国家实行全面的计划经济体制，对工农产品的生产供销实行严格的计划管理，茶叶也不例外。1950 年湖南省划定安化为红茶区，除马辔市（现马路镇马辔市村）以上区域外，大部分春采红茶、夏采黑茶。1951 年安化以红茶为主，仅划定梅城、仙溪、小淹等地为黑茶区。1952 年又划定江南以上为红茶区、以下为黑茶区（图 3-6）。1953 年以后基本维持上述状况。在划定产区内，除群众自用茶外，不得产制其他茶类。这种较为严格的茶区划分和管理模式，一直维持到 20 世纪 80 年代，其大体分区如下（图 3-7）。

图 3-6 1952 年 3 月湖南省人民政府发布调整各种茶叶产区的布告

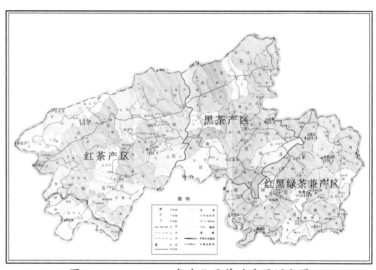

图 3-7 1953—1980 年安化县茶叶产区划分图

（一）云台红茶区

包括烟溪、云台、中砥 3 个区的平口、连里、烟溪、双龙、古楼、南金、将军、奎溪、木榴、岳溪、马路、苍场、湖南坡、柘溪、唐溪、中砥、文溪、田庄、木子、杨林等 20 个乡和东坪、坪口、烟溪、黄沙坪 4 个镇，及柘溪林场、县茶叶试验场、辰山药场等，共 384 个村、农业人口 15.07 万人，茶园面积 7054.15hm²。至 1982 年，该区域产红茶 2163t，占全县的 30.42%；产值 597.97 万元，占全县的 38.74%。

（二）小淹黑茶区

包括江南、小淹、冷市、仙溪和梅城 5 个区的江南、洞市、陈王、小淹、上马、长乐、敷溪、金鸡、羊角、龙塘、大桥、三洲、山口、通溪、栗林等 15 个乡，共 359 个村、农业人口 31.2 万人，茶园面积 6266.67hm²。1981 年因黑茶供过于求，该区的江南、洞市、陈王、龙塘、大桥、三洲等 6 个公社改为红黑茶兼制，主产红碎茶。至 1982 年，该区域产红黑茶 2908t，占全县的 40.9%；产值 547.43 万元，占全县的 35.46%。

（三）芙蓉山红、黑、绿茶兼产区

包括梅城、清塘、仙溪和大福 4 个区的洢泉、东华、田心、思游、乐安、浮青、仙溪、九龙、长塘、大福、大荣、木孔、新桥、东山、高明、清塘、太平、鱼水等 18 个乡和芙蓉、廖家坪林场，共 391 个村、农业人口 27.6 万人，茶园面积 3348.7hm²。1981 年因黑茶供过于求，该区的洢泉、东华、田心、仙溪、九龙、清塘、思游等公社转产红碎茶，又在乐安、浮青、长塘、大荣、新桥等公社转产绿茶。至 1982 年，该区域共产茶 2039t，占全县的 28.7%；产值 398.34 万元，占全县的 25.8%。

三、21 世纪前期茶区的指导性布局

1982—1984 年，在原益阳地区农业部门的指导支持下，安化县农业部门和供销社组织对全县茶园进行了全面普查，并按照《湖南省县级农业资源调查和农业区划工作要点》，进行了茶树资源调查和茶叶生产区划。这是安化茶业史上第一次全面的资源普查和茶区规划，共取得各种数据 11 万多个，汇编成册，成为安化茶业发展的重要参考资料。1978 年党的十一届三中全会后，到 20 世纪末期，茶叶产区是一种计划经济与市场经济双轨模式，甚至在一定程度上处于无序状态。

进入 21 世纪之后，益阳市、安化县、桃江县根据现代农业发展要求，综合比较地形地貌、土壤生态、种质资源、生产习惯等要素，按照生态优先、布局优化等原则，采用防灾减灾、测土配方等现代农业技术，对茶园基地建设、初制加工厂、安化黑茶产业园及精制加工企业的规划布局，提出了一系列的举措。2011 年，根据国家对地理标志产品保护管理的要求，安化县提请益阳市人民政府，制定并通过了《安化黑茶地理标志产品保护管理办法》，这个管理办法的第三条规定：

安化黑茶地理标志产品保护范围为安化县清塘铺镇、梅城镇、乐安镇、仙溪镇、长塘镇、大福镇、羊角塘镇、冷市镇、龙塘乡、小淹镇、滔溪镇、江南镇、田庄乡、东坪镇、柘溪镇、马路镇、奎溪镇、烟溪镇、平口镇、渠江镇、南金乡、古楼乡，桃江县的桃花江镇、石牛江镇、浮邱山乡、鸬鹚渡镇、大栗港镇、马迹塘镇，赫山区的新市渡镇、泥江口镇、沧水铺镇，资阳区的新桥河镇，共 32 个乡镇现辖行政区域。

安化黑茶地理标志产品保护品种为天尖、贡尖、生尖、黑砖、花砖、茯砖、安化千两茶。安化黑茶的生产、加工应当在保护范围内进行。

根据这些规定，益阳及安化茶业规划也适应市场经济和现代茶业发展要求，针对各

地是否宜茶而划分优势区域，进行指导性布局，并不强制规定黑、绿、红茶区域。按照当前模式，益阳茶业发展的优势区域可以分为以下4个（图3-8）：

① 安化县前乡片芙蓉山优势区域。该区域包括安化县梅城镇、乐安镇、仙溪镇、长塘镇、大福镇、清塘铺镇等乡镇，包含了芙蓉山区域的锡杖山、云雾山、蚂蟥山、扶王山、天罩山、大峰山、錾子岭、放马寨、川天界等山头。

② 安化县中间片五龙山及乌云界南麓优势区域。该区域包括安化县滔溪镇、小淹镇、羊角塘镇、冷市镇、龙塘乡、江南镇、田庄乡、东坪镇、柘溪镇等9个乡镇，包含了五龙山、百花寨、杨梅岭、笔架山、云峰山、石牛山、馨子山、木杨界、高马二溪、天宝仑、天子界、辰山、插花岭、龙阳洞、乌云界、半边山、九峰尖、神仙界、崇阳观等山头。

③ 安化县柘溪水库库区片九龙池及云台山优势区域。该区域包括安化县马路镇、奎溪镇、平口镇、渠江镇、烟溪镇、古楼乡、南金乡等7个乡镇和柘溪林场，包含了云台山、湖南坡、青云观、鸟儿尖、六步溪、木榴村、雾寒坪、黄沙溪、碧丹溪、冷风尖、天星凼、艾家寨、笔尖山、歧山界、九龙池等山头。

④ 桃江县、赫山区和资阳区雪峰山余脉优势区域。该区域包括桃江县的桃花江镇、石牛江镇、浮邱山乡、鸬鹚渡镇、大栗港镇、马迹塘镇，赫山区的新市渡镇、泥江口镇、沧水铺镇，资阳区的新桥河镇等10个乡镇，包含了四方山、九岗山、天瑞山、浮邱山、八方山、碧云峰、鱼形山等山头。

图 3-8 益阳市茶业发展优势区域分布图

第三节　茶园基地发展

益阳、安化茶园基地建设同其它大宗农产品基地建设命运大致相同，无不打上时代的烙印，潮起潮落，曲折前行。

一、传统的安化茶园基地

唐宋时期，先民对茶叶还处于初浅认识阶段，当时除益阳县的个别地方有种植茶园外，茶树大都以不种自生、自生自灭为主要形式，安化县志称"当北宋启疆之初，茶犹力而求诸野"。由于安化县的宜茶地理和良好生态，直到今天，这种"山山有野茶，岭岭生瑞草"的状况依然如故，为以荒野茶（图3-9）为特色的小众茶产品提供了广泛而坚实的原料基础。

图 3-9　安化县高山荒野茶

元代之后，安化县逐步演变为茶农自发种植，明末清初开始出现较多的连片种植茶园。特别是在资江两岸等一些重点茶区，山民开垦山地种茶并注重规模效益。清代随着黑茶、红茶外销市场进入历史最高峰，益阳、安化的茶园发展也进入高潮。据彭先泽先生《安化黑茶》第九章所载："安化山多田少，一般农民多于山间种植营生，资水南北山地，大都种茶。每届茶期，男女操作，昼夜不息，虽幼童老叟无有闲暇。最近乡间学校且放茶假焉。产户茶园较多者，加雇工人，日间摘茶，夜间揉茶，工资视摘茶之多少给予之。其茶园较少或缺乏制茶器具者，自摘生叶售于茶多自制之产户……清同治间，距东坪十馀里桥子园有黄姓者，其家产茶岁可千馀包（其时黑毛茶以旧称 12.5kg 为一包，称"乡包"，合市称 15kg）。"故民间谚语云："安化山里人不作田，三个月茶阳春吃一年。"

北洋军阀及国民党统治时期，因茶叶市场出现大的波动，安化茶园整体萎缩。彭先泽《安化黑茶》第九章载："近年如扇子排谌姓岁可产茶三四百包，江南附近高家溪谌姓、横山谌姓岁产二百余包或百馀包，江北乌云界黄姓岁产茶二三百包，皆其较多者也。实以年来茶价过低，茶农于茶园无力培植或改植油桐杉木之类，故产量日减。"不过即便如此，在抗日战争之前，安化茶园基地仍然保存较大的面积，"若其距水流较远之高地，四望仍茶园也"（彭先泽《安化黑茶》第五章）。根据 1935 年湖南省茶事试验场对全省茶园面积的调查，当时 51 个产茶县共有茶园总面积近 4.69 万 hm²，其中安化为 1.34 万 hm²，占全省的 28.82%。自抗日战争至解放战争期间，茶路梗塞，红黑茶大量积压，益阳、安化等地的茶农迫于生计，大量毁茶种粮、毁茶造林，茶园面积锐减，至 1949 年解放前夕，安化县保留茶园约 7370hm²，其中熟土茶园面积仅 4690hm²，较抗日战争以前减少 65%（《安化县茶叶志》1990 年 3 月）。

在此期间，自 1928 年开始，湖南茶事试验场（包括后来的湖南第三农事试验场、湖南省农业改进所和安化茶场）在茶种选育、茶作栽培、茶叶采摘、病虫害防治等方面进行了初步的研究与探索，在一定程度上影响和促进了益阳、安化茶园基地的发展。

因为各个历史时期的茶市波动严重影响茶农生计，传统的安化茶园栽培中，养成了茶树与粮食作物、经济作物套种间作的地域性历史习惯。比如安化小淹苞芷园乡绅邓绅湘《劝茶业改良歌》（民间文献，邓氏《随安园诗集》民国十三年梓行）中，就描写了茶叶销路不畅时茶农靠间作杂粮度过荒年的情形："红黑如山积……秋初荞即种，秋末荞已黄。豌麦兴冬作……只待明年夏，新尝麦饭香。豌豆亦熟矣，粗粝亦充肠。"彭先泽先生在《安化黑茶》中也记载："茶农于茶树间又多种玉蜀黍、甘薯、大豆、荞麦、高粱之类"。这种茶园间作杂粮或其它经济作物的方式，在当时当地有利于茶农生计，也有利于茶园培管。如彭先泽书中记述到："茶树以食用作物间作其间，益收中耕除草施肥之效"。但后来推行茶园免耕密植，这种茶粮间作形式逐渐消失。

二、计划经济时期茶园的曲折发展

中华人民共和国成立后，益阳、安化茶园迅速恢复与发展。1952 年安化县投入生产的茶园即达到 6700hm²，较民国末期扩大 45%。第一个五年计划期间，全县茶园增加到 7484hm²。1978 年全县茶园突破 1 万 hm²。到改革开放初期安化县茶园面积接近历史水平，1983 年全县茶园面积发展到 1.68 万 hm²，其

图 3-10 20 世纪 70 年代安化在山坡上开辟茶园

中国营单位茶园（县级以上林场、茶场和农场）97.8hm²，公社（乡镇）办茶场 596.3hm²（图 3-10），大队（村）办茶场 3618hm²，生产队（村民小组）茶场近 1.27 万 hm²（约占 75%）。特别是县—社（乡镇）—队（村组）三级所办茶场成为茶园面积恢复和扩张的中坚力量，安化县三级所办茶场一度从 1959 年的 250 余个，增加到 1960 年的 1100 多个，其经验被当时的中央农业部副食品生产局所推广。

在计划经济时代，茶园基地发展受到宏观形势的影响，虽然整体呈发展的趋势，但在特定的历史时期也出现了毁茶和茶园萎缩的现象。比如 1958 年开始，"大跃进"运动要求安化县茶农实现粮食自给，摘掉"统销帽"（不再依靠上级统销粮食），致使茶农普遍毁茶种粮，至 1962 年，全县茶园面积又萎缩到 4690hm²，回落到民国末期的水平。这种茶园萎缩的状况，在 20 世纪 60 年代后期得到遏止，特别是 1958 年 9 月毛主席在安徽省舒城县提出"以后山坡上要多多开辟茶园"、1964 年开始"农业学大寨"运动前后，益阳、安化分别于 1959 年、1967 年和 1973 年掀起了 3 次大的茶园改扩建高潮，茶园面积开始止跌回升。据安化县统计，20 世纪 60 年代，全县新建茶园 4690hm²；70 年代，全县扩建茶园 3752hm²，这一时期增加的茶园面积占当时全县的一半以上。特别是前乡片过去茶园面积少，这一时期扩建茶园约 3350hm²，进展极为迅速。

这一时期改造和新建的茶园，普遍推广新的种植培管技术，其主要内容即"丛植改条植、稀植改密植、坡地改梯土、直播改移栽"等 4 个方面，同时培管与病虫害防治进一步加强，茶种选育与引进也取得了一定的成绩，茶园质量和产量都有所提高。比如 70 年代末安化县即有成片条列式茶园 4422hm²，占总面积的 44.4%。这一时期形成了"社社有茶厂、队队有茶场"的茶业生产格局，是今天益阳、安化茶业发展的重要基础。

三、改革开放以来茶园基地的发展

改革开放初期，益阳、安化的茶园发展依然保持增长的趋势，据 1982 年安化县土地详查统计，全县茶园占地面积达 1.76 万 hm²，是当时全国茶园面积最大的县。1981—1983 年全县新建茶园 201hm²，到 1983 年共有成片条列式茶园 6164hm²、密植速成丰产茶园 134hm²，最高亩产干茶超过 400kg，同时全县各级茶场拥有茶园面积近 4221hm²。但到 20 世纪 90 年代，由于茶叶市场长期走低，安化全县茶园面积锐减。到 21 世纪初期，受退耕还林等宏观政策影响，全县茶园面积不足 3350hm²，高产茶园不足 1340hm²，陷入历史上茶园面积最少的严峻时期，但茶叶和部分茶园质量仍然保持较高水平。2001 年，安化县被湖南省政府定为全省首批无公害茶叶示范基地县，2004 年被定为全省优质绿茶基地。2018 年，桃江县成功创建湖南省茶叶绿色高质高效示范县。

从 2006 年开始，随着安化黑茶产业的发展，市县两级把茶产业作为安化实施国家乡村振兴战略的基础产业和精准扶贫的治本产业，全力推动茶园基地生态化、绿色化、优质化建设。近年来，安化每年整合 2000~3000 万元的资金用于扶持茶园基地建设，重点支持茶园老改和提质增效、新建生态茶园和种苗繁育基地、保护"林中茶"（图 3-11）"野荒茶"资源等，至 2018 年底，全县茶园总面积达到 2.35 万 hm²。在新时期的茶园建设方面，主要采取了以下措施：

在传统茶园老改、低改和提质增效
方面，鼓励采取"小块茶园＋隔离带"
的网格模式，每片一般不超过 20hm²，隔
离带纳入退耕还林、长江防护林、生态
公益林等计划，由政府实行"以奖代补"
方式，落实每亩500元的"以奖代补"措施。

图 3-11 安化县龙塘乡乌云界林中茶

到2017年已全部完成提质改造，累计改造面积达 7035hm²。

在生态茶园建设方面，全面推进"小块茶园，林中有茶，茶中有林"的生态治理模
式，鼓励支持企业和种茶大户开展茶园基地无公害、绿色有机认证，建立和完善茶叶质
量安全追溯体系，利用物联网、互联网、移动网技术实现茶叶原料二维码数字化跟踪与
溯源管理，对被认定为国家级、省级生态茶园和获得无公害农产品、绿色食品、有机农
产品认证的基地和企业给予奖励。引导茶农科学培管，强化茶园设施投入，严格落实有
机茶产品、绿色生态防控等技术质量监控及检测。鼓励有条件的茶园按标准分别配备主

干道、操作道或支道等交通配套，喷滴
灌、排灌渠、蓄水池等水利设施，防护
林、杀虫灯、色板等生态抗虫灾设施（图
3-12），机耕、机采等机械设施，摄像监
控设施等。完善茶园农业投入管控体系，
大力实施生物防控治理，推行有机肥替代
化肥、农作物秸秆综合利用、病虫害绿色
防控等保护生态环境的措施，全面实行
无公害化栽培管理，保护茶园生态环境，
保证茶叶安全无污染。

图 3-12 "四保贡茶"茶园色板防虫害设施

在完善茶苗良种繁育及推广体系方面，由县茶业主管部门牵头，聘请茶学专家，组
织扶贫及移民开发、农业与科技、专业协会与培训机构等多方力量，形成常设性的茶园
技术服务组织，统筹协调茶园新建与改造过程中的规划、开垦、种植、培管、认证等工作，
保障茶叶质量安全和稳定的原料供应。选择在马路、烟溪、江南、小淹、冷市、田庄、仙溪、
马迹塘等重点乡镇建设标准无性系良种茶苗繁育基地，并鼓励良种茶苗繁育基地开展云
台大叶种母本提纯复壮及种质资源库（图3-13）采穗圃建设，特种优质丰产茶苗选育等
课题研究，加强茶树资源和新品种的保护，重点推动槠叶齐、碧香早、安茗早、黄金茶

等优良品种的繁育推广。

在茶旅一体化融合发展方面，以建设美丽宜居茶乡为目标，以每年改扩建超过2010hm²的速度，着力打造资江两岸"生态茶廊"、柘溪库区"生态茶湖"和芙蓉山区域"生态茶山"。坚持统筹整合扶贫、农业特色产业扶持等项目资金，建设一批具有休闲观光等多样功能的生态茶园，推出一批茶园观光、休闲、品鉴的旅游精品路线，打造绿色、生态、环保的生态乡村茶旅一体产业链。

图 3-13　云台山大叶种母本基因库

此外，还推广"公司＋合作社＋基地＋农户"的产业化经营模式。在贫困人口比较集中、适宜茶叶种植的区域开展茶产业扶贫，给予产业扶贫资金奖补、技术培训指导、企业免费提供茶苗与肥料、签订保底价收购鲜叶或毛茶等扶持政策；通过订单、订购等形式鼓励企业参与茶园基地建设，建立企业、基地、茶农之间紧密的利益联结机制，促进精准扶贫与茶产业发展的紧密对接。采取"公司＋基地＋农户"的模式发展茶园基地。目标是到 2020 年打造"一万片茶园"，建设茶园 1.78 万 hm²，其中绿色食品、有机农产品认证茶园占到 80% 以上；到 2025 年建设茶园 2.67 万 hm²，其中绿色食品、有机农产品认证茶园占到 85% 以上，茶叶年产量达到 12 万 t。

（一）小块生态茶园集中区域

① **安化县田庄乡高马二溪村小块生态茶园集中区**（图 3-14）：安化县田庄乡高马二溪村位于"新安二化"交界处的九龙池东侧，平均海拔 600m 多，距县城 50km 左右。该村自明清以来即为安化黑茶传统产区，晋商及现代茶学家均认可其核心产区黑毛茶质量。1979 年安徽农学院主编的《制茶学》记载："湖南黑茶产于安化，以小淹、江南、苞芷园等地区为集结地。而品质则以高甲溪、马家溪的原料为最好。"目前，该村共有茶园 737hm²，大小企业 30 余家，年综合产值约 1.5 亿元，是安化茶园面积最大、茶企最多的村。该村茶园全部处于高山用材林、木本药材林之中，其"九湾十八岔"古茶园海拔在 800m 以上，终年云雾缭绕，所产茶叶叶肉肥厚，叶形狭长，叶质柔软，果胶丰富，是该村茶园的典型品质。该村

图 3-14　安化县高马二溪茶园基地

还发现两株树径8cm的古茶树，估计树龄在数百年以上，呈现半乔木形态。

② **安化县云台山小块生态茶园集中区**（图3-15）：云台山属雪峰山脉北支，主峰海拔978m，位于安化县马路镇，距县城23km，是云台山大叶茶及其近缘种的原生地。云台山小块生态茶园集中区包括湖南坡、云上茶业、鸟儿尖、青云观、六步溪等茶园基地，该区域森林覆盖率达95%以上，均为森林环绕的小片茶园。湖南坡位于马路镇东北、潺溪上游，所属茶园质地优良，旧有晋陕茶商作嵌名诗曰："湖通四海遍地游，南山松柏永千秋，坡土名茶馨香味，茶得丰年万古留。"鸟儿尖和青云观茶园基地最高海拔885m，山体为砂页岩及砾岩，山地黄棕壤，原为岳溪乡茶场，现分属六步溪茶业与八角茶业。六步溪茶园分布于国家自然保护区六步溪边缘区，包括木榴、苍场、千秋界、碧丹溪、黄毛岭等地茶园，土质肥沃，生态极优，质量上乘。

图3-15 安化县青云观、黄毛岭茶园基地

③ **安化县江南镇小块生态茶园集中区**（图3-16）：安化县江南镇生态茶园集中区属雪峰山脉南支，多与新化县交界，最高海拔在1300m余左右，包括青石界、鹞子尖、磬子山、碧岭界等处茶园。其中青石界下有湖南华莱生物科技有限公司马路新村茶园。鹞子尖有保留最长且最完整的茶乡古道。磬子山和木杨界

图3-16 安化县华莱马路新村茶园基地

茶园基地位于江南镇洞市社区，海拔1354m，山体为变质岩，山地草甸土壤，茶质优良。

（二）生态有机茶园

① **安化县芙蓉山生态有机茶园**（图3-17）：芙蓉山属雪峰山南支尾脉，分布在安化县仙溪镇、长塘镇、大福镇、清塘铺镇和梅城镇5镇之间，距县城60km多，有县属芙蓉

林场。芙蓉山山体为变质岩、沙砾岩及板页岩，黄棕壤，宜于茶，所产茶叶清香味甘，素有仙茶之称。山下大桥、仙溪、龙溪、九渡水等四保，明洪武二十四年（1391年）开始采制贡茶，延续500余年。清末以来，绿茶、红茶及黑茶相继发展，茶园逐步开辟，现共有茶园超过2万亩，其中湖南香木海茶业有限公司茶园、安化仙山茶业开发有限公司老茶园、安蓉茶业荆竹园梯式茶园等均为有机茶园。

图 3-17 安化县芙蓉山荆竹园茶园基地

② **安化县千秋界生态有机茶园**（图3-18）：千秋界生态有机茶园位于马路镇云台山下的萝卜坡。萝卜坡有机茶园基地新建于2008年，面积458亩，按机采要求高标准建设，以阶梯为工作道，既方便操作，又保证美观。工作道两边较规则的栽种了楠树、银杏、紫薇。茶

图 3-18 安化县千秋界生态有机茶园基地

树品种为槠叶齐、碧香早、湘波绿、黄金茶。发芽迟、早搭配合理，错开了采摘高峰，延长了采摘期。以太阳能杀虫灯和黄绿粘虫板除虫，全年人工锄草，杜绝使用除草剂和任何化学农药，平均每亩产值超过10000元。获得国家农业部绿色防控示范基地荣誉称号。

③ **桃江县甘泉山生态有机茶园**（图3-19）：甘泉山生态有机茶园，坐落于北伐名将邓赫绩屯兵之地，南邻宁乡，西连桃花江森林公园，东接灰山港繁华镇区。茶园海拔500m，聚高山灵气，吸日月精华，珠凝露结，天然环保。2014、2015年两年内共建成高端生态茶园基地92hm²，以建设生态有机茶园为目标，全

图 3-19 桃江县甘泉山生态有机茶园

程按照生态有机茶园标准来管理，包括选用优良品种，施用有机肥料，实施绿色防控等措施。2017年，甘泉山生态茶园被省农业农村厅认定为现代农业特色产业园省级示范园。

（三）生态观光茶园

① **安化县茶乡花海艺术茶园**（图3-20）：茶乡花海位于安化县东坪镇杨林社区，建有生态文化茶园近300hm²，全面打造了多种图案和多种植物互配的主体艺术茶园，成为全国最具艺术性观光茶园。

图3-20 安化县茶乡花海艺术茶园基地

② **安化县云台山云上茶园**（图3-21）：云上茶园位于马路镇云台山，海拔900m左右，全部由野生云台大叶茶母本培植而成，采用"全息自然农法，还茶于自然"的绿色理念，使周围保持原始的生态环境，茶树饱受雾露滋润，芽叶长得肥壮，叶质柔软，白毫显露。茶园坚持科学化培育管理，全部采用人工除草，施农家肥，不使用任何除草剂、农药与化肥，同时采用太阳能杀虫灯与防虫粘板等绿色防控方法减少病虫害发生。云上茶园先后获第十一届中国国际茶业博览会"中华生态文明茶园"、中国农业国际合作促进会茶产业委员会"中国最美30座茶园"之一，也是安化最美的观光茶园，每年接待游客近100万人次。

图3-21 安化县云台山云上观光茶园基地

③ **白沙溪钧泽园生态观光茶园**（图3-22）：茶园位于安化县小淹镇陶澍村，建于2012年，规划面积200hm²，已建成80hm²。全园以丘陵山地为主，采取阶梯式种植、机械化作业、科学化培育、规范化管理、标准化建设的方式打造安化黑茶有机生态茶园示范基地。根据生态

图3-22 安化县白沙溪钧泽源生态观光茶园

防护、空间利用、微环境优化的科学茶园种植理念，优选云台大叶茶树种，开拓性套种楠木、血稠、红豆杉、金银花等经济作物，实施生态防虫、人工除草、水肥一体山泉喷灌、红外气温探测等有机生态茶园培育，同时在景观生态学上打造了一道亮丽的绿色风景。茶山常有云雾缭绕，茶园连片成梯，茶树长势良好，正可谓人杰地灵茶香。2014年，在钧泽源茶园建设毛茶加工场，有黑毛茶加工生产线如七星灶烘房、清洁化凉晒场等，形成"山上采茶，山下制茶"茶旅体验模式。成为农业部茶叶病虫害绿色防控技术示范区、安化县创建"湖南省农业标准化示范县"示范基地。2015年被评为"湖南现代化农业特色省级示范园""安化县最美生态茶园"，2017年获有机认证。

④ **安化县柘溪镇凤凰岛茶园（图3-23）**：安化县柘溪镇凤凰岛茶园亦称唐溪茶场，位于柘溪镇唐溪村库区半岛，于20世纪70年代建成，面积33.4hm²。凤凰岛茶园处于柘溪库区湿润雾岚之中，像一块巨大的绿宝石镶嵌在蓝色的湖面，在蓝天白云之下艳丽非常，加之历史悠久、管理严格、培管到位，质量很好。唐溪村2013年被国家农业部评为"中国最美乡村"。该场生产的绿茶"安化银毫"被评为湖南的十大名茶之一。

图 3-23 安化县凤凰岛茶园基地

⑤ **安化县烟溪镇天星凼茶园（图3-24）**：天星凼茶园位于安化县烟溪镇天茶村，面积200hm²，最早建设于1958年，是在湖南省农业厅指导下的第一个省级高标准高山茶场样板基地。茶园迭经20世纪90年代以来的扩建、培管，于2010年被中国茶叶学会评为"科技示范基地"。天星凼茶园处于平湖、奇峰与云海之中，不仅茶质优良，而且是观光休闲的好处所。

图 3-24 安化县天星凼茶园基地

⑥ **安化县南金乡三龙村茶园（图3-25）**：南金乡三龙村茶园属于雪峰山

图 3-25 安化县三龙村茶园基地

脉南支，平均海拔 500m 以上，总面积超过 133hm²，土壤肥沃，气候温和，多属于 20 世纪 70 年代老茶园，分布在丛林之中，现为该乡三龙村茶叶种植专业合作社流转受让。

⑦ **安化县乐安镇团云界茶园（图 3-26）**：团云茶场位于安化县乐安镇团云村，面积 23.3hm²，地处海拔 600m 以上的高山林区，茶园建设于 1975 年。2015 年全村 50 户农户成立安化县莲花山茶叶种植专业合作社，承包茶园进行提质改造和茶叶深加工开发。该茶园凭借得天独厚的地理条件，栽种优质安化本地茶树，以生态农业开发为导向，采用立体复合栽培，坚持无公害茶园建设，大量使用火烧土粪、沼液等有机肥料，引高山泉水灌溉，每年可提供黑毛茶 60t。

⑧ **桃江县武潭镇莲花坪茶园（图 3-27）**：武潭莲花坪茶园于 2015 年正式建成，茶园面积 56.7hm²。2017 年，桃江县规划建设现代农业核心示范区，其中莲花坪茶园是示范区一项重要建设内容。是年底，桃江县华莱茶旅一体化项目落户武潭，项目选址武潭镇莲花坪村，面积约 69.4hm²，总投资约 5 亿元，将分三期建设，建设内容包括茶旅文化园、黑茶加工厂、四星级旅游酒店。目前已完成园内路面硬化，园内路旁亮化，茶园绿色防控，水肥一体化灌溉系统等建设，已初步建成集生产、观光、休闲为一体的生态茶园，是周边群众休闲的好去处。

图 3-26 安化县团云界茶园基地

图 3-27 桃江县莲花坪茶园基地

⑨ **桃江县大栗港镇朱家村美丽休闲乡村生态观光茶园（图 3-28）**：桃江县大栗港镇朱家村地处湘中偏北，在安化黑茶地理标志产品保护范围之内。全村绿化率 90% 以上，周边青山环抱，小溪绕境，环境十分优越，具有生长优质茶叶所必须的气候、土壤、水质等自然条件，历史上一直有种植茶叶的优良传统。2012 年，村委决定以建设千亩茶叶专业

图 3-28 桃江县朱家村茶园基地

示范村为依托，结合张子清故居这一红色旅游资源，全面创建国家级美丽休闲乡村，经过几年的努力，已建成 65.4hm² 高标准无性系良种茶园基地，2017 年底，朱家村荣获"中国美丽休闲乡村"称号。

（四）出口基地茶园

桃江县灰山港镇雪峰山茶园（图 3-29）：雪峰山茶园原为雪峰山茶叶试验场，位于桃江、安化、宁乡三县交界处的雪峰山余脉，海拔 700m 余，距桃江县城 40km 余。1958 年，为响应毛主席"以后山坡上要多多开辟茶园"的号召，湖南省内 100 多名知识青年来到雪峰山茶叶试验场，和当地 8000 多名劳力苦战 3 个寒暑，开辟梯土茶园 133hm²。此后，雪峰山茶园逐年发展，其产品一度走入中南海，并被中国农业国际合作促进会茶产业委员会评为"中国最美 30 座茶园"之一。

图 3-29 桃江县雪峰山茶园基地

04

第四章

安化黑茶生产技艺

无论是文化、艺术，还是特色产品等等，存在数百年上千年，必有其特别的价值或灵魂。在世界茶海中，传承千年，生生不息；独具一帜，声名远播的安化黑茶，生产技艺的独特性是其根本之源。

第一节　安化黑茶坚守的科学原则

按照 2014 年 10 月 27 日正式实施的国家标准《茶叶分类》（GB/T30766-2014），中国茶叶以生产工艺、产品特性、茶树品种、鲜叶原料和生产地域为分类原则，茶叶分为两大类：基本茶类与再加工茶类。其中，基本茶类划分为绿茶、红茶、乌龙茶、黄茶、白茶、黑茶等 6 大类；再加工茶类划分为花茶、紧压茶、袋泡茶、粉茶和其他茶等 5 种。而黑茶因其在杀青之后有较长时间的堆积发酵过程，且成品茶色呈油黑或者黑褐色，故称"黑茶"；又因其发酵过程有微生物参与，也称"微生物发酵茶"。安化黑茶是中国黑茶极具代表性的品种。

一、对茶叶有效成份的追求

安化黑茶一直是作为"柴米油盐酱醋茶"的生活必需品，也是人类史上重要的作物类型。其实，包括茶叶在内的绝大多数农作物，决定其品质优劣的重要标准是成熟充分。安化黑茶特别注重原料内涵物的丰富，在此基础上，才有根据市场需求制作的嫩芽、中熟等茶品。

勿庸讳言，以成熟度较高的鲜叶制作大宗茶产品，这是安化黑茶发展史的一个重要特性。形成这种传统的原因主要是两个方面：一是受人体需求的影响，"一日无茶则滞，二日无茶则痛，三日无茶则病"，要通过茶饮来获得人体所需的茶多酚、氨基酸、微量元素和膳食纤维等有效成份，而在相同份量的茶叶中，无疑成熟度较高的茶品所含有效成份也较高。二是受生活成本的影响，在漫长的历史时期，无论是销区还是产区，一般民众所能接受的是成熟度较高、成品价格较低的安化黑茶产品。"小康"以前，一块茶砖是一家人数月所需，而其价值动辄在一只甚至数只羊以上，如果购买更为细嫩的茶叶，则家庭生活支出将大大提升，甚

图 4-1 安化茶农"自啜"茶叶的传统保存方法

至难以负担。对产区群众来说，茶叶是"完国课、活家口"的唯一来源，而茶园产出有限，只好"茶成与商人，粗者留自啜"（图4-1）。

以成熟度较高的鲜叶制作安化黑茶的传统传承千年，深刻地影响了安化黑茶生产技艺的演进，即使从现代营养学的角度来考察，也日益成为一种必不可少的茶类。根据现代茶叶化学的研究，茶叶内各种糖类、多酚类、蛋白质、氨基酸、生物碱、维生素、矿物质等有效成份的含量，会随着茶叶成熟度和部位的不同而变化，单纯的芽头其有效成份含量低，成熟度较高的茶叶其有效成份含量更高；有些内含物，茶叶其它部位的含量远高于芽头，如茶梗中的茶氨酸含量比芽叶高1~3倍。

氟是人体必需的微量元素之一，对骨骼和牙齿的生长与形成以及对钙、磷的代谢有十分重要作用，能够预防龋齿和老年骨质疏松症，近年来的研究还发现氟有加速伤口愈合、促进铁的吸收等多种功效。但是人体对氟含量十分敏感，氟摄入量过多，会引起积累性中毒或急性中毒，出现氟牙症、氟骨症。茶树具有较强的附氟能力，且随着芽叶的成熟，氟含量逐渐增高。现代制法的安化黑茶采用成熟度适中的鲜叶原料，成品茶氟含量一般低于300mg/kg的国家标准。此外，茶梗有调节口感香气、创造温湿环境等功效。因此在安化黑茶产品制作过程中，允许保留一定的含梗量，目前对安化黑茶各类产品的含梗量均有标准可依。根据湖南省地方标准DB43/T659—2011规定，特级至六级7个等次的黑毛茶茶梗含量应分别小于等于3%、8%、10%、12%、15%、17%和18%。因此，随着现代科技的进步和人们的需求变化，安化黑茶在追求有效成份的同时，其含梗量在逐步降低，在生产技艺和保健功能等方面也在不断进步。

二、实行两段加工法则

初制与精制分离的两段加工法，是茶叶生产中分工细化的必然趋势，在很多茶类的制造中都很常见。但大多以物理方式进行，主要表现为分级，外形变化，如绿茶、红茶（包括红碎茶）。安化黑茶的两段加工法则产生历史久远，延续时间也很长，而且较之其他茶类具有独特性。安化黑茶两段加工法则的主要特点：其一不仅是茶叶制作分工的必然，而且是安化黑茶内质形成的必要条件。多种茶类也分毛茶初制和成品精制，但其成品精制的过程，对茶叶内质影响不大。而安化黑茶则恰恰相反，黑毛茶初制仅完成了茶叶制作的一半工序，是成品内质形成的基础；而安化黑茶内质的最终形成，还有赖于精制过程中的拼配、再次烘焙、二次发酵、紧压、干燥（晾置）等工序（图4-2）。其二安化黑茶两段加工法则中，初制与精制程序是截然分离的。其他茶类的精制，主要包含筛分、烘焙、包装等并不从根本上改变毛茶内质的工序，因此其所谓的精制也可以说是初制工艺的自然延伸，完全可以实现初制与精制一体化。但是安化黑茶的初制与精制，则必须截然分离为两段。初制之后毛茶的陈化需要时间；而且初制与精制所需的场所、工具、工艺等都截然不同，把初制和精制截然分离，以达到相应的品质目标。事实上，精制和再加工已经融入安化黑茶生产，成为安化黑茶区别于其他茶类的又一特色。初制和精制的分离，明确两段各工序的标准，不仅能够保证安化黑茶独特的内质，而且深化了茶产业各环节的专业化分工，保证了安化黑茶品质的长期稳定。

初制和精制的分离，使安化黑茶的生产经营产生了其他多数茶类所不具备的一些特殊现象，比如毛茶的

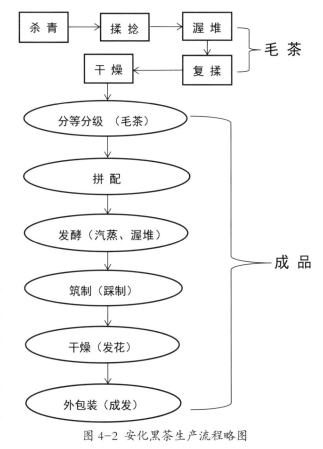

图 4-2 安化黑茶生产流程略图

专营。由于安化黑毛茶本身已经通过众多工序，成为精制的原料，而且具备了交易和饮用的价值。因而在历史上，从事安化黑茶经营的茶商，大多分化为以黑毛茶收储为主的本地茶商，与以黑毛茶精制、贩销为主的外地茶客。本地茶商以茶行茶庄、茶栈、茶牙（收购、储存黑毛茶并接待外地茶客，有的甚至参与茶山经营，属于综合性经营茶商）等形式经营。外地茶客有的采取委托收购（加工），有的自行设庄收购加工还有以"典卖青山"等形式参与茶山经营。这些适应两段加工法而出现的茶叶经营方式，导致安化黑毛茶具备了原始期货的性质，也导致了预买、委托经营等近现代经营方式的出现。一些茶农和茶商甚至以专门经营黑毛茶为主，其主要经营特定区域、特定茶工所产黑毛茶，或达到一定陈化年份的黑毛茶。

三、坚守千年的紧压传统

五代毛文锡《茶谱》中记载："渠江薄片，一斤八十枚"。普遍认为这是安化紧压茶生产的技艺源头。因此在唐代末期，鉴于南方茶叶北运过程中干毛茶膨松、体积庞大，所以产地的茶农和茶商一直都在想方设法将茶包踩紧压实、减小体积。由此产生的紧压

不仅有利长途运输，更能促进茶叶质量、口感、功能作用的变化，进而演变成了传承千年的紧压茶技艺。

明代，安化黑茶成品形状出现了"引包""茶筒""茶馈"等记载，其外形进一步朝着有利于运输的方向演进。明代早中期，由于川茶数量不能满足蕃部互市需求，四川茶商将湖广行省的安化黑茶等引包经由古"辰西之道"运至四川，充作川茶查验入库之后，再由甘陕茶商运至陕西三原、泾阳等地，炒制成茶砖，再运销西北各地。林之兰在其《明禁碑录》中记载："本县……唯有茶芽一种，公私倚办，向系茶客买去荆州，开厂蒸踹，商民两便。近年被积恶经纪私立高楼大屋，名为茶厂，通同奸商，就于伊家蒸踹茶筒……入川发卖。"说明当时安化的茶商和茶农，已经尝试在产地制作紧压的安化黑茶。就其形状看，安化黑茶"茶筒"就是安化千两茶（花卷茶）的前身。

清代至民国时期，随着安化黑茶运销路线的拉长，对紧压成品的要求越来越迫切，安化黑茶的紧压程度继续提高，成品越来越多。左宗棠在《奏变通办理甘肃茶务疏》中论及晋商侵占甘陕茶商引地时说："该商（指晋商）因茶少价贵，难于销收，潜用湖茶改名千两、百两，红分、蓝分、帽盒、桶子、大小砖茶出售……"这里的千两、百两，红分、蓝分、帽盒、桶子、大小砖茶，都是安化黑茶的紧压茶成品，其中的千两、百两、大小砖茶一直保留至今。这一时期之后，由于半机械或机械化工艺开始运用于紧压茶制作，手工筑制改为木质机压、进而改为铁质手摇螺杆压机（图4-3），因而茶的紧压度得到保证，安化黑毛茶产地开始大量生产砖茶，

图4-3 20世纪80年代的手摇螺杆压机

开启了产地制砖、进一步方便长途运销的新时期。至民国二十九年（1940年）机制安化黑砖茶试制成功并批量生产、1953年安化试制茯砖茶成功，1958年花砖茶批量生产。

传统的安化黑茶均为紧压茶（包括"三尖"茶等，均是经踩制轻压成篾包），其优点主要有三：

一是有利于产品质量的提升。紧压茶一个显著的特点是渐发酵，产品收藏时间越长，其发酵更均匀、充分，茶的口感更醇和，茶汤成分对人体更有利。

二是有利于长途运输。经紧压的安化黑茶，体积大幅缩减，密度成倍增加，而且能够根据运输工具的需要自行设计形状和重量，方便长途运输。无论是挑夫还是车载船运，甚至是交通工具的选用，都有规可循。在《行商遗要》中，明确记载了安化黑茶在汉口、

龙驹寨和社旗等地转运时，安化千两茶（花卷茶）、三尖茶包的装卸运输定价。

三是有利于交易核算。历史上，在安化黑茶的销区，消费者既无量具也无货币，此时砖茶、千两茶就是交易的权衡甚至代用货币，比如"羊一头约值砖茶十二片或十五片，骆驼十倍之"。17世纪，蒙古已流通银两、砖茶充当货币。在此种情境之下，砖茶实际上充当了货币的作用，"行人入其境辄购砖茶，以济银两所不通"（专门从事黑毛茶的季节性收贮，或者仓库出租）。为了方便交易，人们把茶叶压制成一定重量的小份，如清初"每引行茶百斤，作为十篦；每篦二封，每封五斤"。每茶一篦重十斤，上马给十二篦，中马九篦，下马七篦（领有官府颁发的牙贴，具备从事黑毛茶交易中介的资质）。以内蒙古为例，晋商时代，安化黑砖茶有"二四""二七""三九"数种。所谓"三九"砖茶，就是每箱共装39块砖茶、重66kg，每块茶砖重1.7kg。北洋军阀时期，"三九"砖茶每箱约值银元33元，每块约定价值银元1元；抗日战争时期，正值西北茶荒，每块砖茶最多可换30kg余羊毛。

四、成品与包装同步进行的创举

社会中绝大多数商品都是产品与包装分开制作，再将产品放入包装中。而安化黑茶中的千两茶（花卷茶）、手工筑制砖茶等产品，实行的是产品生产与包装同步完成，这是安化黑茶最为独特的创举。传统的安化黑茶通常选用楠竹、箬叶、棕片和棉纸等作包装材料。益阳自古以棕（片）、桐（油）、竹、木、茶为大宗林农产品，选用棕片、楠竹、箬叶作包装材料，具有适用性和科学性、安全性，成为汇聚世代茶商、茶人与茶工经验智慧的天造地设之选。

图4-4　安化县"中国竹子之乡"牌匾

图4-5　人工伐竹编制茶篓

在中国300多种木本竹类植物中，楠竹生长快、材质好、用途多、经济价值大、种植面积广。安化黑茶产区是我国楠竹集中区，安化、桃江两县荣膺"中国竹子之乡"的称号（图4-4）。楠竹剖成篾所编制的竹篓（图4-5），是安化黑茶普遍采用的外包装，特别是用于制作"三尖茶"系列产品与"千两茶"系列产品的篓子；这种竹篓同时具有在成品压制加工过程中塑形、定形的作用，还具有耐磨、原生态的特点。此外，楠竹的笋壳也可以用作安化黑茶的包装；用嫩楠竹中分解出来的竹纤维制造的竹纸，也是安化黑砖茶首选的包装材料。

箬竹约有 20 种，均产自中国，主要分布于长江以南地区。箬叶（图 4-6）长而宽大、质地致密，可用来包裹粽子等食物，旧时多用作斗笠、船篷等防雨用品的衬垫。安化称箬叶为粽叶、蓼叶，在《中国植物志》中，其学名为益阳箬竹。除了包裹粽子等食物，箬叶的主要用途即作茶篓的内衬。据传，中国箬竹的拉丁学名，就是一位植物学家因见到中国茶篓内衬箬叶而定名的。箬叶的特点是防腐、防潮和隔离异味，保证茶叶质量安全。

图 4-6　箬叶

棕片来自棕榈（图 4-7）的棕皮纤维（叶鞘纤维），利用其纤维的坚韧、保温、耐磨、耐腐等特点制作蓑衣、绳索、毡毯、刷子和作为沙发填充料。棕榈在安化随处可见，茶农除用棕绳捆扎茶货，还用整张棕片作为篓装茶的外衬（护于箬叶之外）。棕片的关键作用在于防水气侵入，并可以保温和加快茶叶后发酵。

安化黑茶另外一种常用包装材料是棉纸，俗称皮纸，是用构树皮为原料，经手工制成的白洁坚韧的薄纸。

这几种包装材料之所以历经岁月考验而流传不衰，不仅在于材料易得，而且在于它们在安化黑茶包装过程中功用相互配合补充。比如这几种材料都有既防水又透气的共同特点，有利于安化黑茶成品的防潮和陈化。此外，这几种材料都与安化黑茶茶性相生而不相克。现代药理分析发现，箬叶中除含大量的维生

图 4-7　棕榈

素 C、氨基酸、叶绿素和矿物质之外，还含箬叶多糖，它具有杀菌、防腐、抗癌的功用，因此箬叶味甘性寒，有清热止血、解毒消肿之效。棕皮味苦性平无毒，烧灰（存性）入药有止血作用。

除了神奇的包装材料，安化黑茶的包装技术与工艺也独具一格，传统安化黑茶成品

的制作，普遍遵循了包装与加工一体化的原则，茶叶包装的过程，同时也是灌装、紧压、裹包、捆扎、成型、干燥、转化等工序整体成型的过程。目前，除了已经现代工艺改造的砖茶之外，至今还完全保留在安化千两茶、湘尖茶的制作方面。

图 4-8 安化县黑美人茶厂制作五千两茶

以安化千两茶的制作为例，从伐竹制篾到踩制晾晒，全程纯人工制作，一般需由 7 人以上协力完成。首先选取上等黑毛茶汽蒸软化，分次装入外衬棕丝片、内衬蓼叶的篾篓内，由人工踩实、木杠压紧，通过绞、踩、压、滚、锤等方法，反复多次，最终将蓬松的茶篓踩成紧实的茶柱，并锁口成型，再在室外晾晒（图 4-8）。

这种包装与加工一体化制作技艺，首先是基于就地取材而产生的，之后综合考虑了便于茶叶保存、提升生产效率、保障产品安全卫生等多重需求。这种技艺不仅有长久的生命力，而且对现代食品加工与包装都有着很大的启发。随着科技的进步，更多的包装新技术被采用，机器人日益广泛地进入包装领域，从而产生包装与加工工艺紧密结合的趋势。

根据产业发展要求和市场需求变化，未来的安化黑茶包装技术，将向更加多元的方向发展。出于冲泡便捷的考虑，有一部分产品在遵循传统技艺紧压陈化之后，会将紧压成型的成品通过物理方式解散，并以袋泡茶、小包装茶等形式进行再包装。但是，成篓成捆的紧压茶，在自己茶仓的那种"闻得到的陈化"，仍将具有无穷的魅力，继续传承和发扬。

五、发酵的魅力

长期以来，是否发酵及发酵程度的轻重，是区分茶叶类别的重要考量。但也有学者提出，在中国茶叶类别中，绝大多数的茶类都只有氧化而没有发酵，因而建议在中国茶叶分类中更看重氧化的作用。这种提议有其合理性，但在中国茶叶的制作过程中，氧化和发酵是难以截然分开的。从学理上讲，工业发酵依赖于微生物的生命活动，也即依赖于有氧呼吸、无氧呼吸和发酵等生物氧化方式，而且微生物、动植物细胞和酶乃至人工构建的"工程菌"等，都可以参与工业发酵。因此，把是否发酵及发酵程度的轻重作为区分中国茶类的参照并无不妥。不发酵的绿茶、微发酵的白茶、轻发酵的黄茶、半发酵的乌龙茶、全发酵的红茶和渐发酵的黑茶，成为目前中国传统茶叶的所有类别。

安化黑茶以渐发酵为特征区别于其他茶类的地方：

首先，安化黑茶发酵的实质与其他茶类不同。除了不发酵的绿茶，青茶、红茶、白茶发酵的实质确实体现在氧化方面。这种氧化依赖于茶叶细胞内酶的参与，使茶叶的内含物质进行氧化与分解，达到改变茶叶性状的目的。而安化黑茶的发酵，必须有微生物的参与。发酵的过程其实质是通过创造特定的温、湿和氧气条件，对冠突散囊菌等益生菌物进行大规模的生长培养，使茶叶发生化学变化和生理变化，同时水解出更多的可食纤维、茶多糖和肽类等物质。正因为如此，现代茶学研究中，把以安化黑茶为代表的中国黑茶，称为唯一微生物发酵茶。

其次，安化黑茶发酵的形式具有多样性。安化黑茶发酵是多环节的，其延续时间也相对较长。黑毛茶制作过程中的渥堆工艺，是安化黑茶发酵的重要环节，但并非所有的发酵都通过渥堆来实现。如在拼配之后、精制之前，需要对黑毛茶进行蒸制，或加水堆放进行"冷发酵"（安化花砖茶制作工艺），经过蒸制或冷发酵的黑毛茶，在筑压（踩制）成形后，即被送到烘房（安化千两茶系列产品则置于晾晒场）中，以精确的温湿和时间条件促使其发酵干燥。再如七星灶烘焙时的累层加湿坯过程中，成品茶贮藏的过程中，都包含着发酵的因素。

最后，安化黑茶发酵的独特之处还在于其适度性。茶叶离开茶树就进入了有机物分解过程，这一过程包含了枯萎、发酵和腐烂等环节。茶叶的发酵是一个连续的过程，但发酵的目的是促进益生菌的生长。统观所有茶类，都在经历"不发酵—微发酵—轻发酵—全发酵—腐烂"这一过程。通过干燥、真空等手段，让茶叶较长时间保持在腐烂之前的某一节点上，就形成了中国六大类茶叶的技艺（图4-9）。而安化黑茶的发酵，就是通过渥堆、再加工发酵、陈化发酵等方式，恰到好处地控制微生物的培育和作用发挥，既使其质量和口

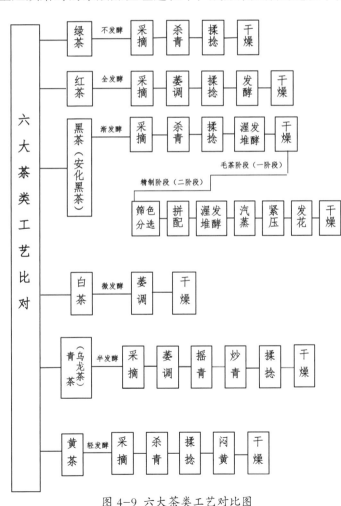

图 4-9 六大茶类工艺对比图

感达到最佳程度，也避免茶叶的过度发酵乃至腐烂变质。例如安化千两茶，一旦出现烧芯（即过度发酵致其腐烂），就变为废品。因此在历史发展过程中，安化黑茶发酵程度的把握，完全成为了一种艺术，这种艺术性的技艺，使安化黑茶的发酵具有独特的魅力。

六、神奇的保健功效

近年来，国内外大量学者对安化黑茶保健功能进行了深入系统的研究，从微生物学、生物化学、细胞生物学、分子生物学等方面到动物试验、人体临床研究，全面验证了安化黑茶具有消食解腻、调降"四高"（高血压、高血脂、高血糖、高尿酸）、调理肠胃、清热解毒、利尿解乏等保健功能。主要表现在以下 8 个方面：

（一）补充膳食营养

安化黑茶中含有较丰富的营养成份，主要是维生素、矿物质、蛋白质、氨基酸、糖类物质等，对主食牛羊肉、奶酪的人群而言，饮食中缺少蔬菜和水果，长期饮用的安化黑茶，是他们身体必需矿物质和各种维生素的来源之一。同其他茶类相比，安化黑茶中硒、铁和镁等微量元素含量十分丰富。研究发现安化黑茶是适度富硒茶，硒能刺激免疫蛋白及抗体的产生，增强人体对疾病的抵抗力，并对治疗冠心病、抑制癌细胞的病变有显著效果；铁是红血球中血红素的重要成分，在血红蛋白合成上起活化剂的作用，从饮茶中不断补充铁，对造血、活血化瘀以及防治贫血有较大的作用；镁是人体不可缺少的微量元素，它在保护人体心血管、预防心脏病、抵抗辐射危害等方面具有积极作用。

（二）降脂减肥，预防心血管疾病

肥胖是由特定的生化因子引起的进食调控和能量代谢紊乱的疾病，成为危害人类健康的主要杀手。动物试验及人体临床试验都已证明，黑茶中的茶多酚及其氧化产物能溶解脂肪，促进脂类物质排出，降低血液中总胆固醇、游离胆固醇、低密度脂蛋白胆固醇及三酸甘油脂的含量，且长期饮用黑茶能增加有益胆固醇的含量，抑制 LPO（血浆脂质过氧化物、多不饱和脂肪酸经酶促途径生成的一类过氧化物）的活性，降低血液的黏度、抗血小板凝集，从而减少动脉血管壁上的胆固醇沉积，降低内壁粥样硬化斑块的形成，达到防治心血管疾病的目的。

湖南农业大学教育部茶学重点实验室采用现代分离纯化技术，分离安化千两茶、茯砖茶、黑砖茶中的有效成分并进行功能评价时发现：三类安化黑茶均可显著调降实验动物和人体中的甘油三脂、总胆固醇和低密度脂蛋白水平，调控脂肪代谢中脂肪分解酶与脂肪合成酶的活性，起到有效降低血脂和控制体重的作用；茯茶发花形成的"金花"中的优势微生物"冠突散囊菌"会代谢产生多种新的活性成分，直接抑制前脂肪细胞的分化，阻止脂肪的形成，有效抑制唾液淀粉酶的活性，阻止摄入体内的碳水化合物的吸收转化为葡萄糖，切断脂肪合成的能量基础。

（三）助消化，增强肠胃功能

安化黑茶在"渥堆"过程中，通过大量微生物参与作用，产生柠檬酸和其它有机酸、蛋白质、矿物质和维生素等有效营养物质，这些物质具有健脑、健胃、美容、解酒、改善肝脏功能和延缓衰老等保健功能。研究证实，安化黑茶能一定程度地促进有益菌的增殖，同时有效地抑制有害菌群的繁殖，起到平衡肠道菌群和调理肠胃的功能，成为现代人生活所倚重的保健饮品。安化黑茶中的儿茶素化合物和茶叶皂甙对口腔细菌、螺旋杆菌、大肠杆菌、伤寒和副伤寒杆菌、葡萄球菌等多种病原菌的生长有杀灭和抑制作用，因而具有显著的消滞胀、止泻和消除便秘的作用。同时，浙江大学屠幼英教授等研究发现经过微生物发酵的紧压茶中有机酸的含量明显高于非发酵茶，有益于提高人体肠胃功能。

（四）降血压，降血糖，防治糖尿病

关于黑茶的降血压机理，有学者研究认为主要是黑茶中儿茶素类化合物对 ACE 活性的抑制作用，黑茶中的茶氨酸能起到抑制血压升高的作用，而生物碱和类黄酮物质可使血管壁松弛，增加血管的有效直径，通过使血管舒张而使血压下降。

高血压按其发病机制可以分为原发性与继发性两类。继发性高血压一般有明确的原因，常常是由于某些疾病引起的，如先消除引起高血压的原因，高血压症状可自行消失。原发性高血压又称为初发性或自发性高血压，在临床上找不出单一而又容易鉴定的病因，原发性高血压的发病机制至今尚不清楚，普通认为是由于血管紧张素Ⅰ在血管紧张素转换酶（ACE）作用下转化为具有强升压活性的血管紧张素Ⅱ，从而导致血压升高。因此抑制 ACE 活性可以起到降血压效果。

糖尿病是现代中老年人健康杀手之一，而且随着人民生活水平的提高和人口老龄化的加剧，糖尿病的发病率逐步增加。在民间有用粗老黑茶治疗糖尿病的习惯。通过试验证明，给小白鼠注射茶多糖 7 小时后，其血糖下降 70%，说明茶多糖对糖代谢的影响与胰岛素类似。对几种茶类的茶多糖含量测定的结果表明，黑茶的茶多糖含量最高，且其组分活性也比其它茶类要强，因为黑茶在发酵茶中，在糖苷酶、蛋白酶、水解酶的作用下，形成了相对长度较短的糖链肽链，短肽链较长肽链更易被吸收，从而生物活性更强，这是发酵茶尤其是黑茶降血糖效果优于其它茶类的原因之一。

（五）杀菌消炎

安化黑茶汤色的主要组分是茶黄素和茶红素，它是茶多酚由微生物氧化缩合而成的产物。研究表明，茶黄素不仅是一种有效的自由基消除剂和抗氧化剂，而且具有防癌、

抗突变、抑菌抗病毒、改善和治疗心脑血管疾病、治疗糖尿病等多种生理功能。茶黄素对肉毒芽孢杆菌、肠类杆菌、金黄色葡萄球菌、荚膜杆菌、蜡样芽孢杆菌有明显的抗菌作用，对流感病毒的侵袭有一定的抑制作用，具有抑制轮状病毒和肠病毒感染的作用。

黑茶产区人民在长期的实践中已认识到黑茶的保健药理功能，在民间安化黑茶经常用于清热解毒、消炎解暑、感冒发烧、肚泻腹痛、肠胃不适等，还用于消解因热毒引起的咽喉肿痛、黄肿疮、疮痿等。研究表明，黑茶中的杀菌、消炎作用的主要成分是儿茶素类化合物，对口腔细菌、螺旋杆菌、大肠杆菌、伤寒和副伤寒杆菌、黄色溶血性葡萄球菌、金黄色链球菌、流行性霍乱和痢疾等多种病原菌的生长都有一定的抑制作用。

（六）利尿解毒，降低烟酒毒害

黑茶中的茶多酚不但能使烟草的尼古丁发生沉淀，并随小便排出体外，而且还能清除烟气中的自由基，降低烟气对人体的毒害作用。对于重金属毒物，茶多酚有很强的吸附作用，因而多饮茶还可缓解重金属的毒害作用。

黑茶中咖啡碱对膀胱的刺激作用既能协助利尿，又有助于醒酒，解除酒毒。这是因为咖啡碱能兴奋中枢神经、提高机体代谢能力、增强血液循环、加快酒精随尿排出体外的进程，从而缓解和消除酒精毒害。

（七）抗氧化，防衰老

随着年龄的增长，人体消除自由基的能力逐渐减退，自由基慢慢积累，导致疾病的发生和衰老。自由基的清除可通过抗氧化物质（如黄酮类化合物、维生素 C、维生素 E 等）和酶（如超氧化物歧化酶、过氧化物酶等）的作用来完成。安化黑茶中含有较多的复杂类黄酮，以及丰富的抗氧化物质如儿茶素、茶黄素、茶氨酸、茶多糖、维生素等，还含有具抗氧化作用的锌、锰、铜、硒等微量元素，都具有清除自由基的功能，因而具有延缓细胞衰老的作用。

（八）防癌，抗突变

癌症是当前世界上引起人类死亡率极高的疾病之一。自 20 世纪 70 年代后期，世界各国的科学家先后发现茶叶或茶叶提取物对多种癌症的发生具有抵制作用。茶叶防癌、抗突变的主要机理有三种：一是抑制和阻断致癌物质的形成。中国预防医学科学院的研究表明，各种茶叶对人体致癌性亚硝基化合物的形成均有不同程度的抵制和阻断作用，其中黑茶活性较高，优于花茶、乌龙茶和红茶。二是抑制致癌物质与 DNA 共价结合。黑茶中的儿茶素可抑制对癌症具有促发作用的酶类活性，增强具抗癌活性的酶类活性。三是显著抵制癌细胞增殖和转移。儿茶素类物质具有很强的清除自由基的能力，而人体内过剩的自由基也是癌症发生的主要原因之一，清除自由基也是防癌、抗突变的一个重要机制。

湖南农业大学教育部茶学重点实验室研究发现，黑茶具有良好的抑制消化道肿瘤生长的作用，并发现安化千两茶的提取物对胃癌细胞、肝癌细胞的扩散有抑制作用。"硒"被科学家称为人体微量元素中的"抗癌之王"，安化黑茶的含硒量是全国茶叶平均值的两倍，是世界茶叶平均值的7倍，是安化黑茶具有防癌、抗突变功能的重要原因。

见表4-1。

表4-1 安化黑茶中主要功能性成分

成分	茶叶	安化黑茶
矿质元素	含有40多种矿质元素，人体必需的K、Ca、Na、P、Mg、Cl、Fe、Mn、Cu等，还含有溴、锶、硒微量元素。	除含有以上矿质元素外，最大的特点就是富硒。
茶多酚	儿茶素、黄酮类为主体的多酚类化合物。具有降低血脂，抑制动脉粥样硬化、抗氧化、降低血糖、防衰老、抗辐射、杀菌消炎、抗癌抗突变。	特殊的加工工序使安化黑茶中成味物质的氧化降解以及部分聚合作用，把原为刺激性、收敛性强的儿茶素改变为醇和或纯和的物质，鲜味中含涩、苦、木质味、粗青味的物质，转变为浓纯类型物质。因而茶汤滋味由粗涩变得醇和。
茶色素	茶叶中的色素一类是脂溶性色素，叶绿素、叶黄素、胡萝卜素等，一类是水溶性色素，黄酮类物质、茶黄素、茶红素、茶褐素等。它们共同构成茶叶外形、汤色及叶度的色泽。	在高温高湿作用下，酯溶性色素降解成深色物质，多酚类物质氧化为水溶性色素，两者共同构成黑茶干茶黑润、汤色橙黄明亮的特性，并使之有别于其他茶类。
芳香物质	茶叶香气的主要特点：含量少、种类多、不同茶类香气不同（品种香）、同种茶类也有地域差别（地域香）。	已检出了68种香气组分：主要为萜烯类、芳香醇类、醛类、酮类、酚类、酸类、酯类及碳氢化合物、杂环化合物等。
糖类	单糖、双糖、多糖及少量其他糖类。单糖和双糖是构成茶叶可溶性糖的主要成分。多糖类主要包括纤维素、半纤维素、淀粉和果胶等。	黑茶特殊的渥堆工艺在纤维素酶、果胶酶、糖化酶等的作用下，将不可溶性糖降解为可溶性多糖，具有降血脂，抗血凝、抗血栓，增强免疫力的作用，也一直使黑茶中功能性成份。成品中可溶性糖的含量由加工过程中的动态变化结果所决定。
生物碱	咖啡碱、可可碱以及少量的茶叶碱。	特定的原料成熟度与独特的加工烘焙工艺使成品茶中咖啡碱的含量很低，饮用后不影响睡眠。
冠突散囊菌	—	冠突散囊菌（Eurotium cristatum）是安化黑茶中独有的一种益生菌，俗称"金花"，主要在茯砖茶中采用特殊工艺培育，因其生长过程产生大量氧化、水解产物、及多种酶类，达到改善产品口感品质的效果，并具有独特的药理功效。
酶类	主要含有蛋白酶、淀粉酶、多酚氧化酶、过氧化物酶、抗坏和因酸氧化酶等酶类。	黑茶特殊的渥堆工艺产生多种酶，主要有多酚氧化酶、纤维素酶、果胶酶、蛋白酶、糖化酶等，不仅改善茶叶品质，也可以促进人体消化道中各种酶的活性，从而达到调理肠胃、促进消化、降血脂的作用。
有机酸	茶叶有机酸主要有草酸、苹果酸、醋酸、琥珀酸、柠檬酸等。	安化黑茶在特殊的渥堆作用下，有机酸含量比其他茶类高，茶叶环境酸化，有利于儿茶素类降解，对香气、滋味改善起到一定作用。

第二节　安化黑茶传统生产技艺

安化黑茶的生产技艺分为初制和精制两个阶段,初制是指鲜叶经过摊放、杀青、揉捻、渥堆、干燥等工序,制作成为黑毛茶。精制是指黑毛茶经过拣选、拼配、蒸制等工序紧压成半成品再进入发酵、干燥、检测等工序。安化黑茶的产生,既综合了多种茶类的制作技艺,又在每一环节具有独特性,尤其是拼配、渥堆、七星灶烘焙、发酵及茯砖发花等方面,在制茶史上都具有独特性、开创性。

一、渥堆

安化黑茶的渥堆工艺,亦称"发汗",有毛茶加工过程中的渥堆和精制加工中的渥堆。毛茶加工中的渥堆是指鲜叶经杀青、初揉之后,将茶坯堆积,在特定的温度和湿度条件下,使之以微生物活动为中心,通过生化动力(胞外酶)、物化动力(微生物热)以及微生物自身代谢等综合作用,改变茶叶性状、塑造

图4-10　安化黑茶渥堆发酵

黑毛茶品质风味的过程(图4-10)。精制阶段渥堆,通常是指将经过筛分、色选、拼配后的茶放入发酵仓渥堆。渥堆是安化黑茶制作中最为基础、最为关键、最为复杂的工艺环节。

毛茶加工过程中的渥堆是否成功受诸多因素影响,包括外界气温、湿度、原料成熟度、鲜叶采摘时间长短、渥堆规模大小等。因此渥堆时以满足以上条件为基础,选择背阴、洁净的地面,避免阳光直射,室温25℃左右,相对湿度保持在85%以上。渥堆一般要求茶坯含水量在65%左右。初揉后的一、二级茶叶须解散团块,堆于篾垫或专用的渥堆间,厚15~25cm;上盖湿布,并加覆盖物,以保湿保温,促进化学变化;在渥堆过程中,应根据堆温变化情况,适时翻动1~2次。三、四级茶叶初揉后不需解块,可以直接堆积成高100cm、宽70cm的长方形堆,并加覆盖物;三、四级茶叶渥堆过程中一般不翻动,但如堆温过高则要翻动一次,以免烧坏茶坯。在渥堆过程中,为做到保温保湿,还要注意将茶堆适当筑紧,但不能筑紧过度,以防堆内缺氧,影响渥堆质量。在正常情况下,春季渥堆时间为12~18h,夏秋季为8~12h。

渥堆是否适度目前没有固定的标准量化，应依据渥堆实际过程中茶叶色泽、气味、状态及手感等因素的变化情况判断，具体表现为：渥堆适度的茶堆叶内水分增加，在茶堆表面会出现水珠，有较强的黏手感，叶色由暗绿色变为黄褐，手伸入堆内感觉发热，叶对光透视呈竹青色而透明，附在叶表面的茶汁被叶肉吸收，粘性减少，结块茶团易于打散。如果渥堆不足，其叶色偏黄绿并带有青气味、粘性大，茶团不易解散。渥堆过度的茶坯，手摸有泥滑感，并有酸馊气味，用手搓揉时叶肉叶脉分离，形成丝瓜瓤状，叶色乌暗，汤色浑浊，香味淡薄。渥堆不足和渥堆过度的茶坯，均不能形成黑茶应有的品质。

　　随着技术和设备的进步，目前人们对渥堆的室内温湿条件能够进行自动调控，对堆内温度等原来隐蔽性的状态可以通过仪器加以了解。但每批鲜叶渥堆的天气、叶质等均不同，对渥堆技艺的把握，至今仍以经验为主，进行自然发酵。

二、"七星灶"烘焙

　　七星灶烘焙是安化黑毛茶制作中最后一道工序，其全称为"松柴明火七星灶烘焙工艺"，目的是通过烘焙使黑毛茶干燥并形成相应的品质、颜色和香味。

　　七星灶由灶身、火门、七星孔、匀温坡和烘床等五部分组成。七星孔装置在灶前墙内侧，与火门连接，以扇形排列的砖砌成均匀的 7 个火力通行道（小

图 4-11　安化黑茶的七星灶烘焙干燥

型七星灶仅设五、六孔，大型七星灶可达十余孔），有匀散火力、使烘床均匀受热的功用，是烘焙灶中最为核心的部分，是安化先民的创造发明（图 4-11）。

　　除火门与七星孔外，灶外侧框架即为灶身；灶身底部为匀温坡，顶部为烘床，烘床上置焙帘，边框高 20cm。烘焙前先将焙帘和匀温坡打扫干净，在火门处燃烧松柴，火力通过七星孔均匀地透入，并沿匀温坡均匀扩散到烘床焙帘上。当焙帘温度达到 70℃以上时，开始采用"累加湿坯、分层匀撒"的方式增加湿茶坯烘焙。要求火力均匀，烘床温度基本平衡。

　　安化黑毛茶烘焙过程中的"累层加坯"很有讲究。第一层厚 3~5cm，待烘至六七成干时再撒第二层湿坯。依次撒 5~7 层，逐层减薄。但最后一层厚度又与第一层相仿。最后茶坯总厚度控制在 20cm 左右，以不高出焙床边框为宜。待最上层茶坯烘至七八成干时，

即须退火翻焙。

退火翻焙即减小七星灶火门火力，用特制铁叉迅速将已干的底层茶坯翻到上层，将未干的上层茶坯翻至下层，再继续升火烘焙。待上中下各层茶叶干燥均匀一致，散发出浓郁茶香，叶色油黑一致、用手轻捻成小片，梗可轻易折断时即为适度，即将茶叶迅速下焙，此时茶叶含水量约为7%~8%。

七星灶每小焙可烘茶坯数百斤，大焙可烘茶坯上千斤。每焙时间达5个小时左右。同样因为七星灶效率有差别，茶坯性质、含水量及数量不同，气温、风向各异，烘焙火力的把控、茶坯加层翻焙时间的拿捏，均靠制茶技师个人经验，所以七星灶烘焙也属于一种艺术性制作范畴。

七星灶烘焙是历代制茶技工的集体智慧，也是传统安化黑茶制作过程中的独特技艺。目前，很多厂家采用热气发生炉加鼓风机代替直接燃烧松柴的方法（其它烘焙工艺不变）进行烘焙，或者采用烘干机直接烘干。但是，主要依靠制茶技师经验的七星灶烘焙方法，对于安化黑毛茶独特色香味的形成，依然具有不可替代的作用。湖南白沙溪茶厂有限公司有一首对联"七星灶里柴鸣火啸转乾坤，九重堆中云腾雾绕炼醇香"，就是七星灶烘焙的真实写照。

三、拼 配

茶叶拼配（图4-12），是指根据产品质量等级要求，通过评茶师的感官经验和拼配技术，把具有一定的共性而形质不一的黑毛茶，或美其形，或匀其色，或提其香，或浓其味，按照一定比例拼合在一起的工艺过程。茶叶拼配是常用的提高及稳定茶叶品

图4-12 安化黑茶拼配原料

质、统一口感最有效的一种方法，包括十毛茶不同等级拼配、不同年份拼配、不同产地拼配等。

拼配首先必须清楚黑毛茶的等级。传统安化黑毛茶一般分为五级十六等（表4-2），过去拼配用茶还分为包心、洒面两种，包心茶质较粗老，洒面茶质较细嫩。现在拼配中已经取消了包心、洒面的区别。

表 4-2　传统安化黑毛茶样茶标准

级别	特级	一级	二级	三级	四级
等别	特等	一　二　三	四　五　六	七　八　九　十　十一	十二　十三　十四　十五　十六
参考样	特等	二等	五等	七等　　九等	十二等　　十五等
品质特征	以一芽二、三叶为主，叶质柔嫩 条索：紧卷，圆直 色泽：黑润 汤色：橙黄明亮 滋味：浓醇 作天尖、贡尖原料和特等砖茶	以一芽三、四叶为主 条索：紧卷 色泽：黑润 汤色：橙黄较亮 滋味：醇和尚浓 作天尖、贡尖原料	以一芽四、五叶为主 条索：粗壮肥实 色泽：黑褐尚润 汤色：橙黄尚亮 滋味：醇和 作贡尖、生尖原料	以一芽四、五叶为主 条索：呈泥鳅条 色泽：黑褐，带竹青色 汤色：橙黄 滋味：醇和微涩 作花砖、黑砖等洒面，其他作各种砖原料	以齐口茶为主，带红梗 条索：皱摺叶 色泽：深黄 汤色：橙黄泛红 滋味：醇和带涩味 各种砖的包心原料
分级归堆	特级一个堆	一级一个堆	二级一个堆	三级一个堆（上、下）	四级一个堆
采摘季节	谷雨前后，4月中下旬	谷雨后，4月下旬	立夏前后，5月上旬	小满前后，5月下旬	芒种前后，6月中下旬

2020年4月，在安化县茶旅产业发展服务中心的支持下，安化县茶业协会组织白沙溪茶厂、华莱生物、安化第一茶厂等单位完成了安化黑毛茶实物标准样的制作，发放给"安化黑茶"证明商标授权企业、各乡镇人民政府及相关县直单位，指导茶企、茶农按照"质量优先、对样采摘、对样加工、优质优价"的要求做好茶叶产销工作，旨在全面提高鲜叶采摘标准，提升安化黑毛茶加工水平和品质。

根据安化黑茶生产实际需要，安化黑毛茶划分为特级、一级、二级、三级共计四级十等，现制作10个实物标准样，其中：安化黑毛茶（大叶种）实物标准样5个，包括特级、一级二等、二级五等、三级七等、三级九等（表4-3）；安化黑毛茶（大叶种）清茶实物标准样2个，包括二级、三级；安化黑毛茶（中小叶种）实物标准样3个，包括一级、二级、三级（表4-4）。同时，制定了安化黑茶的理化指标（表4-5、表4-6）。

表 4-3　安化黑毛茶（大叶种）实物标准样感官品质要求

等级	外形	内质			
		香气	滋味	汤色	叶底
特级	一芽一、二叶鲜叶为主，色泽乌黑油润，条索紧结有锋苗，较匀整	清香高长或带松烟香	浓醇回甘	橙黄，较明亮	嫩软，较匀整，黄褐较亮
一级二等	一芽二、三叶鲜叶为主，色泽乌黑油润，条索紧结较匀	清香较浓或带松烟香	较浓厚	橙黄，较明亮	尚肥嫩，尚匀整，较亮
二级五等	一芽三、四叶及同等嫩度的对夹叶鲜叶为主，色泽黑褐尚润，条索肥壮尚匀，带嫩梗	纯正或带松烟香	尚醇和	橙黄，尚明亮	肥厚尚软，尚匀整，带嫩梗，尚亮

等级	外形	内质			
		香气	滋味	汤色	叶底
三级七等	对夹三、四叶鲜叶为主，色泽黑褐或黄褐或带竹青色，尚润，外形呈泥鳅条，有梗，尚匀净	纯正或带松烟香	尚浓	橙黄较亮	尚肥厚，尚匀，有梗，尚亮
三级九等	对夹四、五叶鲜叶为主，色泽黄褐略花杂，条索粗壮多折皱叶，有梗	纯正或带松烟香	纯和	橙黄较亮	稍粗，尚匀，多摊张，有梗

表4-4　安化黑毛茶（中小叶种）实物标准样感官品质要求

等级	外形	内质			
		香气	滋味	汤色	叶底
一级	一芽二、三叶鲜叶为主，色泽乌黑油润，条索紧结或紧实，较匀整，带嫩茎。	清香较高长或带松烟香	较浓厚	橙黄尚亮	较嫩软，较匀，黄褐较亮
二级	一芽三、四叶及同等嫩度对夹叶鲜叶为主，色泽黑褐或黄褐，尚润，条索尚紧实，多泥鳅条，尚匀整，有梗。	清香尚持久或带松烟香	尚浓	橙黄尚亮	尚肥厚，尚匀，有梗，黄褐较亮
三级	对夹三、四叶鲜叶为主，色泽黄褐略花杂，条索粗壮呈泥鳅条、折皱叶，有梗。	纯正或带松烟香	纯和	黄尚亮	稍粗，尚匀，多摊张，有梗

表4-5　安化黑毛茶的理化指标

项目	特级	一级二等	二级五等	三级七等	三级九等
水分，% ≤	10	11	12	12	12
含梗量，% ≤	3	10	12	15	15
碎末，% ≤	5	4	4	4	4
总灰分，% ≤	7.5	8.0	8.0	8.0	8.0
水浸出物，% ≥	30	28	25	23.5	23.5

表4-6　安化黑毛茶清茶的理化指标

项目	一级	二级	三级
水分，% ≤	11	12	13
含梗量，% ≤	3	5	5
碎末，% ≤	4	4	4
总灰分，% ≤	8.0	8.0	8.0
水浸出物，% ≥	28	25	23.5

由于限定生产标准，取消洒面、包心的区别，使得现时安化黑茶在拼配过程中主要考虑原料质量与成品感官特性。目前，部分企业在特种茶的生产方面，推出了小众茶（即整批茶以同一山头、同一批次、同一质量的安化黑毛茶为原料）概念。这种改变，有利于安化黑茶成品（图4-13）质量的整体提升，是生产从传统向现代转变的需要，也是从以边销为主转向广泛市场销售的需要。但是，拼配技艺如"酒要勾兑"一样，是十分重要的工艺过程。首先，参与拼配的全部是符合生产标准的各等级茶叶，不符合生产标准的茶叶出现在成品中，即为生产者掺杂使假的违规行为，并非拼配工艺的问题。其次，由于受气候各异、山头茶质不同、毛茶制作差异等多方面的影响，难以形成对市场的稳定、大量供给，也必须拼配。第三，拼配工艺其主要目的是对各种特性的黑毛茶的科学搭配，使成品能够达到"扬长避短、品质稳定"的目的，起到是1+1＞2的作用。比如某种黑毛茶香气突出而甜度稍逊、而另一种黑毛茶香气一般而甜度出众，这两种黑毛茶按照合理的比例进行拼配，所得到的即是超出原茶品质的成品。

图 4-13 安化茶厂历年成品样茶储藏室

四、冠突散囊菌培植

冠突散囊菌,俗称"金花"，属于散囊菌目发菌科散囊菌属的一种真菌,可生长在土壤、茯砖茶、冬虫夏草、中药片、沉香等基物上。该菌种分布于中国、南非、以色列、瑞士、英国、美国等地，属益生菌。冠突散囊菌是在安化黑茶中最先发现并引起专家学者研究的一种神奇的益生菌。20世纪50年代，学者们开始研究探讨茯砖茶中的"金花"或"黄花"的属性。当时对这种物质知之甚少，只知其在茯砖茶中的含量越高，茶的品质就越好。80年代初，科研人员对茯砖茶中的优势菌进行了分离鉴定，初步认为是谢瓦氏曲霉。但著名湖南农大微生物学专家温琼英教授认为，谢瓦氏曲霉的子囊孢子表面是光滑的,而"金花"菌的子囊孢子表面明显粗糙，温教授与中国科学院微生物研究所共同将该菌鉴定为灰绿曲霉组冠突曲霉科。1990年，微生物学家齐祖同等进一步研究后，将其命名为冠突散囊菌。此后，多数文献均将"金花"（图4-14）称为冠突散囊菌。

图 4-14 安化黑茶冠突散囊菌

冠突散囊菌实质上是安化黑茶茯砖茶加工过程中,在特定的温、湿度条件下,通过"发花"工艺长成的一种有着多种保健功能的益生菌,其产生的黄色闭囊壳似细小花斑,均匀地附着在茯砖茶中。人们通常从颜色、分布与数量三个方面评价冠突散囊菌:"金花鲜艳"指的是刚发出的金花一般呈黄色,存放一段时间后颜色转向金黄;"金花普茂"指的是金花遍布砖体内各处,单位面积内冠突散囊菌数量较多。"发花"的技术属于企业核心技术。

冠突散囊菌具有特殊的保健功效,无毒副作用。由于"金花"的存在,使得茯砖茶具有了不同于其他茶类的色、香、味,并且促消化、降脂减肥、治疗心血管疾病等保健功效更为突出。湖南农业大学王冰等研究总结冠突散囊菌有多种功效:一是改善茶叶的品质。冠突散囊菌利用从茶叶中获取的营养物质进行自身代谢转化,满足自身的营养需要,同时产生多酚氧化酶、果胶酶、纤维素酶、蛋白酶等胞外酶,催化茶叶中物质的氧化、聚合、降解、转化,达到茯砖茶特有的色、香、味。二是抗氧化作用。冠突散囊菌吸收茯砖茶中的茶多酚后分泌生产了3种生物活性更强的成分,即糖苷化、硫酸化及甲基化等儿茶素的衍生物,具有消除自由基的能力。三是抵制有害菌。冠突散囊菌在生长过程中产生不利于其他微生物存在的代谢产物,抵制有害菌的生长,调节维持人体肠道微生物菌群平衡。虽然冠突散囊菌的成分尚未测知,但真菌壁所含的几丁质、几丁质聚糖是一类特殊的膳食纤维,能促进肠道中的梭菌属 XIVa 簇形成,减轻高脂肥胖。

我国自 20 世纪 60 年代起,就开展了黑茶品质化学成分方面的研究,特别是开展对茯砖茶中微生物的毒理性研究。1987 年湖南农学院张海荪等做了茯砖茶发花的安全性实验,取茶汁饲喂小白鼠,结果并不引起小白鼠发病,也不引起肝细胞中毒,说明茯砖茶对人体是安全的。肖文军等研究了速溶茯砖茶对小鼠与大鼠的毒理特性,表明茯砖茶对

图 4-15 刘仲华长期在试验室研究黑茶的提质增效

雌雄大鼠无明显毒副作用,属实际无毒物。1994 年王志刚用卤虫生物法对冠突散囊菌进行毒性实验,在蔗糖酵母浸汁培养基上培养,结果 10 株冠突散囊菌菌体提取物均未发现明显产毒,从而进一步证实了冠突散囊菌无毒。根据这些研究成果(表 4-7),国家于 20世纪 80 年代中期建立了"茯砖茶""黑砖茶"和"花砖茶"的国家标准。国标的建立对于保障茶叶生产的安全性具有积极的作用。中国工程院院士刘仲华,长期研究安化黑茶的增效工作,对"冠突散囊菌"进行结构分析、药理分析、动物实验等等,深度研究表明这种益生菌是人类健康之饮(图 4-15)。

表 4-7　冠突散囊菌研究成果表

题名	作者	来源	发表时间
茯砖茶中优势菌种的鉴定	齐祖同、孙曾美	真菌学报	1990 年第 3 期
茯砖茶发花中优势菌的演变规律	温琼英、刘素纯	茶叶科学	1991 年 S1 期
茯砖茶中散囊菌的产毒性研究 I . 散囊菌培养液的毒性	王志刚、程苏云、童哲、丛黎明	茶叶科学	1992 年第 1 期
茯砖茶中散囊菌的产毒性研究 II . 冠突散囊菌的菌体毒性测定	王志刚、程苏云、童哲、王钦升	茶叶科学	1994 年第 1 期
茯砖茶"金花菌"的分类鉴定及其对茯砖茶品质的影响	陈云兰	南京农业大学	2004 年硕士学位论文
茯砖茶发花过程中优势菌的研究进展	杨抚林、邓放明、赵玲艳、夏岩石	茶叶科学技术	2005 年第 1 期
茯砖茶品质形成机理的研究进展	李智芳	福建茶叶	2009 年第 1 期
冠突散囊菌发酵液的抑菌作用	李佳莲、胡博涵、赵勇彪、刘素纯、姜越君、刘仲华	食品科学	2011 年第 11 期
冠突散囊菌对茶叶品质成分及其抗氧化活性影响	欧阳梅、熊昌云、屠幼英、程龙、舒华、汤雯	菌物学报	2011 年第 2 期
冠突散囊菌降低黑茶氟含量的研究进展	许永立、赵运林、刘石泉、杨小琴	江西农业学报	2011 年第 10 期
冠突散囊菌接种发酵茯砖茶的初步研究及其安全性评价	苏凤	武汉工业学院	2011 年硕士学位论文
茯砖茶的真菌菌群特性及其整肠功能研究	许爱清	湖南农业大学	2011 年博士学位论文
茯砖茶"发花"过程中微生物多样性研究	文杰宇	湖南农业大学	2011 年硕士学位论文
茯砖茶茶叶品质和保健功能的研究概况	彭晓赟、赵运林、何小书、雷存喜、刘石泉、周晓梅、董萌、胡治远	湖南城市学院学报（自然科学版）	2011 年第 4 期
茯茶中"金花"菌研究进展	袁勇、刘仲华、黄建安、尹钟	湖南省茶叶学会2011 年学术年会论文集	2011 年 12 月
冠突散囊菌研究进展	陈桂梅	西北农林科技大学学报（自然科学版）	2012 年第 3 期
茯砖茶冠突散囊菌多样性初步研究	胡治远、赵运林、刘石泉、李燕子、许永立	茶叶	2012 年第 2 期
冠突散囊菌的营养作用研究进展	王冰、张凯、方热军	饲料博览	2012 年第 12 期
茯砖茶加工中微生物演变及对品质形成影响的研究	赵仁亮	湖南农业大学	2012 年硕士学位论文
茯砖茶中冠突散囊菌的次级代谢产物及其生物活性研究	彭晓赟、梁法亮、李冬利、陈玉婵、陶美华、章卫民、赵运林	中草药	2013 年第 14 期
茯砖茶中"金花"菌的研究进展及应用潜力	黄婧、杨民和	福建茶叶	2013 年第 1 期
冠突散囊菌化学成分及其抗氧化活性研究	李莹	北京中医药大学	2014 年硕士学位论文
冠突散囊菌对茶叶品质成分的影响研究	李适、龚雪、刘仲华、黄浩、黄建安	菌物学报	2014 年第 3 期

鉴于冠突散囊菌的功能特性，开展对其开发利用的研究，对改善安化黑茶的品质、深加工工艺及保健药物的开发具有重要意义。冠突散囊菌并不是茯砖茶特有的，传统的安化千两茶在存放条件许可的过程中也会生长出"金花"，行业内称为"自然发花"。这些现象和研究启发生产与科研者，是否能通过移植、培养等"人工发花"办法，在其他种类茶中培育出"金花"？目前这一研究已取得重要进展，安化黑茶神奇的"金花"，完全有可能在多种茶上盛开，放射出更加绚丽夺目的光芒！

由中国工程院院士刘仲华教授领衔的国家植物功能成分利用工程技术研究中心、国家教育部茶学重点实验室，与清华大学中药现代化研究中心和北京大学衰老医学研究中心共同携手，以茯砖茶为研究对象，采用现代最先进的仪器设备及分析检测技术，从细胞和分子水平揭示了茯茶金花的减肥、降脂、降糖、护肝、降尿酸、抗衰老、抗辐射等保健养生功效及其作用机理，并出版发行了《科学解密茯茶的保健养生功效》科研论文成果报告专集（图4-16）。

图 4-16 科学解密茯茶的保健养生功效

第三节　安化黑茶的标准化体系

安化黑茶如何走向高远，让黑茶屹立于中国乃至世界大类茶之林，同时实现现代化？唯有标准化是重要保障。为此，益阳市和安化县党委、政府及职能部门联手骨干企业，强力推动走企业标准上升为地方标准，再提至国家标准之路，形成了比较完整的原料、产品标准体系。

一、国家通用标准

（一）国家茶叶行业相关通用及检测标准

GB/T　20014.12-2013　良好农业规范第 12 部分：茶叶控制点与符合性规范

GB/T　33915-2017　农产品追溯要求 - 茶叶

GB/T　30766-2014　茶叶分类

GB/T　35825-2018　茶叶化学分类方法

GB/T　32744-2016　茶叶加工良好规范

GB/Z　21722-2008　出口茶叶质量安全控制规范

GH/T　1105—2015　茶行业网店经营管理规范（其它国内标准）

GB/T　30375–2013　茶叶存贮

GB/T　23776–2018　茶叶感官审评方法

GB/T　14487–2017　茶叶感官审评术语

GH/T　1070–2011　茶叶包装通则（其它国内标准）

GH/T　1071–2011　茶叶贮存通则（其它国内标准）

GH/T　1090–2014　富硒茶（其它国内标准）

GB/T　31748–2015　茶鲜叶处理要求

GB/T　18795–2012　茶叶标准样品制备技术条件

GB/T　18797–2012　茶叶感官审评室基本条件

GB/T　8302–2013　茶取样

GB/T　8303–2013　茶磨制试样的制备及其干物质含量的测定

GB/T　8305–2013　茶水浸出物测定

GB/T　8306–2013　茶总灰分测定

GB/T　8309–2013　茶水溶性灰分碱度测定

GB/T　8310–2013　茶粗纤维测定

GB/T　8311–2013　茶粉末和碎茶含量测定

GB/T　8312–2013　茶咖啡碱测定

GB/T　8313–2018　茶叶中茶多酚和儿茶素类含量的检测方法（即将废止）

GB/T　8314–2013　茶游离氨基酸总量的测定

GB/T　18625–2002　茶中有机磷及氨基甲酸酯农药残留量的简易检验方法酶抑制法

GB/T　23379–2009　水果、蔬菜及茶叶中吡虫啉残留的测定 – 高效液相色谱法

GB/T　23376–2009　茶叶中农药多残留测定 – 气相色谱 / 质谱法

GB/T　23193–2017　茶叶中茶氨酸的测定 – 高效液相色谱法

GB/T　30376–2013　茶叶中铁、锰、铜、锌、钙、镁、钾、钠、磷、硫的测定 – 电感耦合等离子体原子发射光谱法

GB/T　30483–2013　茶叶中茶黄素的测定—高效液相色谱法

GB/T　5009.176–2003　茶叶、水果、食用植物油中三氯杀螨醇残留量的测定

GB/T　5009.57–2003　茶叶卫生标准的分析方法 2、国家关于茶行业的相关农业标准

NY/T　1960–2010　茶叶中磁性金属物的测定（农业标准）

NY/T　2102–2011　茶叶抽样技术规范（农业标准）

NY/T　288–2018　绿色食品 – 茶叶（农业标准）

NY/T 2740-2015 　农产品地理标志茶叶类质量控制技术规范编写指南（农业标准）

NY/T 2798.6-2015 　无公害农产品－生产质量安全控制技术规范第6部分

（二）茶叶（农业标准）

NY/T 5018-2015 　茶叶生产技术规程（农业标准）

二、国家关于黑、红、绿茶及紧压茶、茶制品等相关标准

图4-17　国家黑茶标准

GB/T 32719.1-2016 　黑茶－第1部分：基本要求（图4-17）

GB/T 32719.2-2016 　黑茶－第2部分：花卷茶

GB/T 32719.3-2016 　黑茶－第3部分：湘尖茶

GB/T 32719.5-2018 　黑茶－第5部分：茯茶

GB/T 24615-2009 　紧压茶－生产加工技术规范

GB/T 9833.1-2013 　紧压茶－第1部分：花砖茶

GB/T 9833.2-2013 　紧压茶－第1部分：黑砖茶

GB/T 9833.3-2013 　紧压茶－第1部分：茯砖茶

GB/T 9833.6-2013 　紧压茶－第1部分：紧茶

GB/T 30377-2013 　紧压茶－茶树种植良好规范

GB/T 30378-2013 　紧压茶－企业良好规范

GB/T 21728-2008 　砖茶含氟量的检测方法

GB/T 35810-2018 　红茶加工技术规范

GB/T 13738.1-2017 　红茶－第1部分：红碎茶

GB/T 13738.2-2017 　红茶－第2部分：工夫红茶

GB/T 14456.1-2017 　绿茶－第1部分：基本要求

GB/T　14456.2-2018　绿茶 – 第 2 部分：大叶种绿茶

GB/T　14456.3-2016　绿茶 – 第 3 部分：中小叶种绿茶

GB/T　24690-2018　袋泡茶

CCAA　0017-2014　食品安全管理体系 – 茶叶、含茶制品及代用茶加工生产企业要求（其它国内标准）

GB/T　31740.1-2015　茶制品 – 第 1 部分：固态速溶茶

GB/T　18798.1-2017　固态速溶茶 – 第 1 部分：取样

GB/T　18798.2-2018　固态速溶茶 – 第 2 部分：总灰分测定

GB/T　18798.4-2013　固态速溶茶 – 第 4 部分：规格

GB/T　18798.5-2013　固态速溶茶 – 第 5 部分：自由流动和紧密堆积密度的测定

GB/T　21727-2008　固态速溶茶 – 儿茶素类含量的检测方法

GB/T　31740.2-2015　茶制品 – 第 2 部分：茶多酚

GB/T　31740.3-2015　茶制品 – 第 3 部分：茶黄素

三、安化黑茶湖南省地方标准

DB43/T　389—2010　安化黑茶 – 千两茶

DB43/T　568—2010　安化黑茶 – 通用技术要求

DB43/T　569—2010　安化黑茶 – 茯砖茶

DB43/T　570—2010　安化黑茶 – 花砖茶

DB43/T　571—2010　安化黑茶 – 湘尖茶

DB43/T　572—2010　安化黑茶 – 黑砖茶

DB43/T　654—2011　安化黑茶包装标识运输贮存技术规范

DB43/T　655—2011　安化黑茶加工通用技术要求

DB43/T　656—2011　安化黑茶冲泡及饮用方法

DB43/T　657—2011　安化黑茶栽培技术规范

DB43/T　658—2011　安化黑茶成品加工技术规程

DB43/T　659—2011　安化黑茶 – 黑毛茶

DB43/T　660—2011　安化黑毛茶加工技术规程

DB43/T　1297—2017　云台大叶茶栽培技术规程

DB43/T　1736-2020　安化黑茶贮存通则

DB43/T　1737-2020　安化黑茶茶艺

DB43/T　1738-2020　安化云台大叶种茶苗繁育技术规程

安化黑茶企业在生产实践中不仅严格执行相关标准（图4-18），而且相继制订和实施更为严格的企业内部标准，不断提升安化黑茶产业现代化、标准化水平。

图4-18 2007年11月28日安化县质监局发布《安化黑茶生产加工技术规范》地方标准

第四节　安化黑茶的储存

茶叶经营与消费过程中，储存是非常重要的一个环节。中国六大茶类中，由于工艺和品质特性各异，茶叶储存要求也各不相同。绿茶、红茶、黄茶、花茶、乌龙茶的保质期一般在2年以内、甚至更短，唯有黑茶，采用发酵工艺，因而在一定条件下可以长期保存。在安化黑茶产业发展的过程中，先后制订了《安化黑茶包装标识运输贮存技术规范》（DB43/T654-2011）等数个标准，目前实施的是国家标准《黑茶基本要求》（GB/T32719.1-2016），具体按照《茶叶贮存》国家标准（GB/T30375-2013）执行。

一、储存情形

按照生产、销售、消费的不同环节，安化黑茶储存大致分为以下情形：一是在生产环节，可以分为黑毛茶储存、半成品（如茶坯等）储存和成品茶储存。二是在销售环节，可以分为物流储存、销售网点储存、已售产品代理储存（指客户在销售终端完成商品购买之后，由于自身不具备储存理想条件等原因，仍然将所购茶品交由销售网点代为储存）。三是在消费环节，有以收藏为目的的私人规模储存，还有以品鉴为目的的陈列式储存。

二、仓储条件

标准的安化黑茶储存库房（图4-19），应该满足多个方面的条件：一是库房周边环境，应远离污染源，无异味；防止日光照射，有避光措施；防潮能通风。二是库房应有足够的空间和面积，满足各类茶叶分类分库存放，不混合放置，以免串味；库房内整洁、干燥、无异气味。三是库房应配备有通风散热、

图 4-19 安化茶厂百年木仓

抽湿防潮等装置，设置温度计、湿度计显示仓库内温湿度。黑毛茶、半成品茶坯库房地面、墙体应使用原生木质、瓷砖、食品级不锈钢等材质作为隔离。预包装砖茶、成品茶仓库地面应有硬质处理，并有防火、防鼠、防虫、防尘及搬运设施。

三、茶叶入库

安化黑茶入库应遵循以下标准和步骤：一是核实入库产品。黑毛茶、半成品茶坯、预包装砖茶、黑茶成品分别应符合 DB43/T659、GB/T9833.1、GB/T9833.2、GB/T9833.3、GB/T9833.9、GB/T32719.2、GB/T32719.3、GB/T32719.5 的要求，应具有该类产品正常的色、香、味、形，其他创新产品应符合其对应的执行标准。其包装材料应分别符合 GB11680、GB9687、GB9683 的卫生要求。二是入库记录和标识。黑毛茶、半成品茶坯归堆入库，应有相应的记录（品类、等级、数量、产地、生产时间等），并悬挂标识牌。入库的预包装砖茶和成品茶叶同样应有相应的记录（品种、数量、生产日期等），并悬挂库存标识牌。三是分类分库存放。入库的茶叶分类、分库存放，防止互相串味。入库的黑毛茶、半成品茶坯应符合 SB/T10094 要求，成品包装件应符合 SB/T10036 要求，应牢固、完整、防潮、无破损、无污染、无异味。黑毛茶、半成品茶坯归堆应遵循安全、节约面积、防火、防潮、方便进出库的原则，根据等级、产地、年份不同分成不同的堆，同时放置好茶堆通风散热装置，压仓存放。预包装砖茶、成品堆码应遵循安全、平稳、方便、节约面积和防火的原则，可根据不同包装材料和包装形式选择不同的堆码方式。货垛应分品种、压制时间、分批次进行堆放，不得靠柱，离墙距离不少于 30cm，堆码应有相应的架空托板。

四、库房管理和检查检测

安化黑茶库房管理和检查检测主要包括以下内容：一是温湿度检测和控制。每天对

仓库内的温度、相对湿度、通风情况进行检查检测；检测分类压仓的茶堆、货垛水分含量变化，茶垛里层有无发热现象，并做好记录。仓库内温度不能高于32℃；黑毛茶、半成品茶堆必须插放茶堆温度显示器，堆温不能超过30℃，否则应及时进行散热处理。仓库内湿度高于75%，必须进行除湿。二是库存产品质量检查。每周应检查包装件是否有霉变、串味、污染及其他感官质量问题，如发现问题，应找出原因、及时处理，并做好记录。三是卫生管理和安全防范。保持库房内整洁，不得存放其他物品；应有防火、防盗措施，确保安全，其中黑毛茶应列为易燃物品。对仓库卫生和安全设施以及措施落实情况进行检查记录。

图4-20 黑毛茶和千两茶的收藏

相对于标准的库房储存，安化黑茶的普通家庭储存关键在于防潮、通风、防异味3个方面：一是阴凉干燥忌曝晒。选择阴凉干燥的场所藏茶，摆放要隔地离墙，避免潮气或明水直接损害茶品（图4-20）。安化千两茶系列储存时最好保持正立，小头朝上，以利于茶中水气上行。黑砖和茯砖的存放，以同一个品种松散码放较为适宜。注意用空调、电扇等家电除湿、抽湿。此外，安化黑茶储存讲究自然陈化，不宜在太阳下直接曝晒。二是通风透气忌密闭。贮存场所必须通风透气，才能保证茶品内部与外界持续温湿交换，为有益微生物代谢提供必要的水分和氧气。如果家庭存储紧压安化黑茶，建议存放于家中的书房、客厅、阳台等开阔通风之处，切忌存放在地下室以及厨房、卫生间等地；平时饮用的散茶最好用半通透性的纸质材料如牛皮纸、皮纸包装储存。用陶器或瓷器保存安化黑茶，不仅要注意防潮，而且要经常去盖通风。整箱保存的茶，即便无条件松散摆放，也应于每年春冬两季翻动两次，将上下左右的茶交换下位置。三是卫生清洁忌异味。中国自古有"茶性易染"的说法，安化黑茶也不例外，特别要求存放之所清洁无异味，一旦染上就很难去除。安化黑茶不能与有异味的化学药品、油漆、酒品等物质混放在一起；包装或存放器物内不得放置香精、香皂、檀香、香木、樟脑丸等气味浓重的物品；不能喷洒杀虫剂等有味药物来防虫灭害。同时裸茶和包装茶、不同茶类以及不同厂家的产品也不宜混放在一起，避免串味。散茶可用皮纸包装好放入无异味的马口铁、玻璃和陶（瓷）罐中，保持适当的通风；篓装茶、砖茶、饼茶可放入干净无味的纸箱中，并封好。

第五节　安化黑茶的生产技艺现代化

现代科技是推动茶产业发展的重要动力。随着化学、物理学、生物学和信息技术等现代科技的发展，先进的生产技术、工艺和设备广泛应用于茶产业，在提高产品质量、拓展茶制品用途以及提升产业综合效益方面发挥了很大的作用。

一、机械化、清洁化生产改造

自21世纪初以来，安化黑茶产业复兴已经基本完成现代科技与传统技艺融合的第一阶段任务。

一是以标准落实为核心，全行业机械化、清洁化生产改造基本完成。在这个过程中，新兴安化黑茶加工厂家站在新的起点、建造新厂房、购置新设备、改良老工艺、推广新工艺，从而带动了传统大厂、老厂在改制之后进入现代化改造的行列，再加上全国知名品牌创建示范区、现代农业产业园建设的推进，安化黑茶产业界达到了生产全程茶叶不落地、机械化加工（图4-21）、安化黑茶产品地方标准和国家标准基本落实、检验体系构建完成并有效运营等总体目标，全行业走出了茶叶生产传统手工作坊模式。

二是以推广现代农业技术为核心，现代科技加快向茶园培管及采摘阶段融合。新建和老改茶园优良种苗覆盖率达到90%以上；无公害、绿色有机茶园建设加速推进，目前全部茶园均达到无公害要求，通过有机认证的茶园面积占20%以上；农业投入品管控体系日益完善，生物防治（图4-22）、有机肥应用普及率达到百分之百；新建茶园普遍实现机械化作业，茶园培管农机具

图4-21　安化县久扬茶业砖茶标准化生产车间

图4-22　安化县马路茶厂茶园基地采用环保防虫板

不断普及，鲜叶采摘逐步向半机械化机械化过渡，单人、双人采茶机及乘用型采茶机机械开始进入生产普及阶段。

三是以提升效率与质量为核心，安化黑毛茶初制技艺革新加快推进。在坚持安化黑毛茶传统初制技艺的基础上，新型杀青、揉捻、烘烤等机械大规模采用，有效补齐了鲜叶集中加工、阴雨天气加工等传统短板，同时对萎凋、杀青、渥堆等工艺进行了科学合理的改造与革新，初制技师不断涌现，以现代烘烤机械与传统七星灶工艺相结合普遍取得成功，茶叶品质和感官效果进一步突出。

二、新技术成为提升安化黑茶产业的基础

目前，安化黑茶产业已经从基本的机械化、清洁化改造向多元发展、精细制造提升，吸纳或融入的科技更为现代、更为尖端，有力地引导全产业向专业化、高端化发展。一是尖端技术的引入提高了产品质量。如引入人工智能的数控发酵技术，精准控制安化黑毛茶及成品的渥堆和发酵程度；同样，通过机器人、语言＋图像识别、自然语言处理等系统，应用神经网络算法等技术，可以对茶叶中的茶多酚、茶氨酸等成分进行有效分析，构建茶叶内含物分析模型，实现茶叶品质的自动化、智能化识别，快速有效地评定茶叶的色泽与品质。二是现代化先进生产方式和设备的引入保障了产品安全。继制药行业GMP（GOODMANUFACTURING PRACTICES，中文含义即"良好作业规范"）之后，国家正在推进食品等行业的GMP工作。在安化黑茶转型升级过程中，一些有远见的企业开始从原料采购、人员操作、设施设备、工艺流程、包装储运、质量控制等方面推进GMP工作（如湖南华莱、惟楚福瑞达生物科技GMP车间等），在改善企业卫生环境、升级生产工艺及设备、完善质量管理和检测体系方面取得了一定的进步，安化黑茶产品质量及安全卫生水平显著提升（图4-23）。

图4-23 华莱生物GMP黑茶深加工生产车间

三、利用高精尖技术和设备深度开发安化黑茶制品

主要包括超滤技术，即通过膜分离原理，采取低密度分子膜阻止茶叶中高分子物质通过，促使茶叶溶液中固体物质分离，最大限度保留茶叶中茶多酚、氨基酸等有效成分，使特定茶品中的香气更为纯正；利用反渗透膜分离、提取、纯化和浓缩茶饮料，在更好

地保持茶叶营养成分的基础上，生产较高品质速溶茶、液体茶饮品和茶叶提取物；生物酶促反应技术，即利用纤维素酶、半纤维素酶等生物酶加快茶叶特定物质催化速度、提高催化效率的生物酶促反应技术，借以增加茶饮品中有效成分、保持芳香气味、提高茶汤品质（图4-24）。这些高精尖技术，都将在安化黑茶产业发展中得到推广。

图4-24 益阳市副市长谢寿保向全国人大原副委员长李铁映汇报安化黑茶产业发展情况

四、茶资源全价利用新技术

茶资源全价利用，是指对茶树的根茎叶花果各部份、茶叶加工全过程的下脚料及废弃物等进行综合利用，其产品涵盖茶饮料、茶食品（含添加剂）、茶保健品、茶医药制品、茶日化用品、茶艺术品等多个方面。相应的技术除茶叶深加工技术外，还包括农业种养技术、医药化工技术、生物技术、工艺品加工技术等方面。如安化金厚生物科技有限公司投资3000余万元，利用亚临界技术生产茶树籽油等产品；此外，湖南华莱、惟楚福瑞达生物科技等企业，都有一系列安化黑茶深加工产品或衍生品研发生产。

第五章

05

安化黑茶产区品类

益阳、安化黑茶产区，是中国历史上茶叶主产区，也是名茶荟萃区。经过漫长的锤炼与沉淀，形成了今天这种以安化黑茶为主导，红茶、绿茶兼有，传统产品与创新产品、衍生产品互补发展的崭新局面。

第一节　安化黑茶产区茶叶品类的历史演变

安化黑茶虽然是中国较早产生并历经上千年生产的传统产品，但其发展演变也不能离开中国茶类演化的一般规律，从而也必然经历中国茶类演化的一般过程。

一、产区茶叶品类的历史演变

现在仍然保留的茶类，最初是从对茶叶的原始利用和加工发展起来的，益阳、安化等地至今仍然保留着许多原始利用和加工的方法。如以茶为食，即直接取食鲜叶，安化、桃江等地的擂茶，都是以鲜嫩茶叶加大米、芝麻、花生等捣碎而成，作为招待客人的一种礼仪和点心，既能止渴，又能充饥。但在古代却兼有药、食的双重功用，又如以茶为药，安化山区的很多乡村草药郎中，大都掌握着一些治病偏方，有以鲜茶叶或干茶叶入药的传统。民间传说，东汉马援（图5-1）征五溪蛮时，军中发生瘟疫，土著人教士兵服用三生汤，即以生茶叶、花生米、生姜制成的擂茶，用以避瘴气而防瘟疫。而在草药郎中的世代传授中，以茶叶入药，大都来自于梅山教祖师的传教。由此可以清晰地看到安化黑茶的发展和土著族群对茶叶原始利用与加工的紧密联系。

图 5-1 安化县奎溪镇马隍（马援）庙

根据中国茶史的研究，一直到南北朝时代，中国纯粹的茶叶清饮法尚未出现。《广雅》记载："荆巴间采茶作饼，成以米膏出之。若饮，先炙令色赤，捣末置瓷器中，以汤浇覆之，用葱姜芼之……"那时人们食茶，大多把茶叶与桂皮、生姜等调料一起做成饮料，称为调饮法。与此相应，当时已经在鲜食茶叶的基础上，出现了干茶的加工保存方法，其中包括了以茶作饼。到唐宋时期，饼茶和团茶成为商品、贡品茶叶的主要形态，与之相应，出现了以蒸青法（图5-2）为主，包括炒青、烘青等茶叶制作方法。而在茶饼和茶团的制作中，

图 5-2 民国时期《蒸青制茶法》

一般采用蒸青法，甚至把蒸青后的茶叶榨去一些茶法，使制成的茶团呈浅白色，并尽可能去除其苦涩味。

除了蒸青茶饼之外，当时在安化存在的茶叶制作方法，还有炒青和潦青（将青叶菜入滚水汆一下，再浸入米汤任其发酵变酸，汆的过程安化方言谓之"潦"）两种（可能是散茶制作方法）。茶界普遍认为，刘禹锡《西山兰若试茶歌》作于唐元和初年（807—814年）被贬朗州（今湖南省常德市）期间。"自傍芳丛摘鹰嘴，斯须炒成满室香"被认为到目前为止，最早描述炒青制茶法的文字。而当时的朗州西山，与安化不过一山之隔，且武陵蛮与梅山蛮之间交往非常密切，我们完全可以断定安化土著梅山蛮也掌握了炒青法。至于"潦青法"，其命名来源于安化农村制作水酸菜的工艺，即将鲜茶叶倒入滚水中汆至七、八成熟，再经揉捻（也有不揉捻的）晒干保存。至今，在安化农村还有人家用这种方法来制作自家食茶。可见，在安化制茶法中，蒸青法一般用于制作饼茶、团茶，而炒青、烘青、潦青法，则多用于制作散茶。

18 世纪以来，国际茶叶市场以红茶为大宗。1842 年后，中国开放广州、厦门、福州、宁波、上海等 5 个通商口岸，英、美等 10 多个国家进入中国抢购红茶，广州成为最大的茶叶出口市场。此后，由于太平天国起义，红茶主产区福建武夷山区、安徽祁门与湖北通山等地被农民军控制，出口红茶货源严重不足，经营红茶出口贸易的广东、江西商人进入湖南省安化县，设立茶庄，采制红茶。以安化红茶为代表的"湖红"与"闽红""祁红"等其它红茶一起，成为中国红茶的正宗品类，并且于 1915 年荣获巴拿马万国博览会金奖，在 20 世纪 50 年代成为中国红碎茶制作的发源地，奠定了在中国红茶史上的重要地位。

自 856 年左右安化茶第一次见诸历史文献，到 1853 年左右开始产制红茶，益阳、安化茶叶主产区最终形成了以黑茶、红茶和绿茶为主体的茶叶品类结构，并从此延续到今天。

二、安化黑茶产品的形成和演变

五代十国的马楚期间（907—951 年），益阳、安化茶就开始大规模向中原和北方贩运，但当时中原和西北都是以饮用绿茶为主，因此可以推断，自唐代至宋元时期，益阳、安化以绿茶生产为主。

元代统治者禁止内地养马，因此明朝统一战争中，战马尤其紧缺。"洪武初年（洪武四年即 1371 年，本年平定四川）又诏天全六番司民，免其徭役，专令蒸乌茶易马。"（《明史·食货志》）一般认为，这时出现的"乌茶"就是后世黑茶的源头。

彭先泽通过梳理史籍后，在其《安化黑茶》一书中指出："明嘉靖三年（1524 年），御史陈讲疏以商茶低伪，悉征黑茶……是黑茶名号散见于典籍之一事”（图 5–3）。但是，作为一个独立的茶类，黑茶产生的时间显然还可以由此上溯，至少可以推到明朝建国后百余年。明弘治三年（1490 年）朝廷明文禁止进贡番僧“于湖广等处收买私茶，违者尽数入官”，说明番僧私贩夹带湖广私茶应该早于弘治初年。番僧私贩夹带的湖广私茶是一种什么样的茶呢？明嘉靖年的御史徐侨在奏折中写道：“汉川茶少而值高，湖南茶多而值平……湖茶之行原与汉中无妨。汉茶味甘，煎熬易薄；湖茶味苦，酥酪相宜。湖茶之行，于番情亦便……”明初四川茶除了量少价高之外，还有一个不被番族接受的原因就是味道甘淡、煎熬易薄；而湖茶则量大价低，而且味道浓酽、极耐煎熬。从这些记述来看，在 15 世纪晚期，以安化黑茶为代表的湖南黑茶，就成为了一种颜色黝黑、味酽而苦的茶类。

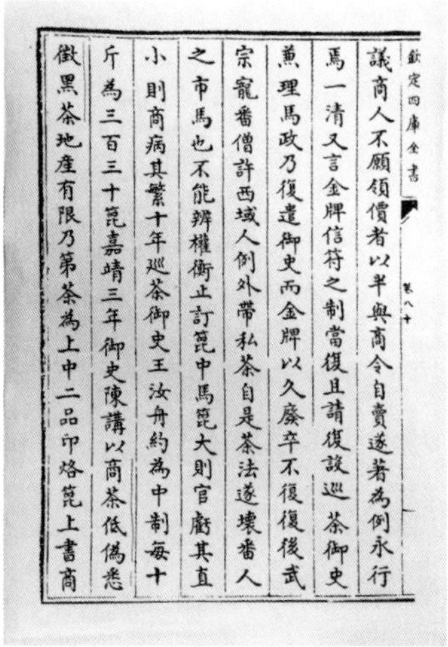
欽定四庫全書 卷八十
議商人不顧領價者以半與商令自賣遂著為例永行
馬一清又言金牌信符之制當復且請復設巡茶御史
兼理馬政乃復遣御史而金牌以久廢卒不復復後武
宗寵番僧許西域人例外帶私茶自是茶法遂壞番人
之市馬也不能辨權衡止訂篦中馬篦大則官虧其直
小則商病其繁十年巡茶御史王汝舟約為中制每十
斤為三百三十篦嘉靖三年御史陳講以商茶低偽悉
徵黑茶地產有限乃第茶為上中二品印烙篦上書商

图 5–3《饮定四库全书》卷八十“商茶低伪、悉征黑茶”

黑茶的出现区别于其它茶类，关键在于是否已经采用渥堆发酵等制作工艺。杀青后采用渥堆发酵工艺的，不管其精制阶段是否紧压，都称得上黑茶；反之，如果自始至终不采用渥堆发酵工艺，即便是以紧压的商品形态出现，也不能称之为黑茶。从这个意义上来讲，中国真正的黑茶应该产生于湖南，而且极有可能产生于安化，其产生的时段，可以上溯到 15 世纪末期。

真正意义上的安化黑茶产生之后，迅速进入初制与精制相分离的状态，最开始生产的精制产品就是“引包”。引包是顺应引茶制度而产生的安化黑茶产品，一般按照朝廷所规定的每引重量，分为每引 1~5 个茶包，以竹篓、蒲包或皮革等材料包裹，踩紧压实，以便于运输装卸。到明代晚期，安化黑茶成品的形制进一步改善。据《明禁碑录》记载：“近年被积恶经纪私立高楼大屋，名为茶厂……就于伊家蒸踹茶筒……入川发卖。”说明在明天启年间（1621—1627 年）开始，就出现了紧压茶筒。晚明到晚清这段历史时期，安化黑茶的成品形态进一步丰富。左宗棠《甘肃茶务久废请变通办理折》（《左文襄公奏稿》卷 42）：“道光初年，奸商请领理藩院印票，贩茶至新疆等处销售……所领理藩院茶票，原止运销白毫、武夷、香片、珠兰、大叶、普洱六色杂茶，皆产自闽滇，并非湖南所产，亦非藩服所尚。该商因茶少价贵，难于销收，潜用湖茶改名千两、百两，红分、蓝分，帽盒、桶子、大小砖茶出售，以欺藩服而取厚利。实则皆用湖茶编名诡混也。”从这里可以看出，所谓“千两、百两，红分、蓝分，帽盒、桶子、大小砖茶”，都是晚清时期以安化黑茶为主的湖茶成品形制。

清末到民国时期，机械在安化黑茶成品制作中的作用越来越大，因而安化黑茶机械化制作的成品形制也逐渐改进和稳定。到20世纪50年代末期，借助机械化或半机械化生产方式，千两茶、砖茶和三尖茶（又称"湘尖茶"）等三个系列的传统安化黑茶产品最终确定（图5-4）。

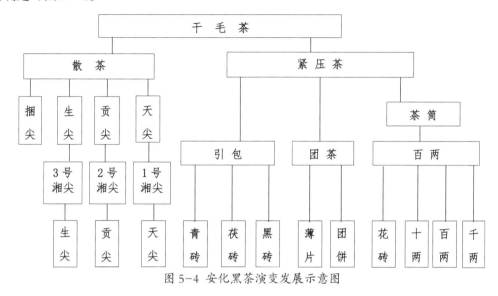

图 5-4 安化黑茶演变发展示意图

进入21世纪，随着社会的发展，现代科技日益融入到安化黑茶的生产中；同时随着现代社会人们消费需求的多元化，安化黑茶产品也出现了与之相对应的变化。

第二节　安化黑茶传统产品

作为15世纪即已经产生的中国传统茶类，安化黑茶在数百年的长期产销过程中，形成了一系列传统产品。这些传统产品又经过市场上百年的优胜劣汰，剩下安化天尖、贡尖、生尖等为代表的"三尖茶"，安化茯砖茶、黑砖茶、花砖茶等砖茶和安化千两茶系列产品。到今天，这7大类传统产品风格各异、口感不同，代表了安化黑茶为消费者所普遍认同的商品形态。

一、安化千两茶

安化千两茶（图5-5），有"世界茶王"之美称，是安化黑茶中最主要的品种之一，其一般标准是：每支长约150~160cm，直径约20~22cm，净重36.25kg即约旧秤1000两，故名千两茶，是世界上单品体积最大、质量最重的茶

图 5-5 安化千两茶

叶制品"巨无霸"，被誉为世界茶王，赞为"世界只有中国有，中国只有湖南有，湖南只有安化有"。因其外裹以篾篓，收紧成匀称花纹，故又名"安化花卷茶"。

安化黑茶运销最初以引包为主，但引包体积庞大、不便运输；在以物易物的年代，销区计量交易也多有不便。明清以来，甘陕晋历代茶商及安化本地茶工均设法紧压引茶，使之便于运销。一般认为，茶商通过"辰酉之道"运输安化黑茶时，所踹压的"茶筒"，即是安化千两茶之发源。清道光初年，茶商和茶工利用安化竹篓加箍后可以层层收紧的特性，进一步将引茶就地加工为圆柱形的"百两茶"，后又在"百两茶"的基础上，增加原料用量，改进压制技术，创制"千两茶"，并分为山西祁县、榆次等地茶商经营的"祁州卷"和山西曲沃新绛县茶商经营的"绛州卷"，前者重合旧秤1000两，后者重合旧秤1100两，运输时马背两边各载两根，便于驮运交易。故在茶界，论及安化千两茶之起源，有"道光百两、同治千两"之说。

清中晚期生产最盛之时，安化资江两岸有30余家茶行踹制千两茶，年产3~4万支，主销山西、陕西、宁夏、内蒙、河北一带。随着俄商兴起、安化黑茶压砖运销，至民国时期安化千两茶产销衰落。1952年，安化砖茶厂招收踹制技工刘用（应）斌、刘向瑞二人为正式职工，传授安化千两茶制作技术，独家恢复生产，至1958年累计生产48550支，产品全部按国家计划调拨，主销山西、宁夏和陕西等地（中国茶业公司编《中国茶业经营史》）。1958年后，因安化千两茶制作繁琐、劳动强度大、物料消耗大，益阳茶厂安化白沙溪精制车间创制以机械生产的安化花砖茶取代安化千两茶，安化千两茶遂再次中断生产。1981年，西安市茶叶批发部向湖南发出安化千两茶询货意向，时任湖南省白沙溪茶厂技术科长王炯南先生担心安化千两茶加工生产技术失传，乃决定由湖南农业大学施兆鹏教授负责指导，组织20世纪50年代踹制过千两茶的技工师傅李华堂、张尧阶、刘固书、吕海青、黄丁山等9人，执行生产300支安化千两茶的生产计划，此次踹制于1981年9月11日开始至10月24日结束，共踹制千两茶327支，此后一直停止生产。直到1997年，为满足市场的需求，湖南省白沙溪茶厂正式恢复千两茶的生产，并由老技工带领一批青年职工参与制作，以利传承。2001年，刘春奇组织在江南镇生产安化千两茶1000多支，随后全面恢复了安化千两茶的制作和销售。2008年6月7日，安化千两茶、茯砖茶制作技艺被列入第二批国家级非物质文化遗产名录，序号935、编号Ⅷ-152，类别为传统技艺之黑茶制作技艺（图5-6）。并于2008年分别获得湖南省重点发明专利证书和湖南专利奖一等奖证书。目前，益阳、安化等地大部分黑茶生产企业均能踹制千两茶，产品包括安化万两茶、千两茶、五百两茶、百两茶、十六两茶、十两茶等10余个规格，成为安化黑茶当之无愧的传统支柱产品。

图 5-6 国家级非物质文化遗产千两茶、茯砖茶制作技艺证书

安化千两茶踩制要求在高温干燥、多晴少雨的气候条件下进行，传统踩制一般以立秋后至霜降之间不足 2 个月的时段为最好，其成型加工工艺包括 72 道工序（图 5-7），具体可以分为 4 个步骤：

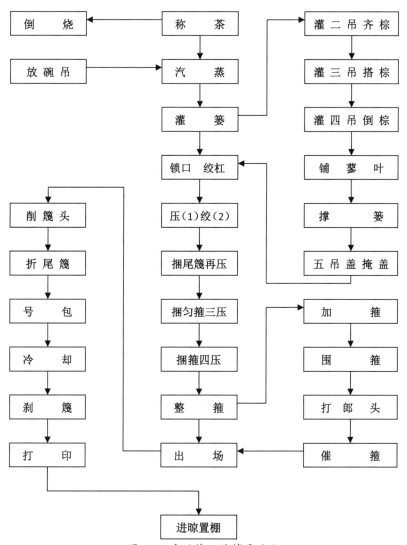

图 5-7 千两茶工艺简要流程

一是筛分拼堆。安化千两茶的原料采用做工纯正的二、三级安化黑毛茶，于踩制前先将黑毛茶进行筛分拣选，然后将筛选后的黑毛茶按不同产地、年份、等级和季节等进行拼配调整，以达到成品品质稳定的目的，拼堆备用。

二是蒸包灌篓。拼配好的原料，按每支净重 36.25kg 的规格，经司秤分 5 次、每次 7.25kg 秤好，装入 5 个专用袋，在特制的蒸笼上高温汽蒸，时间约 25min，使茶叶充分吸湿受热，含水量在 20% 以下，叶质变软，同时彻底消毒杀菌。然后分 5 次装入内衬棕丝片、箬叶的篓篓内，动作必须迅速，使入篓叶温不低于 85℃。最后将篓篓口封上（俗称"锁牛笼嘴"），用数根青篾以特殊结绳方式（民间俗称"狗公结"，是一种只能收紧不能自然放松的结绳方式）分段固定篓上，打好"本箍"，以待踩压收紧。

三是踩压定型。封口之后的茶篓庞大臃肿，需要滚压踩制，以紧缩成形。踩压技工一般以 7 人为一组，一人铺篓打杂、一人轮班休息，正式上场者 5 人；操大小杠者为师傅，俗称"杠爷"；其余协力脚踩者称"支脚师傅"，俗称"脚老爷"。工具为一根杂木大杠、一根小杠、一个木锤。师傅以大杠有节奏地按压，其余人等辅助脚踩、绞紧、锤实，并配合滚动篓篓。基本成型后，再用小杠绞紧本箍青篾，边紧边收，茶卷逐步压紧收缩，如此反复三四次，茶卷即成紧结的圆柱型，篓篓的花纹匀称，篾片不断不破。最后再用青篾在本箍外及底部编制 6 个外箍，使茶卷更加牢固、美观。踩压过程中，为协力一致，踩茶师傅往往由一人领喊号子，其余人附和，形成了阳刚大气的《安化千两茶号子》（图 5-8）。

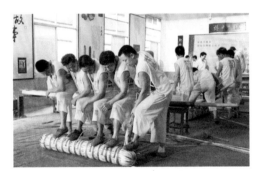

图 5-8 千两茶踩制

四是晾置干燥。踩制完好的千两茶卷，须在特制的棚内晾置 40~50 天，日晒使其水分蒸发，夜露则使其内部水分重新分布，达到自然干燥。晾置棚一般离地 20cm 多，用粗木方编成垫板，距垫板约 1.3m 高处设横档木，使茶卷竖立斜靠在横档木上，离棚顶50cm。晾置期内最佳气温 25℃以上，相对湿度 75% 以下。晴天将晾置棚顶打开任其日晒；夜晚及雨天则必须加盖雨棚严防雨淋。期间安排专人负责，及时转动茶卷使之均匀受热、受光，并倒头一次，使其自然晾干。待卷内茶叶干透，减重 3kg 左右，即成千两茶成品。此时要在产品篓篓上加喷火漆，标出生产商姓名或字号，以示对产品质量负责。

按照安化茶界先辈廖奇伟先生在《茶叶通讯》2007 年 9 月第 34 卷第 3 期《关于安化千两茶的答复》，清乾隆二十一年（1756 年），巡抚陈宏谋将所有买卖茶的秤具由官府校定颁发，每斤为 16.8 两，称司马秤。道光二年（1822 年），安化县知事刘冀程校准砝码，每斤为 16.3 两，称刘公秤。著名茶学专家周靖民考证：千两茶创制初前期，1 斤为老秤16 两，按公制计，1 两为 37.30g。后按刘公秤每斤 16.3 两计，则每支为 36.61kg。据益阳茶厂退休职工张正喜（安化三洲人，生于 1927 年，曾是制千两茶的操大杠师傅）回忆，民国以前，每支千两茶为 36.25kg，1979 年《全国高等院校试用教材》（安徽农学院主编），其中黑茶一章由湖南农学院的朱先明编写，书中提到千两茶净重为 36kg。现在生产的成品安化千两茶一般净重 36~36.6kg，连皮总重 38.5~39kg，重量超过 40kg 可能是干燥不够，重量若低于 35kg 则基本可以肯定已经烧芯。

安化千两茶原始古朴、粗犷大气，型制之巨大、踩压之紧实、品质之优良，在世界茶史上实属罕见，故被称为"世界茶王"。紧压的茶柱限制了茶叶与空气的接触，有着"越陈越香"的品质特点。正品安化千两茶茶胎通体乌黑有光泽，细密紧致，坚如铁石，外带箬叶或篾篓花纹；将茶筒锯成饼，锯面应平整光滑，锯纹呈规则平行线，无毛糙、无裂纹和细缝，无法用手掰开或使之发生形变。如果锯开的饼面呈现出深颜色的水痕，则可能是含水量过高所致，不宜收藏。新制安化千两茶味浓烈，茶气霸道，其香有樟香、兰香、枣香之别，涩后回甘明显。陈年安化千两茶茶胎色泽如铁而隐隐泛红，开泡后陈香醇和绵厚，汤色透亮，滋味圆润柔和，同一壶茶泡十余道而汤色依然红亮如琥珀，饮之通体舒泰。

21 世纪初，台湾茶人曾至贤（图 5-9）在其著作《方圆之缘——深探紧压茶世界》中称安化千两茶为"茶文化的经典，茶叶历史的浓缩，茶中的极品""世界茶王"，在国内西北、广东及东南亚等地市场声誉极盛。目前珍藏于全世界的陈年安化千两茶屈指可数，大英博物馆存有一支清代安化老茶号天一香茶行生产的安化千两茶，日本茶叶研究所、中国茶叶研究院、安徽农业大学、台湾坪林茶叶博物馆和千茂茶业、湖南茶叶进出口公司也各有一支年代不同的陈年安化千两茶，均为不可再得的珍品。

图 5-9 台湾茶人曾志贤（中）

二、安化茯砖茶

安化茯砖茶原由甘肃茶商贩运安化黑茶(甘引)至陕西三原、泾阳等处,再筑压成茶砖,每块净重旧秤 5 斤（接近公制 3kg），销往甘肃、新疆等地。嵇璜《清朝通典·食货八·茶课》："甘肃西商大引二万七千九十六引，于西宁、庄浪、洮岷、河州、甘州各处地方行销……每引行茶百斤，作为十篦，每篦二封，每封五斤。"又注："顺治初年，定易马例，每茶一筐重十斤，上马给十二篦、中马九篦、下马七篦。"最初在泾阳筑制的茯砖茶也是每封净重旧秤5斤，每二封装一篦篓，这与历史记载是相吻合的。现在一般认为茯砖茶的加工不晚于清朝顺治年间（1644—1661年）。

茯砖茶因其用纸壳封装，故又称"封茶"或"茶封"。有人认为茯砖茶因在伏天压制，故由"伏砖茶"转传为"茯砖茶"；或认为茯砖茶药效如土茯苓，因而称为"茯砖茶"；还有人认为因"府茶""福茶"而得名，等等。一般认为以茯砖茶原料来自于"附茶"较为可信。《清史稿·食货志·茶法》载："（清顺治）七年，以甘肃旧例，大引篦茶，官商均分，小引纳税三分入官，七分给商。谕嗣后各引均由部发，照大引例，以为中马之用。又旧例大引附六十篦，小引附六十七斤。定为每茶千斤，概准附百四十斤，听商自卖。"纪昀《乌鲁木齐杂诗》注曰："（新疆）佳茗颇不易致，土人惟饮附茶。云此地水寒伤胃，惟附茶性暖能解之。附茶者，商为官制易马之茶，因而附运者也。初煎之色如琥珀，煎稍久则黑如黝。"由此可见，茯砖茶系用附于官引而"听商自卖"的安化黑毛茶制造，并按照官府指定的销区销售，故称为"附茶"，以其筑制砖茶，称之为"茯砖茶"。茯砖茶的销售广泛分布在甘肃、青海、新疆、西藏、陕北，此外宁夏、内外蒙古也有少量销售，甚至远销中亚一带。

在筑制茯砖的过程中，经过后发酵的作用，青叶气完全消除，滋味更为纯和，汤色如琥珀。特别是在水分、温度及紧压度适宜等条件下，茯砖茶中可以繁殖出一种"冠突散囊菌"，肉眼可见，呈金黄色，干嗅有黄花清香，俗称"金花"。这种"金花"自然界中较少见，与灵芝的生物特性十分相似，内含丰富的营养素，对人体极为有益，金花越茂盛，则品质越佳。西北各族人民认为"金花"越多,茯砖茶品质越好（图5-10）。因此，"发花"成为茯砖茶生产的独有工艺，"金花"的繁茂程度也成为检验茯砖茶品质的主要标志之一。

图 5-10 金花茂盛的茯砖茶

近代以来，为节省运输成本，安化茶工一直想实现茯砖茶在安化压制成砖。特别是抗日战争期间和战后，安化境内各公私营茶厂力图在产地制造茯砖，但经多次试验，未获完全成功。西北茶商就扬言安化压制茯砖茶有"三不能制"：一是没有泾河的水不能制，二是没有关中的气候不能制，三是没有泾阳人的压砖技术不能制。以彭先泽为首的安化茶人对此进行了认真研究。国营安化砖茶厂在茶叶专家王焜南的带领下，于1953年试制茯砖茶获得成功（图5-11）。1956年，又将手工筑制改为机械压制，每片净重 2kg，可大批量生产，供应西北。1958 年以后，国家将茯砖茶生产集中于湖南。1959 年，机械联装自动化生产的第一片机制茯砖茶在益阳茶厂诞生。1970 年，按湖南省的统一安排，茯砖茶由益阳茶厂生产。1985 年，国营白沙溪茶厂根据销区情况，又恢复生产；同时，县茶叶公司黄沙坪制茶厂及西州茶行也大量压制，多渠道销往西北。

图 5-11 白沙溪茶厂生产的
第一批茯砖茶

安化茯砖茶压制要经过原料处理、蒸汽渥堆、压制定型、发花干燥、成品包装等工序，与安化黑茶砖、花砖基本相同，其不同之点是为了保证砖体松紧适度，便于微生物的繁殖活动，安化茯砖茶要求有一定的厚度，如长方形安化茯砖茶规格多为 35×18.5×5cm。此外，安化茯砖茶从砖模退坯后，不直接送进烘房烘干，而是先包好商标纸，再送进烘房缓慢"发花"，"发花"时间因气候与季节而异，一般在 28 天左

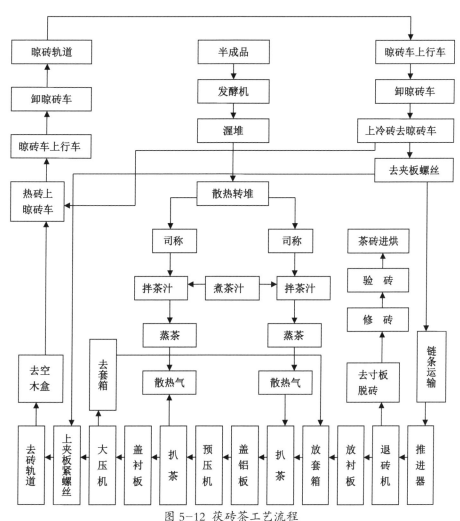

图 5-12 茯砖茶工艺流程

右。安化茯砖茶按照品质分为超级茯砖、特制茯砖、普通茯砖等 3 个等级；按照压制方式分为手筑茯砖、机制茯砖。超级茯砖采用一级以上安化黑毛茶原料压制生产，外形规格不受限制；特制茯砖采用二、三级安化黑毛茶原料压制生产；普通茯砖采用三级安化黑毛茶原料为主压制生产。工艺流程如图 5-12。安化茯砖茶泡饮，要求汤红不浊，香清不粗，味厚不涩，口劲强，耐冲泡。特制茯砖砖面色泽黑褐，内质香气纯正，滋味醇厚，汤色红黄明亮，叶底黑褐尚匀。普通茯砖砖面色泽黄褐，内质香气纯正，滋味醇和尚浓，汤色红黄尚明，叶底黑褐粗老。

近几十年来，安化茯砖茶除传统产品外，还研制出一些创新产品。如在 20 世纪 90 年代初，安化县茶叶公司茶厂为满足市场需求，与湖南省中医药研究所共同研制，在茯茶原料中加入了荷叶、决明子中药成分，强化茯砖茶的降脂功效，形成了具有明显降脂减肥作用的安化荷香茯砖茶，属国内首创，1994 年获得了国内贸易科技进步奖，是年，获内蒙古乌兰巴托国际博览会金奖，先后出口日本、东南亚等国家。

三、安化黑砖茶

把庞大疏松的引包压缩成便于运销的紧压茶，是世代茶商、茶工的不懈追求。在这个过程中，除安化千两茶之外，最早纳入紧压茶生产计划的就是砖茶。自清中期甚至更早的时候开始，安化本地就开始把安化黑毛茶在产地压制成为茶砖，包括采用石压、扛杆压、榨挤等方式。这种尝试，从清中晚期一直延续到民国。

清晚期，随着汉口开埠，俄国茶商进入中国南方茶叶产地，同时也带来了有一定压力的简单机械，安化黑毛茶也开始在汉口、在产地压制茶砖。但一直到抗日战争初期，产地压砖的规模都还很小、质量也不尽如人意。当时的业界甚至有很多悲观的论调，认为产地压砖不过是一种异想天开的梦想，不可能付诸实施。

但在安化的茶业史上，从来不乏先行者。1935 年 5 月，湖南省茶事试验场邓劲夫、罗运隆在安化江南坪仿照湖北羊楼洞的压砖方式，用木机试压黑砖茶初步获得成功。1939 年，国民党政府与苏联签订贷款易货合同，商定以茶叶为偿还货款的主要货物，研制安化黑砖茶、开辟从陆路向苏俄运茶的通道成为极为紧迫的任务。是年 9 月，湖南省茶叶管理处成立，湖南省国民政府力主在安化设厂压制砖茶，并委派彭先泽任省茶叶管理处副处长，受命筹建茶厂，试压砖茶。

彭先泽通过走访有压砖经验的老茶工，并与邓劲夫、罗运隆等反复探讨压制机械的采用、压制工艺的优化，在调查研究的基础上，撰写《辟在安化不能压砖》一文见诸报端，详细论证了在产地压砖的重要性与可行性，获得各方好评与有力支持。此后，他选定江南坪德和记老茶行作为厂址，并在湘潭定制手摇螺旋压砖机，与罗运隆反复试验，终于在1940年3月压制黑茶砖成功（图5-13）。

图5-13 1940年生产的第一批黑茶砖

罗运隆在整个试制砖茶过程中发挥了重要作用，和彭先泽一起成功破解了机械选用和砖坯干燥两个黑砖茶生产的难题。在机械选用方面，几经比对选用的湘潭"人力螺旋手摇铁压机"，采取螺旋增压的方式，每部机械使用四人转动手摇云盘，可产生20t余的向下压力，平均每机每日可生产黑砖茶700余块，一昼夜可生产1500余块。到1947年，安化茶叶公司为提高效率，又在长沙铸造了一部大型螺旋压砖机，其效率是小型压砖机的三倍以上，一昼夜可成砖4500余块。在安化黑砖茶的干燥方面，由于压制极紧，容易产生外干内湿的弊端，导致砖茶变形、变质。为此，彭先泽充分应用所学知识，设计建造均匀受热、空气流通、易于控制的烘房，并总结出根据季节、天气等因素"先高后低、内外均匀"的安化黑砖茶木炭烘烤干燥方法，避免了砖坯起鼓、烧芯等弊端。当时生产的"天地人和"四种样砖，分别以"1、2、3、4"号对应，砖面用模板精刻"安化黑茶砖"及"ANHWAGREEN BRICK TEA"字样，送重庆中茶公司检验，认为"堪合俄销"。

图5-14 湖南省砖茶厂生产的八字砖

安化黑砖茶的生产，结束了"在安化不能压砖"的历史，成为安化制茶史上的转折点。1940—1942年陆续运往新疆、猩猩峡和哈密，交苏易货及偿还贷款的安化黑茶砖计200余万片（4000t）。1947年后由官僚资本湖南砖茶厂及华湘茶厂恢复生产，部分私商也进行制造。1940—1949年的10年间，安化共生产"天、地、人、和"四种黑砖茶共计667.63万片。早期生产的黑砖上压有凸起的"湖南省砖茶厂压制"8个字，故西北市场上称为"鼓字老牌安化茶砖"，或称为"八字砖"（图5-14），每片砖净重2kg，色泽黑润，内质香气纯正或带松烟香，汤色橙黄或橙红，滋味醇和，成为安化黑茶机制产品的源头，也是安化黑茶传统产品之一。

伴随着安化黑茶产业的现代复兴，安化黑砖茶的压制机械更为进步，目前普遍采用压力在120t以上的全自动压机甚至较为先进的液压机械，生产效率成倍增加。能够自动控制温湿度的烘房，不仅提高了烘烤效率、降低了生产成本，而且使产品色、香、味、形均有质的提升。白沙溪茶厂生产的黑砖茶，1987 年被评为商业部系统优质产品，1988年被授予中国食品博览会银奖，1991 年被评为湖南省优质产品，2005 年获全国名优茶评比暨全国优质边销茶金奖，2007 年获第四届中国国际茶业博览会金奖。

四、安化花砖茶

安化花砖茶是渊源于安化千两茶（花卷茶）的一个传统品种，是安化黑茶传统产品中较晚出现的品种。由于安化千两茶（花卷茶）的人工踩制技术性强、劳动强度大、工效低，1958 年安化第二茶厂（白沙溪茶厂）尝试以安化千两茶的原料、采取机械化生产的方式生产一种长方形砖茶，意图取代安化千两茶。

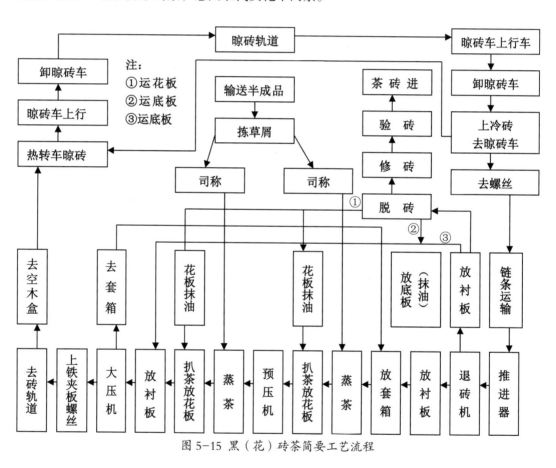

图 5-15 黑（花）砖茶简要工艺流程

安化花砖茶按照品质特征分为特制花砖、普通花砖两个等级。特制花砖采用一、二级安化黑毛茶原料压制；普通花砖采用三级安化黑毛茶原料压制，故其原料品质一般高于安化黑砖茶。其主要工艺为原料筛分、拼配、冷发酵、压制定型、干燥、包装等（图5-15），最大的特点是制作过程中，原料拼配之后，须经过较长时间的冷发酵过程。花砖茶成品砖面四边均具花纹，基本上保持了安化千两茶原有的品质风味。但与安化千两茶比较，花砖茶日产量提高66.2%，单位工时降低52.4%，包装材料等节约40%，大大降低了劳动强度。采用烘房火温干燥，缩短了生产周期20天左右，由季节性生产变为常年性生产，促进了生产的发展；同时，提高了运输效率，也使消费者携带方便，饮用便捷。

图5-16 1962年安化县生产的花砖茶

安化花砖试验茶每片3kg，初产时每片2.5kg。1962年定型改为2kg，规格为34.5×18.3×3.5cm，每箱20片，净重40kg，以牛皮纸为内包装；出厂水分13%，灰分7.5%，含梗量15%，含杂量0.7%。花砖茶基本上保持了花卷茶原有的品质特点：色泽乌黑油润，香气纯正，汤色橙明，滋味纯和尚浓，叶底黑褐较硬。另外，砖面平整光润，四角分明，字迹清晰（图5-16）。该产品于1983年获评中商部优质产品。

在计划经济时代，安化花砖茶有其相对特定的销售区域和消费群体，主要分布在宁夏、山西、陕西等西北各省，如宁夏的银川、固原；甘肃的兰州、庆阳、平凉、陇西、定西、榆中、漳县、岷县、岩县、渭源；陕西的长安、泾阳、宝鸡、渭南；山西的太原、运城、临汾、忻县等地区。花砖茶的主要消费对象属于中高档消费人群。安化花砖茶调拨量1958年为369.32t，1972年为1150.75t，1981年2072.7t，1984年达3191t。进入新世纪以后，安化花砖茶成为各主要生产厂家普遍经营的品种。白沙溪茶厂生产的花砖茶，1991年被评为湖南省优质产品，2005年获全国名优茶评比暨优质边销茶金奖，2010年荣获第七届中国国际茶业博览会金奖。

五、安化"三尖（湘尖）"茶

在安化茶界，"尖"用于通称以芽尖为主的原料，具有茶质细嫩、条索整齐的特点。如陶澍的茶诗中就出现了"毛尖如鹤氅，挨尖类雀舌"的提法。据史料记载，清乾隆年间（1736—1795年），茶商在安化采办引茶的时候，除引包和安化千两茶外，还利用较为细嫩的芽叶制作少量的"尖茶"茶篓，运往西北，作为本年本批茶叶均为"安化道地茶""正路茶"的证明；同时也将其作为馈赠高官、藏回蒙等贵族以及亲友的礼品。当时计有"芽尖、白毛尖、天尖、贡尖、生尖、乡尖、捆尖"等种类。芽尖和白毛尖都是谷雨前后采制的细嫩芽叶，多白毫，状如雀舌，包装为每斤1篓（篾），每60小篓装入一个套箱内。陶澍诗中的"雨前香""谷雨尖"就是指这两种茶。天尖以下各茶，质量渐粗，都是商品茶。其中贡尖又分头黄、二黄两种；生尖分为正号、副号两种。捆尖因叶片较宽，人工加以蒸、捆、烘焙成为条形，拣出黄叶。清末以后，主要只生产天尖、贡尖、生尖三种。1972年，因避讳"天""贡"等所谓"封建社会腐朽思想"，将其改名为"湘尖"一号、二号、三号，1983年恢复原名。

"三尖茶"有散茶和半紧压茶两种形式，其工艺包括筛分、烘焙、拣剔、拼堆、称茶汽蒸、踩制压包、打气针、凉置干燥，半紧压之后在篾包顶上打40cm深度的5个孔，然后在每个孔内插上3茎丝茅用来透气和散发水分，再置于通风干燥处，经49天晾干，检验水分后即可刷唛出厂（图5-17）。

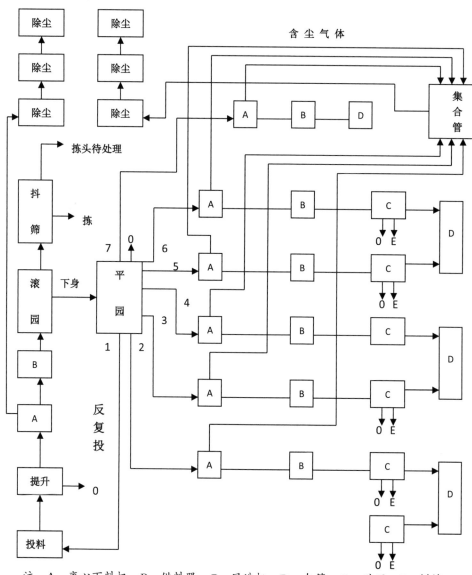

注：A、离心下料机；B、供料器；C、风选机；D、灰箱；O、砂石；E、拼堆。

图5-17 三尖茶简要工艺流程

传统"三尖"茶均采用篾篓包装，规格一般为 50kg、25kg 一篓，现在主要以 2kg 或 5kg 不等的小篓包装，或打散后用纸盒、铁罐等分装成不同体量的小包装产品；因其紧压度不如其它安化黑茶传统产品，可以徒手取茶。在现代生产中，天尖茶以一级毛茶为原料，贡尖茶以二级毛茶为原料，生尖茶以三级毛茶为原料。天尖茶外形色泽乌润，内质香气清香，滋味浓厚，汤色橙黄，叶底黄褐。贡尖茶外形色泽黑

图 5-18 马路茶厂"大叶爽"牌天尖茶

带褐，香气纯正，滋味醇和，汤色稍橙黄，叶底黄褐带暗。生尖茶外形色泽黑褐，香气平淡，稍带焦香，滋味尚浓微涩，汤色暗褐，叶底黑褐稍粗。驰名的天尖茶有白沙溪茶厂的"5301"系列、安化马路茶厂的"大叶爽"牌天尖茶等（图 5-18）。

第三节　安化黑茶现代创新产品

21 世纪安化黑茶产业的复兴，不仅体现在安化黑茶传统产品的恢复与大规模生产，也体现在创新产品的不断出现，这是安化黑茶产业化、现代化的重要特征。目前安化黑茶产品创新路径主要是 3 个方面：一是基于形态的创新，即改变传统产品的成品形态，使之在保留安化黑茶感官特色及功能的基础上，更易于携带、取用和冲泡；二是基于功能的创新，即在传统产品的基础上，根据药食一体的原理，调整安化黑茶成品的构成，使之具备营养或保健功能；三是通过提纯、萃取、分离等途径，从安化黑茶中提取有效成份，再直接利用或制成相关产品（图 5-19）。

图 5-19 领导与专家检查安化黑茶新产品开发

一、功能性创新产品

① **荷香茯砖**（图5-20）：该专利由原安化县茶叶公司茶厂与湖南省中药研究院于1991年开始共同研发，以湖南省中医药研究院原院长刘祖贻教授为组长的研制组花费3年心血，按照中医验方，以荷叶、决明子等加入安化黑茶中，按照安化茯砖茶工艺加工，于1993年研制成功。安化茶叶公司改制后，由湖南阿香果品有限公司和安化金峰茶业有限公司承担该产品加工、生产和销售。目前荷香茯砖（荷香茯茶）是安化黑茶大家族中又一个很具特色，并被广泛认可的大宗产品，年产量约占全部安化黑茶茯砖产品的15%以上。

图5-20 安化县金峰公司"荷香茯砖"茶

② **桑香茯砖**（图5-21）：由安化县云天阁茶业和湖南农业大学、湖南省蚕桑科学研究所等单位联合研发，产品借鉴安化黑茶的传统加工工艺，把桑叶跟黑茶融合到一起，形成独特的风味，在降血糖、降尿酸、降血压等方面的辅助功效得到强化，其产品及生产方法均获国家专利授权。

图5-21 安化县云天阁公司"桑香茯砖"茶

③ **辣木黑茶**（图5-22）：是湖南安化辣木黑茶有限公司以湖南省中医药研究院作为技术支撑，携手安化黑茶学校与安化连心岭茶业有限公司，采用安化本地优质黑毛茶和非洲进口辣木叶为原料，经过4年多反复配伍，研制而成具有减肥、降血脂、降血糖等保健功效的养身名茶——辣木黑茶。该茶具有丰富的生理活性成份。公司现以环保时尚、品饮方便的袋泡茶为主导，开发辣木手筑茯砖、辣木花卷茶等系列产品，全面满足消费者需求。

图5-22 安化县辣木公司辣木黑茶

图5-23 安化县白沙溪金银花黑茶

④ **金银花黑茶**（图5-23）：是白沙溪茶厂的创新产品，即将安化野生金银花与传统安化黑茶相结合，通过科学拼配，使金银花的怡香、清热与安化黑茶的养护、调理功效完美融合，相得益彰。入口柔和，花香清远，具有下火清热、调理肠胃的功效。

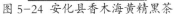

图 5-24 安化县香木海黄精黑茶

图 5-25 安化县陈皮黑茶

⑤ **黄精黑茶**（**图 5-24**）：采用安化高山区域生长的名贵中药材黄精与安化黑茶配比而成，由安化芙蓉山茶业公司研究开发。该产品加工采用纳米膜过漏、冰干等先进工艺，保持了黄精、黑茶的保健功效和独有的香气，市场前景广阔。

⑥ **陈皮黑茶**（**图 5-25**）：精选道地安化高山一级黑毛茶与新会陈皮为原料，经安化黑茶传统工艺紧压成薄片，一片一饮，方便健康。该茶品滋味醇厚，口感顺滑，香醇回甘，具有较强的祛滞化食功用。

二、形态性创新产品

① **速溶茶**（**图 5-26**）：运用萃取技术，以纯净水物理提取安化黑茶传统产品中的茶多酚、茶多糖、茶氨酸及微量元素等有益的功能成分，最大限度保留安化黑茶的特性和功能。安化黑茶速溶茶可以用冷、热水即冲即饮，口感根据冲饮水量自行调节，饮用频次根据自身需要确定，十分方便。安化芙蓉山茶业公司采取 -70℃冻干技术，确保了茶叶有效成份的充分保留，其茶味、汤色均达到良好效果。

图 5-26 安化黑茶速溶茶

② **袋泡茶**（**图 5-27**）：安化黑茶的核心技术之一是渐发酵，需要一定体积、紧压度和时间、温湿条件保障，但紧压茶给消费者带来饮用不便，为解决这一难题，将成品安化黑茶进行解体，形成一袋、一砣为一泡的形式，茯砖茶、天尖茶采

图 5-27 安化黑茶大咖、亦神颗粒

用改体为散茶袋泡千两茶、黑砖茶、花砖茶进行分割成一碗一泡。目前，市场很受欢迎，呈快速发展之势，尤其是陈化时间较长的老茶，采取这种形式更具市场效应。

③ **黑小可缓释颗粒**：由湖南惟楚福瑞达生物科技有限公司研制生产，是山东省药学科学院、福瑞达药业经多年研究开发的国家专利产品。黑小可缓释颗粒选用优质安化茯砖茶或高端金花散茶为原料，将安化黑茶茶汤中的功能成份与感官成份吸附入纯海藻提取的颗粒中，具有极佳的茶汁缓释功能，达到了冲泡迅速、方便，茶汤清澈、红亮的效果。黑小可缓释颗粒解决了传统安化黑茶不易携带、冲泡繁琐的问题；同时，黑小可还可以与陈皮、菊花、阿胶等不同药食材组合成配方饮料，满足不同人群的保健需求。

④ **轻压茯砖"郁金香"**："郁金香"茯砖是冠隆誉公司首创的介于传统茯砖茶和金花散茶之间的一种全新茯茶型态，紧度约为手筑茯砖的一半，继承了传统茯砖茶的色香味，兼具散茶的易取易泡特点，手掰即分，无需茶刀，彻底解决了紧压茯砖茶的品饮不便之忧。

⑤ **安化黑茶饮料**（图5-28）：是以安化黑茶和安化山泉为原料，利用先进的配制、提取及灭菌技术，环保、简约和时尚的灌装形式生产的一种黑茶饮料，已经进入现代化大生产的安化黑茶瓶装即饮型饮料。目前有冰维斯、盛唐黑金、娃哈哈（图5-29）等企业研发的产品上市销售。这种饮料可以朝着最大限度保留安化黑茶本来风味，零添加、零糖份、零能量等方向发展。

⑥ **茯茶饮料**（图5-30）：2001年，湖南省益阳茶厂与湖南农业大学刘仲华教授等合作，开发出了国内第一代茯茶饮料。

图5-28 安化黑茶饮料　　图5-29 娃哈哈　　图5-30 茯茶饮料
　　　　　　　　　　　　安化黑茶饮料

三、衍生性创新产品

茶叶产品含有茶多酚类、生物碱类、氨基酸类、糖类、有机酸等有效成份，安化黑茶产品因鲜叶成熟度较高、茶质较好，因此其有效成份含量更为突出。随着国际社会禁止化学合成食品抗氧化剂、风味改良剂和功能助剂在食品中的使用，从茶叶里提取天然物质应用于医药食品行业，并进行分离、制取、纯化、应用重组，具有更广阔的发展空间。

目前安化黑茶中提取并投入使用的有效成份以茶多酚、茶氨酸等为主，包括日化、医药和保健品等。

① **日化产品**：这一类产品主要是对茶多酚的应用。茶多酚是形成茶叶色香味的主要成分之一，也是茶叶中有保健功能的主要成分之一，具体包括儿茶素类、花色苷类、黄酮类、黄酮醇类和酚酸类等，其中以儿茶素类化合物含量最高、最为重要。茶多

图 5-31 华莱黑茶牙膏

酚具有较强的抗氧化、保鲜作用，目前利用其开发的主要是日化用品，有湖南"华莱健"黑茶牙膏（图 5-31）、黑茶护肤品等。

② **保健品**：这一类产品主要是对茶氨酸的应用。茶氨酸具有降压安神、改善睡眠、促进大脑功能等功效，分离提纯的茶氨酸多用于保健食品和药品原料。黑茶浓缩口服液，采用专利技术强化安化黑茶饮料中的 α – 淀粉酶活性抑制成份，有抑制 α – 淀粉酶活性，减少淀粉向葡萄糖转化，从而有效抑制餐后血糖升高、减少葡萄糖向脂肪转换等功效，是"四高"群体适用的饮料。盛唐黑金公司与多家科研院校联手，已生产出多款降糖、降脂和抑制尿酸的保健产口。目前开发的还有黑茶枕头、黑茶泡脚保健包等。

③ **茶食品**（图 5-32）：包括含有安化黑茶成分的黑茶糕点、小吃等茶点，以及黑茶酒等产品，都已经上市销售。

图 5-32 胖鱼公司黑茶食品

随着产业的纵深发展和安化黑茶文化的传播，还有许多组合性的安化黑茶创新产品在不断涌现。

第四节　益阳绿茶产品

益阳被称为"中国茶仓"，自然多茶并举，不同的历史时期各有侧重。绿茶在益阳、安化茶叶中亦光彩夺目。第一次见诸史册的安化茶"渠江薄片"是蒸青紧压绿茶。同样，如果认为"阳团茶"乃"益阳团茶"之误称，则益阳团茶也必定为蒸青紧压绿茶。也就

是说，在益阳、安化茶区，继先民以药物、食物、羹汤等形式利用茶叶之后，至少在唐代晚期进入了以制作蒸青紧压茶为主的阶段。因而在安化黑茶生产技艺成熟之前，益阳、安化茶区以绿茶产品为主，以蒸青制作技艺为主，炒青、潦青等制作技艺并不普遍。

元代王祯《农书·茶》（《钦定四库全书·子部四》茶书卷十）中关于制茶技术的记载是："采讫，以甑微蒸，生熟得所（生则味涩熟则味减）。蒸已，用筐箔薄摊，乘湿略揉之。入焙匀布火，烘令干，勿使焦。编竹为焙，裹蒻覆之，以收火气。"作为一本全国通行的农书，其所记载的茶叶制作技术应该是当时最为普遍的。王祯这里记载的"采、蒸、揉、焙"等制作程序，是典型的蒸青绿茶制作方法。这说明中国茶叶在元代还是以蒸青制作为主，特别是蒸青团饼茶，一度在上层甚至全社会流行。

明洪武二十四年（1391年）九月，"上（明太祖朱元璋）以重劳民力，罢造龙团，惟采茶芽以进"（明沈德符《万历野获编》），并定益阳贡茶二十斤、安化贡茶二十二斤（《大明会典》第一百十三卷）。茶界认为，明初所定的益阳、安化贡茶，已经变成散的蒸青或烘青绿茶。也就是说，到明代前期，益阳、安化出产的茶叶主要是以烘青、炒青方法制作的绿茶散茶，益阳、安化茶区以蒸青绿茶为主的产品结构，至少延续到明代末期。甚至到明末江浙地区炒青绿茶制法盛行的时候，益阳、安化等茶区还是以蒸青绿茶为主的制作方法。生活在明嘉靖、万历年间的常德人龙膺曾经记载道："楚地如桃源、安化多产茶，实用蒸法如岕，若能制如天池、松萝，则茶味更美。"当时岕茶是蒸青绿茶，而松萝茶则已经是炒青绿茶。所以当明朝初年，朱元璋钦定益阳、安化贡茶的时候，明确要求所贡的是"芽茶""御茶芽"，也即按蒸青工艺制作的绿茶芽茶。当时安化"四保贡茶"的蒸青制法，而今还在个别家族世代口耳相传。从明末冒襄关于岕茶的制法（《岕茶汇抄》，冒襄，光绪乙酉（1885年）刊本有冒氏丛书本，光绪己亥（1899年）刊）中也可以看出来，"岕茶不炒，甑中蒸熟，然后烘焙。缘其摘迟，枝叶微老，炒不能软，徒枯碎耳。岕茶，雨前精神未足，夏后则梗页太粗。然以细嫩为妙，须当交夏时。时看风日晴和，月露初收，亲自监采入篮。如烈日之下，又防篮内郁蒸，须伞盖至舍，速倾净匾薄摊，细拣枯枝病叶、蛸丝青牛之类，一一剔去，方为精洁也。蒸茶须看叶之老嫩，定蒸之迟速，以皮梗碎而色带赤为度，若太熟则失鲜。起其锅内汤，频换新水，盖熟汤能夺茶味也。"

龙膺有一位好友罗廪是炒茶高手，在意识到松萝等茶的炒青制法更优之后，龙膺马上"偕高君（廪字高君）访太和，辄入吾里。偶纳凉城西庄，称姜家山者，上有茶数株，翳丛薄中，高君手撷其芽数升，旋沃山庄铛，炊松茅活火，且炒且揉，得数合……余命童子汲溪流烹之，洗盏细啜，色白而香，仿佛松萝等。自是吾兄弟每及谷雨前，遣干仆入山，督制如法……"（罗廪《茶解·序》，明万历刻本，网络资料）。从这一记载可以看

图 5-33 炒青茶制法

出，自唐刘禹锡所记载的湖湘地区炒青绿茶制法（图 5-33）之后，罗廪传入常德的炒青制茶法，才最终在常德、益阳等地传播开来。

明末清初的时候，在"四保贡茶"承办区域，虽然大部分绿茶已经采用炒青工艺，但也还是有一部分沿用了世代相传的蒸青绿茶制作工艺。

进入民国，由于不再办理贡茶，"四保贡茶"逐渐成为茶区百姓自采自制自售的商品茶，炒青制法进一步普及，蒸青制法仅为少数茶工所采用。同时，民国以后黑茶与红茶产销进入低迷期，在某种程度上刺激了绿茶的生产，随着江浙一带珠茶等绿茶品种外销复苏，益阳、安化等地茶行、茶农开始在原有的炒青、蒸青绿茶基础上，产制珠茶、扁茶等烘青绿茶品种，但其销售仍然十分有限，仅在长沙、湘潭和益阳本地有一定市场，也有一少部分由茶商购往西北市场充作礼品。

中华人民共和国成立后，为了扩大茶叶销售，益阳、安化在恢复黑茶和红茶生产的同时，进一步研制绿茶。1951 年，当时兼任安化茶场场长的杨开智组织杨润奎等人，准备恢复蒸青绿茶工艺，并将新研制的蒸青绿茶仿日本命名法称为玉露。当年还由杨开智送了 0.5kg 给

图 5-34 安化松针奖杯

毛泽东主席，并得到毛主席秘书处回信、回款。1959 年，湖南省农业厅号召向建国十周年献礼，对高桥、安化两茶场下达了试制名茶的任务，安化茶场进一步改进玉露茶，成功地创制了绿茶产品"安化松针"。专家和有关茶叶审评单位认为该茶："细直秀丽、翠绿匀整，状似松针，白毫显露，香气馥郁，滋味甜醇，品质具有独特风格，可与各地名茶媲美。"后来安化松针多次参加全国和省部级农业展览和评比，成全国名茶之一（图 5-34）。

改革开放以来，益阳名优茶生产得到了初步恢复和发展，从益阳地区农业局 1981 年《关于征集名茶样品的通知》来看，当时益阳地区的名茶有安化松针、宁乡县（当时属益阳地区）的沩山毛尖、桃江县的毛峰、扁茶和仿龙井，益阳市（原县级市）的资江绿、桃仑清、毛峰和毛尖，益阳县（今赫山区全部及资阳区部分，1994 年区划调整）的仿古丈毛尖、仿松针，沅江县（今沅江市）的毛峰。1984 年茶叶内销市场放开后，湖南茶区逐渐兴起以红改绿、大宗茶改制名优茶的开发热潮。名优茶开发主要包括以扩大传统名

优茶的生产规模、恢复历史名优茶、新创名优茶为主要内容，分为三个阶段，即1985—1988年的萌芽阶段、1989—1996年的高速发展阶段和1997年以后的稳定发展阶段。20世纪80年代初开始，经过数年的努力，益阳地区名优茶开发比较快，全区被正式命名为省名优茶3个，地区名茶12个，优质茶15个。安化松针、桃江竹叶、雪峰毛尖、资江绿、志溪春绿、桃水月芽等名优茶产量不断增加，质量逐年提高，深受消费者的欢迎，产品供不应求。名优茶不再只是少量的礼品茶、样品茶，而是迅速向商品茶发展。如20世纪90年代初，安化松针年产量已达到1t多。

20世纪90年代初，益阳地区有茶园面积1.876万hm²多，由于栽培管理水平不高，茶叶加工技术落后，导致茶叶单产低，效益差，毁茶造林、毁茶种粮呈蔓延之势。同时，随着改革开放，居民购买力增加，消费水平提高，消费观念更新，消费向追求质量、多样化的方向发展；加上内销市场的放开，使传统的茶叶销区、销售渠道增加，销售方式多样化，茶叶产品向多样化方向发展，这为名优茶开发准备了潜在市场。

1991年3月，农业部全国农业技术推广总站召开全国名优茶开发项目会议。会议讨论名优茶开发项目的计划和措施；成立"全国名优茶开发项目协作组"，研究探讨名优茶开发的品种、栽培、加工和保鲜等新技术，交流开发经验，制订生产技术规程；紧接着，湖南省经作局下达了名优茶开发项目。为响应上级号召，振兴茶叶生产，益阳地区成立了名优茶开发协作组，决定抓住时机，掀起名优茶开发的热潮。益阳地区名优茶开发实施协作组由地区农业局为组长单位，地区茶叶出口公司、安化县农业局、安化县茶叶试验场、安化县唐溪茶场、桃江县农业局、桃江县茶科所、桃江县多种办、桃江县原种场、桃江县雪峰山茶场、益阳县农业局、益阳县荷叶塘茶场、益阳市农业局、沅江市农业局等为协作成员单位。协作组的任务是：组织交流经验、信息；探讨名优茶开发中的一些共性问题。

益阳地区制定的名优茶开发指导思想是：以市场为导向，以经济效益为中心，以推广名优茶生产、加工工艺和探讨名优茶生产的标准化、数量化、系列化为工作重点，促进益阳地区名优茶资源的开发及茶叶品质的提高。主要发展目标是：计划在"八五"期间，建立一批名优茶生产基地，全区基地总面积1340hm²。良种面积占20%，年产各类名优茶及其系列产品产量750t，其中良种占10%，产值2000万元。具体目标是：全区共设8个名优茶基地，其中安化2个，面积536hm²，产名优茶300t；桃江县3个，面积670hm²，产名优茶375t；益阳县1个，面积67hm²，产名优茶37.5t；益阳市1个，面积53.6hm²，产名优茶30t；沅江市1个，面积13.4hm²，产名优茶7.5t。具体指标由安化县、桃江县、益阳县、益阳市、沅江市农业局落实执行，限于1991年底把计划落实到名优茶生产单位。

为了确保项目的有效实施，安化县政府成立了由县委领导挂帅的茶叶开发办公室，明确 5 人班子专门主管安化名优茶生产开发。办好各级茶场的示范样板，对被评为名优茶的给予奖励。据统计，1993 年和 1994 年，全县名优茶开采面积分别是 152hm² 和 218.8hm²，比 1990—1992 年 3 年间的平均数，分别增加 66.8hm² 和 133.5hm²，两年共计推广规模 200.3hm²。名优茶平均亩产分别是 8.3kg 和 9.9kg，比 1990—1992 年平均亩产 6.19kg 分别增长 34.1% 和 59.9%；1993、1994 年名优茶亩平均年产值分别是 582 元和 798 元，比 1990—1992 年亩平均年产值 414 元，分别增长 7.7% 和 127%；1993、1994 年，两年累计新增名优茶产量 35.39t，新增名优茶产值 363.34 万元，新增名优茶纯利润 106.25 万元。由于名优茶的售价比大宗茶大提高，因此，伴随而来的产品税、特产税也相应增加，为国家增加了税收；名优茶的增产丰富了茶叶市场，满足了社会需求。

安化县名优茶的开发促进了整个茶叶质量的提高，尤其是大宗绿茶，红梗红叶大大减少，条索、叶底等比过去也有很大进步。过去，安化名优茶只有"安化松针"一枝独秀，通过名优茶的研发，出现了"安化松针""安化银毫""安化龙须""城峰碧玉""柳叶青"等名优绿茶。

益阳县名优茶创制从茶园培管、鲜叶采摘培训开始，取得了令人可喜的成绩。荷叶塘茶场新创"志溪春绿"名茶，1994 年开采面积达 13.7hm²，总产量达 2.5t，亩平产量 12.2kg，总产值 15 万元，亩平值 731.7 万元，亩平纯利润 414.6 万元；比 1990—1992 年 3 年，每年亩平新增产量 8.83kg，亩平新增产值 621.7 元；1993—1994 年累计新增总产量 3.16t，新增总产值 21.66 万元，新增总纯利 6.49 万元，而且畅销省内外，供不应求。荷叶塘、跳石、漆家桥、水口山、新凤、新塘 6 个茶场分别新创的荷叶塘毛尖、跳石毛尖、漆家桥毛尖，水口山毛尖、新凤毛尖、新塘毛尖等毛尖系列，1994 年累计开采面积 97.2hm²，总产量 54.3t，亩平产量 37.5kg，总产值 130.46 万元，亩平产值 899.72 元，纯利润 63.89 万元，亩平纯利润 440.62 元；比 1990—1992 年年平均每亩新增产量 12.57kg，亩平新增产值 413.9 元；1993—1994 年累计新增总产量、总产值、总纯利分别为 24.98t、93.56 万元、67.90 万元。

桃江县通过组织本地专家、聘请外地专家开展技术下乡，对研发名优茶进行技术指导。从 1985 年开始，县茶叶实验站成功研制"桃江竹叶"。随后，1988 年再度试制成功"桃江春毫"。1989 年县原种场和桃花江区农技站试制成功"资水银钩"（又称"桃江银钩"）。1991 年县经作站研发成功"桃江银钗"。是年，县多种办、农业局研制成功"桃水月牙"（从 1987 年开始研制）。筑金坝乡无极寺茶场研发"无极毛峰"。1992 年灰山港镇精制茶厂研发成功"桃江霜翠"。1995年全县有35个茶场（厂）参与加工名优茶，其中名茶生产有15个，优质绿茶生产32个，面积167.5hm²。全年名优茶产量161.8t，比1994年增加53.12t，其中：手工茶6.8t，比1994年增加3.12t；优质绿茶155t，比1994年增加50t；名优茶产值258.07万元，比1994年增加101.02万元；优质绿茶224.75万元，比1994年增加81.95万元。

本轮名优茶开发从1991年一直持续到20世纪末，益阳主要茶产区名优茶适制茶园得到扩展，名优茶制作机具陆续引进，名优茶包装大幅度改进，茶场、茶厂名优绿茶制作技术普遍提升，取得了很大的成绩。在此过程中恢复和开发国家级名优茶1个、省级名优茶9个、市级名优茶20余个。如安化松针、安化银毫、安化龙须、桃江竹叶、桃江春毫、桃江银钗、志溪春绿、雪峰毛尖等一批地方特色名优绿茶，得到恢复和开发。1994年全市名优茶总产量达到79.45t，比上年增加25.95t，增长48.5%；总产值达到661.4万元，比上年增加203.9万元，增长44.57%；纯利润达到218.18万元，比上年增加89.68万元，增长69.79%；亩平产值902.3元，增长11.06%（文稿由汪勇提供，见2018年8月25日、9月1日、9月8日《益阳日报》）。

① **安化松针**（图5-35）：是我国特种绿茶中针形绿茶的代表，由原安化县茶叶试验场1959—1962年研制，因外形圆紧、色泽翠绿似松针而得名。该茶清明前后开采，成品圆紧挺直显毫，细巧色翠，香气馥郁，滋味甘醇，汤色沏亮，叶底嫩匀，形色香味堪称四绝。1962年被评为湖南省三大名茶之一，1964年被征集出国展览，1988年获得湖南省"五名食品"金杯奖，1991—1997年更是5度被评为湖南省名茶，1986年起先后两度被评为商业部名茶，1988年获中国首届食品博览会金奖，1989年被评为农业部优质农产品，1994年获乌兰巴托商工贸博览会金奖并被定为全国旅游产品。该茶共在省部级以上专业茶叶评展中荣获金奖达14次。

图5-35 安化松针

② **云台春芽**（图5-36）：是八角茶业创始人龚寿松经名师指导，取众家之长，研制的一款安化名优绿茶，产品具有白毫显露，色泽隐翠，内质醇厚，香高味浓，汤色杏绿，叶底嫩匀的特点。2001年，第四届"中茶杯"全国名特优茶评比中获二等奖；2003年4月参加"新世纪第一届益阳名茶"评比，从13个品种中脱颖而出

图5-36 云台春芽

荣膺金奖；2006 年获得中国名优绿茶评比金奖、中国湖南首届（国际）绿色食品博览会畅销农产品金奖，并被中绿华夏认证为有机食品。多年来，台春芽畅销全国各地港台地区。

③ **安化银毫**（图 5-37）：是 1992—1994 年，由安化县农业局经作站、益阳地区农业局经作站、安化县唐溪茶场联合研制成功的一种名贵绿茶。此茶外形紧细卷曲，白毫显露，汤色明亮，香气持久，故名银毫。安化银毫 1994 年被省农业厅评为"湖南名茶"；1995 年获省湘茶杯金奖；2003年 9 月被中国企业发展战略论坛筹委会指定为北京人民大会堂会务用茶。

图 5-37 全国著名书画家钱绍武为安化银毫题词

④ **银币茶**（图 5-38）：是我国第一代紧压绿茶的代表，由全国劳动模范夏求喜创制的名优绿茶，其外形似硬币，单颗重约 1g，色泽绿润，白毫显露，香味纯正浓厚，汤色杏绿，回甘力持久，叶底黄绿嫩匀，冲泡后芽叶逐步散开，像紧包的花蕾慢慢盛开。

⑤ **千秋龙芽**（图 5-39）：是由千秋界茶业于 2002—2007 研制的高品质名优绿茶。该茶原料全部来源于海拔 450~850m 的千秋界茶庄园，通过中国、欧盟有机产品认证。千秋龙芽嫩度等级高，造型独特，干茶条形似针，滋味鲜爽，带有愉悦花香，茶汤入口甜柔。连续 5 年获得国际名优绿茶评比金奖、获得 4 项国家技术发明专利。

图 5-38 求喜银币茶

图 5-39 千秋龙芽

图 5-40 安化银峰

⑥ **安化银峰**（图 5-40）：安化银峰茶是拥有 30 年制茶经验的安化县银峰茶叶有限公司制茶师，在充分挖掘名优茶制作技艺的基础上，严格选用清明前一芽一叶，精心制作的本土绿茶。产品外形紧实似针，银毫显露，香高味浓，汤色杏绿，鲜爽甘滑，曾荣获 2008 年中国绿茶（古丈）高峰论坛名茶评比金奖、2002 年益阳新世纪名茶评比银奖。

⑦ **桃江竹叶**：由桃江县茶科所 1985 年创制，因外形扁削挺秀光洁，色泽灰亮隐毫，形似竹叶而得名。清明至谷雨采制，以福鼎大白茶 1 芽 2 叶初展为主，芽叶肥壮多毫，达到嫩、匀、鲜、净的要求。该茶汤色黄绿明亮，栗香持久，汤味醇爽，叶底肥壮黄亮。1998 年被评为湖南省名茶。

⑧ **桃江春毫**：桃江县茶科所 1988 年试制成功的绿茶品种。以 1 芽 1 叶鲜叶为原料，成品条索圆紧挺直，白毫贴身，汤色黄绿明亮，香高持久，滋味鲜爽甘醇，叶底嫩条匀齐。1991—1993 连续 3 年获省名茶称号。

⑨ **志溪春绿**：产于益阳市资阳区志溪河畔的荷叶塘茶场，1985 年创制。每年清明前后开采，标准为 1 芽 1 叶初展，由全手工炒制而成。成品条索紧细圆直，白毫显露，色泽翠绿，清香持久味浓，叶底黄绿肥嫩。1989 年被评为湖南省名茶。

第五节　益阳红茶产品

益阳、安化的红茶同样具有悠久的历史和很高的地位。中国当代茶圣吴觉农 1968 年来湖南安化考察时说，以安化为代表的湖南地区，既可以生产世界所欢迎的高香红茶，也可以发展国际著名的大叶种红茶。

益阳、安化等地大规模的红茶生产始于清代末期。同治《安化县志》第三十三卷载："越咸丰间，发逆（即太平天国义军）猖狂，阛客（阛，音 huán，原指环绕市区的墙，这里借指客商）裹足，茶中滞者数年。湖北通山夙产茶，商转集此。比逆由长沙顺流而宙，数年出没江汉间，卒之通山茶亦梗。缘此估帆取道湘潭抵安化境，倡制红茶，收买畅行西洋等处，称曰'广庄（也称红庄、洋庄）'，盖东粤商（广东商人）也。方红茶之初兴也，打包封箱，客有冒称武彝（同夷）以求售者。孰知清香厚味，安化固十倍武彝。以致西洋各处无'安化'字号不买。同治初，逆魁授首，水面肃清。西北商亦踵至。自是怀金问价，海内名茶以安化为上品。"按照这一记载并结合相关史实，太平军于清咸丰二年（1852 年）攻入湖南，翌年离开湖南，攻克武汉并东下建都南京。虽然此后太平军又于咸丰四年（1854 年）发动西征，再次进入湖南，但由于湘军的反攻，对湖南全境影响不大；咸丰九年（1859 年），翼王石达开从南京出走并攻宝庆（今湖南省邵阳市）、然后退入广西，但这次太平军志在西去，停

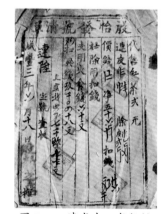

图 5-41 清咸丰三年殷怡发茶号红毛茶结算清单

留时间也不长。因此粤商取道湘潭赴安化倡制红茶的时间，应该是咸丰三、四年左右（1853—1854年）。而安化民间就收藏有咸丰三年的茶行红毛茶收购清单（图5-41），证明安化红茶生产最迟也在咸丰三年。

1915年，安化红茶在巴拿马国际博览会上荣获金质奖章，取得世界红茶的最高荣誉。冯绍裘等人相继来到安化茶区工作，对传统安化红茶的改制提升倾注了大量心血，进一步规范制法，提高品质。1928年，安化鑫记茶庄所制红茶在中华民国工商部举办的中华国货展览会上获得一等奖。1958年试制的红碎茶，被英国等外商认定为："色泽乌润，香高，味厚，汤浓，发酵打破常规，外形适宜，已达国际水平，赛过祁红（工夫红茶）"。1978年，全县有烟溪红碎茶厂二号产品等14个产品获得中国红碎茶品质评比优质茶称号。1983年，国营安化茶厂（原安化第一茶厂）生产的湖红工夫茶获中国出口商品生产基地建设成果展览会荣誉证书。安化所产红茶品质为国际国内所公认，汤色酽艳红亮、口感醇厚甘浓、茶香馥郁持久，已经成为安化红茶独有的品质特征。

安化红茶创制之初，茶工及茶商等人就致力于技术进步与创新。从1920年开始，安化先后以"茶叶讲习所""茶事试验场""茶学专科""茶叶学校""技术培训班"等形式，不断改良技术、提高品质。1939年，安化茶场开始研制红茶精制机械，至1958年，安化红茶生产全部采用机械化。20世纪50年代以来，科研人员不断优化安化红茶制作技术，初制工艺由日光萎调改室内萎调、人工揉捻改机械揉捻、热发汗改冷发酵、自然晒干改木炭烘干，极大地提高了安化红茶品质和产量。1958年4月，在中央第二商业部湖南茶叶工作组的指导下，进行分级红茶（红碎茶）初制试验，经工具改革和工艺探索，先后试验22次、53批，终于在全国范围内最早获得成功（图5-42）。1963年，黄千麒主持分级红茶初精联合加工工艺，发明螺齿式切压机，大大提高了分级红茶产品质量，此外筛分、风选、拣剔、拼配匀堆、装箱喷唛等精制工艺也进一步优化，安化红茶加工技术成为中国的标杆，为各大茶区提供了生产技术并派出大批技术人员进行生产指导。21世纪以来，安化红茶生产进入自动化、标准化、清洁化阶段，在发掘继承优秀传统工艺的基础上，生产设备持续升级，制作工艺不断改良，采取茶园有机栽培、生

图5-42 1958年分级红茶在安化实验茶场研发成功

产车间数字化、原料及成品色选、发酵自动控制等先进技术，进一步提升了茶叶品质和企业效益。

红茶贸易始予1858年以后，汉口被增辟为通商口岸，俄罗斯在汉口设立兴泰、百昌、源泰、阜昌、顺丰等5家商行专营红茶，安化红茶经由汉口、恰克图及西太平洋运销俄国。1886年，安化红茶出口达35~40万箱（约合1.2万t），占全国出口总量的12%以上，达到历史最高水平；特别是1894年以后，俄罗斯几乎成为安化红茶唯一的出口国。1915年，安化红茶出口总量约1.06万t，其中大部份销往俄国。抗日战争期间，中国政府向前苏联借款2.5亿美元，约定以农矿产品抵偿，1938—1941年中国政府供应前苏联的借款抵偿物中，安化红茶约5400t余。1937年9月，组建之初的中国茶叶公司在安化成立中茶安化支公司，在安化的仙溪、小淹、江南、鸦雀坪、酉州、东坪、蓝田等10多处设立初制厂，生产红茶。1939年，中茶公司创办安化第一（孚记）、第二（益川通）茶厂，均生产红茶。1940年，孚记产量为23.86t，益川通产量22.85t；1941年，孚记产量67.28t，益川通产量62.84t。这两个茶厂产量在当时中茶公司所属10余家茶厂中名列前茅。

中华人民共和国建立初期，安化红茶更是大量销往前苏联及东欧各国，1950—1959年间，年平均运销量在1000t左右。1950年，为推进安化红茶生产出口，前苏联专家指导援建了安化茶厂俄式锯齿形厂房（图5-43），该建筑牢固耐用、通风采光，至今依然耸立在资水河畔。到1952年，安化县工夫红茶产量达18.9t，较1949年增加51.87%，安化红茶厂成了当时全省最大的红茶厂。1950—1985年期间，安化县共加工红毛茶5.65万t、精制红茶3.74万t，平均每年加工红毛茶1569t、精制红茶1038t。20世纪80年代，全县茶园面积达到1.675万hm²，一度拥有红茶厂22家。1980年仅红碎茶产量达到1300t，1985年茶叶产量8500t，其中大部分为红茶。

图5-43 安化茶厂俄式锯齿形建筑

从2006年开始，由于安化黑茶全面发展，益阳、安化等地红茶产出占比明显下降，但其绝对值一直呈上升状态，市场销售也表现良好。到2018年，安化县共有红茶（红黑兼营）企业 40 多家，年销售总额达到约 2 亿多元。安化县烟溪镇已成为红茶专业镇，马路镇的茶叶企业基本实现黑茶、红茶、绿茶多元化发展。

益阳红茶品种方面，主要有工夫红茶、红碎茶、红砖茶等。

一、工夫红茶

19 世纪 50 年代粤商在安化倡制红茶时，均为工夫红茶，外形条索紧细，色泽乌润，香气馥郁，滋味醇和，汤色和叶底红亮，成为"湖红"的代表，当时外商有"无安化字号不买"之誉。以安化工夫红茶为代表的"湖红"与"闽红""祁红"，成为中国红茶出口优秀品牌。1886 年，安化运销工夫红茶 40 万箱（合 12096t），价值白银 840 万两，占全国出口红茶总额的 12.1%，占湖南出口红茶的 44.5%。目前，益阳共有工夫红茶生产企业 60 多家，其中专业红茶企业 29 家，主要集中在安化县的烟溪镇、马路镇等地。

① **昆记梁徵辑红茶**：根据 1915 年巴拿马—太平洋万国博览会中国代表团团长陈琪所著《中国参与巴拿马太平洋博览会纪实》一书，湖南安化县昆记梁徵辑红茶获得该次博览会中国茶叶 21 个金牌奖章之一（图 5-44）。但由于时世变更，特别是长期战乱，湖南安化县昆记梁徵辑红茶资料已残缺不全。但昆记梁徵辑这一款红茶，无疑代表了安化传统工夫红茶的历史最高水平。

奖牌正面　　　　　　　　　　奖牌背面

图 5-44 安化昆记梁徵辑红茶获巴拿马世博会金奖

② **安化红针**（图 5-45）：是安化红茶之珍品，采用清明前安化高山生态有机一芽一叶的嫩芽茶叶为原料，在传承荣获巴拿马万国博览会金奖的安化红茶工艺和冯绍裘创制的安化红茶精制加工工艺的基础上，由湖南省褒家冲茶场有限公司中国制茶大师夏付明等，用独特的传统手工制作技艺精心制作而成。外形条索紧结，青红乌润，花蜜醇香，甘鲜滋味，汤色红亮，叶底红嫩。先后荣获第十二届"中茶杯"全国名优茶评比一等奖，第二、第三届"潇湘杯"湖南名优茶评比金奖。

图 5-45 安化红针

③ **烟溪功夫红茶**（**图5-46**）：由益阳市龙头企业安化县卧龙源茶业有限责任公司制作。该茶要求鲜叶细嫩、匀净、新鲜。采摘标准以一芽一叶初展，一芽一、二叶为主。成品茶香气清爽纯正，无论热品冷饮皆绵顺滑口，极具"清、和、醇、厚、香"的特点。连泡 10 次口感仍然饱满甘甜，叶底肥厚鲜活，秀挺亮丽。产品先后荣获 2008 年海峡两岸茶叶博览会金奖、2013 年首届国际红色食品博览会金奖，2014 年第十一届中国国际茶业博览会金奖、2015 年第十一届中国国际茶业博览会"金骆驼"奖等。

图 5-46 烟溪功夫红茶

图 5-47 "天茶红"牌红茶

④ **天茶红**（**图5-47**）：天茶村系列红茶选用高山（土质为冰碛岩和火岩）有机茶叶为原料，采摘于清明节前后，坚持露水叶不采、破损叶不采，传统工艺和现代工艺结合加工，条索紧结乌润、显苗锋，汤色金黄明亮耐冲泡，叶底匀整有活力，口感细腻柔和、纯正饱满，香气持久自然，有非常明显的花果香。湖南烟溪天茶茶业有限公司持有的"天茶村""天茶红"商标，现为湖南省著名商标、湖南名牌，深受消费者青睐。公司相继荣获"新进规模工业企业奖""益阳市农产业化龙头企业""安化红茶综合标准化示范区"等荣誉。

二、红碎茶

红碎茶是现代国际茶叶市场的主销产品。安化于1958年开始推广，是年中央第二商业部茶叶采购局牵头试制红碎茶，并首先在安化茶场取得成功，中国茶叶出口公司、上海茶叶分公司、中茶公司驻英国伦敦办事处审评认为，安化红碎茶"色泽乌润，香高，味厚，汤浓，发酵打破常规，外

图 5-48 湖南省褒家冲茶场有限公司生产的红碎茶

形适宜，已达国际水平，赛过祁红（工夫茶）"，是红碎茶的上品。安化红碎茶以安化茶厂专业化生产为主，其最高年出口达2700t多，还有褒家冲茶场（图5-48）等多家企业生产。其中，安化县烟溪公社红碎茶厂生产的(安)922102于1979年获全国红碎茶优质奖，桃江县沪溪茶厂生产的（桃沪）022106于1980年获全国红碎茶优质奖。

三、红砖茶

1944年,安化两仪茶厂试制过一种叫"京砖茶"的红砖茶（原由俄国驻汉口茶商制造），此后安化红砖茶诞生并一直延续至今,安化红砖茶（图5-49）砖身紧凑、外形精美,历史上曾主销西伯利亚地区。

图 5-49 湖南烟溪天茶茶业有限公司生产的红茶砖

06

第六章　安化黑茶贸易

茶叶是我国历史上最早成为商品的重要物资之一。以安化黑茶为代表的官营边销茶，还成为朝廷"以茶易马"（图6-1）的重器。国际通商之后，茶叶成为平衡国际贸易的重要商品，一直延续到今天。安化黑茶贸易，经历了榷买到自由贸易的历史转变，最终建立了与产业发展相适应的现代营销制度。

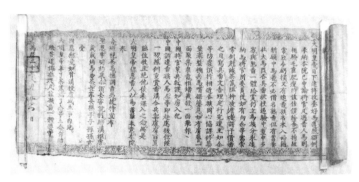

图6-1 明代《茶马互市布告》

第一节　安化茶叶贸易史略

益阳、安化茶和其他区域茶叶一样，都是先从南北内贸开始，再发展为中外贸易。而作为历史上南北内贸中的大宗产品，安化黑茶还被冠以"边销茶"的概念，一度占据了中国边销茶半壁江山。

一、益阳、安化茶叶的早期贸易

根据晚唐杨晔《膳夫经手录》中记载的安化渠江薄片茶，说明至少在公元9世纪中期，安化先民已经开始把茶运销到今天的湖北一带，已经在江陵、襄阳这两个南北、东西交汇的大都会有了一定的销售量和影响力。此后毛文锡在《茶谱》中记载："渠江薄片，一斤八十枚。"如果"一斤八十枚"指薄片的数量，按唐代一斤约合今天661g左右计算，每枚渠江薄片约为7g；如果"一斤八十枚"指薄片的价格为1斤80枚铜钱，则足以证明渠江薄片早已开始贸易。

五代十国时期的马楚期间（907—960年），楚国把南茶北运作为一项国策实施，将包括梅山茶在内的潭州茶大规模向北销售。为了保障茶叶之利，马楚采取了两项主要措施：一是鼓励境内采摘鲜叶，制成干茶囤积贸易，"由是属内民皆得摘山收茗算，募户置邸阁（指官办茶仓）以居茗，号曰八床主人"（据传为茶商别称，源自《十国春秋》卷六七）。二是低成本榷买民间茶叶。马殷"总制二十余州，自署官吏，征赋不供，民间采茶，并抑而买之"。所谓"抑而买之"，即官营机构在收购茶叶时采取压级压价、重称重权（旧制每市斤为 16 两，每 3~6 斤鲜叶折合 1 斤干茶，但在收购时往往以毛茶受潮、含杂质等理由，规定每市斤为 16 两 5 钱甚至 24 两；鲜叶 9~12 斤折合 1 斤干茶）等方法，剥削茶农、减少成本。这一时期贸易的主体分为官商与民商两种：所谓"官商"，即马楚国官方组织的茶叶贸易机构，这种机构除了向王朝进贡茶叶外，还要组织对中原地区大规模的茶叶贸易。所谓"民商"，就是老百姓将茶叶卖给中原客商，马楚国从中收取茶税。为了促进民营茶叶贸易，马楚国特意发行以一当十的铁钱，北方商人在马楚国境贸易必须使用铁钱，但铁钱出境就不能使用，所以逼着他们在回程时把铁钱换为茶叶等商品，向北运销。据《十国春秋》记载，后梁开平年间，马楚国每年向后梁贡茶 25 万斤；仅南茶北运一项，马楚岁入税收即达上 10 万两白银。

二、历史上益阳、安化茶叶的私卖

私卖是贸易的一种特殊形式。安化置县之前，梅山峒蛮与朝廷处于对峙状态，北宋统治者对梅山采取了严厉的封锁政策，禁止已经编入户籍的益阳、长沙等周边百姓（所谓"省民"）耕种靠近梅山的土地；禁止梅山茶叶输出和盐铁等重要物资输入。梅山人承受了巨大的生存压力，茶叶卖不出去，难以换取生活必须的盐，过着"何物爽口盐为先""溪水供餐瘿颈粗"（图 6-2）的悲惨生活；没有铁来打制农具、狩猎工具，使生产力

图 6-2 《全宋诗》第 66 册吴居厚《梅山十绝句》

急剧下降。但是，当时茶叶不仅是朝廷用以易马的重要战略物资，而且还是"国家养兵之费全藉茶盐之利"（《宋会要辑稿·食货》32 之 26）的巨大税源，同时茶叶也是上至达官贵人、下至普通百姓"不问道俗，投钱取饮"的生活必须品。统治者再怎么封锁，也杜绝不了以茶叶换取盐和铁的贸易。只是在交换形式上从公开贸易变成了隐蔽走私。

宋太宗雍熙二年、宋仁宗至和二年之间（985—1055 年），朝廷数次招谕梅山蛮。康熙《安化县志》就记载："按《图经序》：'雍熙二年招梅山蛮之隶益阳者为密庄（密庄，具体所指不详。疑为当时官府为渗透梅山峒蛮族群，以少数梅山土著蛮人所设立的秘密组织，用以招安其他峒蛮。下文"茶庄""钱庄"皆同此类，是以茶叶贸易或直接支付钱财的形式组成的类似组织），宣补招安，将以领之。庆历以后，时复摽掠。至和二年，安抚司刘元瑜募进士杨谓招诱猇户，隶益阳为茶庄、隶宁乡为钱庄，宣补招安，将以领之。'"图经是古代类似于地方志或地理志一类的典籍，此处可能指《潭州图经》或《安化图经》

一类的地方志书，今已不传。这种办法，将被招抚的梅山蛮人组成"密庄""茶庄"，允许他们从事梅山与周边的茶叶私卖，并在此过程中开展策反工作，既增加官方的茶叶供应，又保障秘密战线的经费，更分化瓦解了梅山峒蛮，达到"一石三鸟"的目的。关于这件事的另一处记载在《宋史》中。刘元瑜字君玉，河南人。进士及第……以天章阁待制知潭州。徭人数为寇，元瑜使州人杨谓入梅山，说酋长四百馀人出听命，因厚犒之，籍以为民，凡千二百户（《宋史》卷三百零四、列传第六十三）。

在北宋末期和整个南宋，官府的茶叶收购价格更低，而茶引征课更重。当时属于潭州管辖的益阳县、安化县不仅出产茶叶，而且离西北、中原茶叶市场最近，茶贩们觊觎私茶之利，蜂起武装贩运。"盗私贩茶者多辄千余，少亦百数；负者一夫而卫者两夫，横刀揭斧，叫呼踊跃，以自震其威"（宋·王质《雪山集·卷三·论镇盗疏》）。淳熙元年（1174年），原来在江南西路（今江西）、荆湖北路（今湖北省及湖南省北部）的"茶寇"不约而同地把益阳、安化等地当作重要目标，荆湖北路数千私茶贩子进入湖南路潭州，武装暴动。翌年4月，赖文政领导的茶贩和茶农正式起义，最开始也是把荆湖南路作为主要进攻目的。据明嘉靖《安化县志》记载，为抗御"茶寇"，荆湖南路上奏朝廷，"于资江龙塘建寨，命将统之，岁一易戍，民赖以安……寨有团保守御以备盗贼。"由于防守严密，迫使赖文政改向江西进攻，最终被辛弃疾平定于江西。

明代前期，益阳、安化的茶叶主要以私茶的形式广泛参与官方与西蕃诸部的"差发马制度""朝贡贸易体系"。明代的私茶贩运，分为商人私贩、朝贡者私贩、边关将士及缉私人员夹带、园户及其他社会底层人员私贩等类别，其中数量最多的是商人私贩和朝贡者私贩。西蕃朝贡者请求明廷允许进贡团队在两湖收购茶叶，或者干脆私买两湖茶叶，西出襄阳运往驻地，自用或与他族贸易。此外，由于川茶数量不够，私茶贩子也一度通过"安化—湘西（或荆州）—酉阳—重庆"一线，将益阳、安化茶运往四川，冒充川茶销售。

三、明清以来的内外贸易概况

根据林之兰的记载，明万历年间（1573—1620年）安化黑茶每年出境税银在3000两白银左右，则每年出境的重量至少在1500t。到明朝末年，安化黑茶已经占到西销茶叶的半壁江山。

清代，安化黑茶作为"易马之茶、制边之茶"的属性已经淡化，逐渐被统治者当作搞活西部经济、壮大地方财政的商品，允许商人领引票自由贩运。晋陕甘等地商帮出现，安化黑茶引包大规模集散于泾阳等地，压制成砖茶然后出售，迎来了全盛时期。安化黑茶最盛的道光年间（1821—1850等）年产销2000引（折合8952t）。1840年以后，随着国门洞开，把益阳、安化茶叶生产推上了一个高峰。1886年，安化输出红茶12096t，其中包括以安化字号出口的益阳、新化、桃源等地所产6万关担[⑤]，是年安化实产红茶8467t，连同黑茶513t、青茶20t及本地市场消耗的80t，总产量达到9080t。

（一）安化黑茶出口贸易情况

安化黑茶大规模出口主要销往俄罗斯，清道光以前均由晋商运往内外蒙古和恰克图（图6-3）销出。据记载，嘉庆五年（1800年）由恰克图输出的茶叶即达近千t，其中主要是安化黑茶。到1856年，俄国仅运销安化千两茶即达7856支（合280t余）。1901年西伯利亚铁路全线通车后，砖茶则由轮船运至海参崴交铁路西运，恰克图的茶叶贸易

图6-3 俄国恰克图茶叶贸易中心

就冷淡下来。由于沙俄政府采取不平等的关税政策，打击排挤华商，扶持俄商，1912年起，不但输俄茶叶贸易被俄商取代，而且连本国外蒙古销售砖茶的权利也被俄商反销掠夺，每年只运销内蒙古和宁夏等地2400t。

据史料记载，除经由恰克图、汉口—天津—海参崴出口俄罗斯外，19世纪20年代之后，经由新疆出口俄罗斯的茶叶也不少，从1836年的1420普特（每普特合16.38kg，折合23.26t），剧增至1854年的46336普特（折合758.98t），增长31.63倍（见表6-1）。茶叶出口货值从1842年的59.588千卢布，增长到1854年1569.3千卢布，增长25.34倍。这些茶叶中，安化黑茶占很重比例。

表6-1 1836—1854年新疆输入俄国茶叶概况

年份	砖茶		白毫	
	数量/普特	比重/%	数量/普特	比重/%
1836	1411	99.37	9	0.63
1837	1008	98.15	19	1.85
1838	1136	99.13	10	0.87
1839	1727	91.91	152	8.09
1840	1558	56.06	1221	43.94
1841	1714	55.12	1362	44.28
1842	3255	87.22	477	12.78
1843	4555	85.78	755	14.22
1844	3383	73.46	1222	26.54
1845	5515	68.53	2523	31.47

⑤ 关担=60.48kg

年份	砖茶		白毫	
	数量/普特	比重/%	数量/普特	比重/%
1846	8208	75.34	2686	24.66
1847	5050	67.75	2404	32.25
1848	5439	85.91	892	14.09
1849	8528	62.30	5160	37.70
1850	7614	39.93	11456	60.07
1851	8564	40.76	12448	59.24
1853	5091	23.80	16300	76.20
1854	8433	18.20	37903	81.80

注：①数据引自庄国土《从闽北到莫斯科的陆上茶叶之路：19世纪中叶前俄茶叶贸易研究》，《厦门大学学报》（哲社版）2001年第2期。②1普特等于16.38kg。保持引文原貌，数量单位未作换算。

抗战全面爆发后，安化茶叶产量与外销量锐减，特别是太平洋战争爆发，海运不畅，中国出口基本限于黑茶。1940年，安化新制黑砖茶112t，经衡阳运抵香港，交与前苏联。1940—1942年，国民党中茶公司安排安化砖茶厂压制向前苏联销售的黑茶砖2万片共重40t。这是中华人民共和国成立之前有记载的安化黑茶最后外销纪录。

（二）安化红茶出口贸易情况

1850年以前，安化红茶处于零星生产出口的状况。民国三十四年，《安化茶业调查》载："清道光二十年前后，英人之在粤南之对华贸易，已有相当进展，时输出品以茶为大宗。两粤茶产不多，由粤商赴湘示范，使安化茶农改制红茶。因价高利厚，于是各县竞相仿制，产额日多，此为（安化）红茶制造之创始，亦即湖南茶对外贸易发展之嚆矢。"

"迨咸丰八年，粤商估帆取道湘潭，抵安化境，倡制红茶转输欧美，称为广庄。及洪杨事息，西北商亦接踵而至，嗣后各国需要增加，销路日广。"即在1854年左右，安化县已经大规模生产并出口红茶。当时的安化红茶属于工夫红茶（图6-4），其外形条索紧结尚肥实，香气高远，滋味醇厚，汤色浓亮，叶底红而稍暗。由于安化红茶"清香厚味十倍于武夷"，而且量多质好，导致外商"无安化二字不买"。以安化红茶为代表的"湖红"，与安徽的"祁红"、福建的"闽红"鼎足而三，成为正宗中国工夫红茶的代表，远销欧美，蜚声海外。

图6-4 清末安化红茶内票

清咸丰初年，安化红茶生产初具规模，年产约10万箱（每箱约55~65市斤。细者重，粗者轻，装以"二五洋箱"。"二五"者，以每担至少要挑2箱半）。此时安化红茶也主销俄罗斯，同时销往欧美。据记载，19世纪时英国伦敦、俄国莫斯科80%的红茶来自安化，没有"安化"字样的红茶，价钱要低至少一个档次。1875—1886 年从广州、上海、汉口等口岸及从恰克图输出的红茶高达 35~40 万箱，每箱 0.5 关担，合 10584~12096t，约占全国茶叶总出口量的 12.1%。但从 1893 年开始，安化红茶出口总体进入下降阶段。清光绪二十八年（1902 年）以后，安化红茶集中由汉口出口。以后几十年，安化各种茶类出口量逐年减少，安化又重现"红黑如山积"的茶业萧条景象（见表 6-2）。

表 6-2　1902—1943 年汉口关安化红茶出口数量统计表

年号	公元年	数量	
		以箱计	以吨计
清光绪二十八年	1902	20850	629748
清光绪三十四年	1908	243816	737299
清宣统元年	1909	187594	567284
清宣统二年	1910	217812	658663
民国四年	1915	350000	10548.00
民国五年	1916	150000	453600
民国六年	1917	16050	501235
民国十一年	1922	80949	204789
民国十二年	1923	163294	493801
民国十三年	1924	145467	439892
民国十四年	1925	123497	373455
民国十五年	1926	92000	278208
民国十六年	1927	89000	269136
民国十七年	1928	107500	325008
民国十八年	1929	90032	272256
民国十九年	1930	65315	197513
民国二十年	1931	72726	228995
民国二十一年	1932	47545	143776
民国二十二年	1933	85519	258609
民国二十三年	1934	127585	385817
民国二十四年	1935	66599	201395
民国二十五年	1936	67261	203397
民国二十六年	1937	14415	43591
民国二十七年	1938	33722	101975
民国二十八年	1939	30225	151125
民国二十九年	1940	22411	112055
民国三十年	1941	5000	250
民国三十二年	1943	3000	90.72

注：数据来自伍湘安编《安化黑茶》，湖南科学技术出版社，2008 年版，第 246 页。

1915 年，安化出口红茶回升到 21 万余担，到 1917 年出现一个小高峰。"（安化）丁酉年（1917 年）产红茶 12 万箱（每箱约重 30kg）"（1917 年 10 月 11 日《大公报》载《安化县署茶业调查报告》）。之后又逐步走低，1936 年财政部贸易委员会调查，产量尚有18.7 万箱（合 5500t）。

抗日战争前，安化红茶主要销于汉口、山西、广州，绝大部分是出口。1933—1937年，平均每年运销数量为 383285 担。全面抗战爆发后，安化茶叶产量与外销量锐减。以1938 年为例，安化销售到美国的茶叶（主要是红茶）为 21660 公担[6]；至 1939 年时，陡然下降为 10366 公担。1937 年 9 月，组建之初的中国茶叶公司在安化成立中茶安化支公司，在安化的仙溪、小淹、江南、鸦雀坪、酉州、东坪、蓝田等 10 多处设立初制厂，生产红茶。1939 年，中茶公司创办安化第一（孚记）、第二（益川通）茶厂，均生产红茶，当年安化产茶约 166000 担，其中红茶约 42000 担。1940 年，孚记产量为 47718 斤，益川通产量 45694 斤；1941 年，孚记产量 134559 斤，益川通产量 125684 斤。这两个茶厂产量在当时中茶公司所属 10 余家茶厂中名列前茅。

第二节　边销茶

边销茶，又称边茶，顾名思义，主要是指在边疆地区销售的茶叶。边销茶具有特定的历史背景，具有重大的国家战略意义。考察其形成和演变，传统的边销茶概念已经落后于实践，有必要作出新的定义。

一、边销茶概念辨析

边销茶概念有三个关键元素，随历史的发展而演变。一是边销茶就茶叶品类而言，先后包含了绿茶、黑茶、红茶等；就茶叶形态而言，包含了紧压茶和散茶。明代以前中国的边销茶以绿茶、散茶为主，明代以后则以黑茶、紧压茶为主（图 6-5）。二是边销茶主要在中国的边疆地区销售饮用，但是，随着时代的发展，认同和接受边销茶的区域不断扩大，内地市场、日韩等东南亚市场及俄罗斯、欧美等境外市场，对边销茶特别是微生物发酵的安化黑茶，其认同程度与覆盖面越来越大。三是在历史和现实中，为了保障边疆的稳定、促进民族团结，边销茶的生产、运输、定价、征税及监管等方面，往往纳入国家茶政管理的范围，但在不同的历史时期管理制度不同。以茶易物时代，一般不实行定区定点生产；国家管控时期，则实行定区定点生产。边销茶的运输和销售，一般从

---

[6] 1 公担 =100g

官运官销向商运商销方向发展，其定价和征税则基本上由政府规定。由于边销茶从历史到现实发展的这些演变，所以国家对边销茶的管理也越来越现代化，特别是边销茶特定族群、特定地区、特殊管制等特性逐渐弱化的今天，国家主要采取制定紧压茶、黑茶等生产标准，并辅之以储备、税收优惠等措施，在保障边销茶供给的同时，放大边销茶销售市场。

图 6-5　湘益茯茶与黑茶饼

二、清代最盛时期安化黑茶边销概况

自清初开始，洮岷、河州、西宁、庄浪、甘州五茶马司旧有茶引 27296 道，共征茶 136480 篦、272960 封、68.24 万 kg，皆由"茶商领引赴产茶地方办运"（乾隆《甘肃通志》卷十九，乾隆平定准噶尔叛乱期间，即 1736—1795 年）。清廷开始认识到边销茶叶除易马之外的重要作用。乾隆二十年（1755 年），时任甘肃巡抚、负有保障回部作战供给重任的陈宏谋上奏："近接定西将军永常来文，知准噶尔最重官茶。现大兵进发，投诚甚众，功成后奖赏用茶较银尤便。臣查五司所贮官茶共一百余万封。西宁存贮三十四万余封。由西宁草地运哈密路亦便捷，番民驼马可雇。请于西宁贮茶内拨二万封，由草地先运哈密。其自哈密如何运至军营，臣日内即往肃州，再与督臣面商筹办。"当时乾隆皇帝的回复是："哈密贮茶，多多益善"（《清高宗纯皇帝实录》卷四百八十七，乾隆二十年）。可知当时官茶在安抚西域各地的重要地位。

但因为"陕甘两省茶商须引采办官茶，每年不下数千百万斤，皆于安化县采办，以供官民之用。安化三乡遍种茶树，亦仗茶商赴买，向因等头、银色、先卖、后卖多所争执"。因此，第二年乾隆即调陈宏谋出任湖南巡抚，并迅速颁布《茶商章程》，就西北商人赴安化县采买官茶制定规则，明确指出"茶商所有等秤由官较定颁发。向后买茶，除茶价按所产丰欠随时消长、官不拘定外；其买茶采用纹银九折扣算，等秤照司法九三扣折算，正合市平，茶户秤茶亦用官秤足给。谷雨以前之细茶先尽引商收买，谷雨以后之茶方许卖给客贩。如天时尚寒，雨前茶少，则雨后细茶亦先尽引商买足，方许卖给客贩。牙行不得多取牙用、高抬价值"（同治《安化县志》卷三十三）。

从乾隆二十五年（1760年）开始到嘉庆十年（1805年），朝廷分两次将洮司、河司原定额茶引拨给甘、庄二司（实际上则是全归甘司所有。因为只有甘司的茶才能直接销往新疆南北两路），并将榆林原定1000引拨给甘司，后又加引800道由甘司输入新疆，至此甘司引数达到14132道，每年输入新疆的官茶（包括搭饷茶11万余斤）约为18万余封、45万多kg。史载运往新疆的这一部分茶叶（包括正茶、附茶），向皆"湖南安化所产之湖茶"（军机处汉文录副，道光十五年七月初九日，陕甘总督瑚松额奏），因此可以肯定其即安化黑茶无疑。其运销的主力军，也是以晋商为主体的甘陕晋茶商。

咸丰初年，安化年产花卷茶3万余卷，每卷35kg多，仅此一项，安化年产边销茶就超过100万kg。经历咸丰、同治年间短暂的社会动荡之后，同治十二年（1873年）左宗棠改革西北茶务，实行以票代引（图6-6），增设南柜，一直到光绪年间，安化黑茶边销量又逐年上升（表6-3）。据历史资料记载，清代最盛时期，安化年产边销茶达到15万担以上。

图6-6 陕西官茶票

表6-3 1874—1908年历次茶票发放表

年份及案别	发放茶票数	数量/担	备　注
同治十三年（1874年）第一案	835	33400	
光绪八年（1876年）第二案	402	16120	南柜336张，东柜20张
光绪十二年（1886年）第三案	409	16360	
光绪十六年（1890年）第四案	412	16480	
光绪十八年（1892年）第五案	423	16920	
光绪二十二年（1896年）第六案	457	18280	
光绪二十四年（1898年）第七案	549	21960	
光绪二十五年（1899年）第八案	628	25120	
光绪二十六年（1900年）第九案	748	29920	
光绪三十年（1904年）第十案	1520	60800	
光绪卅一年（1905年）第十一案	1529	60800	
宣统元年（1908年）第十二案	1805	72200	

注：陶德臣《左宗棠与西北茶务》，安徽史学，2005年第1期。

三、民国时期的安化黑茶边销

民国初期，国民政府对西北茶叶贸易的管理，基本延续左宗棠西北茶务改革的措施，依然以发放票引的形式管理边茶运销。这时安化黑茶传统产品的基本形态已经稳定，以湖南本帮和晋商为主的商人，分别以甘引、陕引和花卷（安化千两茶）为主组织产销。据1917年10月11日《大公报》刊载的《安化县署茶业调查报告》报道："丁巳年（1917年）……黑茶（花卷）2万卷，引茶800票（每票2400kg），以上折合共11.69万担（合6971t，包括邻近县份流入茶产在内）。

1926年运销陕引、甘引共1036票，花卷31620支，蒲包5899包，三项合计黑茶8万担（合4000t，同样含邻县流入）左右（见1946年9月11日湖南编印的《金融汇报》）。至抗日战争前夕，安化黑茶主要销于新疆、山西、绥远、陕西、甘肃等省，平均每年运销数量为73389担（3669.45t）。"详细资料见表6-4。

表6-4　1932—1937年安化县黑茶产量表（单位/担）

年份	花卷	引茶	老茶	合计
民国二十一年（1932年）	11400	34200	11491	57091
民国二十二年（1933年）	17813	34200	11491	63504
民国二十三年（1934年）	12825	34200	11491	58516
民国二十四年（1935年）	14250	45600	11491	71341
民国二十五年（1936年）	22088	57000	11491	90579
民国二十六年（1937年）	25620	68400	5253	99303
年均	17388	45600	10451	73389

注：数据来自《安化县志》，中国社会科学文献出版社，1993年8月，第284页。

1937年中日战争爆发，交通受阻，加上黑茶引包体积大，运输困难，经常发生产品积压，1939—1942年县内积存引包1500余引（3750t），花卷2万担（1000t），引茶原料1.2万多包。在这种情况下，中茶公司、湖南省政府采取在安化压制黑茶砖的形式，保证西北茶叶供应，并发展与前苏联的易货贸易。据当时的湖南省茶业管理处职员彭哲汉回忆，1939—1945年，安化县国营砖茶厂生产砖茶390多万片（表6-5）（另有统计数据表明，1939—1944年间，安化县共生产黑砖茶356.04万片，片重2kg，共计7120.8t，其中96t运往香港，400t运新疆出口苏联，余下的3025t，运往兰州转销西北各省）。另外自1943—1945年，华湘、华安、两仪、安太、天太庆等5家商营茶厂共压制砖茶193882片。因此，在抗日战争期间，仅销往西北和苏联的安化黑砖茶就将近400万片，为缓和西北茶叶销售紧张局面、换取战略物资作出了很大的贡献。

表 6-5　1939—1945 年安化县各茶厂压制砖茶表

年度	厂名	产量 / 片	折重量 /t
1939 年	湖南省茶业管理处砖茶厂	200	0.4
1940 年	湖南省茶业管理处砖茶厂	64299	128.6
1941 年	湖南省砖茶厂	145762	291.52
1942 年	中茶公司湖南砖茶厂	666572	1333.14
1943 年	中茶公司湖南砖茶厂	2518119	5036.24
1944 年	中茶公司湖南砖茶厂	165409	330.82
1945 年	湖南省农业改进所安化茶场	245338	490.68
小计		3804699	7611.4
1943—1945 年	华湘、华安、两仪、安太、天太庆等五家商营茶厂	193882	387.76
合计		3998581	7999.16

注：数据来自彭哲汉《抗日时期以安化为重点的湖南茶叶产销概况》,《安化文史资料》第三辑,安化政协 1986 年 12 月编印。

　　1941 年之后, 国民政府谋划改革全国茶叶产制体制, 湖南省砖茶厂改由中国茶叶公司与湖南省政府合办, 更名为"国营中国茶叶公司湖南砖茶厂"。1942 年 12 月 9 日国民政府行政院颁发《砖茶运西北办法纲要》即《砖茶运销西北六条训令》(《民国档案》2006 年第 3 期, 财政部为砖茶免税运销西北以补法币兑换新币差率悬殊事研拟办法相关电文, 中国第二历史档案馆, 姚勇选辑) 规定：

　　一、湖南安化所产茯茶及其他地方所产砖茶原料, 应由中国茶叶公司统筹收购, 分配公私厂家压制砖茶, 交由中茶公司统一销售。

　　二、中茶公司应利用与湖南省政府所合办之安化砖茶厂及湘、陕境内公私厂家, 扩充设备, 增加产量, 以每年压制砖茶四百万片至六百万片专销西北为度。

　　三、茶砖及原料由湖南运至陕西, 又砖茶由陕西转运新疆及西北诸省, 应由运输统制局及交通部在各主管区段内分别协助, 供给运具, 每月以能输运砖茶四十万片至五十万片为最低限度。

　　四、中茶公司对于各地民营茶厂, 应酌量产制能力供给制砖原料, 并以贷款或垫款等方式, 予以资金周转之便利。

　　五、运销西北砖茶及其制造原料, 除中央规定捐税外, 各省对于当地或过境产品不得征收任何捐费 (原拟稿为：应豁免一切捐税以减轻成本, 便利推销)。

　　六、中茶公司收购制砖茶料之价格, 应由贸易委员会核准呈部备案, 其销售砖茶之价格, 应由贸委会转呈财政部核准。砖茶在西北如因调整币价、拓展市场等原因必须贬价出售时，应由国库弥补其亏损。

《砖茶运西北办法纲要》对边销黑茶的价格、交通等做出明确规定，是中国近代史上第一个国家对砖茶从原料到销地实行"统筹统销"的政策规定，也奠定了后世边销茶国家统筹的基础。1944 年，中国茶叶公司湖南砖茶厂所制黑砖茶 7280t 运抵兰州，交国民政府财政部贸易委员会兰州办事处。其中，4000t 运往新疆，与苏联进行易货贸易，换取我国急需的抗战物资，其余则供应边销，对争取外汇和安定西北民生起了很大的作用。

1945 年，抗战胜利，交通状况好转，西北晋、陕、甘及湖南茶商在安化恢复和扩大砖茶，在湖南采购、加工茶叶的茶商，每年仍有 20 多家，其中就地设厂加工砖茶较多的有安泰、华安、天泰庆和两仪 4 个制茶厂。1943—1948 年共生产黑砖茶 2837t（表 6-6）。

抗战胜利后，内战爆发，货币贬值，茶叶税捐增加，官僚资本垄断市场，压价收购，迫使茶农毁茶种粮，1949 年茶叶产量仅 2370t，较 1936 年减少 64%。

表 6-6　1932—1948 年湖南省供应边销茶数量表（单位 /t）

年份	合计	引茶	花卷茶	老茶	砖茶
1932	2885	1710	570	575	
1933	3175	1710	890	575	
1934	2926	1710	641	575	
1935	3567	2880	713	575	
1936	4529	2850	1104	575	
1937	4965	3420	1283	263	
1938	3619				
1939	5056	4934	123		
1940	235	120			115
1941	409	180			229
1942	704	60			644
1943	90				90
1944	4008				3946
1945	1186	628			558
1946	4399	2240			2159
1947	2769	1338			1431
1948	2188	1216			972

注：数据引自蔡正安、唐和平《湖南黑茶》，湖南科学技术出版社，2007 年版。

第三节　茶道、茶商和茶市

茶道是茶叶贸易的重要构成。从丝绸之路、茶马古道、万里茶道到今天的"一带一路"，安化黑茶一直充当重要角色。

一、茶　道

唐末及五代时期益阳、安化茶叶外销开启，其贩运路线即在今天的武汉集散之后，沿荆州、天门、钟祥、襄阳、泌阳、开封等地向中原及黄河以北运销。史载五代马楚国为了运销茶叶，还在沿线设置"回图务"。"回图务"是一个复合词，"回图"，也称回易，是回图贸易的简称，是隋代即开始出现的由官方组织的贸易，往往拥有税收减免、特许通行等特权。"务"，则指经营机构。可见当时活跃在这条茶道上的，主要还是官方贩茶机构。

宋元两代是中国历史上茶叶榷买制度趋向完善的时期，从宋乾德二年（964年）开始，朝廷设立了"六务十三场"，用以集散和分发专卖管理的茶叶。宋代为禁榷茶叶，在长江南北设置了六个榷货务、十三个山场，山场收纳茶农的茶叶，再转运到榷货务集散，最终由六榷货务再发运茶叶销区。一般认为，六榷货务是江陵府（湖北江陵）、真州（江苏仪征）、海州（江苏连云港）、汉阳军（湖北汉阳）、无为军（安徽无为）、蕲州（湖北蕲春）蕲口；十三山场包括：蕲州王祺、石桥、洗马3场，寿州霍山、麻步、开顺3场，光州光山、商城、子安3场，舒州太湖、罗源2场，庐州王同场、黄州麻城场各1场。此外还在潭州（湖南长沙）、鄂州（湖北武汉）、饶州（江西上饶）等地设买茶场。此后，"六务十三场"在很大程度上左右了中国茶叶运输线路。益阳、安化茶叶也受此影响，茶叶由茶农、茶贩转运至潭州买茶场收纳，再由茶商或官府分别经江陵府（湖北江陵，后称荆南府）、汉阳军（湖北汉阳）、蕲州（湖北蕲春）蕲口、无为军（安徽无为）和真州（江苏仪征）5个榷货务北运汴京，最后由官府将茶运往西北秦州（甘肃天水）、熙州（甘肃临洮）等地，用于易马或"赐"给西夏、金国等地。但是，这只是当时官方允许的茶叶运输线路。由于益阳、安化等地在地理上天然靠近西北茶叶市场，加之五代马楚国时代形成的安化茶北运路线还在影响茶叶运销，因此宋元时期，由潭州北上襄阳再西出关陇，或由湘中经湘西运茶渝川再北销关陇，这两条茶运线路一直存在，而且多为私卖所占据，这种情况一直延续到明代。

清代由于晋商的加入，中国的南北茶道出现了新的变化。晋商在康熙远征漠西蒙古（卫拉特）准噶尔部的年代，参与到贩茶队伍中来，早期仍然循明代经襄阳西去的贩茶路线，茶叶可经汉江水运至老河口起岸，易骡马驮运至西安（泾阳）、兰州，再用驼队转至新疆、中亚，经西亚进入俄罗斯境内。

随着贩运量的增加和销售面的扩展，特别是与俄罗斯贸易的开展，需要新的贩茶线路。于是在几代晋商的经营下，除了经襄阳西去、在兰州集散的西线茶道，又开辟了从襄阳北上、在太原及其周边集散的东线茶道（图6-7）。

晋商贩运的安化黑茶在祁县、太原一带聚集后，如果是北上至恰克图与俄罗斯商人交易，则分为东口和西口两条路线。东口出张家口，西口出右玉县杀虎口（图6-8）。

除了北上恰克图与俄罗斯交易的东西二线，晋商还开辟了由归化城向西的草原商路，其路线有北、中、南路三条（图6-9）。

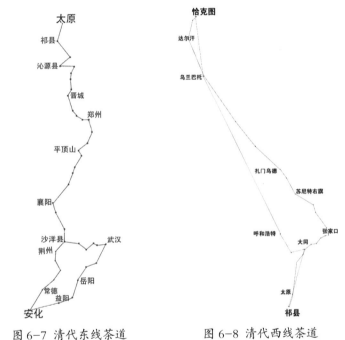

图6-7 清代东线茶道　　　　　图6-8 清代西线茶道

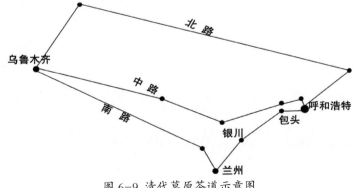

图6-9 清代草原茶道示意图

此外，清同治十年（1871年）后，俄商开辟了由汉口沿长江将茶叶等货物装船东下，经上海海运天津，途经日本海，从黑龙江入海口溯江北上进入乌苏里江，再转陆运到达俄罗斯远东地区伊尔库茨克的茶叶运输路线。或从汉口出发，顺长江东运上海，再由海运经东海、南海入太平洋、印度洋、阿拉伯海、红海、地中海、黑海，最终到达乌克兰敖德萨。光绪三十二年（1906年）京汉铁路建成、民国三年（1914年）俄罗斯西伯利亚铁路建成之后，俄商茶叶由汉口出发，经铁路运到北京，再转天津出关，经大连运抵海参崴（今俄罗斯符拉迪沃斯托克市），再横穿西伯利亚铁路运送到俄国腹地甚至欧洲。

抗战期间，为解决安化黑茶外销问题，彭先泽先生在炮火中亲自赴西北考察，开辟了4条运输线路（详见图6-10）。

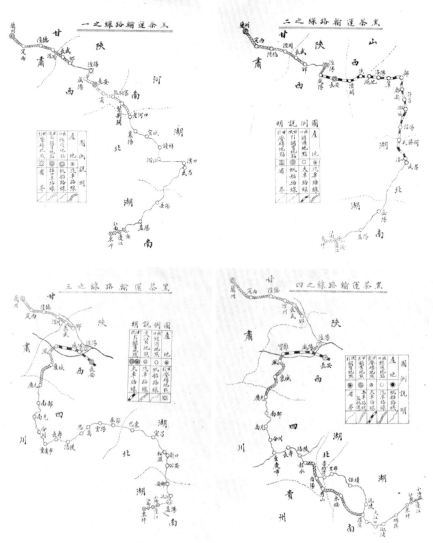

图6-10 民国时期黑茶运输路线

一是从安化水运，沿资水下行，经益阳、岳阳，过洞庭湖达汉口；再以水运加人力，溯汉江经潜江、钟祥、宜城至襄阳、老河口；再以畜力车经紫荆关、龙驹寨、长安（今西安）等地运达泾阳；由泾阳经长武运往兰州。

二是从安化水运，沿资水下行，经益阳、岳阳，过洞庭湖达汉口；再由汉口火车起运，经武胜关、信阳、郑州、巩县、洛阳、潼关至咸阳；再由咸阳汽车运至泾阳；由泾阳经长武运往兰州。

三是从安化水运，沿资水下行至益阳后，用小轮拖帆船，经沅江、安乡、公安、松滋至宜昌；由宜昌改驳帆船，用较大之轮船拖，经巴东入四川、经巫山、奉节、云阳、万县、丰都直到重庆；由重庆用小轮拖，经合川、南充、苍溪至广元；由广元装车入陕西，经宁羌、沔县、褒城、凤县至宝鸡；由宝鸡换装火车，经扶广、平兴至咸阳；由咸阳装车运泾阳，改压成砖（茯砖）；由泾阳再经长武入甘肃经泾川、平凉、隆德、静宁、定西至兰州。

四是由安化溯资江船运烟溪；由烟溪装车运至溆浦低庄改小船至溆浦大江口；由大江口沿沅水下驶，经辰溪、沪溪至沅陵；由沅陵换小帆船沿酉水逆流，经永顺、保靖里耶、鲁班潭装车入四川至酉阳、彭水（此段也可以汽车经永绥、秀山、酉阳运达彭水）；由彭水改装帆船经涪陵、长寿至重庆；到重庆后沿嘉陵江至广元；装汽车经川陕公路、华双公路至泾阳，再运至兰州。

二、商　帮

进入明清两朝，由于社会分工的进一步发展，以及安化黑茶产销量的持续扩大，安化黑茶的经营主体进入"商帮时代"。甘、陕、晋、粤、鄂、赣以及本省等各种商帮大规模介入安化黑茶的产销活动。各商帮例有总商，一般由资本雄厚、经验丰富、为人厚道的茶商大户充任，其主要职责是维护商帮内部团结，并代表商帮与官府及产地、销区行会打交道，争取商帮利益。不过，不管是本帮还是外帮，茶商来安化采办茶叶，都不可能直接与茶农打交道，均采取委托代理、合作经营等形式与产地茶行合作，由茶行收购茶贩或茶农的茶叶，再供给茶商。因此，从事茶叶经营的主体，包括"商帮—总商—茶商—茶行—茶贩（茶农）"诸色人等，在产地活动的是"茶号—茶行（茶庄或茶栈）—仔庄—茶贩—茶农"这样一个体系，其中茶号是茶叶贸易的主导者，一般由资本雄厚的商人独资或合伙组成，主要负责确定该茶号当年在茶叶贸易计划、资金筹措、委托开展茶叶收购和运输、联系销区销路、维持社会及官商关系等职能。茶号一般以商帮分类，如"外帮"与"本帮"，是指相对与茶号与产区的关系而言，因益阳、安化明清均属于长沙府所辖县，故凡湖南省（包括明代及清前期的湖广行省）茶号，即称为本帮或湘帮，其他地方茶号称为外帮或客帮。再如"南帮"与"西帮"，是相对茶号的地理来源而言，凡甘陕晋三地茶号，均称西帮，其茶商称为西客，而湘粤赣三省茶号则称为南帮。

（一）商帮的形成和演变

明代，北方的鞑靼、瓦剌、女真等游牧民族对朱明王朝构成巨大威胁。为了稳固关中、拱卫京师，明王朝在东起鸭绿江、西抵嘉峪关，绵亘万里的北部长城一线边防重地设立了9个边防重镇，史称"九边重镇"，常驻兵力在40万~90万之间。为了解决这数十万人的后勤补给，早在明成化、弘治年间（1465—1505年），占有地利的甘陕等地汉回商人，利用明廷实行

图 6-11 清末晋丰厚茶商合影

的"茶（盐）开中法"，先运送粮食等军需物资到九边指定地点"以赡军食"，以换取经营茶叶或食盐的引票，贩运茶盐获利，至九边重镇再领取盐引、茶引，从事盐茶经营以牟取厚利，逐步形成了一批以地域乡情维系的商帮。但从晋陕甘商帮的发展来看，以经营时间之久、经营规模之大、经营成效之显，晋商帮均为益阳和安化茶贸之最（图 6-11）。

在明代的九边重镇中，固原、延绥、宁夏、甘肃等四边镇就设在陕西（明代，今甘肃省属于陕西行省），总兵力约 20 万。因而甘肃、陕西沿边商人最早介入茶叶的长途贩运。按照安化县本地的文物遗存及历史文献考察，明代末期，甘陕商帮已经进入益阳、安化茶乡采购黑茶。清顺治初年，朝廷派往西北的茶马御史姜图南等人的上奏中，也记载了甘陕商帮到安化贩运黑茶的情形。在清顺治年间以后，晋商开始大规模进入茶叶长途贩运领域。清康熙二十九年到三十五年（1690—1696年），康熙帝三次远征漠西蒙古（卫拉特）准噶尔部首领噶尔丹，"输米馈军，率以百二十金致一石"（《清史稿》卷三一七）。范永斗的子孙范毓馪、范毓谭兄弟"请以家财转饷，受运值视官运三分之一"（《清史稿》卷三一七），"力任挽输，辗转沙漠万里，不劳官吏，不扰闾阎，克期必至，且省国费以亿万计"。此后，在乾隆平定准噶尔和大小和卓叛乱、道光平定张格尔、同治征阿古柏收复伊犁等满清历朝征伐中，晋商几乎无役不与，成为势力雄厚的茶盐官商、中国三大商帮之一。

早期甘陕晋商帮运销安化黑茶，是把黑毛茶踩制成引包运往西北，引包按比例大部分交给官府设立的茶马司，用于易马赏番；另外一部分经官府允许，在互市交换成为牛羊、皮毛及金银等，牟取厚利。经过漫长的历史时期（直到民国年间），传统的安化黑茶逐渐分化成甘引、陕引和花卷。甘引一般由甘商帮经营，其黑毛茶按粗细老嫩分为天、地、人、和四堆，不拣不筛，蒸制后盛以篾篓，并踩紧晾干起运。陕引一般由陕商帮经营，其黑

毛茶尚细嫩，经筛拣，分为芽尖、白毛尖、天尖、贡尖、乡尖、生尖、捆尖等7种，蒸制后以篾篓踩紧成包。花卷则是晋商帮与安化茶人的创制，到清代分为绛州卷与祁州卷两种：绛州卷由绛州茶商经营，每支重1080市两（均为旧制，下同）；祁州卷由祁县、榆次茶商经营，每支重1000市两。甘引销售蒙古、新疆、西藏、青海及苏俄境内，以兰州为集散地。陕引销售山西、陕西、绥远、察哈尔等地，而以西安、太原为集散地。花卷运销山西、宁夏、河北及察哈尔、绥远一带，以太原为集散地。

由于引包和花卷体积庞大，不利运输和计量销售，最迟到明代末期，一部分茶商将安化黑茶运聚泾阳、三原等地，再拼入适量的四川或陕南茶叶，压制成茶砖，再运往销区出售。后来压砖业务大规模聚集于泾阳，因而产生了所谓的"泾阳茯砖"（图6-12）。但从本质上讲，泾阳茯砖所用的原料，绝大部分必须是益阳、安化黑毛茶，而非陕南毛茶。这也是后世紧压茶、边销茶逐步向益阳、安化产区集中的主要原因。

图 6-12 晋阳砖压制模具

（二）晋商的经营方式与策略

据彭先泽《安化黑茶》第九章载："但（无论）本帮外帮，多系股东组织，鲜有单独经营者。每号资本数万元乃至数十万元，大皆拥有巨资，进山办货一次，往往二三年方告结束；旧货未脱售，又须采办新货，故非资本较厚之商人不敢营此业务也。"其中尤其以晋商帮为典型代表。今天，通过晋商帮在安化的遗存，以及《行商遗要》等文献，可以看到其经营方式与策略。

一是"义取四方"成为晋商帮茶贸经营的首要原则与策略。晋商帮长期坚持德义为茶贸之本，以诚信求取四方钱财。《行商遗要》开篇即明确"为商贾，把天理，常存心上；不瞒老，不欺幼，义取四方"，国家有事，商人既捐钱捐银、转运物资；对茶乡公益和慈善事业积极参与。此外，还谆谆告诫"侯出乡，归买茶，取出真眼；勿惜价，贪便宜，岂有好货？"要求茶贸以质为先，严格坚持"一分钱一分货"的原则，有好茶绝不吝啬成本。

二是晋商帮普遍采用所有权与经营权适度分离的茶号股权结构。无论是一家财东（投资人）独资还是多家财东合伙，财东首先确定投资方向和投资额度，然后根据品德、才能、经验等方面的优选情况物色茶号大掌柜。一旦茶号大掌柜确定，财东即邀请中间人和大掌柜一起参加委托宴会，签订委托契约，由财东授予大掌柜经营全权（包括茶号代表权、资金使用权、人事管理权、自主经营权等）。掌柜接盘之后，财东一般不干预茶号的经营活动，也不过问日常盈亏，一切经营均由大掌柜率领二掌柜及其他伙友组织进行。大掌柜每年年终将经营情况汇成"情册"，向财东汇报一次；财东可以根据经营情况提出调整经营策略的建议。此后，直到一个账期（茶号的一个会计年度或是某一议定项目终结之时，一般为4年）结束，财东与大掌柜对经营情况及盈亏情况进行决算、分红。

三是晋商帮建立了"一条龙"的茶贸经营模式。在茶产区，晋商帮采取长期租赁茶山、与当地茶行合作租赁茶山、以"买青山"的形式对第二年的鲜叶进行预买、通过"茶号—茶行—仔庄"垄断毛茶收购等多种形式，保证原料供应。在茶叶运输环节，晋商帮采取雇佣水陆运输专业人员和工具、牲畜，同时由商号组建或租赁驼队、雇请保镖等形式，保障茶货运输安全顺畅。在茶叶销售阶段，晋商帮也建立了完整的"行商—坐贾—出口贸易"销售体系，茶号在蒙古（包括内外蒙古）、新疆等地设置分号（分庄），进行大宗茶批发或对外贸易，同时派出行商开展针对草原游牧者的茶叶零售。此外，晋商帮在茶贸等实体贸易的基础上，发展出以专门经营银钱汇兑的"票号"（图6-13），在"茶销天下"的同时实现了"汇通天下"。

图6-13 晋商发明的银票——银行汇票的前身

四是晋商帮采用了极具激励功能的"身股制度"。晋商帮普遍推行"身股制度"，也称"人身股"或"顶生意"，其主要内容即茶号（当然也包括其他商号）财东根据职员任职时间、品德能力、贡献大小等方面情况，确定每个职员拥有商号一定的身股（如大掌柜一股，二掌柜9~7厘，账房5厘，其他骨干职员3~4厘不等，学徒工不顶身股但符合条件可转为骨干职员）。每个账期期满之后，财东对职员的德、能、勤、绩及对商号的贡献情况进行考绩，根据考绩结果按身股分红（最盛时一股可分到一万两白银）。

（三）本帮和粤商（广庄）的兴起与经营

在咸丰、同治年间（1851—1874年），益阳和安化茶贸商帮出现了很大的变化。"五口通商"之后，中国红茶出口剧增（图6-14），粤商北上安化倡制红茶，此后湖南本帮和赣商帮陆续加入，在益阳和安化建立"广庄"（也称"洋庄""红庄"），以汉口、广州和上海、福州等地为集散目的地，在原有茶道的基础

图6-14 湘茶从广州装船起运外销的场景

上，维持或开辟了"安化—益阳—岳阳—汉口—再北上天津或由上海、福州出口"水运茶道、"安化—蓝田（今湖南省涟源市）—永丰（今湖南省双峰县永丰镇）—湘潭—广州"红茶贩粤茶道。其次是因咸丰年间茶道梗阻、同治初年西北民变抢掠焚毁甘陕商帮茶叶，导致甘陕商帮大部分退出茶贸；局势平定后，湖南本帮乘势崛起，成为安化茶贸的生力军。

粤商以经营红茶出口贸易为主，一般不涉及其它茶类。但咸丰之后，湖南本帮茶商则红、黑、绿茶兼营。其中影响力较大的是如下茶商：

1. 南柜总商朱昌琳

清同治十二年（1873 年），左宗棠整顿西北茶务，实行"改引为票"，招徕南北商人领票办茶，由于经历兵燹，茶商损失巨大，最开始领票并不踊跃。后来随左宗棠在西北供应军需的湖南粮商朱昌琳（字雨田）被说服，增设南柜，自任总商，由朱家乾益升商号出资请领茶票 200 余张（每票计 50 引，每引旧秤 114 斤），一跃成为安化黑茶经营大佬。此后，乾益升茶号于安化、羊楼司等处开辟茶园、设立茶庄，在泾阳建有压制砖茶的大型工场，于汉口、西安、兰州、塔城等地设置茶栈和分庄，分段负责茶叶收购、转运、加工、销售工作，雇佣人员不下数千。朱昌琳旗下的粮食、淮盐、茶叶三大项目成为当时湖南商业贸易的支柱。

2. 安化本地茶商

经过几百年的发展，以前坚守安化的部分茶行、茶牙和茶贩等本地茶商也壮大起来，开始利用地利，收购鲜叶，加工安化红茶和黑茶，并向汉口、广州、襄阳等地大量运销。具有代表性的是江南王氏，其

图 6-15 江南镇德和茶行

家族自清乾隆时期创办"德和"系列字号（图 6-15），一直经营到民国中期，其规模之大、延续之久，为安化本地茶商之最。安化谌氏，也以家族的形式控制了从茶山到茶号等资源，特别是在酉州、黄沙坪等茶埠广设行庄，占据较大份额，致有"谌半江"之称。此外，如陶氏、罗氏、蒋氏等家族，也都涉足茶业，动辄家财万贯。

3. 其他本帮茶商

以湘乡（今双峰县）茶商朱紫桂、戴海鲲等最为著名。朱紫桂从借资在湘潭开设红茶庄经营安化等地红茶开始，逐渐把生意做到汉口和广州，由于注重茶叶质量和商誉，规模迅速扩大，其最盛时能够左右汉口茶业总会挂牌收购和销售价格。戴海鲲出生于衰落的湘军世家，湘乡简易师范毕业后辗转经商，后赴汉口从事茶贸，在 1927 年茶市回升

时掘得"第一桶金"，创办"戴海记茶庄"，在安化、新化等地独资经营"孚记""益川通""泰安"等茶号，专营红茶。此外，戴海鲲先后任"忠信昌茶栈"外贸茶叶公司茶师、汉口长郡会馆会长、汉口茶叶工会主席、中国茶叶公司总茶师兼汉口茶业分公司经理、中国茶叶总公司顾问兼湖南分公司副经理等职，并曾供职国民政府中央财政部、兼任安化第一、第二制茶厂厂长。抗战胜利后，戴海鲲辞去中茶总公司一切职务，令长子戴鹤林将安化3家茶号历年积存的3000t余茶叶粉末制成茶素销售，获利100万银元。又令三子戴鹤皋去汉口恢复"戴海记茶庄"。此后，他的生意遍及广州、上海、重庆以及新加坡、香港等地，后定居香港。

三、茶 市

由于旧时茶叶外运特别依赖水运，所以安化黑茶集散市场主要分布在资江两岸和重要支流沿岸，而且市场所处位置，大都连接一条到数条通往茶叶产区的道路。大抵茶叶从茶山运出，主要靠肩挑手提、山溪竹木筏（图6-16）和山道骡马等方式，运至市场的茶叶再出售给茶行、茶庄等。而茶行等经营机构代山外商帮收购并制作完毕后，再以本行船帮或雇佣合适船帮顺资江而下，过洞庭湖运至汉口。汉口以北、以东的茶叶运输，一般由商帮自行负责。

图 6-16 麻溪竹簰装运茶包

（一）安化黑茶主要茶市

沿资江的茶市，彭先泽《安化黑茶》第九章里概述："安化黑茶茶行最初设在敷溪附近之营盘里、苞芷园、丁家湾一带，旋移小淹附近之马家坪及白沙溪口。清道咸间，边江最盛，今（即20世纪30年代）则以边江、江南、小淹、鸦雀坪等埠为最多，酉州、黄沙坪各茶行亦有踹制黑茶者。"实际的情况是，由于明末在今安化县敷溪（处于安化县与桃江县交界处，原为安化县敷溪乡）、新化县苏溪（处于安化县与新化县交界处，原为新化县琅塘镇苏溪村）设立茶税稽查机构，所以敷溪、苏溪两处最先成为茶市。此后，茶市逐渐向安化境内资水流域发展，小淹（今小淹镇镇区上下）除作为一般意义上的茶市外，在清咸同之后直到民国时期，还作为安化茶叶出境厘金征收处，设厘金分局主持。江南、边江处资水南北相对位置，分别是今江南镇镇区、江南镇边江村，同时又处于"邵阳—新化—安化—常德"陆路商道之上，汇聚北自本县乌云界及桃源县以南，南至本县五龙山及新化县以北等处的茶叶，因此自清代至民国均为茶业重镇。唐家观、鸦雀坪在今安化县城东坪镇下游 5km 左右，两处茶市斜隔资江相对，均处于河道水势纡缓处，以唐家观历史最为悠久，现存也最为完整。酉州、黄沙坪、东坪三处茶市，均在今安化县城东坪镇附近，其中东坪、酉州处于资水以北，承接桃源县及本县乌云界南麓茶叶；黄沙坪处于资水之南，承接本县五龙山、高马二溪、辰山等山脉的茶叶，昔人曾论定"茶市斯为盛，人烟两岸稠"，故这三处茶市延续时间最长，即便是安化黑茶复兴的今天，受县城聚集效应的影响，这三处依然是繁盛的集散市场。马辔市茶市，原址处于资江北岸今马路镇马辔市村，为安化县连接怀化、湘西等地的商贸重镇，汇聚沅陵、桃源及本县云台山系茶叶，20 世纪 60 年代初柘溪水电站蓄水淹没。探溪茶市，原址处于资江南岸今古楼乡探溪村，汇聚新化及本地茶叶，20 世纪 60 年代初柘溪水电站蓄水淹没。仙溪茶市，处于今仙溪镇资水一级支流洢溪之滨（至清代末年，小船可溯洢溪直达仙溪），是随"四保贡茶"而兴起的安化唯一以绿茶为主的茶市，在清光绪年间（1875—1908 年）最盛时有 40 家以上茶行。

（二）茶市的交易

茶行等茶叶收购机构"接受茶商委托之后，茶行一般要雇请验茶、保管、帐房、伙夫、踩工、杂役等职员。茶市开秤，茶行一般坐店收茶，也有的下乡预购，再由脚夫担茶来行（李俊夫《安化历史上的茶乡古镇黄沙坪》），这是茶市的主要交易内容。

茶行、茶庄或茶栈。这三种一般都是产地商人组建、直接从事茶叶收购的组织，常驻于资江沿岸比较大的茶叶集散码头。所不同的是，茶行一般是由牙商所开设的商号，即所谓"牙人""茶牙"。这类人向布政使衙门（藩司）申请"牙帖"成功之后，即成为"官牙"，每年要向官府上缴税收及规费，同时配合官府统制市场、管理商业、协收税款；而在茶号与茶农、茶贩之间，茶牙则具有介绍交易、提供仓储及食宿等职能，甚至自营买卖，代客垫款、收帐，代办装卸运输和报关，向茶农、茶贩进行预买、贷款（图 6-17），并在这些业务中获得佣金、商业利润、贷款利息、服务报酬等收入。当然，在明清开设茶行的，也有很多并没有官方颁发的牙帖，而是被当地市场所认同，自然作为茶叶交易的中间人、经纪人，也称为"私牙"。"且开设茶行，例先向湖南省财政厅请领牙帖，缴足规定帖银方能接客营业，每年缴纳牙税，每帖十元至五十元不等，牙章准茶行抽收行佣，茶钱一串，抽钱三十文。今行佣实抽五十七文，是每串浮抽行佣二十七文，历由茶商代收，各曰五七行佣；其浮抽二十七文，闻以十文作为茶商所需房屋

图 6-17 黄沙坪古钱庄

器具消耗物品由厘之用，以十七文作为茶行员工薪津等费。茶商办茶多者，行佣当有赢馀；办茶少者，行户获利无几，徒为茶商效劳奔走而已。"（彭先泽《安化黑茶》第九章）这是民国以后茶行与茶牙运作的情形。至于茶庄或茶栈，则是从属于茶行的次级商业组织，以为茶行收购、贮存毛茶为主。但在业界，有时把茶行、茶庄和茶栈统称为"茶行"，还有时则把茶行、茶庄和茶栈统称为"茶庄"，并没有一定之规。比如在清咸丰初年，安化县产制红茶之后，则把专门收购、产制红茶的茶行或茶庄称之为"红庄"，收购、产制黑茶的相应称为"黑庄"；由于红庄大多与广东茶商打交道，故又称为"广庄""粤庄"。茶号或茶行之下，往往还设有"仔庄"，专门驻在茶山，以便就近收购和掌握茶源。但总的来讲，茶行以及其所属的茶庄、茶栈，是受茶号雇佣或委托在产区从事茶叶收购、加工的行业组织，茶行上联茶号、下通茶贩和茶农，是明清茶叶贸易中非常重要的一环。

图 6-18 彭先泽《安化黑茶》第九章

茶贩与茶农。茶贩是介于茶行与茶农之间，以居中贩运为主要维生方式的茶乡小商人。可以说，如果茶农直接将茶卖与茶行、茶庄或茶栈，则茶贩一般无从插手牟利；但由于旧时茶农大多不识字、不通算术，而且不具备直接与茶行打交道的能力，这就给茶贩留出了居中牟利的机会。彭先泽在《安化黑茶》第九章（图 6-18）载："茶贩为剥削茶农之仲买人，收买茶农毛茶后，或'掺草和沙'，或'背地晒潮'，或'斟包换印'，或'加工筛拣'，或'分堆别类'，然后贩卖于茶号，获取利益。大都缺少资金，全赖人力周转，弄巧舞弊于茶农茶号之间，故以随买随卖为原则，俗称'剥皮生意'。更有毫无资金之茶贩，每于茶市街口，或离茶埠较远之大道，见有远道茶农肩挑茶包来市出售，不谙当地茶市行情者，兜往交谈，自称代为脱售，并保证其能获得高价；茶农或系乡愚无知，或以道远不能在茶市久延时间，亦愿托其代售。此种交易俗称'杀枪'，往往每一乡包杀枪者取手续费三五分不等。更有一种茶贩，俗称'拆白经纪'或'白经纪'，惯用'添钱钻买'手段，即茶农所卖之茶获价较低而行市又适高涨，乃将茶农邀入茶号，要求茶商加价，从中收取手续费。至若资本较厚，投机取巧，视茶价涨跌而大量收购，以囤货居奇之茶贩，亦复有之，惟茶贩买茶大抵用秤较大，兑账又低，抹尾习惯更多。茶农无知，坠其陷阱者不知凡几。"彭先泽先生的这段描述，基本上概括了茶贩的运作方式。

第四节　榷茶和茶引、茶票、茶税

榷，本义是由人操纵的吊桥，引申为国家专卖、垄断经营。禁榷是古代国家对于百姓普遍需要的商品，采取国家专卖、垄断经营的形式，也称榷卖、辜榷。中国历史上较早实行禁榷制度的是春秋齐国管仲，他以"官山海"政策，向山川采伐渔猎和煮海为盐征税，以壮大国家财政实力。在中国漫长的封建社会中，比较稳定的榷卖对象是食盐，其次就是茶。茶叶的榷卖始于唐德宗建中元年（780年），到宋代即形成了严密的榷茶制度，此后一直到清咸丰年间，因为向茶叶交易征收普遍的厘金与出口关税等现代意义上的商业税，中国的茶叶榷卖制度才宣告结束。

一、安化茶历代榷卖情形

唐德宗建中元年开始收税，但安化茶一直到晚唐才零星外售，其影响可以忽略。公元10世纪楚国"听民摘山""并抑而买之"，到北宋建立的最初六七十年内，由于安化尚未建县，土著茶农往往以私贩的方式对付榷茶制度，没有留下相应的历史记载。

宋代时，中国北方处于分裂状态，宋朝先后与契丹（辽）、西夏（党项）、女真（金）等国对峙，连年战争，开支巨大，财政困难、战马短缺困扰朝廷。主产于南方的茶叶，已成为重要的经济作物和战略物资，唐朝的榷茶制度在宋代得到了恢复和完善，并日臻周密。从宋太祖建隆年间（960—963年）起，朝廷先后采取垄断收购、交引法、贴射法、通商法、卖引法、合同场法等方式，但万变不离其宗，本质上仍实行榷茶制度，只不过在唐代"官收官储官运官销"的单一专卖方式的基础上，衍生出了"官收官储官运商销""官收官储商运商销""商收商储商运商销"等多种形式。

至宋神宗熙宁五年（1072年）朝廷开梅山置安化县时，安化所在的荆湖南路隶属于"通商法"的管辖范围，官府在安化县设立博易场，以粮食、布帛和"本钱（实际上是高利贷）"实行茶叶预买。但当时王安石等推行的"市易法"也影响到安化茶的销售。如宋元丰七年（1084年），河北、河东两路百姓食茶困难，这时，既有茶商向官府领取贩茶引凭（其中规定了贩卖的区域和完税的时限），又有朝廷遣官"往湖南贩茶"（《文献通考》卷二十《市籴考一》）。此时，安化茶的榷卖分别属于"官收官储官运官销"和"官收官储商运商销"

两种形式。宋元祐三年（1088年）罢潭州安化县博易场之后，安化茶进入"商收商储商运商销"时代。北宋政和二年（1112年）之后和南宋，安化所在的荆湖南路茶法所遵从的"合同场法"，虽然同为"商收商储商运商销"的榷茶制度，但却更为细致周密，茶商不仅要向榷货务或相关州县请领茶引，而且连运送茶叶的篰（印有被贩茶叶情况的竹篓），也要向榷茶机构领取。

元朝统治者是游牧民族，没有以茶易马的政策，因此一度实行茶叶自由买卖。但从元世祖中统二年（1262年）开始，朝廷最终采取了领引榷茶的体制，以茶引来管理茶税，但茶税极为沉重，因此元代的榷茶制度对安化茶既有促进也有抑制。

明代前期的榷茶制度以保障茶叶"赏蕃易马"（图6-19）为主要目的，因此对私茶的打击最为严厉，而当时没有纳入官茶的安化茶叶生产受到很大的影响。明朝中后期，茶法衰败，茶叶私贩愈演愈烈，各蕃部想方设法偷运走私以安化茶为代表的湖茶，榷茶制度的目的逐渐演变为以专卖征税为主，在这个背景下，安化黑茶最

图6-19 茶马互市图

终于万历年间争取到官茶地位，并于明末得到较大发展，成为西北边茶的主力军。

清初榷茶制度一度沿袭明朝，但随着战争的减少，以茶易马逐渐变为不急之务，甘陕晋等地茶商请引贩茶进一步增加。清康熙七年（1668年）之后"裁茶马御史，归甘肃巡抚管理"（乾隆二十九年即1764年，再改为陕甘总督兼理茶务），西北茶逐渐转为以征折色为主（即茶商运至西北的官引以按比例交税为主、交茶为辅）。清乾隆二十四年（1759年）之后，西北官茶以折价充军饷为主要用途，并划定各茶商销售范围，根据销售范围确定茶引缴费额度。清咸丰九年（1859年），清廷因平定太平天国起义筹措饷银，在湖南、江西等处设厘金局抽收过往商品厘金，此后内地茶叶税费改为茶厘、茶捐，成为商品过税，榷茶制度正式退出历史舞台。但西北茶商仍照引缴税。清同治十三年（1874年），左宗棠改引为票，"不分各省商贩，均令先纳正课，始准给票。其杂课归并厘税项下征收。各项名色概予删除。"再一次促进了安化黑茶贸易的发展。

封建榷茶制度影响安化茶叶的近千年，也恰好是安化茶业发展壮大到鼎盛的全过程。即使是明代前期的200余年，安化黑茶被朝廷严禁参与西北贸易之时，安化茶都作为"私茶"参与到朝廷榷卖之中。不管是宋代"国家养兵之费全籍茶盐之利"，明朝"以摘山之利易充厩之良"，还是满清"以官茶折价充饷"，甚至清朝末年出口贸易中的"专尚华茶、

取用宏多",其中都有安化茶的身影。可以说,中国千年榷茶历史,茶为国之重宝,而安化茶也完全可以称之为国之重器。

二、榷茶制度下的茶引、茶票

榷茶制度下,茶叶实行专卖,对于商人的专卖资质和完税缴费情况需要有官府出具的、便于查验的凭据,这一凭据最初称为"据""券",茶引指旧时茶商纳税后由官厅发给的运销执照。上开运销数量及地点,准予按茶引上的规定从事贸易。北宋实施"茶引法"之后,一般称之为"引"。

最开始,南宋茶引分为长引(每引纳钱100贯、贩茶750kg)、短引(每引纳钱20贯、贩茶150kg);长引可以跨州跨路贩运,短引只能在本州本路销售。后来(约在南宋乾道年间),规定长引(每引纳钱24贯、贩茶60kg)、短引(每引纳钱22贯、贩茶45kg);长引可以过长江(即与金国交易)贩运,短引只能在江南贩运。在南宋孝宗朝,因为长引、短引引钱太高,引外征敛太重,商人无法承受,茶叶销售不畅,私贩盛行,于是朝廷在荆湖南北两路试行小引,每引贩茶30kg、纳钱4贯文。如果茶商要把这一小引茶从荆湖南北路贩运过江与金国交易,则需额外纳"翻引钱"十贯五百文,这样的小引称为长小引;如果只在江南贩卖,则不需额外纳钱,称为短小引。

元仍宋制,也有长短引之分,长引准贩茶60kg,短引准贩茶45kg,不到45kg的"自三斤至三十斤分为十等"、发给"由贴",因而也称"茶由"。明洪武初年即确定了茶引制度:"官给茶引付诸产茶郡县。凡商人买茶,具数赴官纳钱请引,方许出境贸易。每引茶百斤,输钱二百。郡县籍记商人姓名,以凭勾稽。茶不及引者,谓之'畸零',别置由帖付之。"也就是说,明代取消了长短引的区别。

清代榷茶制度日渐松弛,大致在咸丰以前,其茶引仍然作为商人贩茶的资质和税课完纳证明,同治年间左宗棠改革西北茶务之后,即将茶引改为茶票(图6-20、图6-21),茶票逐步成为纯粹茶商纳税的证明。

图 6-20 清雍正年间茶引

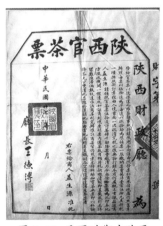

图 6-21 民国时期由陕西财政厅发放的官茶票

三、古代茶叶税收

封建社会，中央王朝的税费政策大抵是"因民之所急而税之"。因此老百姓日常生活不可缺少的食盐、茶叶等商品，就成为征税收费的重要对象，至北宋时期，"国家养兵之费，全赖茶盐。"作为千年茶乡，安化黑茶的主产地，旧时安化茶业历来就背负着沉重的税费包袱。

明朝末年，朝廷先是加征"辽饷"，后来因在四川征剿张献忠，加之贵州全省财政不能自给，因而在湖广等省又加征"蜀饷""黔饷"。而当时茶乡安化，老百姓"赖以完国课、养家口者，唯茶一项"（图6-22），因此加征的"辽饷""蜀饷""黔饷"，大多数都着落在茶叶上，茶农、茶商的负担沉重。为了保证茶叶税费的征收，当时的县衙在安化县与益阳县（当时尚未设桃江县）接壤之处设立了敷溪税关，后来又采纳致仕官吏林之兰的建议，规定从安化运茶出境，须在敷溪关验税、到益阳进行复查，而且县衙每月分两次对敷溪税关所征茶叶税费进行盘验，防止税费流失。

图6-22 苞芷园茶禁碑

满清政权成立后，基本沿袭了明代的安化茶业征税制度，但因敷溪地处偏僻，因此把资水税关改设至上游的小淹市（今小淹镇）。大致在清道光以前，安化茶叶出境缴税，均以类似于后世的特产税、商业税、专卖税（通称"茶课"）。随着满清经济社会的衰落，各地起义蜂起，朝廷财政捉襟见肘，政府在正常的商品税之外，相继开征了厘金、捐费等多种税。咸丰三年（1853年），为镇压太平天国起义，刑部侍郎、帮办江北军务雷以諴为解决征募兵勇军费，仿照会馆抽厘的方法，在扬州下辖各镇米行实行"商贾捐厘"，此为中国厘金之始。咸丰五年（1855年）4月，湖南巡抚骆秉章奏准设厘金总局于长沙，委道员裕麟督办，在常德、安化、湘乡、衡州、辰州之溆浦、靖州之洪江等地设立厘金分局（图6-23），过往商人百货"值百抽二""值百抽三"。翌年3月，湖南增设盐茶局，抽收盐茶税，当时茶厘比照浙江章程每箱（35kg）抽银四钱五分（0.45两）。

图6-23 至今保存完好的洪江古商城厘金局

湖南厘金局、盐茶局的设立和运营，都是当时巡抚衙门幕友左宗棠等操办。作为陶澍的忘年挚友左宗棠在 1838 年陶澍去世之后，居安化小淹陶府任教 8 年，并协助料理陶家事务，专心教导陶澍独子、也是自己的女婿陶桄（字少云），然后携陶桄与女儿完婚并定居长沙。左宗棠筹办盐茶厘金时，也让爱婿陶桄协助，于是陶桄奔走于长沙、安化两地之间，与族兄陶芸庭开创并主持了安化小淹的茶厘征收事务。

咸丰十年（1860 年），常州、苏州等江南财赋之地相继被太平军攻陷；石达开攻入四川毁坏川盐井灶，湖北川盐厘金短绌，百货厘金锐减，湘军饷供应无着。曾国藩（图 6-24）乃联合湘鄂两省上层官吏设立东征局，每年于新茶上市之际在茶区添设茶局，茶农和茶商在缴纳本省厘金之外再加半厘，即在原有四钱五分厘金之外再加抽二钱二分五厘作为“东征筹饷”，每箱茶叶抽银达到六钱二分五厘（0.625 两）。这时，小淹厘金

图 6-24 曾国藩

局除了陶桄和陶芸庭外，还增加了陶芸庭的儿子陶燮（字如望，号伯安）等人。据《资江陶氏八修族谱》载，陶燮“相助为理，昕夕靡宁，凡所订章程，后之人不能易其尺寸”，是一个能力相当强的人。

自咸丰十年五月至同治三年六月（1860—1864 年），湖南东征局拨解湘军饷银 261 万余两，约占东征湘军军费的 15.5%。同治元年（1862 年）十二月，曾国藩（1811—1872 年）、官文、毛鸿宾联衔奏请奖励东征局政绩突出的官绅近 490 人，朝廷全部照准。其中陶桄被赏二品顶戴，诰授通奉大夫，晋授资政大夫；陶燮叙议训导，加五品职衔。

同治三年（1864 年）夏季，金陵克复，太平军陆续被歼，曾国藩等数次上疏请求裁撤东征局及相关厘金。但随之而来的陕甘民变、新疆用兵等军国大事，到处要用钱，清廷和湘、黔、滇、陕、甘等省长官不仅不想撤销东征局及相关厘金，而且有将东征局改为西征局继续收取的动议。同治四年（1865 年），曾国藩再次奏请撤局，并建议朝廷保留湖南东征局部分抽厘项目以协陕甘之饷。随后，时任湖南巡抚李瀚章将盐、茶两项所完东饷全数归并本省局卡抽收，并酌留百货厘金四成增为本省厘票内作为协饷，东征局卡全部裁撤。时人认为此举“虽无西征局之名，而亦暗留协助甘饷之实”。由于东征局及相关厘金名撤实存，安化小淹茶厘局也就一直存在，而且其主事者多为陶氏族人。

清光绪后期，因华茶外销骤减，湖南茶厘收入由原来每年五六十万两，减少到二三十万两不等。全省财政困难，对茶业的盘剥加深，安化茶业税费负担反有加重之势。光绪二十年（1895 年），湖南又实行茶厘加抽，普遍照原有厘金再加抽二成，每箱茶叶

实抽银达 0.75 两。清宣统三年（1911 年）湖南茶课税厘达银 36 万两，占全省岁入的 5.6%。除厘金外，茶商还要承担各种捐输，如赈捐、饷捐、学捐等。因此，光绪戊戌年（1898 年）《湘报》发表许崇勋《论湖南茶务急宜整顿》一文，认为："湘省厘捐定额每百斤捐银一两二钱五分，安化山户每茶一千文捐钱三十，每箱四十余斤捐钱一百余，除茶末茶梗减捐一半外，尚有善举等捐。所过一省一卡，又复捐纳无定；而后到关，关前又有值百抽五之税。此等捐项，无论货之粗细，价之高低，一概照捐。在昔茶务盛时，每担值五六十两，十取其一，尚不为过。今之茶价，每担仅售八九两多或十余两，由厘卡杂捐以至关税不啻十取五六，于此而欲业之盛、货之佳，与外洋各国商务并驾而齐驱，盖亦难矣。"

第五节　当代贸易扫描

贸易既是社会进步的一个标志，又无不打上深深的时代烙印。

一、体　制

中华人民共和国成立以来的 70 年，我国实行过三种经济体制：计划经济，双轨制（即计划经济与市场经济并行），社会主义市场经济。安化黑茶贸易完全依附经济体制前行，并表现突出。

（一）计划经济时期

中华人民共和国成立后，从完成社会主义改造开始到 1978 年中共十一届三中全会召开，这段时期，国家实行严格的计划经济制度，安化黑茶被纳入完全计划范围，严格执行"计划管理"的原则，生产依计划，销售凭调拨，价格国家定，结算国家管，盈亏国家负，工资国家拨。贸易是"两条鞭"渠道，即生产"一条鞭"，销售"一条鞭"，两者基本脱节，互不干涉。

生产"一条鞭"的基本形式是：从中央到地方计划部门逐级下达生产计划，直到生产企业。计划包括生产品种、规格、数量等。生产企业基本为国营企业，也适度允许县属"大集体"专业企业生产。这段时期安化茶叶生产企业仅有安化白沙溪茶厂、安化茶厂、益阳茶厂（图 6-25）等几家纯国营茶叶加工厂。

图 6-25　湖南省益阳茶厂

20世纪60—70年代，全国掀起创办"社队企业"的热潮，益阳、安化提出了"队队有茶场，社社有茶厂"（见表6-7）的口号。适当允许当时的人民公社所属"社队企业"加工茶叶，主要为国营企业提供半成品，或代加工，同样纳入计划管理，其他任何形式均不得生产。

表6-7　20世纪60—70年代安化县各地创办茶场个数统计表（单位/个）

单位	茶场总数	其中		
		国营	乡办	村办
全县合计	1102		50	1051
烟溪区	89		6	83
云台区	107		6	101
中砥区	127		6	121
江南区	86		4	82
小淹区	89		4	85
冷市区	132		5	127
清塘区	84		4	80
梅城区	146		7	139
仙溪区	79		4	75
大福区	142		4	138
县茶场	7	1		6
廖家坪林场	7			7
辰山药场	1			1
城关镇	4			4
芙蓉林场	2			2

销售"一条鞭"的形式是：茶叶销售区自下而上逐级申报要货计划，经与生产方衔接后，从上至下下达供货计划。销售仅限于当地供销合作社，并凭票供应。销售计划一般由当地计划部门向供销社下达。产销中间环节实行调拨制度，省际之间直接调拨，省内实行上下逐级调拨，即省级专业公司向市（地区）级公司、市（地区）级向县级公司调拨，省级公司直属生

图6-26　中华全国供销合作总社下达的调拨计划

产厂的产品，由省公司直接调拨（图6-26）。结算同样采取逐级结算付款方式。生产企业完全没有产品去向、价格高低、盈亏多少的知情权。

计划经济时代安化黑茶主销区分布、产品种类及主供企业是：白沙溪茶厂主供新疆、青海、甘肃、山西、陕西，部分供应内蒙、宁夏、四川、西藏。品种以黑砖、千两茶为主，茯砖茶、天尖类也有部分供货。益阳茶厂主供新疆、青海、甘肃、宁夏、西藏、内蒙等地，品种以茯砖茶为主。安化茶厂属中国土畜产品进出口公司湖南公司管辖，主要生产红碎茶、工夫红茶，产品基本出口欧美市场，也断续性生产黑茶，供国外市场。

（二）双轨制时期

中共十一届三中全会后至十四届三中全会召开（1978—1992年），这段时期，国家实行"计划经济为主，市场经济为辅"的制度，俗称"双轨制"。为了保障少数民族地区的供应，国家对"边销茶"计划管理一直延续到21世纪初。这段时期的特点：一是体制有重大改革，既有指令性计划，又有指导性计划，还有自由贸易。以计划经济为主，市场调剂为辅。二是允许乡镇企业（人民公社时期称社队企业）加工茶叶，初期只限于向销区供销社供货，后期可以直接零售。20世纪80年代后期开始放开市场，允许私营企业生产、销售安化黑茶。三是随着1981、1982年土地联产承包责任制到位，毛茶市场全面放开。原有集体、国营茶场逐步改革，联产承包、自负盈亏成为大势。村级茶场大部分被解散，纳入联产承包范围，承包给"一平二调"前土地管理者，少部分继续作为村级集体经济，实行承包责任制，国有茶场继续保存，经历了承包、股份制改革等变更。

这段时期茶叶生产出现了一个小高潮。在"改革、开放、搞活"的大潮中，产区各县把茶叶作为搞活经济的"拳头"产品。安化县提出了"户户有茶园，村村有茶场，乡乡有茶厂"的口号（图6-27），县里组建了多种经营办公室，负责茶叶生产，在县供销社成立茶叶公司，专业负责毛茶收购和毛茶调拨、成品茶销售、产品质量把关。生产厂家发展较快，先后有茶叶公司茶厂、酉州茶行、梅城茶厂、黄沙坪茶厂

图6-27 长乐公社（今属小淹镇）党委书记张主器帮该社茶场挑运茶叶

等一批加工企业诞生。桃江县、益阳县（现赫山区）、益阳市（现资阳区）均设置专门机构管理茶叶，桃江香炉山茶厂等一批企业挂牌成立。益阳地区行署也成立了地区茶叶公司，并直接管理益阳地区茶厂。个体、私营茶叶企业从开始萌动到零星获准营业执照，期间一度出现个体小批量地下加工厂，但经常面对打击、关闭，一经查实，按投机倒把罪论

处。私有制毛茶加工走向台前，多种经济成分的绿茶、红茶厂在"双轨制"后期正式挂牌经营。"双轨制"时期的安化黑茶贸易采取双轨并行模式：计划内产品基本沿袭计划经济时代的方式执行。市场调剂部分以市场行为规则运行，基本形式是企业自主、盈亏自负，以销定产，产销直接。但是，双轨并行并不完全平等，往往市场调剂方处于弱势地位，受到多方挤压，甚至打击。酉州茶行在新疆遭受专业管理方的严重打击，使该厂元气大伤，多年不能恢复正常生产。其他民营企业也时常受到不公正待遇，当对其给予一定支持时，很快受到姓"资"姓"社"质疑，一度有夹缝生存之怨。随着改革深入，发展环境不断优化。从20世纪80年代后期开始，民营企业拥有定价、结算等责权利，部分企业开始在销区设置办事处和批发、零售网点，或直接向销售机构供货。地（市）、县茶叶公司在新疆、内蒙等省会城市设了办事处，企业在销区设置的机构一般称谓是销售部或销售中心，销区供销社等机构也开始到产区进行部分直接采购。邓小平南巡后，改革开放不断发力，茶叶贸易体制与其它产业体制同频共振，向市场经济深度推进。

（三）社会主义市场经济时期

中共十四届三中全会明确规定，"从现在开始实行完全社会主义市场经济体制"。但是，囿于"边销茶"的原因，更因为对茶产业发展的困局，安化黑茶贸易实现真正意义上的完全市场经济制度是2006年。从这年开始，中共安化县委、县政府正式启动以市场经济手段发展安化黑茶，随后上升为益阳市的战略，贸易形态完全走市场经济路径。

二、政　策

1949年10月中华人民共和国成立后，把供应西北市场的砖茶作为一项民族政策。1957年以前，对国营砖茶厂的产品实行计划调拨西北市场，商营和私营砖茶厂的产品也鼓励销售西北市场。1957年"三大改造"完成后，砖茶业务全部收归国营，此后，砖茶列为第二类农副产品，由国营一条渠道经营，为保证西北市场的砖茶供应，增进民族团结，稳定边疆局势起了积极作用。

1984年国务院75号文件（图6-28），批转商业部《关于调整茶叶购销政策和改革流通体制意见的报告》。文中指出：边销茶继续实行派购，内销茶和出口茶彻底放开，实行议购议销。并着重强调："边销茶是少数民族不可缺少的生活必需品，保证边茶供应，对加强民族团结，实现边境地区的安定团结，

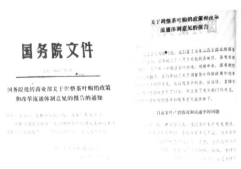

图6-28　1984年国务院75号文件

具有十分重要的意义。""由于少数民族地区地域辽阔，交通不便，必须有稳定的渠道，有计划地组织边销茶生产、调运、储备。"还就如何保证边销茶供应制订了几项具体措施：一是建立边销茶生产基地，在湖南建立供应新疆、青海、甘肃、宁夏等省（区）的茯砖、花砖、黑砖茶的生产基地。二是商业部组织产销双方签订长期协议和当年销售经济合同，并由国家下达派购任务和调拨计划，由有关省组织实施。三是建立边销茶储备，以保证特殊情况下的需要。

1984 年 9 月 30 日，商业部又发布了《茶叶购销合同实施办法（试行）》，规定茶叶购销应采取合同形式，以保护购销双方的合法权益，明确双方的权力和义务，协调供求关系。

1985 年，随着其它茶类的放开，边销茶从原料收购到产品销售也事实上放开了，各乡镇茶厂和个体茶厂的砖茶产品纷纷直接进入市场，严重地冲击了计划的执行，尤以新疆为甚。为保证边销茶市场的稳定，新疆维吾尔自治区人民政府办公厅于 1985 年 10 月 9 日批转自治区供销合作社联合社《关于归口统一经营边销茶问题的报告》，文中明确规定，商业部安排新疆之边销茶由湖南省的益阳、临湘、白沙溪和湖北省的赵李桥 4 个定点砖茶厂生产供应，继续执行派购，由自治区供销社茶畜公司统一经营，任何单位和部门不得直接从内地进货。凡各级经销单位已和产地签订各种牌号边销茶合同的，立即停止执行，否则，银行应予拒付货款。对已购入的各种杂牌茶砖必须经食品卫生防疫部门检查后方可销售。凡质量低劣，有碍人民身体健康的杂牌茶砖，一经查获应予全部销毁，并追究有关人员的责任。

此后，其它茶砖销售省也相继做出类似规定，促进了边销茶按计划调拨的实施，除个别经济力量较雄厚的乡镇和个体砖茶厂因质量较好，且以价廉，在某些未加限制的省区有一定市场外，计划调拨秩序重新稳定。

2003 年，国家计委、财政部联合制定了《边销茶国家储备管理办法》，由国家商业部负责监管，边销茶的供应进一步得到稳定。

三、销售市场

安化黑茶历年来主要销售新疆、甘肃、宁夏、青海、内蒙古、陕西、山西等省（区），也有部分出口苏联，20 世纪 50 年代末和 60 年代初期曾在广州转口部分天尖、贡尖茶，80 年代开始由湖南省茶叶进出口公司自营出口黑茶改制的普洱茶，但数量较少。

1950 年后，产品主要采取计划调拨方式销售。在新疆增加了茯砖茶销售市场；并恢复了安化传统产品——天尖茶投放陕西市场。1951 年调拨量大增，又先后恢复了安化传统产品——贡尖茶和千两茶投放陕西、山西市场。销售市场发展到新疆、宁夏、甘肃、青海、内蒙古、陕西、山西等几个省（区），并逐步稳定。从 50 年代末起陆续进入北京、上海市场，70 年代初又进入天津市场，但销售量均少，年均销量除北京由 1959 年的 5t 发展到 1985 年的 30t 外，其余两地均不超过 5t。70 年代初期，意欲开拓东北市场，1973 年黑龙江、辽宁分别调黑砖茶 28.9t 和 50t 进行试销，因销路不佳，1974 年即停止调运。1984 年试图再次进入辽宁市场，但只销 35t 黑砖茶，至 1985 年又停止了。

外销市场主要是苏联。1961—1964 年所产之天尖茶、贡尖茶均从广州口岸出口；80 年代初期开发了普洱茶产品，进入港澳市场。黑砖茶 1984 年和 1987 年分别进入日本和西德市场。

由于消费者的生活习惯不同，各种产品也就形成了比较固定的销售区域。消费者经济状况的差异，又使各种产品形成不同的消费层次。

2006 年后，全面实施市场经济机制，打破安化黑茶就是边销茶，限于边贸区的固态思维，定位于向全国铺开，向国际拓展，并建立与之相适应的体制、机制和格局。对原有管理机构和生产、销售企业进行符合市场经济机制的改革。先后对白沙溪茶厂、益阳茶厂、安化茶厂以及其他国有、集体生产、销售企业进行机制、体制改革，激发适应大市场经济的内生动力。所有企业从生产型转为生产销售一体化，以销促产，并建立具有企业主导地位的销售机制和团队。打破割据壁垒式专业销售模式，建立以销售为第一要务的全覆盖销售网络，实施哪里有人群就向那里宣传、销售的促销战术，不留盲区，少有死角。目前，全国已布网点突破 4 万家，县城以上城镇基本覆盖。主要形式有总经销模式、片区经理模式、直销模式、直营店模式（图 6-29）、代营店模式、加盟店模式、超市模式、社区服务站模式等，还有大量电商、微商等新业态模式，阿里巴巴、京东商城等著名商城已随手可购，直饮茶进入机场、车站、宾馆等人流集中区。多种经济成分的销售机构迅速发展。

图 6-29 白沙溪茶厂益阳直营店

四、调拨

调拨是计划经济时代的特定产物，即全国一盘棋的计划调拨产品制度。中华人民共和国成立后到 1976 年，国家对销区采取保证计划定量供应，对产区则全部实行计划调拨。

1976 年以后，产量增加，在销区逐步取消定量调拨，但产区与销区经营单位仍执行计划调拨。调拨计划的制订确定，由中央主管部门召集茶叶工作会或产销计划衔接会。具体调拨情况（见表 6-8、表 6-9、表 6-10）。

表 6-8　湖南省白沙溪茶厂 1950—1987 年产品分品种计划调拨情况表（单位 /t）

年份	合计	黑砖	花砖	花卷	茯砖	天尖	贡尖	生尖	新尖	湘二付	其他
1950	701.24	616.93			32.53	51.78					
1951	988.3	689.1		37.1	207.8		54.3				
1952	675.66	423.39		38.28	61.06	19.7	67.34	43.4	7.85		14.64
1953	1566.13	813.55		282.74	22.87	91.1	184.1	130.25			41.52
1954	2032.55	1592.3		221.55	22.6	48.25	147.85				
1955	4182.32	1858.78		187.09	1250.84	70.16	366.87	424.75			23.83
1956	3624.72	956.5		433.4	1505.72	49.7	205.6	473.8			
1957	3638.45	1103.3		560	1348	88.3	112.75	415			11.1
1958	3486.98	872.91	369.32		1733	35.28	138.37	329.15			8.95
1959	3197.02	1117.39	377.06		1511.2	56.74	97.83	24.5	12.3		
1960	3448.78	977.08	392.71		1835.62	6.85	20.69	215.83			
1961	3188.72	1019.25	412.84		1624.04	8.59	21.06	102.94			
1962	2435.28	701.77	382.88		1314.76	1.35	9.32	52.2			
1963	1746.59	647.5	326.84		759.92	1.75	10.58				
1964	1649.06	775.19	327.52		514.7	31.65					1965
1965	1576.24	749.95	325.05		475	11.3	14.94				
1966	1748.8	849.75	397.2		460.6	12.9	22.2	6.15			
1967	1035.05	534.25	255.95		204.1	11.25	29.5				
1968	2943.66	1314.25	642.42		897.64	10.75	78.6				
1969	2441.8	1342.65	591.55		400.65		75.95	31			
1970	2774.8	1949.1	700.9			2.2	60.65	52.5			9.45
1971	2556.2	1522.3	958.2				63.9				11.8
1972	3027.75	1832.05	1150.75				6.9	38.05			
1973	3723.45	2459.85	1164.8				4.35	42.05	52.4		
1974	2046.75	967.35	953.65				2.2	44.3	79.25		
1975	4654.15	3003.6	1519.25				13.15	91	27.15		
1976	3384.05	1801.9	1503.8					78.35			
1977	3864.1	2233.05	1528.9					51.65	50.5		
1978	4209.5	2318.1	1684.2				8.75	110.15	88.3		

年份	合计	黑砖	花砖	花卷	茯砖	天尖	贡尖	生尖	新尖	湘二付	其他
1979	4444.05	2145.6	1770.55			24	145.75	29.85		328.3	
1980	3969.2	1313.6	1986.2			54.9	161.25	45.7		387.4	20.15
1981	3700.4	1120.3	2072.7			67.25	90.15	204.8			145.2
1982	3320.1	785.3	2197.05			54.54	90.55	127.15	1982年另有黑条茶65.6t		
1983	4004.07	868.08	3026				109.99				
1984	3645.92	1298.64	2234.63				112.65				
1985	3274.95	1511.7	1674.25				89				
1986	2411.76	1000.38	652.64		275.65		214.79				
1987	3157.76	776.44	849.58		978.74		163.68				

表 6-9　湖南省益阳茶厂 1959—2007 年调拨各省区的茶叶数量表（单位 /t）

年份	产品调出合计	新疆	青海	甘肃	内蒙	宁夏	西藏	陕西	山西	北京	上海	天津	其他	湖南
1959	6397.36	1946.5	2602.62	935.39	320.04	209.11	28.08	209.77	129.77	6.87	1.2		8.01	
1960	6893.57	2345.34	2225.15	1154.54	230.29	165.05	304.88	287.38	171.05	3.54	0.8		5.55	
1961	8213.74	2477.23	3368.98	1141.37	383.96	160.97	156.68	68.95	129.34	4.2	0.25	1.76		320.05
1962	7645.25	2656.14	2782.51	1233.1	370.18	220.02		20.3	56.34	0.5		35.75		270.41
1963	8769.21	3666	3061.19	1209.4	471.21	257.63		52.72	10.53	1				39.53
1964	8515.01	3259.79	3699.72	793.36	258.46	160.03	190	84.68	31.07	2.04	0.56	0.28		35.02
1965	7492.56	3423.93	2987.36	981.11	16.12	16.64	50	15		1.16	1.24			
1966	8087.24	3657.07	3405.85	947.32			50	25		2				
1967	4341.2	1739.84	1739.88	847.08				15						
1968	8578.4	3932.88	3148.8	1376.72			100	20						
1969	7563.16	2750.04	3816.56	895.04			100	1.52						
1970	8320.12	1921.24	4272.48	1711.6			100	25.16		4.52			9.6	
1971	4545.55	1464.72	2438.76	340.31	62		150.4	83.2		4.52	2			
1972	7109.46	2588.92	2780.23	1536			105	94.79		4.52				
1973	6177.11	2140.09	2574.92	1306.28				124.52		4				27.3
1974	7149.32	4872.92	1071.6	1199.8						4				1
1975	8569.78	3707.08	1438.12	1438.12			51.6	55.3		4	0.52	0.52		15.2
1976	8085.23	4761.4	2237.84	1029.64			51.36			4	0.52	0.52		

年份	产品调出合计	新疆	青海	甘肃	内蒙	宁夏	西藏	陕西	山西	北京	上海	天津	其他	湖南
1977	9542.84	5086.12	1964.36	2439.04			50			0.52	0.52	0.52	1.76	
1978	8304.08	5136.52	2129.44	949.11			50	28.45		7.52	0.52	0.52	1	
1979	8573.35	3302.96	2343	2876.23			50				0.52	0.52	0.12	
1980	9048.61	3803	3275.5	1511.61			50	64.88				0.52	943.1	
1981	7622.2	2850	3207	983.83			100	67.03		4.2	0.52	0.52	409.1	
1982	7035.14	3952.08	2674.97	975			100	13.06		5		0.52	314.51	
1983	8445.27	4000.5	1816.36	1798.12			650			15		0.52	164.77	
1984	10064.62	5589.24	1997.6	2077.42			300			10		0.52	89.84	
1985	9025.37	6797.44	267.05	1402.68			233.4			2.27		1	321.53	
1986	8041.56	5316.51	1023.97	1383.37			3.91		292.8		20		1	
1987	7423.88	5093.3	940.49	1317.44			11.12	58.4					3.13	
1988	7309.45	4620.25	1398	1259.25									13.1	18.85
1989	8277.1	6569.15	731.15	966.1									0.7	9
1990	8988.69	6337.2	971.68	1454.57				176.4		4.64		1.52	42.68	
1991	8857.9	6480.61	1444.76	771.07			176.36	-14.87						
1992	7783.81	6854.05	632.38	55.38	58.8		176.36			6.84				
1993	6634.61	5658.33	785.05							8.02			183.21	
1994	3318.16	1536.93	1625.18	106.7						18.23			30	1.12
1995	5812.13	3484.17	2031.1	272.61						12.47			11.78	
1996	4998.13	3247.38	1138.27	566.97						15.43				30.08
1997	5272.38	3240.94	956.25	1021.65									53.54	
1998	5200.8	3821.98	580.84	772.18						18.18			7.62	
2000	4504.26	3062.3	586.75	721.93									133.28	
2003	5503.8	3797.04	907.54	844.24									151.98	
2006	5430.3	3755.55	699.16	823.36									152.23	

表 6-10　湖南省安化茶厂 1950—2000 年销售统计表（单位 /t）

年份	销售数量	调拨出口					省间调拨	省内销售
		小计	广州	汉口	上海	湖南		
1950	1133.55	1108.2		1108.2				253.5

年份	销售数量	调拨出口					省间调拨	省内销售
		小计	广州	汉口	上海	湖南		
1951	1630.55	1336.8		1336.8				293.75
1952	1687	1227.65	246.5	981.15				459.35
1953	1726.8	1201.95	247.95	890.55	63.45		428.45	96.4
1954	1661	1253.55	9.6	1243.95				407.45
1955	1338.05	1188.7	130.5	643.65	423.55		134.2	15.15
1956	1593.15	1254.7	95.55	908.6	250.55		338.45	
1957	1435.7	1013.4	72.55	761.25	179.6		253.35	168.95
1958	1807.15	1406.3	473.55	662.75	270		385.25	15.6
1959	1579.85	1460.75	571.35	889.4			67.2	51.9
1960	2235.9	2053.9	1686.25	367.65			59.1	122.9
1961	1183.15	1038.45	985.5	52.95			62.65	82.05
1962	1214.55	865.85	740.85	125			225	123.7
1963	1486.8	1034.7	873.9	160.8			407.7	44.4
1964	1319	664.45	664.45				654.55	
1965	1332.75	839.9	589.4	250.5			473.65	19.2
1966	1784.5	1065.2	913.4	151.8			401.65	317.65
1967	1470.2	824.75	654.4	170.35			339.85	305.6
1968	1264.75	620.6	459.2	125.4			643.2	0.95
1969	1449.85	620.8	520.6	100.2			804.05	25
1970	1207.5	552.65	487.2	65.45			641.4	13.45
1971	1250.5	805.5	680	125.3			445.2	
1972	1738.45	1106.25	965.15	141.1			330.15	302.05
1973	1549.65	1076.6	905.2	171.4			240.95	232.1
1974	1704.45	1112.3	904.2	152.65	55.45		489.05	103.1
1975	1625.15	1012.95	779.65	216.45			591.9	20.3
1976	1098.8	721.3	543.5	177.8			377.5	
1977	1660.15	1219.2	826.1	122.5		270.6	440.95	
1978	3002.6	2317.7	1677.4	216.9		423.4	667.9	17
1979	3197.65	2886.85	1927.7	238.65		720.5	310.8	
1980	3712.25	2921.2	578.3	190.3		2152.6	776.7	14.35
1981	2613.83	2142.38	597.4	153.9		1391.08	471.45	

年份	销售数量	调拨出口					省间调拨	省内销售
		小计	广州	汉口	上海	湖南		
1982	3153.55	2558.35	835.95	338.9		1383.5	579	16.2
1983	4370.7	3905.8	1791.46	140.24		1974.1	456.3	8.6
1984	4688.65	4492.05	1554.2	265.2		2672.65	159.2	37.4
1985	2796.58	2503.04	619.71			1883.33	262.55	30.99
1986	3497.02	3291.94	1353.77	90.2		1847.97	181.29	23.78
1987	2782.23	2539.6	772.79	108.02		1658.8	178.82	63.8
1988	2398.42	2105.8	325.01	16.12		1764.64	190.6	102.02
1989	1645.17	1228.53		5.83		1288.53	352.91	356.66
1990	1235.12	1018.54		4.38		1014.16	159.13	57.45
1991	998.44	769.02				769.02	138.88	90.54
1992	848.03	630.88				630.88	133.28	83.11
1993	757.13	174.88				174.88		582.25
1994	624.17	20.57				20.57	489.95	113.65
1995	477.4							477.4
1996	291.15						89.5	201.65
1997	447.08						184.03	263.05
1998	421.74	167.07				167.07	195.4	59.27
1999	694.9	692.48	0.71			691.77	2.19	0.23
2000	733.18					707.87	25.31	

五、出口贸易

20 世纪 40 年代产品出口对象主要是苏联。1950 年后，白沙溪茶厂的黑茶产品主要是满足边销，部分年份有一定出口。1953 年通过广州口岸出口 54.55t，调拨给中国茶叶公司中南区公司 1511.58t，1954 年乃调拨给中南区公司 1392.35t，均由其组织出口或边销。

随着西北市场对黑茶产品不限量供应的实施，需求量逐渐增大，出口量相应减少。加之一段时间我国与个别国家中断贸易关系，黑茶产品几乎失去了出口对象。1961 年出口花砖茶 89t，天尖、贡尖茶 102.9t；1962 年天尖茶、贡尖茶出口仅 10.7t；1963 年天尖、贡尖茶出口也仅 12.3t；至 1964 年有所回升，但天尖、贡尖茶出口也只有 31.65t。此后，天尖、贡尖茶主要供应陕西市场，出口基本停顿。

1982年，根据中国土产畜产进出口总公司湖南省茶叶分公司的安排，白沙溪茶厂进行黑茶改制出口普洱茶的试验。当年出产品，并出口香港HP803、HP804两个普洱茶品种共计10.08t。1983年普洱茶销港65.15t。此外，黑砖茶于1984年出口日本1t，1987年出口西德0.5t。1988—2006年间，安化黑茶出口全部由中土畜公司负责，出口量比较小。

20世纪90年代，安化茶厂生产的功夫红茶，每年通过湖南、上海、湖北、安徽等口岸出口西欧、俄罗斯、日本、美国等。出口西欧的茶号H5004、H5008、H5009等，出口日本的5002，出口美国的有H8451、8575。

目前，安化黑茶走出国门还是短板，每年出口贸易估计不到5亿元。进入海关统计出口的不到2亿元，且均以其他茶类名称报关。通过边贸及其他途径出口的不到3亿元，主要流向东南亚国家、临近新疆、内蒙边界的国家，还有部分通过香港、澳门、台湾中转。其主要原因有：市场价格优势不大、利益空间不如内销，结算存在顾虑和难度，国家出口目录中安化黑茶出口品名没有获批，国际注册起步较慢等。从2015年开始进入补短板期，启动国际宣传推介，每年参加多国食品博览会（图6-30）和重要饮料展销、展示活动。目前已在欧洲、美洲、澳洲及我国周边国家有上百次产品推介活动。支持鼓励企

图6-30 白沙溪茶厂茶艺师在意大利米兰世博会向外国朋友介绍安化黑茶

业在国外设置机构，已有浩茗茶业、湖南坡茶业、中茶安化安化第一茶厂、湖南华莱生物科技公司、白沙溪茶业、怡清源茶业、益阳茶厂等十多家企业正式在法国、波兰、澳大利亚、马来西亚、日本等国注册机构或设置代理机构，销售明显增长。中茶安化第一茶厂在马来西亚的贸易来势很好，久扬茶业与台湾地区茶商开展多年贸易，单笔成交近1000万元，白沙溪茶厂持续向哈萨克斯坦等国出口安化黑茶多年，蒙古国的茶叶进口以益阳茶厂为主。加快出口代码的申报，已连续三年向国家海关、关税委员会申请。根据《马德里协定》，已向95个国家申请注册，到2018年，获准国35个，待审国47个。

第六节　产品宣传与推介

市场经济的核心是市场（贸易）起决定性作用，茶叶不是"皇帝的女儿不愁嫁"，属完全买方市场，让消费者认识、认知、认可尤为关键。成就安化黑茶的崛起，立体式宣传与推介是重要推力。

一、节会活动

以文化为切入点，文化与产业融合，文化与宣传融合，形成影响力、传播力，达到产业振兴的目的。

（一）举办安化黑茶文化节

2008年益阳市委、市政府决定，从2009年开始，每两年举办一届安化黑茶文化节，后因产业发展的客观性和其它类别节会活动较多等原因，办节时间调整为每3年举办一次。

1. 第一届安化黑茶文化节

2009年10月18—19日在益阳市茶叶市场内举行"中国·湖南（益阳）黑茶文化节暨安化黑茶博览会"（图6-31）。其目的是让社会知晓什么是安化黑茶。本次文化节由湖南省人民政府、中国国际茶文化研究会、中国茶叶流通协会、中国茶叶学会、中国食品土畜进出口商会、中国茶人联谊会、国际茶业科学文化研究会联合主办，益阳市人民政府承办，湖南省茶业协会、安化县人民政府、益阳茶业市场协办。节会以"绿色益阳、健康黑茶"为主题，以"弘扬黑茶文化、扩大黑茶影响、提升黑茶品牌、开拓黑茶市场、做大黑茶产业"为宗旨，以"安化黑茶文化"为主线。主体活动有：开幕式和巡馆、中国黑茶产业发展高峰论坛、安化黑茶彩车宣传、世界运功员冠军签名售茶、中国名优黑茶产品评奖颁奖、招商引资签约、万人斗茶大会、文艺演出、白沙溪茶厂建厂70周年庆典等。

图6-31 首届安化黑茶文化节开幕式

开幕式由胡衡华（原益阳市市长）主持，中国国际茶文化研究会副会长徐鸿道、农业部总经济师张玉香分别讲活，中国茶叶流通协会秘书长吴锡端宣读授予益阳"中国黑茶之乡"（图6-32）的决定，马勇（原益阳市委书记）致欢迎辞，由省委常委、常务副省长于来山宣布开幕。还宣读了省长周强代表省委、省政府发来的贺电："益阳是中国黑茶之乡，安化黑茶既是益阳的传统产业，也是湖南的新型优势产业，是为人类带来健康的产业，希望益阳市以这次黑茶文

图6-32 "中国黑茶之乡"牌匾

化节为契机，高起点规划，高标准建设，做大做强安化黑茶产业，把益阳打造成全国乃至世界知名的黑茶产业基地，为全省经济发展作出更大的贡献。"出席会议的有：中纪委原副书记夏赞忠，省委常委、常务副省长于来山，国家环保部副部长李干杰，农业部总经济师张玉香，湖南省人大副主任蔡力峰，湖南省

图 6-33 第一届黑茶文化节吴章安与黄明开（左）将军合影

政协副主席阳宝华，中国茶文化研究会常务副会长、浙江省政协副主席徐鸿道，新疆生产建设兵团副司令李迟，湖南省人大原副主任罗海藩，湖南省军区原副司令黄明开（图6-33），湖南省检察院原检察长张树海及主办单位、承办方、协办方的领导，全国 360 位茶业专家、学者，200 多家茶商团队。新华社、人民日报、湖南日报、湖南省广播电视台、大公报、文汇报、香港商报、茶周刊、信息时报及益阳、安化所有媒体派出 100 多名记者采访报导。节期共签订招商引资和茶叶采购合同 22 个，合同金额 9.63 亿元，其中安化县签订合同 5 个、金额 4.3 亿元。益阳市人民政府与中国食品土畜进出口商会签署了《关于共同打造中国安化黑茶出口生产基地的战略合作协议》；中粮集团中国茶叶股份有限公司与安化县人民政府合作，投资 1.5 亿元改扩安化第一茶厂；湖南华莱生物科技公司投资 5000 万元新建安化黑茶种植、生产加工基地项目等。参展企业近 60 家，其中安化县 38 家，展出产品 1200 多套。13 家企业参加了中国名优黑茶评比，安化县辖企业获金奖 5 个、银奖 6 个、优质产品奖 8 个。本次文化节是安化黑茶历史性盛会，也是安化黑茶开启大产品、走向大市场、实现大发展的战略性盛会。

2. 第二届安化黑茶文化节

2012 年 9 月 24—25 日举行"绿色益阳、安化黑茶"，主会场设益阳茶叶市场，安化设分会场。本次节会的目的是让社会进一步了解为什么要品饮安化黑茶。由湖南省人民政府、国家农业部、全国供销总社联合主办，由益阳市人民政府、湖南省农业厅、湖南省供销合作社、安化县人民政府、赫山区人民政府、益阳茶厂有限公司、白沙溪茶厂有限公司、湖南华莱生物科技有限公司联合承办，由中国国际茶文化研究会、中国茶叶流通协会、中国茶叶学会、中国食品土畜进出口商会、中华茶人联谊会、黑美人茶业、芙蓉山茶业、久扬茶业、香炉山茶业、中粮集团湖南茶业、湘丰茶业、道然茶业有限公司协办。

主会场活动有：开幕式（图 6-34）、巡馆、中国黑茶产业发展高峰论坛等。安化分会场活动有：中国黑茶博物馆开工典礼，安化黑茶茶商大会，阿香美茶业茶祖神农铜像揭幕即荷香茯砖茶创制 20 周年庆典。本次文化节由湖南省副省长徐明华、农业部副部长陈晓华、全国供销总社副主任戴公兴任组委会主任，湖南省人民政府

图 6-34 第二届安化黑茶文化节开幕式

副秘书长陈吉芳、中共益阳市委书记马勇、益阳市市长胡忠雄、湖南省农业厅厅长田家贵、湖南省供销社主任陈德礼、湖南省移民局局长颜向阳以及相关单位负责人任组委会副主任。执委会主任由益阳市委常委、市人民政府副市长彭建忠担任。本届文化节实行主会场与分会场联动模式，在当时的条件下既保证了效果，又缓解了交通、接待等压力。在全国茶事活动中，也是一个非常成功的范例。全社会对安化黑茶有了一个全新的认识，为安化黑茶赢得持续、快速、健康发展取了很大作用。

3. 第三届安化黑茶文化节

2015 年 10 月 23—25 日在安化县东坪镇举行"天下黑茶，神韵安化"，正式冠名"湖南·安化黑茶文化节"。根据国务院关于规范节会活动的要求，对主办单位进行了调整。主办单位有中国茶叶流通协会、益阳市人民政府，承办单位有安化县人民政府、湖南华莱生物科技公司、白沙溪茶厂有限公司，协办单位有中茶湖南安化第一茶厂有限公司、益阳茶厂有限公司、湖南省怡清源茶业有限公司、湖南省高马二溪茶业有限公司、湖南阿香茶果食品有限公司等。

图 6-35 第三届安化黑茶文化节开幕式

节期主要活动有：开幕式（图 6-35），茶商大会，全国黑茶专业委员会年会，安化黑茶博览会，湖南华莱生物科技公司年会暨文化节文艺晚会，茶乡金秋游等。开幕式主

要程序有：安化县县长杨光鑫代表安化县致欢迎辞，益阳市市长许显辉致辞，中国茶叶流通协会常务副会长王庆致辞，国家质量技术监督局授予安化黑茶"全国知名品牌创建示范区"荣誉，由安化县人大主任、县茶产业茶文化领导小组组长蒋跃登代表安化县接牌（图6-36），陈宗懋院士讲话，由湖南省副省长戴道晋宣布开幕。

图6-36 安化县人大主任、县茶产业茶文化领导小组组长蒋跃登接牌

主会场设安化二中大操场，同时在陶澍广场、盛世第一城设分会场。本次节会的目的是解答安化黑茶是21世纪健康之饮。节会秉承"政府搭台，市场运作，企业主体，社会参与"的办节原则，"安全周到、隆重热烈、俭朴务实、成效明显"的办节要求，"安全决定成败，细节决定效果"的工作纪律。

本次文化节有9大特点：一是"湖南·安化黑茶文化节"经省政府批准，报文化部备案，回归安化黑茶原产地安化县举办，并列入长期的湖南省重大经贸活动序列。二是规模盛大。主活动为期3天，企业活动延展期2~4天，参观人数30万人次以上，其中开幕式主会场近3万人，分会场6万人；应邀出席的党政军领导600人，国际、国内茶业组织负责人300人，茶界专家200人（其中全国黑茶标准委员会委员120人），外国使节、国际友人及港澳台人士100人，全国各地嘉宾1000人，茶商代表2万人。三是首次推出了主题歌和宣传片、吉祥物。安化籍著名音乐人何沐阳原创歌曲《你来得正是时候》定为文化节主题歌和安化黑茶主题歌，由著名歌手徐千雅在开幕式上首唱，传播持久广泛。由中央电视台二频道拍摄的文化节宣传片《黑茶之恋》公开播放，并成为安化黑茶传播世界的艺术之作。由尚品文化装饰公司姚林丰创制的"安安""花花"卡通人物定为文化节吉祥物（图6-37）。四是活动丰富多彩，具有很强的影响力。开幕式规模宏大、程序紧促、氛围热烈，被公认为全国茶行业最具规模、影响和活力的茶事活动；茶商大会参会人员近8000人，开展"安化黑茶制茶大师评选活动"，共评选制茶大师12名，开展"十杰百佳千优"茶商评比表彰活动。五是媒体众多。境内外80多家媒体派出300多名记者采访报道，包括中央电视台多个频道、新华社、人民日报、湖南卫视、

图6-37 第三届安化黑茶文化节吉祥物安安和花花

湖南日报等重要媒体，凤凰卫视、大公报、文汇报等地区媒体和全国省级媒体，新华网、人民网、红网等新媒体集中参予报道，自媒体尤为众多，影响很大。六是企业全力支持。益阳市所有涉茶企业以主人翁姿态投入文化节。安化黑茶展馆设盛世茶都，总面积 $1m^2$ 多，共 6 大展区，不同标准展位 174 个。共有参展茶叶企业 118 家，茶叶机械企业 5 家，茶具及包装企业 7 家，茶文化茶艺术品单位 12 家，特色农产品及其它企业 32 家。七是收获很大。贸易合作项目 139 个，合同金额 83.5 亿元，其中产业项目 5 个，包括华莱城建设和中药健康产业园项目，投资 20 亿元，茶叶贸易合同众多，关联科研和文创项目 6 个。八是社会参与度高。节会以安化黑茶是"安化的、中国的、世界的"为口号，从省、市、县各个机关、团体到社会各界及城乡居民以主人翁的姿态全力投入，在接待、交通等基础条件严重不足的情况下，完美实现节会目标。本次节会是安化黑茶从产品到产业、从做大到做强的提升提质性盛会，取得了划时代的作用。

4. 第四届安化黑茶文化节

2018 年 10 月 25—29 日在安化县经济开发区举行"安化黑茶，世界共享"，主会场和其它大部分活动设湖南华莱生物科技公司所属万隆产业园（图 6-38）。口号是"安化黑茶：安化的，中国的，世界的"。特别支持单位有湖南省人民政府、国家农业农村部，主办单位有湖南省农业委员会、益阳市人民政府、中国茶叶流通协会、中国国际茶文化促进会，承办单位有安化县人民政府，协办单位有湖南华莱生物科技有限公司、云台茶旅集团公司、湖南白沙溪茶厂有限公司、中茶湖南安化第一茶厂有限公司等。办节目标："共办、共享、共赢"。

主要活动：开幕式，第六届万里茶道中蒙俄市长峰会（图 6-39），"安化黑茶日"启动，安化黑茶茶商大会，高峰论坛，茶山行。这次文化节是安化黑茶又一次被公认为全国高大上的茶事盛会，是安化黑茶走向国际化的里程碑。主要有几个特点：一是突出国际性。在主题、活动安排组织，媒体，贵宾邀请，宣传品制作等多方面注重国际传播和影响。

图 6-38 第四届安化黑茶文化节开幕式

图 6-39 益阳市常务副市长彭建忠在第六届中蒙俄万里茶道市长论坛上致辞

二是注重产业转型升级，做大做强并重推进。全面展示推介全产业链、创新产品、企业生产环节设备大幅提升等情况。三是提升营销的战略地位。决定把每年的 10 月 28 日定为安化黑茶日，并正式启动"百企、千城、万店免费饮，优惠购"活动；召开第二届全国安化黑茶茶商大会；评选第二批安化黑茶制茶大师，共获评 10 人。四是办节条件全面提升。根据益阳市委、市政府的要求，承办责任主体安化县从场馆建设、交通提质、城镇容貌提升以及软件提高上投入很大。益安高速公路实现临时通车，保证嘉宾通行。县城雪峰湖大道和 G536 金浩段实行贯通，成为县城最长、最美、最高水平的街道；合二为一的主会场和展馆全面完工并投入使用；美化亮化工程按期完工，众多配套设施满足要求。在设施建设上，湖南华莱生物科技公司作出了很大贡献，投资 2.8 亿元，完成了雪峰湖大道（东段）和金浩段道路、沿线管网的建设及改造任务；投资 2.3 亿元新建黑茶文化广场和建筑面积 5289m² 的展览馆及配套设施；投资 1.2 亿元新建安置房等。五是媒体关注和传播创新高。国内从央媒到全国各地媒体聚焦安化黑茶文化节。中央电视台、人民日报社、新华社、湖南卫视、湖南经视、湖南茶频道、湖南日报、人民网、新华网、中国商务新闻网、新湖南、红网、芒果 TV、茶周刊、茗边、湖南名人网及境外和港澳台地区的蒙古国家公共广播电视台、今日俄罗斯国际通讯社、凤凰卫视、文汇报等共 100 多家媒体、300 多名记者到现场采访、传播。六是节会效果超过预期。本次节会其核心是调整、创新，走大品牌、国际化道路，实施大跨越战略。

在办好原产地节会活动的同时，采取嫁接模式，在外地举办安化黑茶文化节。利用外地举办重大茶事活动之机，联合举办文化节。现在北京八大处、山西太原、东莞、深圳、杭州、长沙等地举办了 10 多次文化节。2014 年 8 月 1—5 日，以"品饮安化黑茶、传承晋湘文化"为主题，与山西省茶叶学会联合举办"山西省茶博会暨安化黑茶文化节"（图6-40），近 40 家企业赴会，广泛开展文化传播、产品推介、茶商合作，在西北影响很大，安化县与祁县结成友好县。

图 6-40　山西省茶博会暨安化黑茶文化节

（二）重要茶事活动

品牌宣传一个重要经验是持续发力，不搞一阵风。安化黑茶盛世复兴的 12 年中，坚持年年有大活动，经常有好活动。主要活动有：2010 年，参加上海世界博览会，并产生较大影响；还有安化黑茶登五岳系列活动，其中 2016 年"安化黑茶进少林、登泰山"、2017 年"安化黑茶登南岳"。"进少林、登泰山"活动采取了"藤上结瓜"的形式，在安化举行启动仪式，随后组织庞大宣传车队沿途宣传，并在武汉、济南等重要节点城市开展活动，最终到达少林、泰山目的地。2016 年在益阳举办"中国安化黑茶与罗马尼亚红酒的对话"活动（图 6-41），反响很大。2018 年五一黄金周前后，与北京八大处联合举办"挑担茶叶上北京"系列活动，其中 4 月 28 日至 5 月 3 日开展的"第十七届八大处中国园林茶文化节暨安化黑茶文化周"活动内容丰富，游人如织，传播广泛，效果良好，让众多的首都人民认识安化黑茶。利用"湖南港洽周"的契机，连续多年在香港、澳门开展展览与宣传。深度融入湖南省"湘品出湘""湘品战略"等活动；开展"安化黑茶进博鳌"系列活动，从2013 年开始，每年博鳌论坛时期，均在会场展示和宣传推介安化黑茶。开展安化黑茶"进军营、登舰艇"系列活动。连续多年通过政府、企业、社会途径，开展安化黑茶敬驻军、献哨所、登舰艇活动。常态化举办"安化黑茶开园节"（图 6-42）。从 2013 年开始，每年春天开始采茶时，由政府牵头主办开园节，很多企业也根据品类特定要求，举办开园活动。

图 6-41 安化县茶产业茶文化领导小组成员出席"中国安化黑茶对话罗马尼亚红酒"活动

图 6-42 2018 年安化黑茶开园节在白沙溪茶厂钧泽源举行

（三）博览、展览活动

这是产品宣传与推介的一种重要方式，在茶界历史悠久，普遍开花。1915 年，安化红茶已参加巴拿马国际博览会，并获金奖。当代茶叶博览、展览会更是成为一种常态。国内基本实现逢展必有安化黑茶的目标。农业部、中国茶叶流通协会、湖南省茶叶协会牵头举办的展览会，安化黑茶全部以抱团方式参加。国际和地区性展览活动每年参加很多场次，万两黑茶砖是 2010 年上海世博湖南馆唯一展示的农产品。2015 年的米兰世界博览会，安化黑茶参展企业达 20 多家，其中有华莱公司华莱健千两茶、益阳茶厂"领头羊 2015 茯茶"、白沙溪茶厂白沙溪牌千两茶、卧龙源公司烟溪工夫红茶、湖南国茯公司"国茯 1373 茯茶"荣获"金骆驼奖"（图 6-43），香炉山茶业生产的茯砖颗粒和千两颗粒茶获两项世博金奖。湖南省政府在香港、澳门举办的港澳商贸活动，安化黑茶连续多年开展专场推介（图 6-44）。在参展形式上，针对多而杂、散而乱，企业盼参加又怕参加的弊端，安化黑茶创造了抱团参展模式。把产区企业抱为一团，实行统一选会、统一定址、统一设计装修、统一宣传推介的方式。县茶产业茶文化领导小组和县茶业协会负责组织召集和统筹，承担一定的公共品牌宣传推介费用，并对企业参展给予一定补贴或奖励，企业承担基本费用。展区注重规模效应、特色效应、影响效应。每会搭建推广平台，自带文艺节目、宣传片，并邀请有影响力的人物主推产品。会前在举办城市开展10~60 天不等的热身宣传，包括在公交车、地铁、的士、巴士上打广告，与当地媒体互动宣传等，在展区城市形成影响力。这种抱团模式（图 6-45）影响效果大幅提升，也被业界仿效。

图 6-43 米兰博览会"百年世博中国名茶金奖"和"百年世博中国名茶金骆驼奖"奖牌

图 6-44 中共安化县委书记刘勇会（右四）等领导在杭州茶博会调研茶企销售情况

图 6-45 2018 年 5 月安化县 30 多家企业抱团进京宣传安化黑茶

二、媒体报道

信息时代，媒体是第一传播力，他具有较强的权威性、持续性、广泛性、感召性。

主流媒体深度介入。中央级媒体有：中央电视台一、二、四、七、十二、十三等多个频道，新华社，人民日报，农民日报等对安化黑茶深度调研和报导，联手开展公益活动。湖南省内绝大部分媒体超常性地对安化黑茶进行宣传与推介。2009 年，湖南日报刊发《益阳：黑茶红了》文章，在全国影响很大。湖南卫视于 2017 年 12 月全省"两会""两节"期间的《湖南新闻》中，连续播放六集《黑茶大业》新闻大片，更是影响大、传播广。《中国报道》、湖南卫视、茶频道多年不间断地对安化黑茶跟踪、采访、宣传，湖南经视、都市、国际频道以及潇湘晨报等长期不懈地服务于安化黑茶。北京、山东、广东、河南等很多销区媒体广泛开展宣传与推广，大幅提升了安化黑茶的知名度、美誉度。

发挥新媒体聚束效应。近几年，新媒体迅猛发展，其特点是传播快、对点准、影响广，能产生聚束效应。安化黑茶产区在新媒体利用上，注重持续、广泛、活跃、气场。牵手人民网、新华网、红网、新湖南、芒果 TV 等著名网站，开展宣传推介。自身创办安化黑茶官网、安化黑茶商网、安化黑茶杂志网等新媒体，开展微视频、抖音、微信等传播，积极对接网络大 V，开展集中式宣传。

开展常态式宣传。实行新闻发布会制度。坚持每年年末举行年度新闻发布会（图 6-46），公开发布《安化黑茶年度工作报告》。在文化节或重大茶事活动时，选择有影响力的地方召开新闻发布会。已在人民大会场、钓鱼台国宾馆、湖南省新闻中心、北京八大处公园及全国多个大中城市召开新闻发布会 20 多场。创办了双月刊《安化黑茶》杂志，经常性、权威性、系统性传播政策，在益阳辖区的常态式媒体开辟了专栏、专刊。

图 6-46 安化县县长肖义举行安化黑茶年度新闻发布会

三、广告宣传

公共广告用语，注重公众性、公共性、传播力。广告用语主要有："天下黑茶，神韵安化"（图 6-47）"一品千年，安化黑茶""安化黑茶，21 世纪健康之饮""安化黑茶，世界共享""安化黑茶：安化的，中国的，世界的""千两茶：世界只有中国有，中国只有湖南有，湖南只有安化有"等。

企业广告用语，彰显企业个性，注重传播力。白沙溪茶厂的广告语是：黑茶之源，遍流九州。华莱公司的广告语是：亲情华莱，文化黑茶。益阳茶厂的广告语是：茯茶湘益味，黑茶领头羊。久扬茶业的广告用语是：精工久扬。

广告形式：视频媒体广告有2015—2017年，由安化县人民政府每年出资广告费1260万元，在中央电视台新闻频道《新闻30分》栏目中播放广告，广告语是："一品千年，安化黑茶"。在海外频道打广告采取与新闻频道共享、互补模式。在湖南卫视、经视频道、国际频道、茶频道播放广告。纸质媒体主要投放在党报党刊和具有特别影响的刊物、书籍上。如《中国报道》《湖南日报》

图 6-47 安化县城绿色生态标语"天下黑茶，神韵安化"

图 6-48 "怡清源安化黑茶"冠名高铁列车

《深圳特区报》《益阳日报》及香港《文汇报》，也包括出版发行的安化黑茶专著、专刊、专题资料等。

户外广告：集中布放于飞机场、高铁站、高速公路等重要交通干线、人流集中的城市重要场所。首都机场、黄花机场电子广告布放多年。京沪线、京广线高铁专列已有"白沙溪号""华莱号""怡清源号"（图6-48）"中茶安化第一茶厂号""云上茶旅号"等8列，多次在长沙地铁、北京地铁、深圳地铁7条线上布放广告及宣传片，巴士、的士及长途客车户外广告比较广泛。在张家界、北京八大处公园、少林寺、泰山、南岳等旅游胜地的户外广告持续多年。固定建筑物布放广告更为普遍。还有重大体育比赛冠名，重大公益活动冠名，参与拍摄电视剧《菊花醉》、专题节目《汉语桥》等其它形式的宣传与推广。谱写安化黑茶主题歌《你来得正是时候》及多首宣传歌曲。

广告宣传坚持政府引导、企业主体、社会互动的大合唱机制。近5年中政府投放安化黑茶宣传费用达2亿多元，其中中央电视台广告费连续3年，每年1260万元，两届文化节投入4000多万元。企业投放广告费每年突破1亿元，尤以华莱生物科技公司、白沙溪茶厂、益阳茶厂、云台山茶旅集团等为主。湖南华莱于2017、2018连续两年赞助湘涛足球俱乐部近1亿元，冠名"湖南湘超华莱足球俱乐部"。还从2017年开始连续3年、每年赞助湖南省羽毛球俱乐部1000万元，支持羽毛球事业发展。

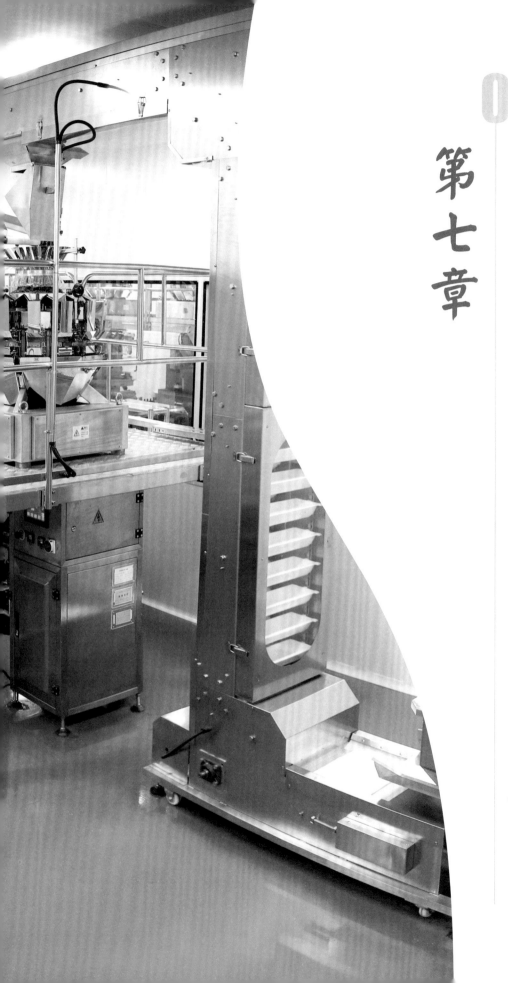

07

第七章

安化黑茶教育与科研

清代及以前，安化黑茶制作技艺一直依靠民间传授，往往是师徒、父子之间口耳相传。清末民初以来，受"华茶改良运动"影响，安化茶业的科学研究与教育事业逐渐兴起，一度处于国内先进地位。湖南茶叶讲习所、湖南修业农校、安化茶叶试验场等单位被誉为中南地区茶学科研与教育的"黄埔军校"。新时期安化黑茶产业的复兴，更有赖于科研教育这一基础工程，经过多年的发展，已经提高到一个崭新的水平，成为安化黑茶产业持续、快速、健康发展的内生动力。

第一节　湖南省茶叶讲习所与安化黑茶的历史渊源

湖南省茶叶讲习所创立于 1915 年下半年，初设长沙市小吴门外大操场荒地，1917 年迁移岳麓山（图 7-1），1920 年迁入安化县小淹镇，1927 年迁移安化县黄沙坪，1928 年奉令停办，更名为"湖南省茶事试验场"，历时 14 年，扎根安化 9 年。

鸦片战争之后，中国茶叶出口闪现了短暂辉煌，但随之受印度、锡兰、日本等国的冲击，迅速丧失了国际霸主地位，并走向衰落。面对这一形势，国内改良茶业的呼声逐渐高涨，并在 19 世纪末 20 世纪初发起了一场围绕茶叶生产、销售的改良运动。兴办茶业教育，学习、推广国外先进技术的风气开始形成。1891 年，湖广总督张之洞即倡议"两湖书院外另设方言、商务两学堂，专习泰西各国语言文字，及讲求整顿茶务种植之法"。1903 年，湖南抚院成立"农务工艺学堂，委藩臬两司总理其事"；1905 年，新任湖南巡抚端方将其分为工艺学堂和农务学堂，湖南农务学堂的招生告示中公布的课程就有"方言、算学、电化、种植、畜牧、茶务、蚕科"等项；农务学堂与赵尔巽创办的湖南省农务试验场合并，改名为湖南省中等农业学堂，设置蚕科、农科和林科，把茶叶知识并在农业知识中讲授，1914 年改名为湖南省立甲种农业学堂。这一时期，湖南各地的农业教育虽然没有单独提出茶业教育，但无疑促进了茶叶科学的传播。

1916 年下半年，湖南省省长兼督军、参议院院长谭延闿（1880—1930 年）（图 7-2），在长沙小吴门创立湖

图 7-1 1917 年设在长沙岳麓山的湖南省茶叶讲习所

图 7-2 谭延闿

南省茶叶讲习所，招收高小毕业生、茶商和茶农子弟，预设两个班，开展茶学专业教育，培养茶叶中级技术人员。1917 年 4 月迁岳麓山。

1920 年，因岳麓山茶叶种植与科研存在用地困难，谭延闿根据彭国钧等安化籍省会人士的意见，决定湖南省茶叶讲习所迁往安化县小淹镇。这时中国最早从事茶叶改良专业教育科研单位仅有安徽祁门、福建福安、江西修水及湖南安化 4 处。讲习所第一任校长是毕业于河北保定农业专科学校的湖南湘潭人李厚澂，1922 年他被奉派往南洋考察茶业，归国后在上海复旦大学茶叶系任教，后转而担任军职；1941 年脱离军职，在重庆任中茶公司总技师；1946 年任湖南省茶叶公司总经理兼农业改进所所长；1949 年病逝。

1924 年，同样毕业于保定农业专科学校毕业的冯绍裘受命来安化县湖南省茶叶讲习所工作，历时 5 年，先后担任专业课教师、茶叶技师和教务主任。讲习所主要开设土壤、农业气象、茶叶制造等课程，教师、技师和学生还一道参加该所茶园和制茶厂的生产实践活动，刻苦钻研茶叶栽培和制造技术。1927 年，茶叶讲习所再迁至安化黄沙坪（图 7-3）。翌年 7 月，因时局变化和经费困难，茶叶讲习所奉令停办，改为"湖南省茶事试验场"。

图 7-3 茶叶古镇黄沙坪

湖南省茶叶讲习所自 1920 年迁安化后，经费由省财政拨付开支，安化县给学生每人每年 60 元补贴，学生入校不需缴费；在此期间共毕业学生 8 期，培养了诸如著名的评茶师、杭州茶厂厂长王望成，前湖南省茶叶公司科长周世胄，前湖南省农业厅茶叶技术干部谌高阳等优秀人才。

第二节　湖南修业农校变迁岁月中对安化黑茶的贡献

湖南修业农校是湖南农业大学的前身。从 1903 年 10 月 9 日初创湖南修业学堂，至今已达 117 年历史。已几易其名、几易校址、几易归属，但始终遵循教育救国、教育强国的精神，"修道曰教，业精于勤"，成为我国茶业教育科研的重要学府，堪称中国茶业教育的重要基石，与安化、益阳茶业息息相关。既有 1938 年由长沙迁入安化县西州，1946 年回迁长沙,在安化办校 8 年的光辉历史，又有"湖南教育五老"之称的著名教育家、安化籍人士彭国钧及其儿子彭先泽的毕生贡献，为益阳茶业发展培养了一代又一代人才。

《周易·乾》："君子进德修业，欲及时也。"1903 年 3 月，王桢干、郭琼翰等 12 名从长沙明德中学退出的激进青年，怀着教育救国的满腔热忱，把各自筹措的学费作为办学资金，创建了"修业学堂"，专供家境贫寒但力求上进的学生完成学业。始创的修业学堂举步维艰，"经费困难，佃祠堂破屋作校舍，有时天雨，师生皆赤脚张伞上课，无隔宿粮储，赖典质衣物始见炊烟，因得'修业叫化'之名"。1905年，毕业于明德师范的安化小淹人彭国钧任教修业学堂，随后担任小学部堂长，延请徐特立、黄海润、姜济寰等名师提升教育质量。1913年，彭国钧奉派赴日本考察教育，借鉴办学经验。1914年归国后，争取政府分拨原都司衙门及马王庙为修业中小学校址。1915年，彭国钧任修业校长，勤俭创业，学校初具规模，并制定了"艰苦朴素"的校训和校歌。其校歌云："猗欤修业，学生首创，独立而自营。十二人惮心竭力，缔造何艰辛。十年树木，百载经营，继起赖有人。养成我艰苦朴素优良好校风，养成我艰苦朴素优良好校风。猗欤修业，创自癸卯秋分。本革命之情绪，十二人独立经营，真自治，都服从。年长学生，半读半耕，愈穷愈振；齐努力，当记取创造的精神，当记取自治的精神。"修业学校重课业、讲实际，倡导"习劳耐苦、崇实尚朴"的校风。1917年，北洋政府教育部嘉奖修业学校"以朴诚奋勉的校风，洵他处所难多觏"，并授"为时养器"匾额，奖给彭国钧办学楷模三级褒章。1919年4月，从北京回湘的毛泽东接受彭国钧校长聘请，任教修业三个班的历史课，在此工作了8个月。

1918年之后，彭国钧以普通中学太多而大专院校太少，中学生毕业后升学困难的缘故，决心从湖南省情出发，停办中学、改办农科，培育专才、改良农业。1923年2月，修业学校农业部在长沙市南郊新开铺开学（图7-4），在荒山植树造林，在平地开辟园圃，修浚池塘，依山修建房屋。几年以后，山上郁郁葱葱，园中奇花斗艳，修竹成荫，流水潺潺，学校面貌大为改观。同时采取开办平民半日学校、开设师资科并附设实验

图7-4 位于长沙市南郊新开铺的修业学校

小学等形式，招收附近儿童入学，授以现代知识，增设珠算及农业知识课程，很受家长欢迎。

1927年，留学日本九州帝国大学，为支持父亲事业改而从事农学及水稻研究的彭国钧之子彭先泽回国，先后主持修业学校棉稻试验场和农业部。他经常赤脚草鞋、一身泥水在田间操作，培育出水稻"修农1号""修农2号""粒谷早"等良种，以早熟、高产、抗逆性强等优点而受欢迎。1933年，曾经毕业并执教于修业学校农业部的安化诗人吴奔

星在胡适主办的《独立评论》第 80 号上发表《介绍农民化的湖南修业农校》一文，认为"湖南稻作之改良，实修业开其先河"。1929 年修业学校农业部改名"湖南私立修业农业学校"，明确以"教学做合一"为办学原则，以"使学生获得有用之知能，使学生自动研究获得经济的学习方法"为目标。修业农校师生每年 4~9 月均赤脚草鞋，田间操作，一如农人。师生伙食和所雇农夫同等待遇，均为两钵小菜一碗汤，每周一次牙祭，蔬菜部分由农场自给。60 岁的老校长彭国钧"恐怕一般教员及学生不能吃苦，便亲自与农夫吃饭"。二年级以上学生分组办农场，每组给水旱田 4 亩，所获校方得三分之一以维持校务，学生本人得三分之二，可供 2~4 个月伙食以减轻家庭负担。修业农校的办学成绩，使其先后获得农矿部、建设厅及中英庚子赔款补助，学校得以增添图书、仪器，增辟农场。1934 年 8 月，完全具备当时中国农业专科学校条件的修业农校更名"湖南私立修业高级农业职业学校"，设置农艺、园艺、植棉、稻作、农村师资、农村合作诸科。

1937 年，抗日战争全面爆发，彭先泽辞去浙江大学教授之职，回到湖南，以图发展家乡茶业、实现实业救国。1938 年 7 月，日寇逼近长沙，湖南私立修业高级农业职业学校奉令疏散，8 月迁至安化县东坪镇资水南岸褒家冲（图 7-5）。彭先泽在襄理湖南省茶叶管理处工作的同时，还先后兼任修业农校茶科主任、湖南省农业改进所茶作系主任、安化茶场场长

图 7-5 安化县褒家冲修业农校原址

等职，可以说与父亲彭国钧一起肩负了维持湖南茶业发展之重任。

修业农校迁入安化之后，学校董事会利用安化茶业居于全省龙头的地位和优势，向省教育厅呈文，决心"为改进当地农业问题起见，从事研究茶业之改进"，报请设置茶叶专科，并于 1939 年 8 月得到省教育厅批准，于 1939—1946 年下期再迁回长沙期间，先后招收 5 个班约 200 人，其中第一班 17 人、第二班 14 人、第三班 47 人。修业学校茶科同样非常注重教育质量，尤其重视学以致用，大力倡导"习劳耐苦、崇实尚朴"的校风。该校的教学，上半年主要从事生产实践，茶季一开始，学生就在老师指导下采茶制茶，学习评审收购和茶叶精制，下半年则以理论学习为主。1942 年，师生制成红茶 1000 箱、黑茶 70 包，品质优良，悉为中国茶叶公司收购外销。学校还规定劳动课不及格者退学，每年从 4 月 1 日起至 10 月 1 日，学生只准穿草鞋或打赤脚。他们的校歌唱道："蓑衣斗

笠是我们的制服，锄头扁担粪桶是我们的工具，镰刀枝剪是我们的武器，纸笔墨砚是我们的宝贝。"在这种作风熏陶下，学生毕业之后，大多数都能独当一面。由此，修业茶科成为民国时除复旦大学外唯一设有茶叶专业的学校。修业茶科在彭先泽主持下，迅速发展壮大，成为修业农校的当家专业，也是湖南农业大学茶学系的发轫，今天的湖南农业大学茶学专业之所以能在国际享有盛誉，与这段开山历史密不可分。

为满足教学、科研对实践场地的要求，提高学生动手能力，修业学校先后购置茶园 2hm² 多，以供学生栽培、育种、施肥等实习之用；学校还经省教育厅批准由政府贷款 10 万元，并集资 4 万元，设立湖南修业茶厂，添置生产设备，以供学生实践；另外采取与安化茶场、省茶业管理处合作等办法解决学生进行茶叶初制与精制的场所问题。通过办厂，一方面锻炼了教师和学生的茶叶制作加工、茶厂经营管理和销售能力，成为他们开展茶叶业务实践和学习经营管理的阵地；另一方面销售生产加工的产品，增加部分收入，弥补教学经费的不足和改善教职工福利。学校采取一半理论学习，一半生产实践的办法，学以致用，学习制作的茶叶品种除一般绿茶、红茶、黑茶的初制、精制外，还包括眉茶、蒸青茶、扁茶、珠茶、龙井等特色茶类的制作。

除了强调实践，着重培养动手能力外，修业茶科也非常重视茶叶学术研究。1939 年，第一班制茶科学生在开学不久就发起成立了湖南修业茶叶研究会，得到了管理层的高度重视和大力支持。1942 年春，第二、三班茶科同学倡议，推动茶叶研究会的实际活动，公推李佑善起草修订章程，并决定举办一份茶叶学术刊物，这些活动得到了校长彭国钧、茶科主任彭先泽的鼎力支持。此时，修业已成长为国内 4 个茶学教育科研机构之一，聚集了一大批茶业方面的专业人才，办学术刊物的时机业已成熟。研究会章程规定校长为研究会当然会长、茶科主任为当然副会长，并以会员无计名投票选出总务股长、编纂股长及干事等。活动经费的来源除会员常年缴纳会费外，还开展了两次募捐活动（图 7-6）。1943 年，修业茶科毕业学生先后两次捐出当年 5 月、6 月和 12 月的工资，各茶业厂家和茶业机构也有捐款，两次共募得经费国币 1.898 万元。5 月，在校会员还动手采制了 50kg 绿茶，除去伙食工钱外，

图 7-6 修业农校校产捐献和 40 周年校庆石碑

赢利的 1 万多元国币悉数交给研究会开支。此时研究会会员已达到 100 余人，以学生会员为主，每小组每周召开一次专题讨论会，利用星期天到茶厂、茶园参观考察，采制标本。研究会建立了资料室和化验室，购置天平、器物、化学药品，广泛收集茶叶图书资料，其中通过学生手抄装订成册的图书资料就有近 100 种。学生李君恒试验从茶叶中提取咖啡碱，取得了很好的效果。会员钻研科学、进行茶叶制作的筛分训练，学术氛围十分浓厚。1944 年 6 月，湖南修业茶叶研究会学术刊物《芙蓉》（图 7-7）创刊号发行，参与撰稿和编纂的彭先泽、叶知水、彭哲干、王云飞、贾愚公等人都是国内茶学教育、茶叶生产和科研方面的顶级专家。1945 年元旦，第二期出版，得到了国内茶界的高度评价。第二期刊物出版后，上半年研究会尚余国币 1.3 万多元。

图 7-7 湖南修业茶叶研究会主办的学术刊物《芙蓉》

从 1938 年开始，为进一步推动安化茶叶事业发展，促成战时茶叶出口贸易，湖南省茶叶管理处与湖南省农业改进所安化茶场联合商请修业农校师生，在资江两岸茶区动员群众组织茶叶生产合作社，修业农校师生和安化茶场共同承担了产制运销的技术指导和农户组织工作，共成立茶叶生产合作社 98 个、社员 4671 人、社股 9522 元。在此基础上，又联系金融机构，申请茶贷，予以扶植。据《湖南省茶叶管理处报告》记载：1938年，全省共发放茶贷 69.4 万元，其中安化占 34.14 万元；1939 年，全省茶贷为 139.2 万元，安化占 86.74 万元。修业农校的这些活动，对支援茶叶生产，活跃茶区经济，有一定的促进作用。除此之外，修业农校还设立民众夜校，并在东坪群力纺织厂设妇女班，普及文化，宣传抗战；组织代耕团为校区附近出征军人家属及缺乏劳力的贫农耕种，成为安化县茶业发展和支援抗战的重要力量。

基于修业农校卓有成效的教育和实践活动，修业茶科为时所重，财政部贸易委员会为此专拨湘茶改良费 3 万元（折银元 2500 元）给予支持；1943 年修业农校 40 周年校庆时，湖南省国民政府特发补助 20 万元（折银元 5000 多元），彭国钧父子用这些钱添置设备，订购图书杂志，教学科研迅速发展。1941 年 9 月湘北沦陷后，沦陷区学生约百人家庭接济中断。学校立即决定向这批学生垫借食米；同时发动生产自救，种菜出售，贴补学校开支；还动员非沦陷区学生捐助伙食结余支援沦陷区同学。在此基础上，还有不足的部分，彭氏父子则利用其在安化各界的威望，向茶商等社会殷实人士求助。因此直到日寇投降，修业农校学生生活一直安定，学业不辍。抗战胜利后，学校垫出食谷不能扣还者多达 227 石，均由学校负担。

截至 1946 年修业农校迁回长沙，修业茶科在安化长达 8 年的时间里培养了不少人才。校董中有周震鳞、彭国钧、仇鳌、许直等著名教育家和革命人士。教职员工中王桢干和彭先泽都是湖南茶业现代化的先驱；易希陶是著名的植物昆虫学家。修农毕业学生中，有王云飞、蒋庆、王坤、刘凤文、刘宝祥、文世银、黄甲寰、周三才等优秀毕业生，当时他们广泛服务于中国茶叶公司、四川乐山茶厂、湖北恩施茶厂以及湖南安化各茶厂，很多人成为了茶叶技术骨干；解放后这些学生中有不少人走上了国内茶业重要的技术和管理岗位。王云飞，修业农校制茶科第一班学生，曾任安化茶场副场长，著有《茶作学》。蒋庆，修业农校制茶科第一班学生，曾主持创制"高桥银峰"和"湘波绿"，著有《红茶初制工艺》。王坤，古丈毛尖研制者。刘凤文，曾担任原中茶公司研究员，著有《安化之茶业》《最近三年来湘茶动向》等。刘宝祥，著名茶学专家、湖南省茶叶研究所副研究员，著有《茶树的特性与栽培》等。文世银，红碎茶专家，曾任湖南省平江茶厂厂长，著有《红碎茶制造》。黄甲寰，当时湖北省茶麻公司骨干。周三才，原湖南省农业厅领导。

抗战胜利后的 1946 年，修业农校搬回长沙，年逾古稀的彭国钧为恢复校园，将 70 大寿所得礼金 3000 余元悉数捐给学校，并不惜拆除自己在安化褒家冲的老屋，将木料扎排运到长沙，筹款重建了新开铺修业农校教学大楼。同时争取湖南善后救济分署的资助，重修毁于"文夕大火"的马王街修业小学校舍。为节约建筑经费，举凡设计、施工、监督指挥及工料会计核算，彭国钧巨细躬亲，由寓所至新开铺往返 20km 余，黎明即起，深夜方归，毋间寒暑。家人劝其节劳，彭拂然曰："要我不做事，除非死了。"先贤风采，令人钦敬。

1950 年 7 月，已迁往长沙的湖南私立修业高级农业职业学校由湖南省人民政府接管，更名为"湖南省修业农林专科学校"。1951 年与湖南大学农业学院合并为湖南农学院（图 7-8），其中茶学专业一直是国内农业院校中水平较高和质量最好的专业。

图 7-8 湖南农业大学（原湖南农学院）

第三节　积厚流光的百年安化茶叶试验场

安化茶叶试验场由湖南省茶事试验场转换而来，是我国最早的茶叶产、学、研一体化单位之一，也是全国仅有的延续百年的茶叶试验场。不仅为全国培养了大批茶界骨干、精英、泰斗级人才，而且在茶叶品种选育、栽培、制茶机械和茶叶产品加工的研发领域很有建树，成果显赫，堪称湖南茶叶的"摇篮"。

一、历史沿革

安化茶叶试验场自1928年湖南茶叶讲习所改为"湖南省茶事试验场"开始，已几易其址，几易其名，几易其主，但一直坚守"传播知识，服务产业，引领发展"的办场理念。

（一）湖南省茶事试验场时期（1920年7月至1936年6月）

1920年7月至1928年，场长冯绍裘。1920年7月湖南茶叶讲习所奉令停办，改名为"湖南省茶事试验场"，场址设安化县黄沙坪。1929年至1932年2月，场长邓勤先。该时段中，1931年12月经湖南省建设厅批准，在长沙高桥购地13.5hm²，于1932年设置湖南茶事试验场长沙高桥分场（今湖南省农科院茶业研究所），易劲之任分场主任兼技师。1935年章鼎政任分场主任，1936年廖兆龙任分场主任，1937年杨开智任分场主任，1932年3月至1935年6月场长罗远。1933年总场将原租用地全部收购，总支付银元2500元（图7-9）。

图7-9 1933年4月茶场收购白泡湾谌姓土地18hm²的地契

（二）湖南省第三农事试验场时期（1936年7月至1938年初）

根据战时需要，1936年7月湖南省政府将湖南省茶事试验场更名为"湖南省第三农事试验场"，由湖南省建设厅委派湖南省茶叶管理处处长刘宝书兼任场长。

（三）安化茶场时期（1938—1947年）

1938年春国民党召开临时全国代表大会，颁布《抗战建国纲领》,湖南省政府制定《湖南战时农业实施纲要》，根据战时要求，省第三农事试验场并入省农业改进所。原第三农事试验场更名为安化茶场，隶属湖南省农业改进所管理，继续由刘宝书兼任场长，全场有黄本鸿（技师）、张嘉涛、谢国权、周显漠、刘达（技士）以及技佐、技助等14人。是年8月长沙高桥分场房屋被日本飞机炸毁，分场停办，技术人员调安化总场工作，全省茶叶科研工作集中于安化茶场。1942年2月，湖南省茶业管理处奉省建设厅的电令撤销，资产全部移交安化茶场。1942年6月，彭先泽任安化茶场技正兼场长（主任）。1945年抗战胜利后，湖南省政府指令安化茶场成立砖茶部，并筹建湖南制茶厂（于1946年7月正式成立），隶属省建设厅管理，安化茶场短时并入该厂，成为该厂的研究机构。1947年7月又回归省农业改进所管理。

（四）安化茶业改良场时期（1947年12月至1949年8月）

1947年12月，省农业改进所机构调整，安化茶场更名为安化茶业改良场。

（五）中国茶叶公司安化茶叶试验场时期（1950年3月至1952年）

1949年8月，湖南和平解放。中央人民政府成立中茶公司安化支公司。1950年3月，安化支公司接管安化茶业改良场，更名为中茶公司茶叶试验场。由湖南省茶叶公司副经理杨开智兼任场长。是年4月，又奉令改为"中国茶叶公司安化实验茶场"，并报请将省农林厅管辖的原湖南修业农校安化褒家冲农场土地全部划到安化实验茶场，场址也从西州迁至褒家冲。西州原址全部划归于是年2月成立的安化茶厂。总场原有的长沙高桥分场划归中茶公司管辖，设中茶公司高桥茶叶初制厂。

（六）湖南省人民政府农林厅安化茶场时期（1952—1954年）

1952年元月，根据中央外贸部、农林部茶叶"产制分家"的联合指示，将安化茶叶试验场移交省农林厅管理（图7-10），更名为"湖南省人民政府农林厅安化茶场"，指派刘仲云代理场长。1953年调方永圭任场长。

（七）安化县茶场时期（1954年8月至2018年）

1954年8月，省农林厅决定将安化茶场移交安化县人民政府管理，成为县属茶场。1958年，经益阳地区、湖南省人民政府批准，安化县茶场加挂"安化县茶叶试验场"牌子（图7-11）。县人民政府明确归口县农业局领导和管理。2005年5月，县人民政府因县城东

图7-10 1952年安化茶场移交农林厅的职工名册（部分）

图7-11 20世纪50年代安化县茶叶初制示范厂全景

坪南区开发的需要，决定将安化茶场划归新成立的安化县南区管理委员会管辖，单位性质不变。

二、致力科研

（一）全面开展茶叶种植、培管和品种选育的研究与推广

湖南省茶事试验场建场伊始，第一任场长冯绍裘就制定了"审慎计划，扩大规模，试制红、绿、黑各茶，以图技术上之改进"的办场方针。1928年下半年，租用黄沙坪谌姓山地270余亩开荒种茶，进行茶叶种植培管、品种选育的研究。1929年，邓勤先继冯绍裘任场长，当年植茶10万余丛，育苗30多万株，使茶园建设初具雏形。1931年12月，为了进一步扩大业务和示范影响，特拟定计划呈准湖南省建设厅，于长沙高桥购地13.5hm²，并于1932年设置了湖南省茶事试验场长沙高桥分场即今湖南省农科院茶叶研究所（图7-12）试种茶叶。鉴于湖南省在茶学教育和科研方面取得的成绩，1934年当代茶圣吴觉农在《湖南省茶叶视察报告》中指出：

图7-12 21世纪长沙高桥茶场

"湖南茶叶学校（即茶叶讲习所及湖南省茶事试验场）较其他各省完备。"1937年，湖南省茶业处处长兼湖南省第三茶事试验场场长刘宝书牵头制订了全省茶叶改良计划，逐步付诸实施。刘宝书在其《改良湖南茶业计划》（1937年湖南第三农事试验场出版）一书中总结了第三农事试验场的做法、经验及技术要领，向全省、全国推广。

中华人民共和国成立后，安化茶叶试验场更是成绩斐然。1950年，杨开智等茶叶界老前辈，在原安化褒家农场的废墟上，通过周密筹划，事必躬亲，使茶场迅速步入正轨，恢复了生机。是年10月，安化实验茶场开辟苗圃3.33hm²余，育苗500多万株，计划全部无偿地进行推广。1951年，结合土地改革试点工作，就近划入部分公益田土、山林百余亩（图7-13）。使茶园比较集中连片，有利经营管理。

图7-13 1951年安化实验茶场褒家冲茶园扩充面积图

1954年8月，湖南省农林厅将安化茶场移交给安化县政府接管领导，成为县属茶场，主要任务是加强经营管理，增产示范，配合试验研究，积极走向企业化。1958年，经益阳地区、湖南省人民政府批准，安化县茶场加挂安化县茶叶试验场牌子。自此之后，在中共安化县委、县人民政府的领导下，安化县茶场（安化县茶叶试验场）生产发展迅速，取得丰硕成果。特别是通过1956年和1959年两次扩建（图7-14），茶园面积从1950年的2.68hm²发展到86.5hm²（不包括1962年以后因区划变更退给群众的67hm²）；1960、1973年，安化县人民政府分两次将周边的大沙、吉祥、乔口、大城、林家、柳潭等村划归安化县茶场管理，成为其集体部分；嗣后于1986年实行政企分设，将这6个行政村划归城

图7-14 1959年中共安化县委同意褒家冲扩场的批示

埠坪乡管辖。茶叶产量产制红毛茶由0.35t增长到140t左右，茶叶产值由3700余元提高到65万元以上，既扩大了茶场规模，也增加了茶场经营利润。截至1980年，累计上交国家利税275万元，曾多次被评为省、地、县先进单位。

另一方面，安化县茶叶试验场在科研中选定主要问题设置课题，集中优势兵力重点探索，在茶园深耕、施肥、修剪、台刈、采摘、丰产以及植保方面的虫情预测、预报等试验项目都取得了较好成绩。陆续在《农业学报》《茶叶季刊》《茶叶》《茶叶科技简报》《湖南茶叶通讯》等刊物上发表科研论文19篇。1981年安化县茶场曾收集论文27篇、约30万字汇编成册（表7-1、表7-2），较为完整地反映了其科研成果。

表7-1 黑茶试验成果资料目录

序号	黑茶实验成果资料名称	课题研究负责人	发表刊物名称	发表期刊年月
1	黑茶渥堆中过氧化氢酶的研究	唐明德	《园艺学报》	1964年3卷1期
2	黑茶渥堆与温度关系的研究	邹传慧等	《茶叶科学》	1965年1期
3	安化黑茶传统初制与审评技术调查	方永奎等	《茶叶通迅》	1965年5期
4	安化黑茶采拉的研究	唐明德	《茶叶季刊》	1977年4期
5	水份对黑茶渥堆的影响	黄千麒等	《茶业通报》	1980年2、3期
6	黑茶珍品—天尖	黄千麒等	《中国名茶研究选集》	1984年

表 7-2　茶树栽培采摘试验成果资料目录

试验成果资料名称	课题研究负责人	发表刊物名称	发表期刊或年月
茶叶采摘与茶树台刈试验报告	方永奎	《农业学报》	1954 年 6 卷 3 期
水肥对夏秋茶增产作用的试验报告	黄千麒	《茶叶）	1960 年 3 期
改善经营管理，贯彻技术措施	方永奎	《茶叶通迅》	1964 年 2 期
放红酮对茶叶的增产效果	唐明德	《茶叶科技简报》	1971 年 9 期
防治茶红颈天牛的辨证法	李传真	《茶叶科技简报》	1971 年 1 期
茶树对夹叶观测初报	唐明德	《湖南茶叶》	1975 年 1 期
加强植保工作，力争茶叶丰收	廖奇伟	《湖南茶叶》	1976 年 2 期
谈谈如何增产夏秋茶	唐明德	《茶叶季刊》	1977 年 4 期
茶园基肥冬施效果好	李传真	《湖南茶叶》	1977 年 4 期
深施基肥什么深度适家	李传真	《茶叶科技简报》	1977 年 8 期
开展群众性科学实验活动，积极选育茶树良种	唐明德	（茶叶季刊》	1976 年 2 期
坚持示范试验，夺取茶叶丰收	唐明德	《茶叶季刊》	1978 年 1 期
氮素的作用及经济效益	唐翠珍	《茶叶科技简报》	1978 年 1 期
茶苗移栽技术的研究	唐明德	《湖南茶叶》	1978 年 1 期
碳酸氢铵肥效试验简报	李传真等	《茶叶通迅》	1980 年 1 期
茶园基肥施用技术和增产效果研究初报	唐明德等	《湖南茶叶）	1978 年 3、4 期
用石灰浆深刷行道树诱集大尺蠖成虫的效果好	廖奇伟	《湖南茶叶》	1978 年 3、4 期
茶细蛾的发生与防治简介	廖奇伟	《茶叶通迅》	1979 年 4 期
从茶园管理水平的提高，谈茶树芽叶害虫的防治	廖奇伟	《茶叶通迅》	1981 年 3 期
手采茶园开采期对茶叶产量和经济效果的影响	唐明德等	《茶叶通迅》	1980 年 4 期
手采茶园采摘问隔期试验简报	唐明德	《茶叶科技简报》	1981 年 1 期

在 20 世纪 50 年代初期持续的品种引进和良种选育工作，一直坚持"以茶树良种选育为重点、以高产优质为目标"。1960 年通过对云台山茶树品种调查观察，首次提出"安化云台山大叶种茶树品种"概念。1963 年派专人在云台山建立了良种选育基地。1965 年在福州召开的"全国茶树品种资源研究及利用学术讨论会"上，安化云台山大叶种作为

全国第一批 21 个地方茶树优良品种之一，向国内推广。1973 年正式建立安化茶叶试验场科研组，1979 年选出了优良新品系"湘安 28 号"，荣获地、县科研成果一等奖，翌年正式列入科研重点项目，为安化良种选育开创了新局面。

（二）切实开展以提高产能、提高品质为己任的制茶设备研究与应用

安化茶叶试验场建场初年，即从上海购进蒸茶机、复炒机、炒揉机、揉捻机、干燥机等 5 台制茶机械，正式开创湖南茶叶制作机械化时代。在后来的岁月里，根据产品需要，不断地进行机械研究、开发和推广（图 7-15）。

1928—1932 年冯绍裘任湖南省茶事试验场场长、总技师期间，创制了功夫红茶精制加工工艺流程 70 多道工序和拼配技术，显著提升了安化红茶的品质和效益。同时研制出了木质揉茶机和 A 型烘干机，仿制 20 多部，首先在群力茶厂试用，效果良好，所产茶叶质量超过旧法制茶甚远，销售均价为湘茶之最；工作效率比人工操作提高 6~7 倍，且结构简单、造价低廉，茶农容易备置，修理、搬运方便，甚合农村需要；节约烘茶时间和烘茶燃料，便利解决雨天制茶问题。木质揉茶机和 A 型烘干机的研制使用，不仅为安化发展机械制茶开创了先河，而且样机先后推广流传到平江、浏阳、醴陵、临湘、新化等县，为整个湖南省茶叶生产机械化作出了巨大的贡献。冯绍裘设计的木质揉茶机，群众称为"绍裘式揉茶机"（见 1935 年茶事试验场刊物之十一，图 7-16）。

图 7-15 老式制茶机械——切茶机

图 7-16 绍裘式揉茶机

1936 年 12 月，刘宝书呈请湖南省建设厅及中央实业部同意，由国民党中央与省府各拨款 1 万元，指令为建筑工厂、购置制茶机械及其他推广事业之用。翌年 7 月，在编造年度预算时，又增加事业费 7000 元。因之经费较前充裕，乃重新拟订计划，扩大建场规模。并选定黄沙坪北岸西州，购平坦地基 17 亩，兴建办公室、初制厂和精制厂各一栋，以及添置制茶机械，增加仪器设备，培训技术员等。

1937 年 5 月，中国茶叶股份有限公司（以下简称"中国茶叶公司"）在上海成立。当年中国茶叶公司总经理寿景伟在赴浙、皖、赣、闽、湘等省视察的过程中，到达湖南即

直奔安化视察，组织成立中茶安化支公司。湖南省第三农事试验场即与该公司安化支公司合作，在仙溪、小淹、江南、鸦雀坪、酉州、乔口、东坪、马路、探溪、润溪、蓝田等处设立鲜叶初制厂生产红茶，扩大出口货源；增强对外贸易，力图共同改进。

1938—1942 年，湖南省农业改进所安化茶场除继续改进茶叶产制技术外，主要侧重于制茶机械的研究与创制。经过总技师黄本鸿的努力，在茶叶初制技术上，推广简易机械和新法制茶，在提高茶叶品质方面起了良好的示范作用。在精制加工技术方面，发明了铁木结构的抖筛机、拼堆机、捞筛机、轧茶机、脚踏撞筛机（黄本鸿设计，现称平抖机）等精制机械，成为湖南省精制茶机的源头。据 1941 年《安化茶场经济制茶计划暨概算书》载："本场近三年来，研究所得之改良制茶方法，拟再创造一种木质揉茶机和精制方面的捞筛机，与本场发明之抖筛机相配合，使制茶方法渐进机械化。"这些茶叶机械的研制，为提高安化茶业机械化水平、特别是为解放后安化突破红碎茶初制精制联合生产奠定了坚实的基础。

同一时期，湖南省农业改进所安化茶场在精制工艺流程上进行改进，旧的红茶精制加工有 70 多道工序，安化茶场将其科学归纳为"本、长、圆、轻"四路加工程序，创造了"四条龙"精制法，将工夫红茶由半手工转变为机械加工，克服了旧工艺看茶做茶、杂乱无章、费时费工、茶叶精制率低的弊端，为以后机械加工工艺流程奠定了技术基础。当时产品"裕农"唛头在香港售价达港币 115 元，创"湖红"外销售价之最高。与此同时，黄本鸿等安化茶场技术人员广泛参与了湖南私立修业高级农业职业学校的教育与实践工作，联合培养了大批茶学专业人材。此外，安化茶场还着力开发新产品，扩大茶叶销售。主要项目有：试制乌龙茶成功；试验用陈红茶、花香及低级茶提炼茶素（咖啡碱）（图 7-17）成功。1940年以后，红茶没有销路时，便采取土法上马的办法，小批量生产茶素，每 50kg 低级红茶可提炼茶素 1~3 磅（1 磅为453.59g）、每磅能售银元 100 元，当时东坪、桥口、黄沙坪、酉州等地茶厂相继推广，为当时滞销的茶叶找到了一条新的出路。

图 7-17 1943 年生产的茶素片

1942 年 2 月，创办 4 年的湖南省茶业管理处奉省建设厅电令撤销，其资产就地移交安化茶场，具体由黄本鸿照册接收。接管湖南省茶业管理处后，安化茶场当年协助发放湖红贷款 60 万元，并规定不收贷款利息。据有关资料显示，当年茶号收购红毛茶山价，一般每 100 斤"元"字堆（相当于二级茶）可换大米 900 斤；"亨"字堆（相当于三级）

可换大米 750 斤；"利"字堆（相当四级）可换大米 600 斤；"贞"字堆（相当于五级）可换大米 450 斤左右。是年 6 月，彭先泽接任安化茶场技正兼茶场主任，下设推广、技术、会计、总务 4 股，有职员 22 人、职工 48 人。这时正值香港被日寇侵占以后，海上交通受阻，茶叶出口大减，生产日益萎缩。而茶叶又为战时统制出口货物，概由中茶公司经营及办理运销业务，安化茶场仅能作红、绿茶加工试验和栽培方面的研究而已。1944 年因战局影响，茶叶生产更加萧条，政府所属机构，唯安化茶场独存。然亦以经费限制，业务无甚开展，处境十分困难。（见《省农改所过去工作概要》）

1950 年，安化茶叶实验场副场长王云飞创制的水力揉茶机试用成功。后在群众中推广，很受欢迎，工效提高 6 倍，茶叶质量有所提高，但一般茶叶加工机械，仍然以踩制和手推揉捻为主。

安化县茶叶试验场无论是省办还是县办期间，均在发展生产的同时坚持科研工作。1951 年黄本鸿《试行定额管理的制茶方法》在中南区茶业经理厂长会上作经验介绍、在武汉大学作专题报告；还写成《红茶精制与茶机排列》一文，在《中国茶讯》发表。1953 年黄本鸿编著《红茶精制》一书，全面论述红茶精制原理、制茶机械、定额管理和工艺技术，成为新中国第一本红茶精制专著。民间茶叶研制也开始起步，1955 年，安化县云台山伍芬回互助组精制绿茶 1kg，寄给毛主席品尝，中央办公厅回信"茶质很好，希努力发展"。

1958 年 4 月，在中央第二商业部湖南茶叶工作组的指导下，进行分级红茶初制试验，经工具改革和工艺探索，先后试验 22 次、53 批，终于在全国范围内最早获得成功。北京、上海、广州等茶叶公司相继发来贺电，《湖南日报》摘要刊登，从此我国自1934 年起 20 多年没有解决的分级红茶试验难题被破解，为发展分级红茶、争取国际市场奠定了良好的基础，在中国茶叶生产史上写下了重要的一页。在此基础上，为了进一步摆脱茶叶"产制分离"的旧轨道，开辟新途径，安化县茶叶试验场于 1963 年 10 月，继续向分级红茶初精制联合加工迈进。完全依靠自己的力量，于 1963、1964 年突破分级红茶初精制联合加工难题，仿制改制精制机械 14 台（件），并于 1964 年投产，完全突破分级红茶从机械制造到成品生产的所有技术难关，进一步提高了品质、降低了成本，产品成箱后运交广州茶叶出口公司验收，认为花色品种规格清楚、质量优良，符合出口标准。此后，全国相关地区大力推广分级红茶产制技术。截至 1982 年止，全县有烟溪、平口、马路、唐溪、木子、黄沙坪、文溪、陈王、江南、洞市、杨林、龙塘、大桥、三洲、九龙、仙溪、泗泉、东华、田心、清塘和县茶场等红碎茶厂 21 座，年产量达 1300t 多，总产值 500 万元以上。

此外，1959年国庆十周年之际，安化县茶叶试验场成功地创制绿茶新品种"安化松针"，被列为全国名茶之一，1986年获商业部优质产品称号。1953年，白沙溪茶厂试制茯砖茶成功。1958年白沙溪茶厂将花卷改制花砖。1962年，安化县茶叶试验场将安化黑茶试验列为重点课题来抓。通过多年的努力，在黑茶初制试验过程中，揭示了几种主要生物化学变化规律，初步涉及到黑茶制造中的基础理论实质，并在《园艺学报》《茶叶科学》等杂志上发表研究论文多篇，引起了国内有关单位的瞩目与重视，不少研究资料还被各大专院校编写教材时所引用。

三、笃学育才

百年历史的安化茶叶试验场，另一个重要贡献是人才培训、知识传播。中华人民共和国成立前的几十年里，无论条件怎么艰苦，人才培训从没有放松过。中华人民共和国成立后，更是创造条件努力培养人才。在培养茶叶中高级技术人才方面，安化县茶叶试验场成绩尤为显著。1950年冬，黄本鸿参加杭州全国制茶技术干部训练班，并兼技术课长，推广工场制茶流水作业法。是年开始，湖南农学院及中南茶干班，武汉大学，常德、黔阳、长沙等农校茶叶专业来安化茶场实习，并成为定制。1951年8月，接湖南省茶叶公司通知，安化试验茶场派技术人员杨润奎、张善之、廖奇伟、夏昆维、谌高阳、陶角祥、谭缙绅、章德等十余人分赴长沙、平江、浏阳、新化、桃源等地参加中南农林部湖南茶叶调查工作，历时3个多月。同时对安化茶区情况进行了深入的调查，将除蓝田（今娄底市涟源市的大部分区域）外的安化县第一、二、五、六、七、八等区分别规划为红茶、黑茶和绿茶区。1952年冬，安化茶场负责主办了湖南省人民政府农林厅茶叶产制技术训练班（图7-18）。1953年，受西南农林部委托在褒家冲设置了西南茶叶干部学习班，有四川、贵州、云南、广西、西康（今四川省西部）5个省保送来的学员40余人参加了学习；并派技术人员至云南，深入思茅、糯山等处普查茶种、指导茶业。1958年安化县于安化茶场开设半工半读茶叶学校，设高、初中班，学制2~3年，毕业4期共200余人；采取教学、科研、生产三结合的形式，取得了较好成绩，被评为先进集体。

图7-18 湖南省茶叶训练班工作人员合影
前排左起第四为杨开智

1960年6月，场长兼副校长方永圭出席了北京全国文教群英会。与此同时，还结合生产，为湖南省涞江茶场、邵阳地区茶铺茶场等20多个生产单位（包括县内红碎茶厂）培训了大批茶叶加工技术力量；为省内外的大专院校（华中农学院、湖南农学院、中南茶干班，及常德、长沙、黔阳等地区农校）的茶叶专业毕业生来场生产实习提供了场所和技术指导，为农村互助合作和人民公社化运动接待农民、工人、干部、学生以及有关生产会议的代表不计其数（图7-19），起到了国营茶场传播科技知识和典型示范的作用。1959年，安化县农校与茶校合并，招收第二届学生，有茶叶、农业、农机、园艺、畜牧5个班，学生300余人，学制3年，1961年毕业。湖南农学院设立茶叶专业，所有学生均来安化茶场实习（图7-20），前后计800余人。

图7-19 1952年安化县政府茶农训练班学习本

图7-20 1964年省农学院学生在安化茶场实习

1965年安化县茶叶学校恢复招生，设高、初中班，共有学生76人，1968年10月毕业。1975年县办五七大学，内设茶叶专业，前后招收2个班。第一届1975年入学，有学生41人，1976年毕业。接着招收第二届，1976年入学，有学生44人，1977年毕业。这些毕业学生大多成长为县茶场场长、乡镇茶厂厂长及技术骨干。1967—1970年，安化县茶场谌介国和副场长蒋冬兴（图7-21）先后赴非洲马里共和国任茶叶专家。

图7-21 蒋冬兴

第四节　多元化现代安化黑茶教育形态

"教育兴则国家兴，教育强则国家强"。教育于国家如此，于地方如此，于产业也如此。安化黑茶发展轨迹无不随教育的兴衰而起伏。19世纪末至20世纪初的中国教育新潮，推动了国家革新，其中以创办茶叶学校、形成茶业理论为标志的职业教育兴起，力促安化黑茶成长和发展，一度成为国家出口大宗和区域经济的"拳头"。党的十一届三中全会后，教育体制全面改革，茶业教育得以恢复和提高，赢得了 20 世纪 80—90 年代安化黑茶的复苏。进入新世纪，多元化的现代教育形态，成为安化黑茶的关键推力（图 7–22）。

图 7–22 湖南农业大学教授肖力争、安化县人大常委会副主任兼县茶业办主任肖伟群（右）接受国家新农村发展研究院授牌

一、政府主导安化黑茶基础教育与技能培训

安化黑茶经过几年的快速发展，显现出黑茶教育短板效应，茶人渴望技能，企业渴望技工，市场渴望新型业态等问题逐一呈现，为改变这种状态，政府作为教育的主导者站上了历史舞台。

（一）创办安化黑茶学校

2011 年，益阳市人民政府批准安化县人民政府的请示，正式创办安化黑茶学校（图 7–23），与安化县职业中专学校合并，设置茶叶生产与加工、市场营销、企业管理、茶艺、旅游（茶旅）服务与管理、机电技术应用等专业，2012 年 9 月正式公开招生。为了适应

图 7–23 袁隆平院士为安化黑茶学校书写校名

图7-24 2017年全国茶叶绿色防控技术培训班在安化举行

茶产业发展的更高要求和办成特色学校，2013年又将县第二职业中专学校并入。学校规模达到面积15hm²，教职工312人，在校学生达4600多人。成为湖南省职业院校实训管理、学生管理强校。当年又作出了黑茶学校整体搬迁的决定。新校址设县城南区铁炉冲，概算投资9.37亿元，总面积26.8hm²，建筑面积14.5万 m²。学校设教学区、茶文化展示与体验区、培训区、运动区、办公区、生活区，学校规模6000人，培训规模1~1.2万人。目前，一期工程已竣工，完成投资4.53亿元，2019年秋季竣工，2020年全面投入使用。黑茶学校正在重点打造"四个基地"概念：产教融合创新基地，从专业设置、师资招聘、教学方式上改革创新，深度、广度与茶产业链融合；产业振兴保障基地，建立创业孵化中心，开展就业教育与创业指导，大力开展技能培训，提高茶农技能、茶工技能、茶商技能；茶旅文拓展基地，根据茶文化传承与传播、茶旅产业链延伸的要求，加大与校外机构的互动和交流，使师生的知识更接地气，更加实用，把茶文化展示中心办出特色和影响；国际合作实践基地，根据世界银行贷款项目的要求，通过开展国际人员交流、建设合作、设备引进、国外职业教育培训模式及理念和办校管理经验，将学校打造成安化黑茶走向世界的基础平台（图7-24）。

（二）安化黑茶基础知识进校园、进课场

为了普及安化黑茶知识，根据国家义务教育阶段开设传统文化、乡土文化课程的规定，全市广泛开展黑茶知识进校园、进课场活动（图7-25）。让中小学生知晓黑茶基础知识，体验厚重文化。《义务教育课程设置及课时安排》中明确规定每周讲授2~4个课时。由教育行政机关牵头、黑茶学校承担小学阶段教材编写任务，已正式编写《了不起的安化黑茶》读物，年发行10万册。中学阶段的教材安化二中已于2014年完成，其《走近安化茶文化》已多次改版。学校广泛开展了学生进

图7-25 全国第十三届人大代表刘文新在"两会"建议：让茶文化走进课堂

茶园、进工厂、进茶文化传播中心的体验活动。邀请制茶大师、非物资文化遗产传承人、茶界能人走进学校、走上讲台授课。同时，在学校开展安化黑茶知识竞赛、安化黑茶杯体育运动竞赛、以安化黑茶为对象的小记者采访等形式多样的活动，以提高知识普及率和巩固度。

（三）整合部门职能，加快技能培训

目前，政府很多职能部门掌握培训资源和职能，尤以农业、水库移民、人社、民政、供销合作社等部门诸多。这是迅速提升茶农、茶工、茶商技能的重要资源，但是长期的分割格局，培训没有形成特色，更不能支撑产业。鼎新革故，变劣为优，安化黑茶产区采取了整合措施：一是统一培训大纲，全市以县级为单位统筹培训计划，包括统筹资金、培训对象、教学重点等，培训分为1~6个月不等，实行全程免费，由职能部门买单。二是统一教材，编写了《安化黑毛茶加工》《茶叶栽培技术》《茶叶机械使用与维护》《安化黑茶茶艺》《安化黑茶基础知识》等

图 7-26 新编中小学安化黑茶教本

教本（图 7-26），同时制作 PPT 和视频片，让学员有理性和感性认识。三是统一培训机构。选定安化黑茶学校、县区农广校、供销社培训中心、创博培训学校、益阳远航职业学校等为政府指定培训单位，培训机构必须对政府负责，对委托方负责，对学员负责。委托方与受托方实行合同管理，同时对受托方实行评价机制和淘汰机制。四是注重现场教学。实行新型职业农民的"一点两线、全程分段"培训模式，让学员更具动手实战能力。根据茶叶生产的季节性和周期性的特点，分阶段安排教学。培管时段主要培训种苗选育、测土配方、病虫害防控、种植技术。采摘加工段，突出培训分级、分品类采摘知识。"绿茶七分采，黑茶七分做"。确保优茶优采、名茶名采。干毛茶加工时，让学员直接操作，提高刹青、揉捻、渥堆等动手能力。同时，大力推行"田间学校""车间学校"，把理论与操作统一。这种模式对技能培训很有效果，学员满意度高。湖南千秋茶业是湖南省授牌的省级田间学校，每年承担多批学员进厂从事良种选育、栽培及绿茶、红茶、黑茶加工销售的实践任务，培训人员均成为新型技能茶人。这种整合部门资源的培训已成为产区人员技能提升的主要担当。从 2014 年开始，安化县通过农业局农广学校、劳动人事局技工学校、商务局、水库移民局和农机局等单位，每年培训1 万多人次。党校、行政学校还采取保证主体课程教育的前提下，外聘教师讲授茶业知识，或延长参训时间，对中青年骨干和村级班子成员进行茶业知识培训。

二、发挥企业主体作用，开展精准教育

这是安化黑茶现代教育的又一个特色。一方面，骨干企业创办专业教育机构。目前已形成规模和常态的有湖南黑茶商学院、华莱茶学院、白沙溪茶业培训中心等 12 处，规模以上企业和特色产品企业基本设置了培训部。主要针对各地经销商、茶叶爱好者、企业员工开展应知应会培训，每年培训 5 万人次以上。华莱茶学院拥有建筑面积 1 万 m² 的培训大楼（图 7-27），是一所集茶道、花道、香道、中国传统茶文化培训传播于一体的综合型学院，成立至今，培训人数已超过 3000 人次。白沙溪茶业培训中心注重"车间学校"培训，让茶商、爱茶人士和政府委托培训的人员进入车间，学习茶叶加工、分级、茶质品评等茶技，体验企业文化。大部分企业以培训经销商和员工为主体，

图 7-27 华莱茶学院

图 7-28 安化黑茶学校学生茶艺表演

让学员比较充分地掌握安化黑茶从茶园到茶杯的基本知识，包括生态茶园的条件与标准执行，茶叶加工的规程、规范与要领，核心技术原理与参数，泡茶艺术与文化等等。大部分学员成为了企业发展的骨干力量，产品销售的精英，安化黑茶文化的推手。

另一方面，社会团体和民间创办茶业教育。一般是商业模式，向学员收取一定费用。以短训为主，重点是茶艺培训、茶商（传统商业模式、电商、微商等）培训。对象是以谋求就业为主要目的的学员，也包括直接为企业代训。这种教育机构的特点是针对性强，机制灵活，速成明显（图 7-28），是安化黑茶现代教育的重要组成部分。学校一般设在安化黑茶重要集散区，包括全国各地茶城，每期招生 50~100 人。目前已发展到近百家，年参训人员近 3 万人次。

三、与大专院校、科研机构联姻，开展提质型教育

（一）定点培养人才

益阳市与很多所大学和科研单位建立了以定点培养人才为主的合作关系。其中，涉

茶的包括上海交大、中南大学、湖南大学、浙江大学、湖南农大、湖南商学院等。一方面,从这些单位选招毕业生充实公务员和事业单位队伍,以提高涉茶事业的组织指导能力,包括机械、茶学、商务、企业管理等专业人才。另一方面,实行定向培养,包括培养高级综合型人才。万隆茶业、白沙溪茶业、八角茶业、千秋界茶业等选送多批人才进入这些学校读研、读博。一批企业还开展选择性的委托培训,如产品检测、自动化机械操作与程控、产品功能分析研究、电商与现代物流等。

(二)开展产学研教育活动

湖南农大把安化黑茶学校定为师资培训基地,每年派送教师、研究生、博士生进行授课,组织学生实地研究。中科院茶叶研究所把芙蓉山、云台山、高马二溪重点产茶区定为实习、试验基地,经常性地派学生现场学习与研究。中国茶叶研究院指导多家企业开展内部监测、检验工作,培训企业自检人才。

(三)实施教师聘请制度

先后聘请国务院政策研究室李佐军博士专题讲授现代经济与现代产业、绿色经济与安化黑茶课程,聘请湖南农业大学刘仲华教授讲授黑茶产业振兴的要务,聘请北京师范大学、湖南大学旅游专家讲授茶旅融合等课程。邀请了湖南农业大学肖力争(图7-29)、朱海燕、朱旗,湖南省茶叶研究所包小村及浙江大学、中茶院、中茶所等很多教授、研究人员承担黑茶商学院、黑茶茶学院、安化黑茶学校及各类培训机构的兼职教师。

图7-29 湖南大学教授肖力争讲述覃家冲茶厂如何传承基业

第五节　实用型现代安化黑茶科学研究与推广

科学研究是产业发展的驱动器,实用型科学技术研究与推广是安化黑茶持续、快速、健康发展的重要因素。20世纪的上半个世纪,由于国家动荡和条件局限,安化黑茶的科学研究虽付出了代价和努力,但仍然处于萌芽和初始阶段,其成果普遍表现为单一性、环节性、半机械性等特点。下半个世纪,因刚刚建国,百废待兴,以及后来的"文化革命"等因素的影响,安化黑茶科技研究时断时续、小步前行。在理论知识的形成、传统产品的开发、机械化设备研制上虽有进展,但对推动产业发展还没有起到重要作用。从20世纪80年代开始,特别是进入21世纪后,随着把科技创新定为国家战略,安化黑茶科技研究与推广迎来了春天,成为产业发展的重要推力。仅2008—2018年10年中,安化县涉茶专利申请达1537件,其中发明专利198件,实用新型专利153件,外观设计专利 186 件。毗邻的桃江县、赫山区、资阳区在涉茶科研上同样高度重视，并取得了很多成果。湖南农业大学教授、著名茶学专家刘仲华主持，白沙溪茶厂股份有限公司、益阳茶厂股份有限公司等单位参加研究的《黑茶提质增效技术创新与产业化应用》荣获国家科技进步二等奖（图 7-30）；白沙溪茶厂股份有限公司完成的《天茯茶关键技术研究与应用》荣获湖南省科技发明二等奖；益阳茶厂有限公司参与完成的《黑茶保健功能发掘与产业化关键技术创新》荣获湖南省科技进步一等奖；安化县茶业协会完成的《千两茶的制备方案》荣获湖南省专利实施一等奖；湖南梅山黑茶股份有限公司完成的《速溶安化黑茶（茯茶）的研制与应用》荣获湖南省科学技术三等奖。还有制茶机械、下游

图 7-30 2017 年 1 月，刘仲华院士领衔研究的《黑茶提质增效技术创新与产业化应用》荣获国家科技进步二等奖

和外延涉茶产品、包装设计、仓储等产业链上的技术研究成果较多。同时，在现代政府引导、企业管理等领域的科研和新技术推广上，也迈出了可喜步伐。

一、茶叶机械研究与推广

机械化程度普遍低下，是全国茶叶行业的症状之一，也是产业化的巨大阻碍。缺乏机械化，不仅无力大规模工厂化生产，而且产品标准化艰难。当下，劳动力稀缺且成本高，更加呼唤茶产业机械化。针对这种困境，安化黑茶产区进行了不懈努力，已初见成效。

（一）茶叶种植、培管、采摘和干毛茶加工机械化基本成型配套

根据产区茶园坡度大、地块小的特点，研制小型翻耕、除草机。茶叶采摘机械（图7-31）已研制推广选择性和非选择性两大类。其中选择性有折断式、摩擦式两种。折断式利用弯曲折断原理，采摘鲜嫩茶叶，保留粗老枝条；摩擦式是用一对弹性摘指夹住茶叶，依靠摘指与茶叶间的静摩擦力，采摘鲜叶，保留老叶和幼芽。非选择性采茶机又称剪切式采茶机，利用剪切原理采摘茶叶。该种机具结构简单，使用方便，得到广泛应用。

干毛茶加工机械已基本成熟，并初步形成流水线。尤以益阳胜希茶叶机械厂研制的黑干毛茶成套设备为优（图 7-32），杀青、揉捻、烘干全程一次完成。为了广泛推广和使用，安化黑茶产区的市、县政府将茶叶种植、培管、采摘和干毛茶机械全部纳入农机具购置补贴范围，补贴标准达 50%~80%，涉补机具 3000 多件，金额 2000 多万元。安化县还实施干毛茶成套设备额外补贴制度，每套补贴标准为 8 万元。通过持续努力，产区原料环节的机械化生产已具雏形。

图 7-31 唐溪茶场用单人采茶机采摘鲜茶　　图 7-32 益阳胜希茶叶机械厂研制的
黑茶成套加工设备

（二）砖茶全自动化生产设备基本实现

实现产业化，必须工厂化、标准化、清洁化，这是安化黑茶产业形成的首要选择。从 2005 年开始，白沙溪茶厂着手利用现代技术手段对原有半机械进行升级研究，对关键设备集中攻关，取得较好效果。2008 年，益阳市、安化县及产区其他县区政府联手，动员鼓励辖区内有识之士与全国科研单位合作，进行安化黑茶生产机械系统研究与开发，得到广泛响应。目前已有益阳胜希、华威、旺成等近 10 家茶叶机械专业生产厂家诞生，部分茶叶生产企业也开展自主研发，经过努力攻关，已基本实现黑砖茶、茯砖茶全自动流水线生产。益阳胜希茶叶机械厂成为国内最大的黑茶机械设备生产厂，拥有国内领先的自主知识产权的黑砖茶、茯砖茶、青砖茶三大系列、80 余种规格型号的茶机产品，是国家高新技术认证企业。湖南省智能机械设备设计中心已获茶叶机械发明专利 3 项、实用新型专利 27 项，其研发的成套智能砖茶生产线已布局在华莱万隆产业园、冷市产业基地，白沙溪茶厂，益阳茶厂，中茶安化第一茶厂，湖南惟楚公司及四川、陕西、新疆、湖北等黑茶生产厂。其中华莱万隆产业园砖茶全自动流水线（图 7-33）每台班加工达 1 万片，效率比传统加工高，产品质量也稳定提升，完全实现标准化要求。

图 7-33 华莱万隆产业园砖茶全自动加工流水线

（三）关键环节机械设备趋于智能化

安化黑茶一个核心技术是拼配，其前道工序是对干毛茶分级、计量，然后进入拼配、

蒸制、渥堆。这几个节点已往全靠人工完成，
互相脱节，费时费力，标准不一。机械厂
家经过反复研究，已成功生产出全自动色
选机、风选机、拼配渥堆仓等设备，并根
据茶叶特性研制了智能输送带，使整个程
序环环相扣，一气呵成。茯砖茶的核心技
术是发花，即培植冠突散囊菌。培植仓需
要无杂菌、温度与湿度的可变性、以及周

图 7-34 益阳茶厂金花培植车间

边环境的控制性等要素。以茶叶生产企业为主，与科研单位合作研发了智能性"发花仓"（图
7-34）。这一成果保证了"金花"的均匀、茂盛、无变异，同时确保了干燥和形态的标准
化。在产品的后道工序机械化上也有突破，包括打码机、自动包装机、仓储温控湿控智
能系统等。

（四）多种茶类全过程自动化制茶设备研制和清洁化车间有突破

湖南华莱与湖南湘丰茶叶机械厂等联合研制的绿茶、工夫红茶生产成套设备已达
到从鲜叶到成品一次完成的目标。千秋
茶业及上洋茶叶机械厂和本地多家茶机
制造商合作开发的名优绿茶自动化生产
线（图 7-35）配置合理，台时加工鲜叶
100kg 多，且条索均匀，色泽翠绿，香气
浓醇，其产品"千秋龙芽"荣获全国性
多个金奖，湖南省名优茶称号。与传统
手工绿茶比较，既保持了良好而又稳定
的质底、口感、香气，又大幅提高了工效。
清洁化、标准化车间同样对产品安全和
标准统一有重要作用。近 10 年来，产区
企业根据政府发布的车间标准进行升级，
基本实现目标。绝大部分车间实现隔离、
封闭和四有（有消毒室、有车间内标准
制服、有防尘除尘设备、有专用参观通
道）地方标准。华莱冷市加工基地、万
隆产业园、中茶安化第一茶厂、盛唐"小

图 7-35 安化县千秋界茶业名优绿茶自动化生产线

图 7-36 位于湖南华莱万隆黑茶产业园的
安化黑茶质量检验检测中心

黑神"生产车间、益阳惟楚公司等多家企业建有十万级 GMP 车间。产品质量检测设备普遍装备，其中万隆黑茶产业黑茶质量检验检测研发中心按国际一流水准建设（图 7-36），投资超 5000 万元，产品质量及成份含量检测极具权威性。

二、茶园防控体系建设

（一）建立农业投入品监管与激励机制

建立健全农业投入品监管体系。一是严格按照相关法律法规，在上级部门的统一部署下开展体系建设。严格规范本区域农业投入品生产企业的生产销售流程，确保产品质量。在本区域农资销售网点，开设茶园投入品专柜，建立茶叶生产投入品经营诚信档案和黑名单制度。二是明确政府、部门的监管责任。公安、农业执法、市监等部门开展联合执法行动。强化企业和合作社的主体责任意识，授权使用"安化黑茶"证明商标企业的茶园，必须按照《农产品质量安全法》的要求，建立并实行茶园基地监控档案。

制定激励政策，引导基地开展认证。安化县委、县政府出台了安发〔2007〕1 号《关于做大做强茶叶产业的意见》（图 7-37），对获得无公害农产品、绿色食品、有机食品认证的企业，分别给予 1 万元、2 万元、3 万元的奖励。安化县茶业办制定了贯彻实施办法，对被国家认证有机茶园按照 500 元 / 亩的标准予以补助。安化县国家现代农业产业园管委会制定《有机茶园建设资金奖补方案》，支持有机茶园基础设施建设。目前，已经建成农业部授牌的"绿色食品原料标准化生产基地（茶叶、红薯）"面积 1.33 万 hm^2。认证"三品一标"有效认证产品共 96 个，其中无公害农产品 32 个、绿色食品 36 个、有机食品 28 个，地理标志证明商标 2 个。

图 7-37 安化县关于做大做强茶叶产业的意见

桃江县出台了《中共桃江县委桃江县人民政府关于进一步加快茶叶产业发展的意见》（桃发〔2013〕18号）（图7-38），规定对全县新建300亩以上连片无性系良种茶园基地，每亩奖励现金或物化补贴2000元。

图7-38 桃江县进一步加快茶叶产业发展的意见

（二）严格控制化学防控

在区域内建立病虫害预测预警机制，在重点监测区域优化集成高效、低毒、低残留、环境友好型农药的轮换使用、交替使用、精准使用和安全使用，最大限度降低农药使用造成的负面影响，避免出现大规模、爆发性病虫害。禁止使用除草剂（草甘磷）、长效类药物。

（三）积极推广生物防控

在安化县马路镇、仙溪镇等重点产茶乡镇和高马二溪、芙蓉山、云台山等优势特色山头，以"政府倡导领头，企业自主行动"两条腿走路的方式，全面推广生物防控技术。安化县政府及相关部门积极与中茶所、湖南省茶叶研究所、湖南农业大学等科研机构和院校开展合作。与中茶所陈宗懋院士团队开展深度合作，建设"茶树病虫害绿色防控"技术集成示范基地1

图7-39 "茶树病虫害绿色防控"
技术集成示范万亩基地

万亩（图7-39）。湖南华莱生物科技公司、湖南省白沙溪茶厂股份有限公司、安化云台八角茶业有限公司等数十家企业以省茶叶产业技术体系为依托，与湖南省茶叶研究所、湖南农业大学联合共建试验示范基地，在湖南省农业农村厅的特别重视下推广生物防控技术，全县茶园实现全覆盖。

（四）全面实施生态自然调控、生物防控工程

在安化全县大力推广"林中有茶、茶中有林"的生态种茶模式。同时，通过在现有

茶园当中套种天敌蜜源植物、天敌储蓄植物、害虫趋避植物、名贵树木、传统中药材，对大块茶园进行生态分区隔离。恢复茶园生物群落结构、维持茶园生态平衡、促进茶园生态系统良性循环、构建茶园生物链、增加茶园有益天敌种群数量，确保小块茶园的生态调控机制。2014—2018 年底，县内连片面积超过 67hm² 的茶园全部实现了生态防控，累计面积超过 1.34 万 hm²。

三、监控、溯源体系建设

近些年来，我国食品安全问题日趋突出，"三聚氰胺""苏丹红"等恶性事件多次发生；茶行业中一些重点产区、部分大宗产品屡屡发生重金属、残留农药超标问题，消费者出现不信任、恐惧心态，既影响产业的发展，更威胁着人们的健康。为了保障"舌尖上"的安全，国家已高度重视颁布了史上最严的《食品安全法》，并把食品安全上升为国家战略。2015 年国务院办公厅发布了《关于加快推进重要农产品追溯体系建设的意见》，要求推进实用农产品、食品、药品、农业生产资料等 7 大类产品追溯体系建设。同时明确了企业是食品研发和生产的主体，应当承担起保障质量安全的主体责任。从 2012 年开始，安化黑茶产区的监控、溯源与跟踪体系建设启动，现已进入比较成熟的推广期。

监控体系形成常态。主要表现为两种形式：一种以政府职能部门为主体，生产、销售企业和茶叶合作社并入。由安化县茶产业茶文化开发领导小组办公室、安化县茶业协会与移动公司、电信公司等联合开发可视监控系统，对重要茶园基地、骨干特色加工企业并网实施适时、季节监控，该系统主控设县茶业办，由专业人员管理，可调取监控对象适时情况，及时纠错。但由于企业管理方式的不同和企业技艺等商业秘密的原因，工作还存在难度。目前主要监控茶叶生长、采摘、病虫害情况，监控农业投入品使用情况，监控绿色防控执行情况，监控企业清洁化标准执行情况。茶园入网比较多，企业加工环节入网占比少。第二种是企业自主组建监控系统。由企业完全自主，与科研单位合作，根据产品链条的长短，开发不同的监控系统。骨干企业普遍模式是茶园基地—毛茶加工—成品茶加工—仓储—物流—终端销售全产业链监控，并进入企业管理的主要内容。湖南华莱生物科技有限公司、白沙溪茶厂、中茶安化第一茶厂、益阳茶厂、云上茶业等处于领先地位。八角茶业、芙蓉山茶业、高马二溪茶业、浩茗茶业等一批重要企业的监控系统比较先进。他们注重把茶园基地、原料收购、清洁化加工和仓储管理作为监控的关键点，确保每一批产品的质量安全。小型企业的监控系统侧重于加工和仓储环节，既保证质量安全又避免管理漏洞。

溯源体系建设已从试点走向推广。2014 年安化云上茶业公司开始"互联网 + 茶"的探索。公司注入重金，铺设了 2 条 100m 光纤，安装 285 个摄像头，架设 54 个 wifi 基站，实现对茶园基地、环山公路、生产包装车间、仓库的监控覆盖（图 7-40）。2015 年为提升消费者对品牌的信任，也出于品牌正源的考虑，该公司开始着手建立产品可视化溯源系统。与珠海三纬码信息技术

图 7-40 云上茶业监控室显示屏

有限公司共同开发"三阄追溯"平台，在云上茶业的产品追溯中，对每款产品包装上都贴上独一无二的三维编码标识，公司实现了对商品防伪、识别、认证、跟踪及召回等多方面的功能需求，解决商品真伪查询、来源追溯、去向查证、责任追究、物权转移以及损失救济等技术问题，并成功在手机微信端、官方网站上进行全面展示。通过该系统，消费者可以从全产业链的角度直观地察看到从茶树培植、茶园管理、鲜叶采摘、收购、茶产品制作、包装、仓储、销售、物流等各个环节严格把关，从种植地、加工车间、市场营销点到消费者，"从茶园到茶杯"的每一个环节的形态转换过程，做到全程可视频追溯，确保茶真料实，保障消费者的食品安全，事项"真伪可查询、来源可追溯、去向可查证、损失可救济、责任可追究"等技术，率先在食品行业进入"食品安全的绿洲"。

2017 年，云上茶业公司引进大气候农业农眼智能监测管理系统，该系统采集的数据，实时传输存储至气候云 AOS 大数据平台。经过数据计算、分析和可视化管理共享给消费者，实现指导生产、促进销售、食品溯源 3 大应用价值，让每包茶叶从茶苗到采收的全程图像信息，种植过程中的投入品使用信息，包括气象、土壤数据在内的生长环境信息都能透明可视化追溯，在提升品牌信赖度的同时，实现茶叶原产地保护。

云上茶业的率先示范，带动了一批企业的跟进。目前，安化黑茶产区监控体系建设已成为广泛的自觉行动，随着 5G、大数据等高新技术的成熟，物联网在安化黑茶中开始出现，预计近期还将出现新的革命、新的面貌。

四、新产品研究与开发

研究开发新产品是延长产业链的根本，也是做大做强产业的关键。目前安化黑茶产业中，新产品研究与开发已占据半壁江山，并有赶超传统产业之势。

（一）升级型新产品开发

主要指以安化黑茶为主要原料，不改变其基本特性和工艺技术为前提，以提高保健

功效为目的的新产品研发。经过与重点科技单位深度合作、企业自主创新等方式，按照中药配比原理，在干毛茶中配比适量中药材，然后按安化黑茶工艺加工而形成新产品。已开发的有荷香系列产品、桑香系列产品、辣木系列产品等10余种。这类产品的基本特点是：保持安化黑茶固有的功效、口感、香气、汤色、包装形态，采用不同的中药材配比，进一步提升特定的保健功能，以满足不同人群的需求。目前，这类产品市场占比很大，卖点很高。荷香茯砖茶由湖南省中医研究所与安化县茶叶公司茶厂共同研究，按中医配方原理，以干毛茶为主要原料，配比一定份额的荷叶、决明子等中药材。按安化茯砖茶工艺加工而成。中医认为，荷叶具有清热解暑、升发清阳、散瘀止血的功效；决明子是清肝明目、利水通便、降压降脂的中药材。这几种植物配方后的主要功效是：消食减肥、增强毛细血管的韧性、降血糖、降血压、利尿解毒等。湖南惟楚福瑞达生物科技有限公司自主研发的"颗粒黑茶"系列产品（图7-41），用富含"金花"的优质茯砖茶为原料，加入纯天然植物花卉（玫瑰、茉莉花、荷叶、陈皮、菊花），在十万级净化车间，严格按GMP生产管理。该产品已申请国家专利，具有口感多样性，出汤均匀，茶汤清澈，携带方便等优良特性，市场反响良好。桑香系列黑茶其主要配方是安化黑茶、桑叶。由湖南农业大学、湖南省蚕桑科学研究所与安化云天茶业公司共同研究完成的桑香茯砖，已获国家发明专利、湖南省科学技术研究成果奖。辣木是欧美等国家公认的，具有特别保健效果的植物，对排毒及加速新陈代谢有特殊的功效，配比安化黑茶，其保健作用发挥更加充分。由湖南中医研究所与湖南安化辣木茶黑茶有限公司共同研发，目前已完成开发研制，进入专利审查阶段。此外，还有多种科研成果得以转化生产，有待转化的成果也有一大批。

图7-41 益阳惟楚福瑞达公司研发的"颗粒黑茶"

（二）创新型新产品研究与开发

主要是采用现代高科技技术，提取安化黑茶中的有效成分，形成新形态的安化黑茶。目前开发的有速溶茶、茶膏、黑茶浓缩液等多个品种。湖南华莱生物科技有限公司自主研发的速溶黑茶（图7-42），采用成品安化黑茶低温浸提、超滤、反渗透膜技术浓缩、瞬间喷雾干

图7-42 湖南华莱生物有限公司研发的"速溶黑茶"

燥与制粒一体化（二代）或冻干粉（三代）技术形成产品。该技术的特点是芳香物质损失少，大分子物质基本剔除，茶汤清澈亮丽，颗粒空心易溶解，不结块，难回潮。该产品投放市场以来，深受消费者青睐，年销售额突破近2000万元。盛唐黑金茶业公司与沈阳药科大学共同研发的安化黑茶小黑神、小黑珍口服液（图7-43），完全采用安化黑茶成品，在无菌环境下，经过现代分离技术提取有效成分，制成不同功效的口服液。通过严密的活性实验表明，小黑神口服液对抑制黄嘌呤有明显效果；小黑珍口服液明显

图7-43 盛唐黑金茶业研发的"小黑神"功能性茶饮料

抑制a-淀粉酶的活性，缓解和辅助治疗糖尿病效果良好。芙蓉山茶业公司最近成功研发一款茶膏，采用超细磨碾、纳米过漏、超低温冻干等物理技术，提取茶叶有效成份蜜制茶膏。该产品能充分保持茶叶有益成份，茶气醇香、茶味纯正、泡饮方便，同时具有下游产品开发的潜力，市场前景乐观。

（三）延伸型产品技术研究与开发

以安化黑茶为重要原料，开发外延和下游产品。这是安化茶叶产业化的特色，更是做强未来的关键。目前取得成果的有5个方面：① 黑茶饮料技术。通过与娃哈哈集团、湖南农业大学食品院等合作，攻克了保质期、沉淀物的难题，黑茶饮料全面上市。② 糕点中添加黑茶技术。重点研究多种糕点的配方，包括口感、色泽、保质、保健等要素。目前已有茶叶直接添加和茶汤直入制作茶糕点的成熟技术，并形成市场。③ 特定成分提取技术。根据市场需求，研究茶多糖、茶多酚、儿茶素等提取技术，开发面膜、洗面奶、牙膏等系列产品。该技术已由湖南华莱生物科技公司与广东、上海几家科研机构合作成功，多种产品已投放市场。④ 黑茶药理性等特殊内含物提取技术研究。很多资料表明，安化黑茶具有保健乃至治疗功效，长期饮用安化黑茶的部分人员也有体会，但不具权威性，更没有翔实理论支撑。为了深度研究，安化县茶产业茶文化领导小组委聘上海交通大学博士、国家千人计划成员蒋玉辉（图7-44）为领军性高科技人才，领衔进行研究，经过2年多的努力，从安化黑茶天尖类中提取的某种物质被证实具有治疗胰腺疾病的功效，尤其是具有抑制胰腺癌细胞生长的功效。目前成果已向国家申请专利，其论文进入国际权威性杂志审稿阶段。山东药学科学院、吉林药学院等机构也在开展安化黑茶多方位的药理研究，并取得较多成果，是未来

图7-44 蒋玉辉

产业提升重要基础。⑤ 装饰品技术研发。即对安化黑茶紧压技术进行改进、创新，开发室内装修、装饰品。茶叶普遍具有吸收异味、净化空气、散发清香等特点，民间早有以工艺茶作饰品的习惯。近 10 年来，安化黑茶饰品科研上，重点进行紧压、模具、防潮防裂、变型控制等工艺技术研究，已开发出茶叶动物模型、屏风（图7-45）、室内摆件等多品种、多式样的产品。

图7-45 安化黑茶屏风

（四）配套产品研究与开发

围绕安化黑茶开展的饮用器具、大体量茶解体包装技术等各方面的研究与开发不断推陈出新。由湖南易泡科技有限公司与多家科研单位共同研发的易泡智慧饮茶机，经过近 5 年的研究，已正式形成产品投放市场。该产品具有智能、自助、冷热、大数据、便捷、支付、视频等功能，消费者扫码即可品尝现煮安化黑茶，特别适合机场、车站、码头等人流集中的公共场所使用。此外家用、办公室小型煮茶器具已有数十种投放市场。针对安化千两茶体量大、黑砖茶硬度高而造成饮用不方便的难题，研发的小型切割机、液压对冲机现已批量生产。包装机械和包装产品更是发展较快。具有地方鲜明特色的竹制、木制包装产品层出不穷，尤其是以本地盛产的楠竹开发的千两茶包装系列和天尖茶系列包装产品更具个性和特性，年使用额近 3 亿元。围绕安化黑茶茶艺展开的茶具研发产品近百种，其中冰碛岩茶具研发生产企业 20 多家，茶杯、茶壶、茶盘、茶台等一应俱全（图7-46），本地石质、陶瓷及竹木茶具也丰富多样，成为安化黑茶产业衍生家庭的成员。

图7-46 用6亿年前形成的冰碛岩制成的茶器

第六节　益阳市茶叶学会

益阳市茶叶学会成立于1979年，是益阳市茶叶科技工作者和茶叶企事业单位等自愿结成的学术性法人社团，是党和政府联系茶叶科技工作、企事业单位的桥梁和纽带，是政府发展茶叶科技事业的重要社会力量。

益阳市茶叶学会的主要工作：开展省、市内茶叶学术交流活动；编辑出版会刊《茶声》和科普宣传资料；普及茶叶科学技术知识，积极传播茶叶先进生产加工技术与经营管理经验。对全市重要的茶叶科学技术政策和产品质量、人才技术水平评定发挥咨询参谋作用；根据国家经济建设和科学发展需要，单独或配合有关单位举办各种培训班、讲习班和进修班，努力提高会员水平，并积极发现和推荐人才；评选、推荐和奖励优秀论文。评选推荐优秀科技工作者；推动茶叶科技进步，提高茶叶制品科技含量，评选、推荐和奖励名优茶产品；开展茶文化活动，培养与选拔茶艺优秀人才，宣传、普及饮茶知识，推动茶叶消费；举办为茶叶科技工作者服务的各项活动。

益阳市茶叶学会成立 40 多年来，开展了一系列卓有成效的活动：

一、组织技术培训，培养茶叶科技人才

与湖南城市学院、益阳电大、益阳市供销社、益阳市茶叶局、安化茶叶办、益阳湘穗电脑培训学校、益阳茶叶职业技术培训学校等组织机构合作，对会员单位负责生产技术加工的相关人员进行不定期的系统培训。组织会员单位相关专业人才，撰写学术论文，多篇论文在湖南省茶叶学会学术年会上荣获一、二等奖。积极参加中国茶叶流通协会、湖南省茶叶学会、湖南省茶叶协会等省一级的学术高峰论坛，开展学术交流。

二、组织科技下乡，指导茶农茶企生产加工技术

在益阳赫山、桃江、安化、资阳等县（区）建立茶树优良品种示范点。经常性地深入这些县（区）茶叶初制加工示范点，指导茶农采茶制茶。开展茶叶精制加工调研，举办经验交流座谈会。组织异地考察学习交流，提高益阳茶企现代化、标准化、清洁化生产加工技术水平与系统化、程序化、规范化生产加工管理水平。

三、编辑出版学会专刊《茶声》和宣传资料，搭建学术、文化、经验交流平台

1982 年 9 月创办内部刊物《茶声》，由"当代茶圣"吴觉农题写刊名，是一份立足益阳、面向全国，融知识性、实用性、新颖性和趣味性于一体，宣传、推广、普及茶叶科学技术，弘扬茶文化，传播茶叶信息，为茶业服务的科技、文化类期刊，是益阳广大茶叶茶学科技工作者经验技术、创新研讨、学术科研交流的平台。编写茶叶科技知识手册，多渠道发放给益阳市民，让更多的茶叶爱好者进一步了解茶叶的历史文化，科学地认识茶叶、辨别茶叶、品评茶叶和科学客观地宣传推广益阳茶叶。积极参加全国科普日活动、益阳

科协组织举办的科普专题活动、万人饮茶活动、茶叶知识进社区、进校园活动。

四、积极组织会员单位与湖南农业大学、湖南大学、湖南省茶叶研究所、湖南省茶叶学会、湖南城市学院等高等院校与科研院所开展科研合作

会员单位湖南省益阳茶厂有限公司等与湖南农业大学合作的《茯砖茶发花理论与技术》荣获 1998 年国家外经贸部科技进步三等奖；《黑茶功能发掘与产业化关键技术创新》荣获 2012 年度湖南省科技进步一等奖。《黑茶提质增效关键技术创新与产业化应用》荣获 2017 年度国家科技进步二等奖。获奖项目的技术成功在生产中得到推广应用，大力提升了黑茶产业的技术水平，取得了令人瞩目的经济效益与社会效益。

08

第八章 安化黑茶茶道茶艺

饮食文化是东方文化的重要内容，以茶道为核心、以茶艺为表现形式的茶文化更是靓丽风景。茶道茶艺随茶而起，伴茶而兴。茶艺是在茶道精神指导下的茶事实践，包括泡茶的技术和饮茶的艺术，涵盖选茶、择水、配器、场景布置、声乐选配等内容，是强调以娴熟烹茶（包括沏泡、煎煮）技术为基础的生活艺术。形成于唐，发展于宋，成熟于明清。唐代以后，中国的茶传播至日本、韩国等国家和地区，并顺应各民族传统、地域文化和生活方式的差异而演化，形成了日本茶道、韩国茶礼等文化形态，其共同点是在饮茶过程中重视艺术的享受和精神的升华。

图 8-1 泡好每一杯黑茶

当前，我国茶艺比较成熟且影响深远的有潮州工夫茶茶艺、台湾乌龙茶茶艺等。以安化为代表的益阳是古老的茶乡，在长期饮茶的过程中形成了独具特色的茶俗，深深地融入了百姓生活，作为日常饮品和待客之礼广泛存在。近 10 年来，通过专家、学者、茶文化爱好人士的不懈努力，不仅规范了安化黑茶的冲泡技术，而且创作了一系列具有鲜明地域特色的安化黑茶茶艺节目，黑茶茶艺作为烹好一杯黑茶的技术和品好一杯黑茶的艺术，成为各大文化节、博览会上推介黑茶产品、传播黑茶文化的喜闻乐见的形式（图8-1），也登上了很多重大节庆活动的大堂，安化茶道茶艺体系基本形成。

第一节　安化黑茶的烹饮器具

茶饮初始阶段，茶器与酒器、食器等共用，自唐代后，始有专用规范成套茶器，随着茶饮的普及，茶器地位日渐重要，甚至在讲究品茗艺术的群体中，有了"器为茶之父"的认知，足见茶器重要的地位。益阳茶乡饮茶习俗久远，民间出现了诸多传统的烹饮器具，而步入 20 世纪以来，伴随着茶文化的繁荣，人们对品饮艺术的追求日益精进，创新了一批融入湖湘文化、梅山文化的安化黑茶特色器具。

狭义的茶具是指茶杯、茶壶、茶碗、茶盏、茶碟、茶盘等盛饮用具。根据制作材料和产地不同，茶具可分为玉石茶具、石器茶具、陶土茶具、瓷器茶具、漆器茶具、玻璃茶具、金属茶具和竹木茶具等几大类。按泡茶时茶具所起作用的大小，人们常常将其分为主要器具、辅助器具。近年来，增添冲泡情趣的茶宠悄然兴起，蔚然成风。

一、传统烹饮器具

传统茶叶烹饮器具，是指茶乡人们日常饮茶烹煮过程的器具。安化黑茶品饮区域日常烹茶，多以"老毛叶""烟熏茶"等自饮茶叶为主。这种茶以山泉水、大铁锅煮成，以农家茶桶盛放，供家人劳作及路人饮用，称为"煎茶"，是茶乡传统"粗茶淡饭"生活的重要内容。煎茶的器具大多与烹饪器具融为一体，粗犷大气，世代沿用。

① **竹笕与水缸**（图8-2）：以楠竹对剖成两半，保留根部一个竹节、去掉其它竹节，两片前后尾首对接并固定，即为竹笕。山泉通过竹笕凹槽，翻山越岭流入农家大型贮水缸，形成最原始的饮用水体系。贮水大缸一般以木石制成，大的可以容水十余担。

② **大铁锅**：大铁锅为铸铁制造，直径在0.5m左右甚至更大。煎茶时先加清水烧开，以洁净纱布包裹洗净的黑茶投入水中，煎煮约8min左右即舀出盛于大茶桶内。

③ **茶桶**：大茶桶有陶制或木制两种（图8-3、图8-4），一般均由桶把、桶体及桶嘴组成，盛贮茶水可供一家人饮用3~5d。旧时为使茶桶经久耐用且倒茶容易，还在茶桶上安装一个木轴，连接在茶桶外面的木架上，倒茶时以一手扳桶把使茶桶侧倾，另一手以碗钵放桶嘴下方接茶水。茶桶及茶架设计科学、制作精巧，即便是四五岁儿童，也能以一己之力倒茶享用。

④ **饮器**：均为粗瓷海碗（图8-5）、陶制钵或杯，与餐具共用；如果上山劳作，则以竹筒盛茶随身携带，因此竹筒就是山民的水壶。竹筒以直径合适的楠竹中段制成，保留上下两个竹节，下节作为筒底，上节开小口、置小木塞作为筒嘴，上节以上保留适当竹壁作为提携之用（图8-6）。

图8-2 竹笕与石制水缸

图8-3 清代木制茶桶

图8-4 民国时期绿釉陶瓷大茶缸

图8-5 清代茶碗

图8-6 1933年茶筒

⑤ **其它辅助用具**：煎茶的茶具中还有诸如茶篓、水瓢、茶盘等辅助用具，其材质多为竹木。

二、当代烹饮器具

安化黑茶当代烹饮器具，在材质上由传统转为多类并用。

（一）主要器具

① **煮水器**：一般采用铁壶、玻璃壶、陶土壶、不锈钢壶（图8-7）、（图8-8）等。

② **泡茶器**：安化黑茶适宜选择腹部较开阔、有盖、保温性能较好的茶器为主泡茶具，以便沏出黑茶的醇和滋味，常用的有铜官窑陶土器、紫砂茶器（图8-9）或冰碛岩盖碗、瓷质盖碗、玻璃盖碗。

③ **分茶器**：即公道杯。可选择与泡茶器同材质的分茶器。另外，安化黑茶的汤色有较强的欣赏价值，因此透明的玻璃公道杯常被选用。

图8-7 广东东菱鸣盖多功能煮茶器

④ **茶海**：俗称茶台。根据茶艺表演的主题、茶席布置的协调性来选择不同的茶海。常见的有实木质茶海（图8-10），一般需要用塑料管连通废水桶，方便长时间泡茶。茶海外形面积较大，质量较重，给人以浑厚、质朴之感；竹制茶海，带有盛装废水的塑料盘，方便短时间泡茶，其外形面积适中，质感轻盈，方便携带，竹面上常雕刻有古典风韵的花纹，给人以古朴、舒适之感；石制茶具，用天然的整块石头雕刻而成，质地厚重，表面光滑，给人以清凉之感，形状多不规则，特别是安化冰碛岩茶海，若能在炎炎夏日用此质地的茶海泡茶，不枉为美事一桩。

图 8-8 安化天宝仓顺天然煮茶器

图 8-9 宜兴紫砂壶

⑤ **品饮器**：品茗杯，用来品饮茶汤。品安化黑茶时以杯容量在 30~50ml、内有白色釉层的品茗杯为宜，以便于欣赏黑茶的汤色，舞台表演时，透明玻璃杯更利于观赏汤色。

图8-10 用资水河中的阴沉木制作的茶台

⑥ **茶盘**：用来奉茶。一般采用木质或竹制的方盘、圆盘或其它形状的茶盘（图 8-11、图 8-12）。茶盘一般有边缘，防止茶杯滑落，边缘高度约 1~2cm，茶盘的颜色应与茶席的主体设计相符合，颜色低调、素雅，禁忌采用浮夸的颜色。

图 8-11 清末民初八方木雕茶盘　　图 8-12 清末民初六方四格竹编茶盘

（二）辅助用具

在泡茶过程中起辅助作用的用具：包括茶则、茶匙、茶夹、茶漏、茶针、茶荷、茶巾、茶叶罐等（图 8-13）。

① **茶则**：把茶叶从盛茶用具中取出的工具。用来衡量茶叶的用量，确保投茶准确。

② **茶匙**：辅助茶则将茶叶拨入泡茶器中。多为木、竹制品。

③ **茶夹**：相当于手的延伸工具，用来夹取杯具，烫洗茶杯用，还可以用来夹泡过的茶叶。

图 8-13 茶道组合

④ **茶针**：用于疏通壶嘴。

⑤ **茶漏**：圆形的小漏斗，当用小壶泡条形茶时，将其放置于壶口，茶叶从中漏进壶中，以防茶叶洒到壶外。

⑥ **茶荷**：将茶叶从茶叶罐中取出放在茶荷中以供观赏，便于闻干茶的香气。多选用瓷、陶制品，以白色为佳。

⑦ **茶巾**：用来擦干茶壶或茶杯底部残留的水滴，也可以用来擦拭清洁桌面。

⑧ **茶叶罐**：盛装茶叶。

（三）茶　宠

茶宠，也称为茶玩，用来装点和美化茶桌，是茶具发烧友必备的爱物。茶宠和茶壶一样，需要养护，经常要浇灌茶汤来滋养，茶宠的选购完全取决于个人喜好。近年来，以梅山文化为中心的茶宠如"张五郎"，以冰碛岩为材质的茶宠更是形态各异，有生肖系列的狗、猪、牛、龙等；还有吉祥如意的三足金蟾、鱼化龙、招财猫、弥勒等（图8-14），摆放在茶桌间，不仅能表达良好的寓意，更添品饮安化黑茶的意趣。

图 8-14 茶宠

三、创新烹饮器具

随着安化黑茶产业的发展，消费群体愈益庞大，设计有文化特色、品饮便捷、适宜不同群体需求的烹饮器具成为安化黑茶文化传播的亮点。

（一）以安化特有冰碛岩为原料的安化黑茶专用茶器

陶瓷艺术大师、非物质文化遗产传承人彭望球将铜官茶器和黑茶结合，成功化冰碛岩为釉，创制了以安化冰碛岩为釉的黑茶品饮杯，让黑茶茶汤更加回甘。还设计了黑茶专用闷泡盖碗、"冰碛岩煮茶器"等系列黑茶器具（图8-15）。

图 8-15 黑茶专用闷泡盖碗与冰碛岩煮茶器

安化胖鱼公司、湖南秋忆浓冰碛岩开发有限公司等多家企业，利用冰碛岩原石雕琢文玩把件、雕凿茶具容器（图8-16、图8-17）。由于冰碛岩形成过程中，砾石、硅质与其它物体随机包裹排列，使得每一款冰碛岩茶具都不相同，有的如璀璨夜空中的星座，有的如错落有致的寒梅，对冰碛图纹的创意利用，增添冰碛岩制品艺术魅力。"梅山冰碛岩艺术"已被列入安化县第六批非物质文化遗产传统美术名录。

图 8-16 胖鱼公司冰碛岩茶具

此外，湖南"凤来祥"公司精准定位，为

图 8-17 秋忆浓冰碛岩茶具

黑茶配器，以梅山蛮陶作创意，设计出多彩蛮陶系列。还有铜官祥兴窑所开发的安化黑茶冲泡器具，以及冰碛岩的研发产品（图8-18），其代表作品"六方"，安化本土创作者设计研发的"老茶桶"。这些富有创造力的现代工艺家，成功地开启了"湘茶配湘器"的黑茶茶器的创新思路，为安化黑茶品饮文化与湖湘茶文化的弘扬注入了新的活力。

图8-18 铜官祥兴窑研发的冰碛岩茶壶

安化慧鑫居瓷厂、湖南白沙溪茶厂研制生产出"益美益阳"系列茶器，不仅极具创意，古雅别致，是案头清赏之物，亦是名副其实的"宜茶"之器。白沙溪茶具系列产品分为茶道具系列（图8-19）茶电器系列、汝窑系列、陶瓷系列、铁壶系列、紫砂壶系列六大系列产品。从造型、功能、材料、工艺等方面均有创新，且包含文化底蕴。

图8-19 安化慧鑫居瓷厂生产的茶叶储存罐

例如，"马到成功"纪念版限量铁壶（图8-20）设计成汉武帝君临天下的造型，并把中国传统吉祥元素如意造型做成铁壶把手，不仅造型独特新颖、美观大方，同时在使用上也符合人体工学原理，提壶时手感舒适，另外在壶盖上排气口巧妙的结合十二兽首之龙首的元素，龙首象征吉祥、权利和威严，同时铁壶水开时蒸汽从龙嘴中喷出，宛如一道祥龙腾云驾雾的风景，壶身两侧配以浮雕长城的图案，整个铁壶气势磅礴、器宇轩昂。

图8-20 白沙溪茶具"马到成功"纪念版限量铁壶

（二）智能化的即饮茶器

湖南易泡智慧饮科技有限公司以智能茶饮终端为载体、以新式茶饮消费体验为基础，深度融合物联网、人工智能、新零售，研发了一款全球首创、基于物联网模式、结合中国茶饮特点的物联网智慧茶饮机（图8-21），其投茶、煮茶、出茶等全过程智能化操作。通过后台系统控制投茶量、水量、水温和冲泡时间，实现茶水冲泡标准化，打造智能化的烹饮方式，特别适合街头、商场、学校等公共场所使用。该类产品也促进了安化黑茶的快捷化、智能化烹饮的发展。

泉笙道"茶饮机"（图8-22）"沏茶器""茶艺机"，引领现代茶饮风潮，帮助广大消费者养成了健康、时尚、简约的饮茶习惯。泉笙道全智能茶艺机实现六大茶类实时准控温控时手机 app 一键冲泡，运用"互联网＋茶"应用技术，打造茶亲茶谱，实现了对传统茶行业提供高新技术服务的愿景，为现代都市人打开全新的茶饮服务篇章。

图 8-21 易泡智慧饮科技三代机产品　　　　图 8-22 泉笙道茶饮机

第二节　安化黑茶的烹饮择水

　　水是生命之源，也是茶之基质。"水为茶之母"，是前人从茶事实践中总结出的宝贵经验，告知我们饮茶择水的重要性。安化黑茶须有好水冲泡，既为充分散发黑茶的色、香、味之美，更为积极发挥黑茶的养生保健功效。郑板桥曾书一幅茶联："从来名士能评水，自古高僧爱斗茶"，点明了自古以来"评水"就是品茶的重要基本功。明代许次纾所著《茶疏·择水》中云："精茗蕴香，借水而发，无水不可与论茶也"。清代张大复甚至把水品放在茶品之上，认为"茶性必发于水，八分之茶，遇水十分，茶亦十分矣；八分之水，试茶十分，茶只八分耳。贫人不易致茶，尤难得水"。

　　历代古人为众多的名泉好水做出了判定，为后人对泡茶用水的研究提供了非常宝贵的历史资料。但是，古人判别水质的优劣，因受限于历史条件，无论以水源来判别、以味觉判别，还是以水的轻重来判别，均是凭主观经验，难免存在一定的含糊性和片面性。而今天，我们在选择泡茶用水时，可以借助现代科技手段测定水的物理性质和化学成分，从而更为客观、精准地判定水质的安全性和可靠性。安化黑茶烹饮用水时可以根据水的"三度"即软硬度、酸碱度、温度来选用。

一、水的软、硬度

　　水按其中含有的物质可分为软水与硬水两种。软水是指天然水中的雨水和雪水，硬水是指泉水、江河之水、溪水、自来水和一些地下水。水的软硬之分是看其中是否含有钙、镁离子，含碳酸氢钙和碳酸氢镁较多的水为硬水，反之为软水。具体标准以钙、镁等离子含量每升水超过 8mg 的为硬水，少于 8mg 的为软水。

　　硬水也不是绝对不可以用来泡茶，如果水中所含的是碳酸氢钙和碳酸氢镁，可以通过煮沸的办法，使之沉淀，如同我们所见的烧水壶底上常有一层白色坚硬的物质，就是碳酸氢钙和碳酸氢镁沉淀的产物。经过煮沸后的水也就转化成了软水，可以转化的硬水是暂时硬水。有些硬水含有钙和镁的硫酸盐及氯化物，这些物质不能通过煮沸消除，所以也不可能转化成软水，这种硬水是永久硬水。水的软硬会影响茶叶有效成分的溶解度，从而影响茶汤的滋味与汤色。烹饮安化黑茶的水泡以软水或暂时硬水为宜。硬水泡安化黑茶，茶味淡，茶香低。

　　目前，常见的软水是经过人工加工处理的蒸馏水和纯净水。一种将硬水加工成软水的简便方法是将自来水搁置、煮沸，操作方便，是一般大众首选的软化水方法。

二、水的酸、碱度

　　水的硬度不仅与茶汤品质关系密切，其中水的硬度还影响水的 pH 值（酸碱度），而 pH 值又影响茶汤色泽。当 pH 值大于 5 时，汤色加深；pH 值达到 7 时，茶黄素就容易自动氧化而损失。用含铁、碱过多的水泡安化黑茶，茶汤上容易起"锈油"，茶味变涩，颜色变深。

　　总结起来，现代常用鉴别水质的主要指标是：

　　① 悬浮物，是指经过滤后分离出来的不溶于水的固体混合物的含量。

　　② 溶解固形物，是水中溶解的全部盐类的总含量。

　　③ 硬度，通常是指天然水中最常见的金属离子钙、镁的含量。

　　④ 碱度，指水中含有能接受氢离子的物质的量。

　　⑤ pH 值，表示溶液酸碱度。

　　烹饮安化黑茶的水以悬浮物含量低、不含有肉眼所能见到的悬浮微粒、硬度不超过 25°、接近中性以及非盐碱地区的地表水为好。

　　如没有条件进行检测，应选用清洁、无色、无味的水泡茶，现代城市中很容易购得的 TDS（总溶解性固体物质）小于 60 的瓶装水、纯净水都适宜用来烹饮安化黑茶。自来水中的氯离子会使茶叶中的多酚类物质氧化，影响汤色，破坏茶味，因此建议不直接用来泡茶，如一定要用，使用前应经过过滤器过滤或静置一昼夜后再用。

三、水温与茶的关系

　　古人对泡茶的水温十分讲究。陆羽在《茶经·五之煮》中说"其沸，如鱼目，微有声，为一沸；缘边如涌泉连珠，为二沸；腾波鼓浪，为三沸。已上水老不可食也。"明代许次纾《茶疏·汤候》中说得更为具体"水一入铫，便需急煮，候有松声，即去盖，以消息其老嫩。之后，水有微涛，是为当时；大涛鼎沸，旋至无声，是为过时；过则汤老而香散，决不堪用。"古人将沸腾过久的水称为"水老"。此时，溶于水中的二氧化碳挥发殆尽，泡茶鲜爽便大为逊色。未沸滚的水，古人称为"水嫩"，也不适宜泡茶，因水温低，茶中有效成分不易泡出，使香味低淡，而且茶浮水面，不便饮用。

一般来说，泡茶水温与茶叶中有效物质在水中的溶解度成正比，水温越高，溶解度越大，茶汤越浓；反之，水温越低，茶汤就越淡。安化黑茶所用原料一般比较成熟，多数产品还经过紧压成型，烹饮时，天尖等芽叶型散茶水温95℃左右，其他皆需要接近100℃开水冲泡，才可以显现出安化黑茶香气开阔上扬、滋味醇而不涩的特性。有时为了保持水温，不仅在冲泡前用开水烫热茶具，且在冲泡过程中，也常用开水淋壶。少数民族区饮用的砖茶，多将砖茶敲碎，放在锅中熬煮。

四、益阳宜茶泉水

山泉水是通过自然净化后从山上泉眼中涌出的天然水，是我国民间特别认同的一种饮用水，普遍认为是烹茶的极品。唐陆羽《茶经》（图8-23）认为，"山水上，河水次，井水下。其山水，拣乳泉石池，慢流者上；其瀑涌湍漱勿食之……"明代屠隆认为"汤者茶之司命也"，然而汤来自于水，因此"好山好水出好茶，好山好水好泡茶"，这是一般的常识。益阳优质的山泉水，既是茶叶优良品质的保障，也是冲泡安化黑茶的首选。

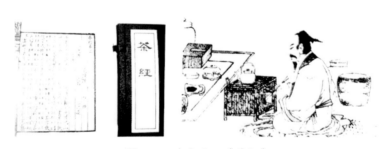

图8-23 唐代陆羽《茶经》

（一）益阳山泉水的主要特征

天然泉水的形成与气候、地质、区域生态环境等条件有很大的因果关系。并非任何地方都有天然泉水，也不是所有的天然泉水都适合日常饮用。自然环境不一样，每一眼泉水也都不一样。在古代，哪座山上发现了难得的泉水，这座山也就成了名山。

益阳市自古就是山泉水资源富集的地域，全市山泉水质优、量大，具有明显的特征：其一，遍布全市、富含地下水的岩层构造裂隙发育充分，这种裂隙提供了地下水运移、储存的基础条件。其二，气候温和湿润，降水量较为丰沛；植被丰茂，水源涵养能力强，雨水相当一部分可以补充到地下。其三，适宜于泉水生成及补充的天然小气候，白天气温较高，促使水汽蒸腾，而夜晚气温下降，有利水汽凝结，并不断向下运移、补给，直至地层深处的构造裂隙部位，一年四季从不间断，尤其是昼夜温差较大的夏秋季节，凝结水向地下水补给量持续不断，即便久旱无雨也能保证充沛的地下基岩裂隙水资源。其四，境内地层矿物含量丰富，尤其以人体必须的锌、硒、锶等微量元素比较齐备，而对人体有害的硫、铬、镉等含量极少。

优质山泉水一般要求符合"活、甘、清、轻"的标准。流动的水谓之活；含多种矿物质的弱碱性水遇口中的糖略有甜味，谓之甘；水质洁净、透澈无杂质谓之清；可溶性钙、镁化合物含量少，水的硬度低谓之轻。符合这些要求的水泡茶，更有利于茶叶中的多酚类物质、氨基酸、咖啡因等物质的浸出。益阳市西靠群山、北临洞庭，其下属的安化县、桃江县等地的山泉水具有质优、量多、发展潜力巨大等特点。以山区为例，安化重峦叠嶂、高沟深壑，森林覆盖率接近90%，加之地处亚热带季风性湿润气候，山泉水资源十分丰富，可以

图 8-24 安化县九龙池清泉瀑布

说"山山淌鸣泉，村村有水井"（图 8-24）。而且因为是山区，绝大多数井水都是活水，出自岩隙之中，四季长流不辍。山里人家用楠竹剖成两半，保留根部一个竹节，去除其它竹节，谓之竹笕；然后从山泉眼或小溪取水处开始，将竹笕首尾相连，置于山坡之上固定；清澈的山泉水就顺着这半片竹笕，翻山越岭流入家家户户的水缸，成为煎茶烹饪的必需。

安化县、桃江县大多数高山泉水富含二氧化碳和各种对人体有益的微量元素，且经过砂石的过滤，水质清净晶莹，含氯、镁、铁等化合物极少，以之泡茶，能使茶的色、香、味、形得到最大发挥。因此，益阳大多数山泉水都符合 GB8537-2018《饮用天然矿泉水》的标准，即是从地下深处自然涌出的，含有一定量的矿物质、微量元素或其他成份，并未受到污染的水。其感官要求和理化指标处于国家标准所规定的范围之内。同时，益阳大多数山泉水 PH 值稍高于 7，一般为 7.4~8.1 之间，为天然弱碱性水。

益阳市全市山泉水（矿泉水）资源非常丰富。市城区矿泉水（主要是地下水）总面积 $18.53km^2$，储量约 6 亿 t，大多数为高偏硅酸型优质矿泉水，偏硅酸含量在 80mg/L 以上，远远高于国际 25mg/L 的标准。安化县和桃江县地下水资源（指境内孔隙水、裂隙水与岩溶水）中，有单井日采水量 100t、年采水量在 3 万 t 以上的资源多处，绝大多数是可源源再生的优质山泉水和矿泉水，具有低钠、低矿化度、重碳酸钙镁，富含偏硅酸和氡的特点，

并含有锂、锶、锌、硒、碘等十多种对人体有益的微量元素,属于优质矿泉水。

近年来,益阳市充分利用优质山泉水(矿泉水)资源,加强优质山泉水(矿泉水)开发,目前初步建立的山泉水(矿泉水)源基地有益阳市城区、桃江县洪山竹海,以及安化县芙蓉山、六步溪、九龙池、辰山等多处,年产销量约300万t。下一步,全市将进一步支持企业依托"山水茶旅"优势,促进富硒山泉水、优质茶泉水等项目开发,并与国内大型饮料企业合作发展安化黑茶饮料产业。

(二)安化山泉水的分布

安化山泉水品质优良,名泉好水分布广泛:前乡芙蓉山支脉、洢溪和沂溪流域,主要包括梅城镇、乐安镇、清塘铺镇、仙溪镇、大福镇、长塘镇等地;辰山、五龙山支脉,辰溪、大西溪、思贤溪、麻溪、白沙溪、平溪、滔溪等流域,主要包括滔溪镇、小淹镇、江南镇、田庄乡全境和东坪镇部分;福寿山、九龙池支脉,平溪、探溪、毗溪、唐溪、小柘溪等流域,主要包括平口镇、烟溪镇、柘溪镇部分和古楼乡、南金乡全境;云台山山脉,烟溪、瀼溪、潺溪、对口溪、柘溪等流域,主要包括烟溪镇大部、柘溪镇和东坪镇部分、奎溪镇和马路镇全境;仙池界、乌云界和插花岭支脉,柳溪、槎溪、株溪、渭溪、河曲溪、思模溪、善溪、湛溪等流域,主要包括东坪镇部分及龙塘乡、冷市镇、羊角塘镇全境。

(三)名泉与名井记录

① **诸葛古井**:诸葛古井位于益阳市资江北岸今资阳区东兴贤街(五马坊)曹氏宗祠内。传三国蜀汉据荆州时,丞相诸葛亮所掘。明代曾经疏浚,今址不存,近年恢复。

《益阳县志》载其:"深数丈,砖壁内圆,上窄下宽,石瓮其口,水之盈缩视资水为增减,水亦清冽。"

② **梅岭寒泉**:梅岭寒泉是洢溪支流今梅子岭的一条小溪,其泉甘冽,岭有茶亭,位于洢溪梅城镇以上,是安化最早被记载的泉水。相传民国初年,毛泽东来安化作社会调查时,曾题"洢水拖蓝,紫云返照,铜壶滴漏,梅岭寒泉"四景。

③ **镜泉浴月**:镜泉浴月是安化县最有名的山泉水,一名莲花涌泉,出于观音洞,在今乐安镇官溪村观音冲,是资水一级支流洢溪的源头。据同治《安化县志·卷六》载:密竹山之东南五里曰观音洞,洞高3丈[①],广数丈,自穴而入,空敞如殿,中有观音相,倚石而坐,璎珞眉目俨然如塑。后有江水,前有平石,长数丈,击之如鼓声。洞口深黑,明火而入,中渐空敞。洞左石壁横开,平坦多水,斜竖一石,有圆窍引光射水,形如满月,名曰镜泉,县中十景所谓"镜泉浴月"是也。莲花涌泉有"莲泉、慈相、镜月"三绝:

---

①1 丈 ≈ 3.33m

一是洞上有湖，湖水通过岩石缝隙渗下，在观音洞下形成涌泉池，池面大达千余平方米，水从 5 个泉眼涌出，每个泉眼涌水直径为 1~2m，流量 5~0.5m³/S，终年不绝，远看似莲花朵朵，荡漾池中。二是池上观音洞颇为宽敞，内有石钟乳自然形成的观音像，形象十分逼真，"璎珞眉目俨然如塑"，故四方善信皆以此水为杨柳甘露，奉若神明。三是观音洞左边，有一块极大的平坦石壁，壁上有水漫流，另一石斜立于石壁之上，中间有一圆孔，当光线通过立石的圆孔照射到池中，恰如一轮满月，池面如镜、束光如月，故称镜泉浴月。旧时"安化十景"中有二景出自此处，一是"镜泉浴月"，二即"仙岩佛像"。

④ **灵龟兆雨**：灵龟洞今清塘铺镇郊，高 3m 有余，宽 2m 多；东有石穴，水出常满，水中有石如龟，昂首浮于水面，其前有另一石蜿蜒如蛇。自北宋末期建置安化县以来，历任安化知县遇旱则在灵龟洞为全县百姓求雨，据说如果摩擦水中龟形石的背部，如果有活龟的腥气，则求雨必定成功。古时知县求雨成功之后，还须在县衙或祭台上接下一些雨水，还回灵龟洞。为便于求雨仪式举行，旧时灵龟洞上方还建有龙王祠，后毁。宋安化县令郭允升有《送水回灵龟洞诗》云（同治《安化县志·卷六》）：

谁将快剑斫苍石，泻出玉虹三百尺。奔流直注古潭心，卷雾喷空潭影澄。

大声隐隐非雷霆，一洗万古山无青。崩岩断谷拱奇秀，至今洞有龟蛇灵。

我疑神龙宅幽邃，含有骊珠贪熟睡。为君鞭起跨玉京，坐致商霖鲜旱岁。

"灵龟兆雨"也成为旧时"安化十景"之一。

⑤ **泉塘沸玉**：泉塘在芙蓉山北麓，今仙溪镇泉塘村，其西即泉塘寺，相传始建于唐代，为沩山密印寺下院之一。旧时泉塘阔 2 丈、深 2 尺[②]，传闻咳嗽声泉即沸出，白沙数颗随泉上涌，以手掬之叠出不穷。古时泉塘寺僧以芙蓉山茶制作佳茗奉客。明教谕方清有诗云（同治《安化县志·卷六》）：

一泓清浅漾晴沙，咳吐俄生水面花。

沼芷溪兰三月暮，好将龙沫瀹新茶。

"泉塘沸玉"同样是旧时"安化十景"之一。

⑥ **漂水洞**：在今田庄乡浪山之麓，崖壁峭立，水溜数十丈，宛如白练，虽盛暑亦寒（图 8-25）。相传有龙伏其中，清道光己酉年（1849 年）忽雷雨大作，一巨石塞其口，旁一石有马蹄迹，俗呼马蹄崖。漂水洞不仅有神奇的泉水，还是安化旧时盛产好茶的"六洞

图 8-25 安化县田庄乡漂水洞飞流

---

②1 尺 ≈ 0.33m

二溪"之一（同治《安化县志·卷四》）。

⑦ **九龙池**：为湘中雪峰山主峰，海拔 1622m，在安化县南金乡药场村，峰顶古池，九股清泉从池底涌出。相传远古黄帝登熊山，以金龙九条镇此，故名。池水甘甜清冽，清澈见底，叮咚之声清雅悦耳（图 8–26）。

图 8–26 安化县九龙池饮用水

⑧ **四眼井**：渠江镇连里村有四眼井（图 8–27），按地势自高而低分面 4 个井口，分别作饮用水、食品类洗涤、衣物洗涤、其它洗涤。

⑨ **梅兰古井**：梅兰古井位于桃江县牛田镇株树山村，传为明代当地刘姓先祖梅兰公所凿。井旁有数百年古冬青一株，干粗二人合抱，冠如伞盖。井水冬暖夏凉，终年不枯，满口生津，并传可治腹泻之症，方圆几十里均在此汲水。清两江总督陶澍题"辉增天禄" 4 字于井石。

除此之外，旧县城梅城原有多处井水，如东正街总铺庙内有井一口、东门下街南偏内有井一口，此二井通过挑水巷与街巷相通，为全城水源保障。明嘉靖《安化县志》卷之一还记载了现梅城镇区的南街井、市心井、

图 8–27 安化县渠江镇连里四眼井

润泽井、忠信坊井和阜成坊井。原归化乡（今大福镇）扶王山扶王殿前有珠泉井，泉涌成珠，四时不竭，现遗址尚存；后乡一、二、三都，较有名的井水有江南镇的双清井，在阿丘村关山口，二井隔丈余，四时常清，不涸不溢；峨嵋山井，在冷市镇，峨嵋山一峰耸秀，相传仙姑蜕化显神于此，因建祠祀之；旁有窨井，水常浅，每值祀神，祝之水涌出，祀毕如故；太阳山井，在羊角镇太阳山太阳庵（又名万睹庵）前，泉味甘美，释器器爱其地清幽，挂锡于此；南金乡有温塘，水暗通探溪，乍盈乍涸（以上皆见同治《安化县志·卷四》）。还有芙蓉山、渠江、辰山、高马二溪、洞市等地自然环境优良，人体必需的矿物质如锌、硒、锶等比较丰富，其山泉水被广泛认可，并得到有序开发利用。

第三节　安化黑茶茶艺场景布置

茶艺表演场景构成要素有表演人员、茶台、茶器、插花、焚香、背景、音乐、茶点以及其他装饰物等，表演时根据场所、舞台、主题等要素进行布置，大体可以按空间布置、音乐选配、服装要求、茶点搭配 4 个方面来准备。

一、空间布置

茶艺空间由茶台、茶器、背景、音乐等构成，在适当的位置摆放盆景、插花以及古玩和工艺品、书籍、文房用品等，还可以焚香助兴，构建舒适而优雅的空间（图8-28）。总体原则是要紧紧围绕主题，尽量体现安化茶文化底蕴。

图8-28 安化黑茶茶艺舒适而优雅的空间

茶台，材质竹、木、藤、冰碛岩皆宜。竹清雅脱俗，木温暖踏实，藤自然淳厚，冰碛岩古雅厚重。这些材质都符合安化地域特色，亦合茶之自然属性。茶台大小与款式应与舞台空间、表演者身材相协调。

铺垫，指的是铺垫在茶桌上的布艺类和其它质地物的统称。铺垫的作用之一是使茶席中的器物不直接触及桌（地）面，以保持器物清洁，此外，还能辅助器物更好地表达主题。铺垫多选用棉、麻、竹编等无异味的材质，还可用与主题相关的图案装饰。

插花，并非所有茶艺节目都需要，但如运用得当，可起到画龙点睛的作用。茶艺插花应遵循茶道美学的基本原则，根据茶艺主题，选用最适当的花卉，借助花卉的色彩美、姿态美、风韵美以及内在品格美，来美化品茗环境，突出茶艺主题，增强茶艺的艺术魅力。花器根据茶艺的主题与作品选用陶、瓷、铜、石、玉、竹、木等不同材质的器皿。其基本特征是：简洁、淡雅、自然、朴实、精致，烘托主题，不喧宾夺主。

焚香，也不是茶艺表演中的必要元素，但古人极为讲求："品茗最是清事，若无好香佳炉，遂乏一段幽趣；焚香雅有逸韵，若无名茶浮碗，终少一番胜缘。是故茶香两相为用，缺一不可。"（明·徐（㶏）《茗谭》）要注意的是：空间不开阔时不焚香，花下不焚香，香品气味以淡雅为宜。

图8-29 茶馆背景图

背景，茶艺背景（图8-29）分两类，一类是设定在茶席之后的艺术物态方式，如屏风、博古架等，另一类是视频类。其目的都是为了加强茶艺表演时的视觉效果，更好地传递茶艺主题的思想内容。第一类还能起到构建相对集中的视觉空间的作用。背景视频对意境整体起衬托、美化、点缀的作用，增强茶艺的艺术表现力，这些是传统布景不能达到的。

二、音乐选配

在茶艺过程中重视用音乐来营造环境，合适的背景音乐能够使茶艺更加生动丰满，引发观众的情感共鸣。常用的乐曲有与茶艺意境相符的传统名曲，或是体现地方民族特色的民乐。而过于嘈杂、过于低缓悲伤的曲目容易给客人造成烦乱或压抑的感觉，一般不选用。

安化黑茶总体特点是原料相对成熟，且"越陈越香"，茶人们常将其比喻成对人生阅历深厚、平和淡定的智者。因此，雄浑有力或者线条明朗的音乐能够体现出黑茶的气魄与底蕴，如古琴《良宵引》，表现月夜轻风，良宵雅兴，清风入弦，绝去尘嚣，琴声幽幽，令人神往，与黑茶茶艺的古朴厚重意趣十分融合。若以表达边疆少数民族同胞的品饮风情，则可结合民族特点，选用民族音乐。

此外，主题茶艺茶目的音乐则应围绕主题情景的营造来选用，如表演《安化擂茶茶艺》时，《喜洋洋》就能很好烘托擂茶时的欢快场景。《茯砖茶茶艺》表演可选配《春江花月夜》《渔舟唱晚》等。当然，专门为主题茶艺创作配乐的歌曲如《你来得正是时候》等，自然是背景音乐的上上之选。

图 8-30 古筝表演

演奏民乐的乐器有：古琴、古筝（图 8-30）、琵琶、笛、洞箫和葫芦丝。

三、服饰装扮

（一）服装选用

安化茶艺以弘扬安化地域文化和茶文化为主要目的，在服饰装扮上，与其他茶艺表演着装有共通点，即"相称""得体"，服装的颜色、式样与茶具、环境、时令、季节尽量要协调。一般而言，在待客与营销茶艺表演时，可着色调素雅的旗袍、印花布衣、或是印有山水等清新图纹的茶服。在展示主题茶艺时，茶席和台上的造景要营造出符合主题故事的写实场景，服饰与装扮则要与茶艺节目的整体编排设计相协调，符合在茶艺节目中所表演的角色与身份，给观赏者和谐的美感。在演示地方或民族饮茶习俗时，有时还会加入歌舞的演绎，着体现地域或民族特色的服装。如《安化擂茶茶艺》表演时使用擂钵、擂棒、大茶碗等具有地方特色的器具，《梅山"亲家茶"茶艺》表演时会用到安化农家食盒、茶档等，这两个节目表演者都是身着蓝色印花布衣，头带蓝色印花头巾，即显示出安化茶乡姑娘的清灵，也与节目主题相符（图 8-31）。

图 8-31 《安化擂茶茶艺》表演

（二）妆扮要求

茶是淡雅之品，进行茶叶冲泡或是茶艺表演时，应施以淡妆，表情平和放松，面带微笑，展示出良好的精神面貌，表达对客人的尊重。特别要注意的是，男性茶艺师一定要注重面部修饰，不留胡须，保持面容整洁。

发型选择原则上要扬长避短，适应自己的脸型和气质设计，给人灵动、清纯、整洁、大方的感觉。一般说来，茶艺人员的头发不宜染色，且不论头发长短，额发均不可过眉，以免影响视线。如果头发长度过肩，泡茶时应将头发盘起。盘发发型，应简单大方，不要过于复杂，还要与服装相适应。

保持双手干净，指甲及时修剪整齐，不留长指甲，不涂指甲油，特别要避免手上留有浓烈的护手霜或是其他异杂香味。手臂上配戴的饰品以小巧点缀为宜（如玉手镯），应避免过于宽大和晃动的饰品，如手链、戒指等（展示少数民族民俗茶文化时例外）。

四、茶点选用

茶点，是对佐茶的点心、水果及其他食物的统称。其主要特征是：份量较少、体积较小、味道清淡、制作精细、样式清雅。

在安化日常品茗时，可供参考的搭配茶食原则是"甜配绿、酸配红、瓜子配黑茶"。所谓甜配绿：即甜食搭配绿茶来喝，如用各式甜糕、安化农家自制的巧果、薯果、薯糖等配绿茶；酸配红：即酸的食品搭配红茶来喝，如用水果、蜜饯等配红茶；瓜子配黑茶：即香的、咸的食物搭配黑茶来喝，安化的炒花生、瓜子、玉米粒等，十分美味，用来配黑茶，最为实用。

安化茶艺表演时茶点的选用，应以体现安化特色为原则，如在《梅山"亲家茶"茶艺》中，为展示安化梅山人们的热情好客且贤惠能干，最少要备上 9 款茶食，如薯片、薯果、薯糖、薯粑、巧果等，再加上绿豆饼、红豆饼、南瓜饼等（图 8-32），每款 2 份，称之梅山 18 碟，视为待客的最高规格。

图 8-32 安化茶点

欣赏茶艺表演的同时，品尝安化特色的茶点，点心配着茶香，加上茶艺师优美流畅的动作、精致的茶具、舒适的场景、动听的解说，无不透着安化地域茶文化的浓郁气氛。而安化茶乡人的淳朴、勤劳、智慧就伴随着茶艺师们高冲低斟的演绎，一盏或浓或淡的茶汤，一碟或香或甜的茶点，深深地印在过往客人心中了。

第四节　安化黑茶茶艺规范

茶艺其实是民俗文化、地域文化的一种表现形式。安化黑茶茶艺由于有梅山文化、湖湘文化与其他区域文化的影响，长期存在着多样性。为了便于宣传和传承，近年来经过地方政府与社会团体、大专院校的共同努力，形成了一个《安化黑茶茶艺规范》，包含了"千两茶茶艺""黑砖茶茶艺"以及其他茶茶艺。

一、范　围

本标准规定了安化黑茶茶艺的术语和定义、基本要素、主题茶艺要素、演示要求、演示步骤。

本标准适用于安化黑茶的茶艺演示。

二、规范性引用文件

下列文件对于本文件的应用是必不可少的。凡是注日期的引用文件，仅注日期的版本适用于本文件。凡是不注日期的引用文件，其最新版本（包括所有的修改单）适用于本文件。

GB 5749　生活饮用水卫生标准

GB 19298　食品安全国家标准包装饮用水

DB 43/T 568　安化黑茶通用技术要求

三、术语和定义

下列术语和定义适用于本标准。

（一）安化黑茶茶艺

选用适宜的泡茶器具沏泡安化黑茶，并通过一定的冲泡流程和艺术表达，体现安化黑茶独特文化的演示活动。分为基础茶艺和主题茶艺。

（二）基础茶艺

指采用组合茶具，由茶艺演示人员通过规范的盖碗冲泡法、壶泡法茶艺、煮饮法茶艺，让品饮者在品尝安化黑茶的同时，领会安化黑茶文化的演示活动。基础茶艺适用于茶楼、茶叶门店以及各类文化活动等。

（三）主题茶艺

指在一定的环境中，专业人员围绕特定的主题，以熟练的技术和有欣赏美感的艺术手法体现安化黑茶文化的演示活动。

（四）润　茶

也称为醒茶，指用少量沸水（以完全浸没茶叶为宜），通过浸润，让紧结的（或贮存时间较长）茶叶充分舒展，同时提升茶叶温度，为后续茶汤品质的稳定呈现奠定基础。

四、基本要素

（一）茶

应符合 DB43/T 568 的规定。

（二）水

水质应符合 GB 5749 或 GB 19298 的规定，水温以接近 100℃为宜。

（三）器

① 茶具应符合食品安全国家标准相关规定。

② 茶具包括盖碗（三件套）、陶壶、煮茶器、煮水壶、品茗杯、公道杯、过滤网、茶道组合、茶刀或茶锥、茶盘、茶荷、茶巾、茶海（或水盂）等（图8-33）。

图 8-33 茶具摆放

（四）人

① 茶艺演示人员健康状况需符合食品安全相关规定。

② 经培训后，应熟悉安化黑茶品质特征、掌握安化黑茶冲泡方法、了解安化黑茶文化。

五、主题茶艺要素

（一）茶　席

所选用的茶器要以体现安化黑茶品质为目的，所搭配的物品以及色彩应与所需传达的主旨和营造的氛围相互协调。

（二）人员着装

人员的着装基本要求为整洁得体，符合茶艺主题。

（三）解说词

解说词应用词精炼、表达准确、语言流畅，主题突出，有一定的艺术感染力。主题茶艺示例 – 梅山亲家茶解说词参见附录 A。

（四）音　乐

背景音乐宜选用具有安化特色的安化民歌，或以古筝、古琴、萧、琵琶、笛子独奏或合奏等与主题相关的乐曲。

（五）其　他

茶艺演示中可能用到的其他用品，如插花、香器、挂画、屏风等，以香气淡雅、造型简洁、色彩、图案皆应与主题相呼应，与整体环境相协调。

六、演示要求

① 茶艺演示动作要连贯自然，避免重复，演示手法规范且具艺术感。

② 演示时，根据需要进行解说，盖碗冲泡法茶艺（以千两茶为例）解说词参见附录 B。

七、演示步骤

（一）演示步骤

备具布席—鉴赏茶品—涤器净具—投茶入杯—注水润茶—冲泡出汤。

1. 备具布席

恭请客人入座后，根据选用的冲泡方法准备茶具。茶具摆放整洁有序。

2. 鉴赏茶品

取出待泡茶叶，奉于客人面前鉴赏。

3. 涤器净具

用 100℃开水将所用茶具烫洗一遍，茶具应轻拿轻放，避免发出过大的响声。

4. 投茶入杯

以双手虎口相对的手势捧起茶荷，用右手（或左手）取出茶匙，用拇指、食指和中指捏住茶匙的中部，向泡茶器具内投入适量的茶叶（表 8-1），尽量不要将碎末投入，也要避免将茶叶撒出。

5. 注水润茶

回旋注水，约 10s 后，用盖轻轻刮去茶汤表面的茶末，盖上杯盖，浸润 20s，将茶水倒出。

6. 冲泡出汤

1）冲 泡

表 8-1　安化黑茶投茶量及水量

冲泡方法	投茶量及水量	
盖碗冲泡法	5~7g 茶，100~120ml 水	8~10g 茶，120~150ml 水
陶壶冲泡法	5~7g 茶，150ml 水	10~12g 茶，200ml 水
煮饮法	10~12g 茶，500~550ml 水	15~17g 茶，600~800ml 水

左手揭盖，右手提随手泡回旋一圈后低位定点注水，允许有少量外溢，然后盖上杯盖。

2）出 汤

约 40s 后，将茶汤以低斟的方式注入公道杯中。出汤时手法宜轻柔，不使茶叶翻动（图 8-34）。

3）观 色

引领客人欣赏汤色。

4）分 茶

用右手提起公道杯，从右至左向品茗杯内注入茶汤，注茶量为品茗杯的七至八分满，不能洒汤。

5）奉 茶

将品茗杯置于奉茶盘上，将茶汤敬奉给客人（图 8-35）。

6）品 茶

邀请客人闻茶香，尝茶味。

图 8-34 出汤

图 8-35 奉茶

第五节　安化黑茶茶艺节目

伴随着安化黑茶产业的发展，众多茶文化工作者创作了一系列安化黑茶茶艺节目，这些安化黑茶茶艺节目以多姿多彩的形式展示了安化秀美的风景，诉说着安化深厚的文化底蕴，成为各大茶文化节及茶叶博览会上靓丽的风景线，甚至走出国门，成为广大民众了解安化黑茶、感受安化黑茶的门窗，并多次在国家级、省级茶艺竞赛活动中获奖，吸引众多消费者爱上了安化黑茶。

一、千两茶茶艺——《品"世界茶王"，享太平盛世》

有着"世界茶王"美誉的千两茶曾是古丝绸路上的神秘之茶，其芳香穿过戈壁荒漠，给边疆的少数民族同胞带去甘甜与健康，为民族的团结做出了很大的贡献。如今，千两茶的神秘面纱渐渐褪去，"黑美人"露出俏丽的身姿，逐渐走入寻常百姓家，成为人们生活中的健康之饮。下面，请欣赏"品'世界茶王'，享太平盛世"的千两茶茶艺表演，并领略千两茶之独有魅力！

第一道：山歌喜迎贵客到

美丽的湘女唱起山歌迎接客人的到来，请客人入座。

【场景】伴舞者出场起舞并以山歌迎接客人（图8-36）。

图8-36 伴歌起舞迎接客人

第二道：美人卷帘登华堂

"千两茶"产自湖南省益阳市安化县，其身长约为160cm，重36.25kg，呈圆柱状，采用三级以上黑毛茶经过炒、渥、蒸、踩等数道工序精心制作而成。整个茶身经三层卷包而成，内两层是蓼叶、棕叶，外层是手工编制的花格篾篓。千两茶开茶时，宛如揭起层层帘幄，幽居深庭的黑美人款款而来。观其色，外层乌润，锯成片状茶饼，取下适量茶叶备用。

【场景】以伴舞体现千两茶的制作。用喷绘展示千两茶外形，或用舞台道具展示千两茶。

第三道：茶乡待客煎茶浓

冲泡千两茶选用的是创新安化黑茶专用器，其外形如"桶"，造型别致。用它来冲泡千两茶，可谓珠联璧合。泡茶之前，须洁杯净具，一来表达对客人的敬重，二来提高杯温使茶性更好发挥，三来营造品茶的氛围。此刻耳边音乐轻柔缥缈，眼前茶具洁净晶莹，引人进入一个"清、洁、静、和"的品茶境界（图8-37）。

图8-37 千两茶茶艺表演

第四道：资水清清育佳茗

茶是天含地蕴之灵物，千两茶的优异品质是雪峰灵山秀水所孕育，今天选用山泉水来冲泡千两茶，更能体现其色、香、味。

第五道：玉叶金枝飘然至

将茶投入茶壶中，投茶量以壶的五分之一（依茶叶的存放时间及品质而定）为宜。茶叶伴着金枝飘然而下，宛若玉叶金枝的佳人随风而至，令人遐想。

第六道：洗去沧桑素心洁

将100℃的沸水注入壶中，并刮去泡沫，随即将茶汤倾出。千两茶因经存放使茶身紧结，洗茶可以让其初步舒展，同时体现茶的真香真味。

第七道：激流回荡求琼浆

以高冲的手法向杯中注水，水直冲入壶中激起水花，茶叶随之翻转，激荡茶叶加速茶汁的浸出，同时也可以激发茶性。

第八道：甘露点点润心田

将茶汤依次均匀注入品茗杯中（图8-38）。茶是各族同胞的生命之液，点点茶汁正如甘露滋润着各民族，借此道程序祝中华民族大家庭共建和谐社会，同享太平盛世。

图 8-38 分汤

第九道：细品"茶王"论天下

千两茶汤色透亮、陈香扑鼻，细细品啜，其滋味醇厚滑爽，回甘明显（图8-39）。现代医学证明，千两茶具有提神醒脑、消食化腻、醒酒、解毒的特殊功效，陈年老茶更是功效卓著。毋庸置疑，千两茶将为人类的健康做出贡献。

第十道：古道悠悠千载情

临风一啜回味长，一杯香茗千载情，古道上的驼铃声曾记载了多少艰辛，又寄托了多少希望。主人与宾客们共品悠悠古道上的千载茶香，追忆昨天的茶事，喜结今日的茶缘，延续明日的茶愿，再次祝各位，品"千两茶"，享一生健康！

图 8-39 品茶

【场景】舞者以山歌谢幕。

二、茯砖茶茶艺——《金花盛开迎宾来》

湖南省益阳市，资水环抱、竹海香飘、气候温和、雨量充沛，在这片神奇而美丽的土地上孕育了品质优异的茯砖茶。茯砖茶一直是边疆少数民族长期饮用的茶饮，在新疆流传着"喝酒要喝伊力特，饮茶要饮湘益特"的俗语，这足以证明边疆少数民族同胞对茯砖茶的喜爱。1985年，在新疆维吾尔自治区成立30周年之际，湖南省益阳茶厂的产品被中央代表团选为赠送给新疆人民的珍贵礼品。今天，茯砖茶宛如中国黑茶中的一朵奇葩，正以其独有的品质受到国内外众多消费者的青睐，茯砖茶的饮用也更为广泛地进入人们的日常生活之中。"金花盛开迎宾来",远方的客人请留下来,品一杯茯砖茶,感受安化人们的热情好客。

第一道: 金花盛开迎宾来

茯砖茶以优质黑毛茶为原料,经过压制、发花等工序精心制作而成。其中发花是制作茯砖的特征性工艺,是指在一定的温度和湿度条件下,使优势菌——冠突散囊菌生长和繁殖。冠突散囊菌是一种对人体有益的益生菌,俗称"金花"。今天选用的是1995年所产的"湘益"牌特制茯砖茶,其砖面整齐光滑,棱角分明,厚薄一致,横切面金花颗粒粗大,色泽金黄鲜艳,菌花香明显。

第二道: 玉骨冰肌泛华彩

好茶要有妙器配,精美的茶具不仅可以更好地发挥茶性,也能增加品茗的乐趣。今天所选用的器具铜官窑茶器套组(包括茶壶、贮茶罐、品茗杯),另有晶莹透亮的公道杯与煮茶壶等,与茶"玉骨冰肌"的品性互为映衬,同时也利于欣赏茯砖茶美如琥珀的汤色。

第三道: 静心烹煮桃江泉

精茗蕴香,借水而发。水是茶的知己、茶的灵魂,没有水的甘清轻洌,何来茶的香醇芬芳!今天选用益阳桃花江竹海山泉水来沏茶,可谓茶水俱美,相得益彰。冲泡茯砖茶水温须达到100℃,此时壶内水珠涌动,水声萧萧,似竹林听涛,情趣盎然。

第四道: 一片冰心在玉壶

将茶具用沸水再冲洗一次,经过再次清洗,器具更为晶莹剔透,同时寓意热情洋溢的益阳人民对来宾的尊重和敬意,宛如冰雪般晶莹,似美玉般透明。

第五道: 金花飞入水晶宫

将金花茂盛的茯砖茶投入铜官窑陶壶中,冲泡茯砖茶时投放分量应视茶的存放年份而定,一般以壶的1/5~1/4为宜。

第六道: 金花沐浴香四溢

茯砖茶经过紧压,茶身有一定的紧密度,需要通过洗茶温润才能使茶叶充分舒展,茶汁才能浸出。此过程恰似美丽的金花洗去一路风尘,渐现出本来的姿容,散发出茯砖茶特有的菌花香。

第七道: 飞流直下罗溪瀑

桃江县境内有一罗溪瀑,常年飞瀑直下,撒玉抛珠,银帘落地,轰隆有声,是桃花江景区的一大奇观。当热水从壶中直泄而出,恰似瀑布奔腾而下,让人仿佛置身于瀑布飞流、空谷幽鸣的大自然中,给人无数启迪。

第八道: 茶香须经磨砺来

壶内茶叶随着水的沸腾而上下舞动，茶在煎熬之间将其精华释放，而水因茶中有效成分的融入，漫漫呈现出由浅至深的橙黄色，茶香满室，令人陶醉。这一过程好比人生的际遇，常须忍辱负重，历经千锤百炼，方得圆满。

第九道：玉碗盛来琥珀光

诗人李白曾作《客中行》："兰陵美酒郁金香，玉碗盛来琥珀光。"现在将晶莹剔透、色如琥珀的茶汤注入公道杯中，透过晶莹的玻璃茶具，茶汤如琥珀流光，美不胜收，呈现出生命活力的光泽和美好的人生状态！

第十道：纤纤玉手献金花

现在将冲泡好的茶敬奉给各位嘉宾，并奉上真诚的祝福。"茯砖茶"之名缘于其传统制作要求在"伏天"进行，又加之其药效类似中药"茯苓"。再有，"茯"与"福"同音，寓意人们对幸福美满生活的向往。

第十一道：饮罢清风生两腋

杯中茶汤如琥珀，晶莹剔透，香气纯正，让人心旷神怡。饮过之后，顿觉舌根生津，满嘴留香，回味隽永，正如诗人所述"饮罢清风生两腋，余香齿颊犹存。"

第十二道：茯茶情系千万家

此刻，雅士茶客欢聚一堂，因茶结缘，以茶论道，共品茶中的平和与恬淡。茶香氤氲，茶情悠悠。此刻虽然茶艺表演接近尾声，但茶缘却刚刚开始。益阳的人民、益阳的山水，期待各位的再次光临。相信资江的清清流水、茶海的幽翠静雅、茯砖茶的奇趣文化，将会给您带来无限乐趣！

三、主题茶艺——《你来得正是时候》

2016 年 10 月 27—30 日，由高等学校国家级实验教学示范中心联席会议学科主办的"第三届全国大学生茶艺技能大赛"在福建农林大学隆重举行，湖南农业大学从全校选拔了 10 名学生，历经 2 个月的精心准备与编排，《你来得正是时候》（图 8-40）节目获茶艺创新竞赛团体赛二等奖。该节目以安化黑茶文化为创意，通过一对远游蒙古的游子，在"一带一路"春风的牵引下回到故乡，投身安化黑茶产业发展，将清饮与调饮同台演绎，在呈现方式上运用了"旁白""对话""景中景"等方式，让在座评委和观众感受到了安化黑茶的独有魅力。

图 8-40 主题茶艺《你来得正是时候》入场景

【入场】

旁白："人们为追求梦想远走他乡，却时刻思念着故乡的明月；为实现自身的价值倾尽全力，却忘记给生命留白。"

旁白："将进茶，杯莫停。与君歌一曲，请君为我侧耳听。钟鼓馔玉不足贵，唯有茶香留世长！"

【展具】

旁白："云想衣裳花想容，春风拂槛露华浓。若非群玉山头见，会向瑶台月下逢。今天选用茶具产自长沙铜官窑，铜官窑盛于晚唐，是世界釉下多彩陶瓷发源地。"

女："你看，茶具上的飞鸟纹饰古朴生动，颇有'迥临飞鸟上，高出世尘间'的意境呢。"

男："是啊，它将中国传统的书法、绘画、诗词等融入陶瓷装饰之中，以美观雅致、釉色匀润、题材丰富而著称。"

旁白："一方水土养一方风物，铜官窑浸润湖湘文化千年，开辟了通往南亚到北非的'海上陶瓷之路'，将中华文化带到世界各地。它与黑茶相得益彰，更衬托出安化黑茶的大气和质朴。"

【净器】

草堂幽事许谁分，石鼎茶烟隔户闻。山有天地，万叠云间，习幽静，修清风。以滚烫的清水烫洗壶杯，水声泠泠中，似乎望见故乡清晨的资江逶迤奔腾。生命隐于山，而居于世，在山水间，窥见生命真谛。

【赏茶】

旁白："十两卷、百两饼、茶马古道饮；千两茶、万年传、盛世茶都香。它曾是茶马古道上的神秘之茶，风雨强健它的身姿，岁月温润它的容颜，如今，拨开一层层面纱，安化黑茶向我们款款走来……"

男："'金花灿灿若珍宝，菌香浓郁味甘醇'，泡饮便于体现茯砖茶茂盛的金花和独有的菌香。"

女："千两茶被誉为世界茶王，茶体紧结，用煮饮方式更加能体现其陈醇风味。"

男："这么多年不论走到哪儿，故乡的茶一直陪伴在我们身边，故乡和我们，似乎也只有一杯茶的距离。"

【润茶】

旁白："茶烟袅袅溯时光，洗尽沧桑岁月长。剔透晶莹琥珀液，豪情意气漫山乡。皓腕柔黄，轻旋注水，如春风化雨，拂去黑茶穿梭人世遗留的尘埃。"

旁白："初惊河汉落，半洒云天里。水若蛟龙入宫，在起落间与黑茶云水交融，浸润它承受重压后的坚实茶体，用一壶温暖，将它从沉睡中唤醒。"

安化黑茶万里扬，茶马古道传美名。资水雪峰蕴甘霖，饼如玉盘砖成茗。人生得意须尽欢，烹茶煮茗筹佳客。

【景中景】一为清饮泡茶；一为蒙古奶茶调饮（图8-41）。

图 8-41 蒙古奶茶调制

女："永兴，正如你所说，故乡的茶从没有离开过我们，虽然远游蒙古，但经常喝的咸奶茶，就是咱们安化的黑砖茶调制的。"

男："想起那醇香的滋味，真仿佛入梦一般……"

旁白："茶马古道白沙溪，日夜萧萧向城西。载得楚天无限意，赢来边塞永相依。黑茶香韵万里，将中国与世界联结，从发源地安化，乃至蒙古、俄罗斯等地，一茶承一脉，浓缩民族友谊之魂。"

旁白："春啼鸟，夏鸣蝉，秋落叶，冬吹雪，与君相识，四季常在。在温度的蒸腾下，醇厚的黑茶，或与纯净的甘泉，或与香滑的牛奶，血脉相融，浸润出独一无二的特殊风味。"

【出汤】

旁白："为名忙，为利忙，忙里偷闲，且喝一杯黑茶去。"一代伟人毛泽东在湖南安化游学时，为黑茶写下这句小诗。我们都曾迷醉于世间诱人的浮华，而当终究在黑暗中追上破晓的脚步，就会看清遮天蔽日的迷雾是壮阔的云海，高不可攀的山峰是脚下的基石，就会明白人生如茶，是倒空与注满的重复，是拿起到放下的领悟。

【奉茶】

千两茶可泡可煮，泡饮汤色橙黄明亮，口感圆融；煮饮滋味更加浓醇，入口略带糯香。一杯恰到好处的香茗，迎接来得正是时候的八方来客！茶已经浓了，人儿已经醉了，你来的正是时候，当黑茶沏成琥珀，来一杯将悲喜品透。

旁白："黑茶的清香混合着鲜奶的甘醇，似乎又回到了牧民的蒙古包，回到了那片自由而美丽的草原。拿起这杯香茗，放下心间俗事，今有好茶相伴，良友在侧，何不趁机体会一番"平生不平事，尽向毛孔散"的快意？"

【谢茶】

女："这醇和的黑茶，是永远留在心里的味道！它横跨千山万水，将素不相识的人们联结。"

男："身为中国人，不论在哪儿，都能感受到国家兴盛带来的蓬勃力量和故乡对游子的深切召唤！"

一带一路春风吹，黑茶扬名正当时；

齐心协力民族魄，自强不息中华魂；

四海飞觞播九州，与君同享万年长！

四、庆典茶艺——《黑茶情韵》

2019 年 7 月 13 日，黑茶印象文旅演艺中心奠基仪式在安化万隆黑茶文化广场隆重举行，"湖南华莱茶学院"创作的《黑茶情韵》茶艺节目，通过一群着汉服的美丽茶艺师烹煮安化黑茶，演绎了安化茶乡深厚的文化底蕴，为奠基仪式带来了别样的优雅与情韵（图 8-42）。

图 8-42 《黑茶情韵》茶艺照

【入场】

安化，先有茶，后立县，是万里茶道和茶马古道的重要发源地。

安化，山清水秀。一代伟人毛泽东两次考察安化，留下"云雾生辉迎夕照，芙蓉吐艳浴朝阳。若得仙霞常作伴，人间苦乐浑然忘"的浪漫诗句。

安化人杰地灵，是世界羽毛球冠军的摇篮，是近代中国湖湘人才群领袖陶澎的故乡。陶大人曾为安化黑茶赋诗："才交谷雨见旗枪，安排火坑打包箱，芙蓉山顶多女伴，采得仙茶带露香。"生动描绘了安化山民采茶制茶的生活场景。

【入座】

一泓秋水映明月，几盏香茗泛清芳。

今天用唐代的煮茶法，烹一壶醇厚的黑茶，以淡泊宁静之心境，品读秀美安化的如画山水，回味茶马古道上的悠悠茶情。

【展器】

所用器具皆来自世界釉下多彩的发源地——长沙铜官窑。贵妃盏，形态丰盈，红里透黑，远观稳重大气，近观星光璀璨。如意炉壶组，象征吉祥如意煮水壶在制作中加入了冰碛岩粉，用之煮水烹茶，色香味尤佳。

【涤器】

梅岭寒泉雪峰水，九龙池涧尤甘洌。

安化山川萦回，溪谷纵横，四十八溪齐入资江，资水蜿蜒全境。其中，雪峰山脉梅岭深处的九龙池泉水尤为甘洌，用来烹茶，茶汤清澈，滋味醇香，更有强身之功。

【赏茶】

安化黑茶三砖三尖一花卷，细嫩粗老各相宜。今天煮饮的是黑砖，它如一位成熟稳重的益友，可与之相对无言，亦可与之默默陪伴。它茶性稳定，如看惯四季变换的长者，厚滑如锦，平和包容之味亦可感动全身。

【投茶】

金枝玉叶风云舞，如意陶壶酝甘露。

将黑茶投入如意壶中，片片茶叶，风云起舞。茶在水的沸腾中为人类奉献精华，吐露芬芳。此刻随着茶中的内含物融入水中，水由无色渐渐变成了有色，烹煮出味如甘露的健康之饮。

【奉茶】

金光凌波露香浓，回甘隽永情悠长。

中国是"礼仪之邦"，客来敬茶为中国人生活中最常见的礼仪。用竹制茶勺将煮好的茶汤分入贵妃盏，敬奉给在座的各位嘉宾，以表达美好的祝福。茶汤入杯，金光潋艳，轻啜细品，回味隽永，若非佳茗逢妙器，岂有甘醇胜琼瑶。

【谢茶】

高山之城茶情韵，健康之饮谢嘉宾。

循着黑茶的醇香，追忆万里茶路上的艰辛与辉煌，从历史中走来的安化，依然保留有原生态的高山民俗和峡谷风光，融山水风情和历史文化于一体；畅销四海的安化黑茶不单是一种饮品，而是一位穿越千年、承载着历史沧桑的文化使者。巍巍中华，文化黑茶，联系你我；黑茶情韵，深谢嘉宾（图8-43）。

图 8-43 谢茶

五、民俗茶艺——梅山"亲家"茶

安化茶艺师陈勋以安化亲家茶习俗为背景而创作，在2015年安化举办的茶艺大赛中获得金奖。

梅山文化，底蕴深厚。优良传统，代代相传。梅山亲家茶（图8-44），是安化最隆重的民间茶礼之一。

图 8-44 《梅山"亲家"茶》茶艺照

第一道：盛情摆盏迎亲人

话殷殷，情殷殷，亲家茶礼迎亲人。

第二道：焚香祈福颂平安

这支香：敬天敬地敬茶祖，同时也为亲家和尊贵的客人祈福颂安。

第三道：洁具净心话桑麻

旺火煮沸九龙水，微笑诚请千两茶。礼尚往来家家乐，洁具净心话桑麻。

亲家茶在冲泡前，须将原本洁净的茶具再一次冲洗，既是卫生的要求，更是对亲家的高度尊重。

梅山亲家茶，最少要备上9碟茶食，如薯片、薯果、薯糖、薯粑、巧果等，再加上绿豆饼、红豆饼、南瓜饼等，叫"梅山18碟"，展示梅山人民热情好客且贤惠能干。

第四道：洗净沧桑唤茶神

千两茶——世界只有中国有，中国只有安化有，是海内外公认的世界茶王。

这千两茶已存放了50多年。茶中积淀了时间的重量，积淀了岁月的沧桑。所以，开泡之前的洗茶称之为洗净沧桑。洗茶也能起到醒茶，润茶，唤醒茶神的作用。

第五道：目品茶汤期琥珀

千两茶汤色橙黄通透，老茶则橙红明亮，或琥珀流霞，或秋日晚霞。

第六道：嗅品茶香性随和

千两茶之香，自然柔顺，且淡定随和。

第七道：口品茶韵享珍贵

千两茶，其形顶天立地，又经千锤百炼，日晒夜露，吸取天地之精气，聚集日月之灵光，体现梅山人民阳刚之俊美，展示梅山人民亲情之珍贵。

第八道：心品古今同其乐

郑板桥说过："得与天下同其乐，不可一日无此君。"细细品味，原来，我们真的会从茶中产生许多联想，得到许多启迪。现在让我们一边静静品茶，一边心驰宏宇，神游古今吧。

第九道：天长地久永太平

陈年千两茶，配梅山18碟，象征年年五谷丰登，亲情天长地久。

今借这一道"亲家茶"，祝福千家万户，合家欢乐，幸福美满。

六、寿庆茶艺——祝寿敬茶礼

茶乡安化民风淳朴，一向有着尊老敬贤的美德，家庭中如有年龄超过60岁长者，逢十的生日常以举行寿庆来祝福，而敬茶是其中必不可少的礼仪。举行寿庆一般首先由做寿者家属发红请柬，通告寿诞日期，邀请亲朋好友光临庆贺。寿堂可设在家里，或在酒店，或在社区活动场所。

背景布置：主背景为全家福照片，或寿星夫妇照片，照片中间书"寿"字。在寿堂正面的墙壁之上，摆上一张礼案（即一张方桌或八仙桌），上面除香案烛台外，还要根据不同情况，摆放祝寿用的鲜寿桃或用白面蒸制的寿桃，蜡烛烛身可印有金色"寿"字或"福如东海""寿比南山"等吉语。寿礼开始时点燃蜡烛，既有祝贺之意，又增欢庆气氛，传统而不失温馨祥和。此外，桌上要预留摆放茶杯的位置。

祝寿敬茶礼的程式如下：

第一步：司仪宣布寿庆仪式开始。

第二步：恭请寿星就位。寿星一般是由儿孙辈中的最小者或儿孙辈中最受寿星钟爱者在旁边护持，端坐于寿堂中礼案之前的椅子上。

第三步：介绍嘉宾。如果来宾中有比较重要的人物，而大家又不太熟悉的话，司仪则向大家进行介绍。

第四步：初献茶——儿女辈敬茶。伴随着音乐，寿星的儿女们或是爱徒、学生上前敬献香茶，祝寿星福如东海，寿比南山。然后行三鞠躬或拱手礼，再献上祝寿的礼品。

第五步：再献茶——孙子辈敬茶。伴随着"祝寿歌"的乐曲，寿星的孙子辈逐个上前敬献香茶，并祝爷爷（奶奶）"四季长青，岁岁平安"。然后献上鲜花，行三鞠躬礼（图8-45）。在这一过程中，可以通过放映视频或是子女或其他晚辈讲解（也可由司仪代替）那些值得回味、令人感动而幸福的家庭往事，让长辈们了解他们的晚辈们在继承着这份感动和幸福，并以此作为动力去感染下一

图8-45 献寿茶

代人。以寿庆来传承家族风尚，借寿庆让亲友更加亲近。

第六步：三献茶——福寿同乐。司仪请服务人员（也可以是寿星晚辈，一般是女儿或孙女们）给每位客人奉上一杯茶，寿星邀请大家共品香茶。然后是寿星的晚辈作为代表致辞答谢来宾，而寿星本人不作正式的答谢，在传统文化里这种做法叫做"避寿"，表示自己不愿意有劳大家前来为自己祝寿，以示谦虚。也有的寿星亲自致答词，畅谈几十年来的人生感受，并向大家表示谢意。

第七步：上寿面（生日蛋糕）、点蜡烛、寿星许愿吹蜡烛等。

第八步：拍"全家福"合影留念，司仪宣布寿庆活动结束。

09

第九章

安化黑茶文化积淀

"智慧是知识凝结的宝石，文化是智慧绽放的异彩"。千年安化黑茶，文化积淀厚重，无论有形还是无形，是奠定安化万里茶道源头地位的证据，是塑造千年茶乡品牌的基础，也是产业创新的宝贵财富。目前正通过文物保护和非物质文化遗产保护传承、万里茶道申报世界文化遗产、国家重要农业文化遗产、安化黑茶文化节等活动与平台来保护、传播和发扬。

第一节　文物遗存

茶文化遗产主要分为两大类：一是有形遗产，包括古茶园、古茶道、古茶具、文字记载等。二是无形遗产，包括风俗、节庆、茶道、技艺等。这里主要收录的是安化黑茶有形文化遗产部分。

一、古茶市

益阳历代茶市主要集中于濒临资水的集镇和官道的驿站区，尤以安化县小淹、江南、东坪、黄沙坪、西州、烟溪、梅城、仙溪、桃江马迹塘、益阳大码头最为繁华。

① **梅城茶市**：梅城（图9-1）古为梅山地区的核心区，宋熙宁五年（1072年）建县即为县治，历经879年为安化的政治、经济、文化中心，是湖南茶马古道起始区的重要节点，也是历代官方茶叶管理机构的驻地，贡茶起运点，茶市十分繁荣。

② **苞芷园茶市**：苞芷园位于安化敷溪镇的资江北岸，明末在敷溪设茶税查验关卡，茶市兴起。遗留有清雍正八年（1730年）的茶叶禁碑、嘉庆年间斗秤碑（图9-2）。至清中期以后，随着茶市分散到资江沿线、黑茶厘金局改设小淹，苞芷园茶市衰落。此碑刻载当时整顿衡器、量具的地方规定。

图9-1　清·同治安化县志梅城图

图9-2　清·嘉庆五年苞芷园斗秤碑

③ **小淹茶市**：小淹茶市（图9-3）是小淹、滔溪、羊角、冷市等黑茶，设有渡口连通资江南北，清末在此设立厘金局（茶厘局），征收过往茶叶及百货商品厘金，一直延续到民国年间。

④ **江南茶市**：江南茶市处于"邵阳—新化—安化—常德"陆路商道之上，包括资江南岸江南坪和北岸边江，是洞市、田庄、龙塘等地毛茶集散地，同时又汇聚北自桃源县及本县乌云界以南，南自新化县及本县五龙山一带茶叶，自清代至民国均为茶业重镇。1939年彭先泽在此租用德和记两个茶行组建湖南省建设厅砖茶厂。现尚遗存五福宫码头和德和缘、良佐（图9-4）等古茶行建筑。

⑤ **唐家观茶市**：唐家观（图9-5）在今安化县城东坪镇下游约10km处，背靠资江北岸山脉，青石板街道绵延数里，滨江一面全部是吊脚地茶叶集散地，于清初兴起，主营木楼商铺。唐家观是安化县槎溪、株溪和渭溪等流域竹木、茶叶、木炭、桐油等物产集散地，茶事最盛时有九个装卸码头，各种茶行、客栈、炭行鳞次栉比，晋陕甘江浙及本帮商人云集。至今尚有惜字炉、茶行、茶亭、寺庙、教堂、会馆、宗祠、学校、青石板街等遗存，2013年被公布为第四批省级历史文化街区。

⑥ **酉州茶市**：酉州茶市位于安化县城东坪镇东部，明清以来逐步发展成为最主要的茶市之一，本地商帮以谌氏为主，最盛时有"谌半江"之称，清咸丰间红茶兴起，酉州又成为广帮、西帮、本帮红茶庄聚集的茶埠。1937年，湖南省第三农事试验场从黄沙坪迁至酉州。1938年湖南私立修业高级农业职业学校从长沙迁来酉州，并于翌年秋增设茶科。故抗日战争时期，酉州几乎成为湖南茶业的心脏。

图9-3 《湖南厘务汇编》中小淹茶市位置图

图9-4 江南良佐茶行

图9-5 唐家观茶市原貌

⑦ **黄沙坪茶市**：黄沙坪茶市（图 9-6）位居安化县城以东，资水南岸。明末清初，甘陕晋茶商入山办茶，首先在黄沙坪上游的硚口设庄，后转向黄沙坪。鸦片战争之后，鄂、赣、闽、粤茶商及省内商贩也蜂拥而来，不仅经营黑茶，还增开"红庄"，经营红茶。清中晚期常住人口一度达 4 万~5 万人，有"小南京"之称。最盛时有 10 多万箱红茶、2 万多包引茶、3 万多支千两茶在此收购、加工和外运。清光绪年间，安化小淹籍陕西试用知县刘翊忠《黄沙坪感事诗》称："茶市斯为盛，人烟两岸稠"。

⑧ **仙溪茶市**：仙溪茶市（图 9-7）处于今仙溪镇资水一级支流洢溪之滨（至清代末年，小船可溯洢溪直达仙溪甚至县城梅城），是随"四保贡茶"而兴起的茶市，清光绪年间最盛时有 40 家以上茶行，贡茶以外，专营绿茶，民国年间转为主营红茶。

⑨ **马迹塘（晋商称"马家塘"）茶市**：地处今安化县、桃江县交界处，清以前为安化县与益阳县接壤之处。资水至此平缓，为安化山货外运第一站，故民国以来，遂成安化茶外运的集散码头之一。

⑩ **益阳大码头**：在今资阳区城区，原为旧益阳县县城。安化茶入洞庭湖之前，先在此小憩，并查验厘金。现尚存镇河及指引船舶停泊的三台塔（图 9-8）。

旧时将收购毛茶点称为"仔庄"，靠近茶山设置，形成仔庄林立的山间聚落，是为茶山茶市。如江南镇的洞市老街（图 9-9），东坪镇的原杨林乡水田坪、原木子乡平溪村，马路镇的原湖南坡乡等，兴旺时有茶栈数十家。

图 9-6 黄沙坪老街

图 9-7 "四保贡茶"聚集地仙溪老街一角

图 9-8 始建于清乾隆年间的益阳三台塔

图 9-9 江南镇洞市老街茶市

二、古茶道

古茶道（图 9-10）是益阳茶叶运输通道，包括向域外运输和毛茶产区运往茶市加工集散主要通道，及古茶道上的茶亭、桥梁和渡口等设施。

（一）对外茶道

① **安化贡茶道**：明清时期县衙监制贡茶完毕后，派县吏、兵丁和脚帮人等，择日从县城总铺梅城出发，沿驿道经三十六铺到达长沙府城（图 9-11），再递解到京城。经考证，此三十六铺（李卓兵、尹益辉《旧时安化至长沙的三十六铺》）为：茅田铺—山溪铺—石磴铺—清塘铺—晓桥铺—驿头铺—高明（平）铺—司徒铺（安化与宁乡界，至此 40km）—扶冲铺—西门铺—新开铺—迎水铺—芭蕉铺—黄材铺—长（土）岗铺—长桥铺—茅栗铺—双凫铺—石子铺—玉堂铺—晴峰铺—回龙铺—赤土铺—腰铺—冷水铺—玉潭铺（宁乡县总铺，至此 125km）—历经铺—夏铎铺—油草铺（宁乡与善化界，至此 140km）—黄泥铺—白箬铺—枫树铺—赤竹铺—龙口铺—山枣铺—瓦店铺。

② **安化红茶道**：鸦片战争后，安化红茶初兴，除资江水道运输外，由陆路经县城梅城、清塘铺，至伏口（今涟源市境内），再沿七星街、曲溪至界头山，出湘（今双峰县县城），抵达湘潭装船，逆湘水南下，经灵渠过五岭，到达广州出口。

③ **资水茶道**：直到 20 世纪 70 年代，资江都是益阳、安化茶叶等大宗产品外运的主要航道。明末以来的黑茶以及清末以来销往汉口的

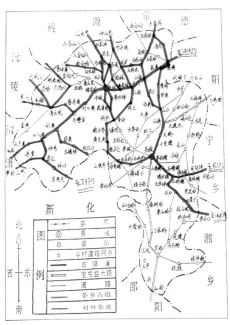

图 9-10 清末民国时期安化县古道简图

图 9-11 安化至长沙驿道三十六铺中的安化境内八铺图（载明嘉靖《安化县志》卷一）

安化红茶，主要依靠资江水道经益阳、过洞庭湖达汉口。旧时资水安化段共有洛滩、崩湾滩、大汴滩等险滩 72 处，茶商入山靠纤夫拉，出山茶货频频在险滩覆没，故清代以来官府多

次制定《沿河救助章程》（图9-12），以管理沿江救生小船、规定救人捞货的酬劳等事项。

④ **明末川商茶道**：据林之兰记载，明末四川、甘陕商人来安化采购黑毛茶，最初运湖北荆州踩制成"茶筒"，再贩运西北。后来开辟了沿资水逆流而上至烟溪、坪口，然后过新化苏溪茶税关，沿辰州至西阳古道，至重庆彭水、四川广安等地，入库盘验之后再经紫阳关运抵宝鸡、兰州。

⑤ **抗日战争时期的茶道**：抗日战争时期，因湖北、河南等地沦陷，茶界先辈彭先泽等还开辟了两条茶道：一条与明末川商茶道略为相同（具体见第六章）。另一条从安化至桃源、石门，再经湖北五峰、长阳，最后到达宜昌三斗坪，去时一担茶、回来一担盐，组织运输社维持战时运输。

（二）茶乡古道

境内茶叶运输依靠茶乡古道，由挑夫、骡马或排帮承担。

① **鹞子尖及渭溪古道**：南连新化海南溪乡，经黄花溪、鹞子尖、竹林溪至洞市老街，再过永锡桥、青石岭、思贤溪，到达江南坪。鹞子尖古道（图9-13）在江南渡过资江继续向北，沿渭溪至顽沙塘、岩门寨、龙塘集镇、淘金村，翻越乌云界至桃源鄢家坪、沙坪镇，即为渭溪古道。另鹞子尖古道由黄花溪向东南，经錾字仑（图9-14）、浮青、乐安桥、石城通往原县城梅城，也是前、后乡往来要道。

② **安桃古道**：由东坪镇、唐家观向北，翻越乌云界通往桃源的三条古道，自东向西分别为株溪古道（图9-15）、槎溪古道（均以唐家观为起点），平溪古道（以东坪为起点）。

图9-12 清同治六年《沿河章程》碑

图9-13 江南镇鹞子尖古道

图9-14 乐安镇錾字仑古道

图9-15 东坪镇株溪古道马渡桥

（三）茶码头

茶码头是古茶市最重要的基础设施，承担着茶市人货上下出入的重要功能，大的茶行拥有多个码头并设有一定装卸设备，一般茶行也设有一个码头。人们通过码头的多少和繁华程度，判断茶市的兴衰。如黄沙坪镇古茶市旧时分布着大小码头 13 个，其中茶叶码头 9 个，有源世昌、三德玉、聚兴顺、永泰福、天来香、源远长、琦公、百泡湾、硚口码头等。江南镇五福宫码头（图 9-16）、大码头、梁家码头和边江码头均仍在使用。小淹九乡码头现为趸船码头（图 9-17）。

图 9-16 江南镇五福宫码头

图 9-17 小淹镇九乡码头

（四）古茶亭

茶亭是在古茶道途中，供行人小憩、解渴的房屋，一般建于山岭、山头要道，多为跨路而建的土木、木石结构楼阁式建筑，分为行人憩息饮茶区、神祇祀奉区和守亭人居住区，多有对联以咏其胜概、石碑记载修建来由和善士捐款等内容。安化清代县志曾记载境内茶亭近百处，今尚存部分（图 9-18）。

图 9-18 南金乡柑子坡茶亭

（五）风雨廊桥

为确保茶道畅通，古人就地取材，垒石为墩、架木为梁，以鹊木抬梁和榫卯结构等传统建筑技术，构建既可跨河渡水，又可避雨憩息的风雨廊桥（图 9-19）。廊桥两端悬挂对联匾额，多有石碑记载修建来由和善士捐款等内容。安化至今保留清

图 9-19 东坪镇泗溪桥

代、民国时期廊桥 47 座，2009 年湖南省人民政府将其中 29 座列入省级文物保护单位，2013 年有 10 余座被列入国家重点文物保护单位。

三、茶业碑刻

　　益阳是目前中国遗存明清以来茶业相关碑刻最多的地方，尤以安化为最。碑刻忠实记录了旧时茶业的生产运输、行业管理和茶区习俗等内容，是安化黑茶产业发展的历史见证，也是茶乡数百年来的壮丽画卷。近年，经过比较系统的收集整理和解读，于2018年编辑成为《万里茶道安化段茶业碑刻集成（茶政卷）》一书，以内部资料的形式传播。根据研究，茶业碑刻包括如下内容：

　　明万历四十五年茶法禁碑（无碑，据林之兰《明禁碑录》记载）；

　　明天启七年茶法禁碑（无碑，据林之兰《山林杂记》记载）；

　　清康熙四十三年茶规碑（缺碑及碑文，据《清道光十七年唐家观九乡公立茶务章程碑》、《咸丰元年唐家观永禁假茶残碑》记载）；

　　清雍正八年苞芷园茶业禁碑（无碑，据彭先泽《安化黑茶》一书）；

　　清嘉庆五年苞子园斗秤禁碑（有实物）；

　　清嘉庆廿四年江南洞市鹞子尖陶澍捐款题名碑（有实物）；

　　清道光二年刘公铁码铭文（有民间收藏实物）；

　　清道光四年奉上严禁茶规碑（有实物）；

　　清道光四年唐家观奉上严禁茶规碑（图9-20）；

　　清道光十一年唐家观通乡公议规程碑（有实物）；

　　清道光十七年唐家观九乡公立茶务章程碑（有实物）；

　　清道光十七年高马二溪五团公议禁碑（有实物）；

　　清道光廿六年江南洞市座子坳茶商罚碑（图9-21）；

　　清咸丰元年唐家观永禁假茶残碑（有实物）；

　　清同治六年沿河章程碑（有实物）；

　　清同治七年水田坪村永定茶规碑（有实物）；

　　清同治九年厘定大桥仙溪龙溪九渡水采买芽茶章程（无碑，清同治《安化县志》有刊载，另民间收藏《保

图 9-20 清·道光四年
奉上严禁茶规碑

图 9-21 清·道光二十六年
江南洞市座子坳茶商罚碑

贡卷宗》有记载）；

光绪三年江南洞市座子坳茶商罚碑（有实物）；

清光绪六年江南永兴茶亭序并公议条规碑（有实物）；

清光绪廿二年浮青錾字岭茶叶禁碑（有实物）；

清代九渡水保与洢溪保贡茶界碑（有民间收藏实物，年代不详，当为清代晚期）；

清光绪卅二年东坪水田坪九乡公议茶业禁碑（有实物）；

光绪卅二年江南洞市五龙山天缘寺章程碑（有实物，不全）；

《民国八年安化县前知事朱恩湛奉民政司批准立案厘定黑茶章程十则》（有实物）；

民国卅二年湖南私立修业高级农业职业学校协进堂捐产碑。

四、其它遗存

（一）茶业规范类

① **茶砝码**：指在茶叶交易过程中所使用的砝码（俗名"称砣"）。古时为杜绝茶商茶贩称量作弊，往往由官府将核定的砝码发往各茶叶集市，作为后世"公平称"一类的标准。如清乾隆时湖南巡抚陈宏谋、道光安化知县刘冀程等人均核发过茶叶砝码（图9–22）。有时因为官府下发的砝码数量不够，在新辟的茶市采用与官府等重的石制砝码作为公称；也有的商家为了作弊，故意采用容易修改的石制砝码（图9–23）。

② **茶灰版**：指茶行或茶山在黑毛茶买定之后，为防止送茶人（或挑夫）运输途中作弊，采用统一的木制雕版（图9–24），刻上"×地×户×类茶×斤，挑送××处××茶行核收"等内容，沾上以桐油和草木灰和成的"油墨"，再盖在盛装黑毛茶的布袋上。送茶人如在途中损坏灰版印记，茶行可以拒收。

③ **茶券**：指在黑毛茶市场行情不好、茶主不愿即时出售时，或者茶主在黑毛茶尚未制成而急需钱用时，由当地具有一定实力的商家根据茶主黑毛茶多少发行若干面额的"茶

图9–22 清·道光二年安化知县刘冀程核准的"刘公铁码"

图9–23 与刘公铁码等重的石制砝码

图9–24 高马二溪黑毛茶运输灰版

第九章~安化黑茶文化积淀

293

图 9-25 民国时期的
茶叶流通券印版

券", 等同于钱币在当地市面流通。茶券一般注明"××地××商家临时流通券"和"凭茶发市票钱（银）××文（两）整"字样, 并有号码及暗记（木板文字: 安化上马牌头坪杰夫临时流通券凭茶发市票钱一串文整, 图 9-25）。

（二）茶行经营类

① **茶商赠钟**: 旧时茶商在安化县各茶市采购经营, 大量参与当地公益建设与慈善事业, 当地乡绅以各种形式将他们的善行记载下来, 成为茶商经营状况的有力证据。如安化县小淹镇苞芷园清雍正八年茶业禁碑, 是陕甘商人清早期在安化从事茶叶经营的重证。另有清乾隆二十八年晋陕茶商捐给关帝庙的洪钟（图9-26）, 上铸"今信大清国山陕两省众商人等捐赀善铸洪钟一口重一千馀斤于湖南省长沙府安化县十三都硚口关帝庙永远供奉", 是清中期晋陕茶商在安化扩大经营的明证。

② **茶商招牌**: 旧时茶叶经营机构将名称书写拓制成匾额, 悬挂或镶嵌于建筑显目处, 以招徕客商, 称之为茶商招牌（图 9-27）。茶商招牌一般格式是"×记××茶×": "×记"指茶商的上级单位或上级单位老板姓氏。"××"指设在本地的茶商通行名称, 一般由吉祥词语组成, 还包括所经营的是黑茶还是红茶, 如"如意黑（茶号）"。"茶×"指茶商的性质, 一般来说, "茶号"指茶商总部直设本地的经营机构, "茶行""茶庄"指由本地牙商单独（或联合外地茶商）

图 9-26 硚口关帝庙晋陕茶商赠钟

图 9-27 茶商招牌

开设的经营机构, "茶栈""茶店"指以上两类茶商在本地的分支机构。

③ **茶商账簿及凭证**: 茶商账簿一般为旧时制式内容, 以雕版套红印刷, 记账大多采用全国通行商码（亦称苏州码或草码, 其对应的数字和符号分别是: 0 〇、1 丨、2 刂、3 刂、

4〤、5〥、6亠、7亡、8亖、9攵），单位记在商码下方（图 9-28）。茶商（厂）凭证有很多种，如付款单、调拨单等，下面展示的是 1950 年中茶公司安化支公司发放茶叶贷款之后，茶农在交茶时填写的“归茶证”（图 9-29）。

④ **茶叶包装**：安化茶叶包装变化较大（图 9-30），大体从古时的竹木原生包装向现代多样化包装演变，在清末民初，茶商还习惯于在包装内外加一张类似于广告的笺，一般由雕板印刷，除称誉自家茶品外，还有提醒客户正确购买等意思。

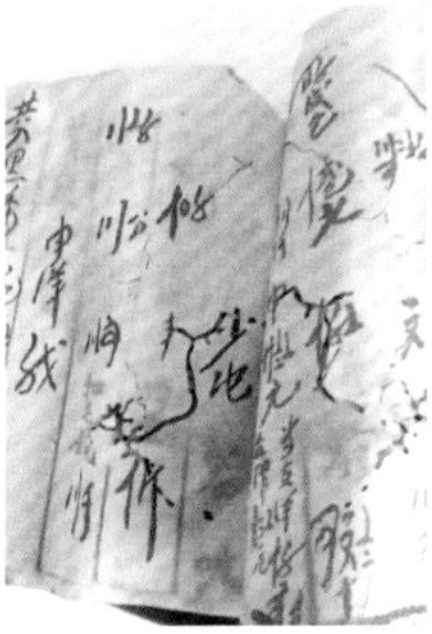

图 9-28 茂记茶行红茶账簿

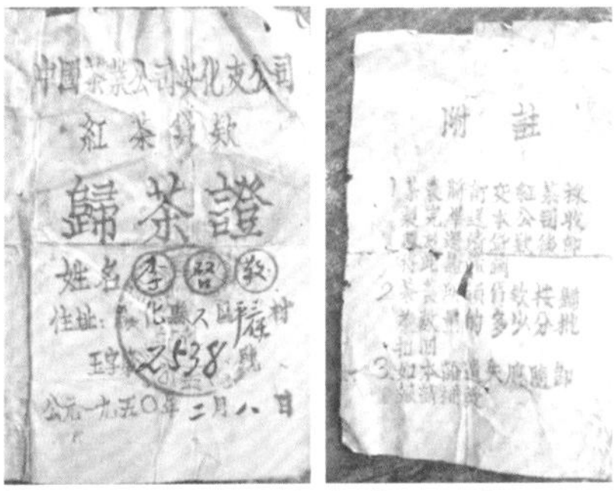

图 9-29 1950 年中茶公司安化支公司归茶证

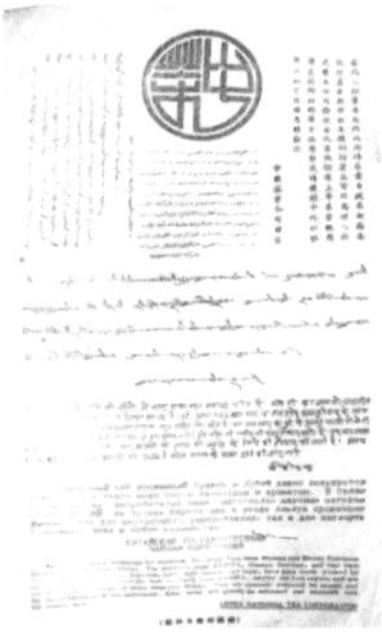

图 9-30 民国时期原中茶公司包装纸

（三）茶叶制造类

① **采茶器具**（图 9-31、图 9-32）：

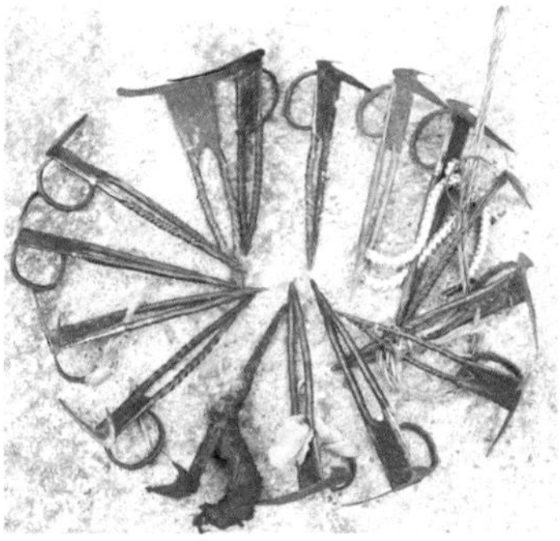

图 9-31 茶摘

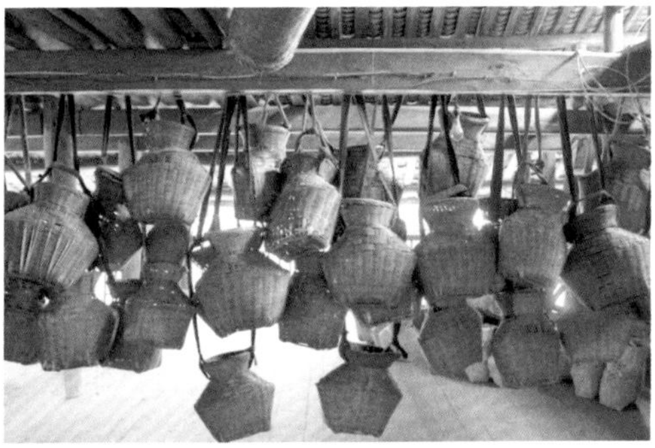

图 9-32 采茶篓

② **制茶器具**（图 9-33、图 9-34）：

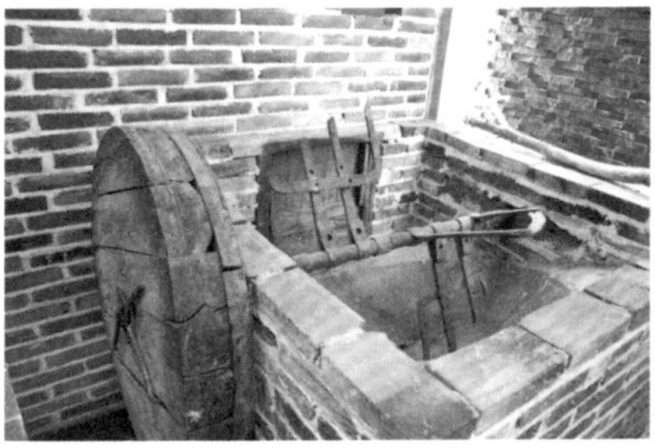

图 9-33 20 世纪 70 年代杀青机

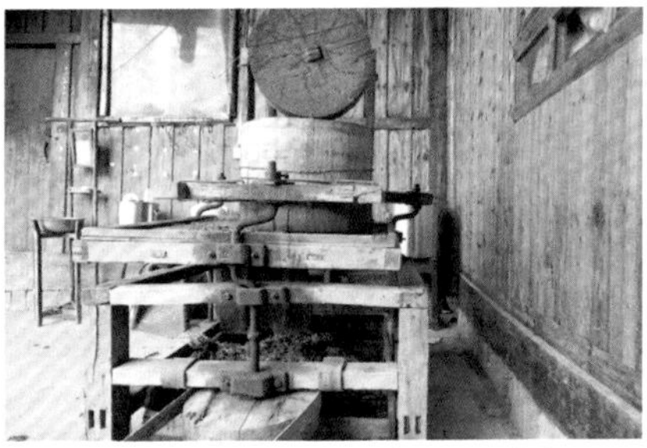

图 9-34 民国时期木制揉茶机

③ 储茶器具（图 9-35、图 9-36）：

图 9-35 清代茶箱　　　　图 9-36 清代储茶叶篾罐

（四）茶乡习俗类

① 贮茶器具（图 9-37、图 9-38）：

图 9-37 清代茶罐　　　　图 9-38 清光绪茶叶锡罐

② 盛茶器具（图 9-39 至图 9-41）：

图 9-39 民国时期　　图 9-40 民国时期　　图 9-41 清代
景泰蓝茶壶　　　　提梁铜茶壶　　　　护茶桶

③ 舀茶器具（图 9-42 至图 9-44）：

图 9-42 民国茶勺　图 9-43 民国茶瓢　图 9-44 清光绪年代
瓜瓢

④ **饮茶器具**（图9-45、图9-46）：

图9-45 清代茶瓷缸　　　　　图9-46 民国九江瓷业公司制
　　　　　　　　　　　　　　　　"彭先泽赠"款压手杯

⑤ **茶点器具**：安化茶气足味酽，饮之祛滞解腻。故在饮茶（包括安化擂茶）时，主人多随茶饮配备各种点心（称为换茶），并有专门盛放换茶的器具，以及收纳这些器具的家什（图9-47）。

图9-47 民间换茶盒及茶点

第二节　非物质文化遗产

近年来，安化加强茶产业方面的非物质文化遗产申报，分级保护了一大批制作技艺类的非物质文化遗产（表9-1）。

表9-1　安化县茶产业非物质文化遗产名录表

级别	名称	保护单位	批准时间	备注
国家级	安化千两茶制作技艺	安化县文化馆	2008	
	茯砖茶制作技艺	湖南益阳茶厂有限公司	2008	
省级	安化天尖茶制作技艺	湖南白沙溪茶厂股份有限公司	2015	
	安化花砖茶制作技艺	安化县百年茂记茶行	2017	
市级	梅城擂茶制作技艺	梅城镇文化馆	2007	
	安化金花散茶制作技艺	安化县晋丰厚茶行有限公司	2009	
	安化黑砖茶制作技艺	安化县晋丰厚茶行有限公司	2015	
	安化松针制作技艺	安化县褒家冲茶场有限公司	2015	

级别	名称	保护单位	批准时间	备注
市级	安化红茶制作技艺	安化县实验茶场有限公司	2015	
	烟溪功夫红茶制作技艺	安化卧龙源茶业有限公司	2017	
	高城马帮习俗	安化县江南镇政府	2007	
	江南傩戏		2007	
	清塘山歌		2007	
县级	安化黑茶茶艺	安化县茶业协会	2009	
	安化烟薰茶制作技艺	湖南川岩江茶业有限责任公司	2018	
	红碎茶传统制作技艺	湖南省褒家冲茶场有限公司	2018	
	四保贡茶	安化县仙山茶叶开发有限公司	2018	
	梅山傩王茶习俗	湖南省芈山文化有限公司	2018	
	梅山排帮号子	安化县麻溪排帮有限公司	2018	

此外，还有梅山剪纸、傩戏、山（茶）歌等茶乡习俗，也被列入非物质文化遗产，得到发掘、恢复和传承。如在梅山地区喜庆的活动中，剪花是必不可少的装饰用品。梅山地区的职业剪纸艺人被尊称为"花匠"，主要制作祭祀制品，用剪纸、画彩等手段进行装饰或制作供品。以梅山剪纸的形式表现安化黑茶文化（图9-48），

采茶　　　　采茶归来

图9-48 梅山剪纸非物质文化遗产传承人向亮晶剪纸

是安化茶乡自古以来的风俗和技艺。2018年第四届安化黑茶文化节前夕，梅山剪纸非物质文化遗产传承人、湖南省工艺美术大师向亮晶创作了巨型剪纸作品《安化茶香飘万里》，分"黑茶的霸气、绿茶的仙气、红茶的洋气、擂茶的客气"四个篇章，全长41m，宽1.13m，捐赠给第四届湖南安化黑茶文化节执委会，成为世界上最长的以安化黑茶为主题的连环剪纸作品。

第三节　茶业文献

益阳茶业的发展过程中，有许多历史文献进行了记载，随着研究的深入，发现越来越多，尤以安化黑茶文献居多，是安化黑茶的历史见证和茶文化的重要组成部分。

一、古代文献选编

请革横税私贩奏

唐 · 裴休

诸道节度观察使置店停上茶商，每斤收搨地钱并税经过商人，颇乖法理。今请厘革横税，以通舟船。商旅既安，课利自厚。今又正税茶商多被私贩茶人侵夺其利。今请强干官吏先于出茶山口及庐、寿、淮南界内布置把捉，晓谕招收，量加半税，给陈首帖子，令其所在公行，从此通流，更无苛夺。所冀招恤穷困，下绝奸欺，使私贩者免犯法之忧，正税者无失所之叹。欲究根本，须举纲条。

注：裴休（797—870 年）字公美，今河南济源人，曾任唐户部侍郎、充盐铁转运使。唐大中元年因直言进谏、打击方镇，被贬为荆南节度使、湖南观察使。在湖南期间，立税茶十二法，减轻茶农负担。今税茶十二法不可见，《请革横税私贩奏》当为其在户部时所上奏折，亦可见其省税便民之意。摘自《钦定全唐文》卷七百四十三。

膳夫经手录

唐 · 杨晔

潭州茶，阳团茶（粗、恶），渠江薄片茶（有油、苦硬）、江陵南木茶（凡下），施州方茶（苦、硬），已上四处，悉皆味短而韵卑。惟江陵、襄阳皆数十里食之，其他不足记也。

注：摘自《续修四库全书》卷 1115 谱录类（上海古籍出版社，《续修四库全书》编委会，2002 年版）。

茶　谱

五代 · 毛文锡

潭邵之间有渠江，中有茶，而多毒蛇猛兽。乡人每年采撷不过十六、七斤。其色如铁，而芳香异常，烹之无滓也（宋 · 乐史《太平寰宇记》卷八一一四）。

渠江薄片，一斤八十枚（图 9-49）（《钦定四库全书》《事类赋》卷一七）。

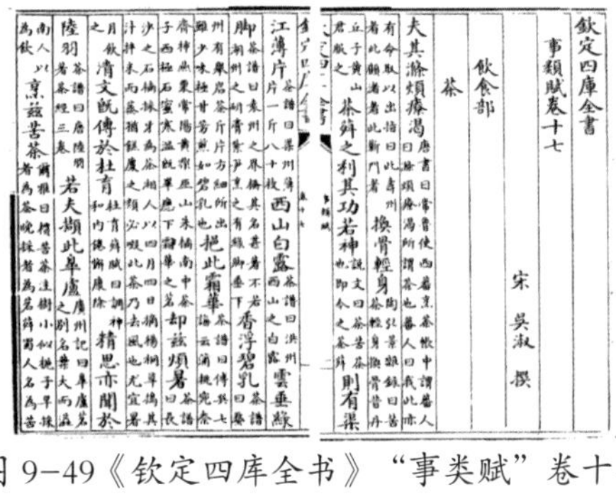
欽定四庫全書
事類賦卷十七
宋 吳淑 撰
飲食部
茶
夫其滌煩療渴 換骨輕身 茶荈之利其功若神 則有渠江薄片 西山白露 雲垂緑脚 香浮碧乳 挹此霜華 却茲煩暑 清文既傳於杜育 精思亦聞於陸羽 若夫撷此皐盧 烹茲苦茶

图 9-49《钦定四库全书》“事类赋”卷十七

梅山峒蛮传

《宋史》

梅山峒蛮，旧不与中国通。其地东接潭，南接邵，其西则辰，其北则鼎、澧，而梅山居其中。开宝八年，尝寇邵之武冈、潭之长沙。太平兴国二年，左甲首领苞汉阳、右甲首领顿汉凌寇掠边界，朝廷累遣使招谕，不听，命客省使翟守素调潭州兵讨平之。自是禁不得与汉民交通，其地不得耕牧。后有苏方者居之，数侵夺舒、向二族。

嘉祐末，知益阳县张颉收捕其桀黠符三等，遂经营开拓。安抚使吴中复以闻，其议中格。湖南转运副使范子奇复奏，蛮恃险为边患，宜臣属而郡县之。

子奇寻召还，又述前议。熙宁五年，乃诏知潭州潘夙、湖南转运副使蔡烨、判官乔执中同经制章惇招纳之。惇遣执中知全州，将行，而大田三砦蛮犯境。又飞山之蛮近在全州之西，执中至全州，大田诸蛮纳款，于是遂檄谕开梅山，蛮徭争辟道路，以待得其地。东起宁乡县司徒岭，西抵邵阳白沙砦，北界益阳四里河，南止湘乡佛子岭。籍其民，得主、客万四千八百九户，万九千八十九丁。田二十六万四百三十六亩，均定其税，使岁一输。乃筑武阳、关硖二城，诏以山地置新化县，并二城隶邵州。自是，鼎、澧可以南至邵。

注：此文选自《宋史》卷四百九十四（图9-50）。

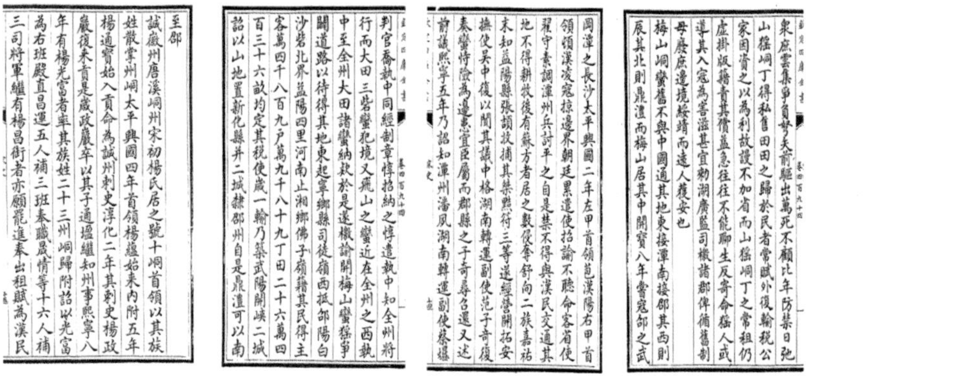

图9-50《宋史》载《梅山峒蛮传》

安化茶

清·赵学敏

安化茶，出湖南。粗梗大叶，须以水煎或滚汤冲入壶内，再以火温之始出味。其色浓黑，味苦中带甘，食之清神和胃。

性温，味苦微甘。下膈气，消滞，去寒澼。

《湘潭县志》：《茶谱》有潭州铁色茶，即安化县茶也，今京师皆称"湘潭茶"。

注：录自清乾隆乙酉年版赵学敏《本草纲目拾遗》卷六木部（图9-51）。

图9-51 清·赵学敏
《本草纲目拾遗》卷六

明天启七年安化知县改良茶法复文

明·林之兰

一曰称验良法宜立。年来加派无已，民命罔堪。如辽饷未已也，而继之以蜀；蜀饷未已也，而继之以黔。日新月盛，财尽民穷。欲诉免则无以应庚癸之呼，欲强支则难免剜肉医疮之苦。今查得新化茶税每岁三千七百有奇，敷额之外，尚欲衰馀税以助饷。此岂有神输鬼运之术乎？不过有每月初二、十六苏溪称验之一法耳。本县之茶亦不减于新化，本县之税只三百零二两耳，乃年年亏额，其故云何？以称验之法未立、缴票之法未行，故经纪、埠头得以任意包侵、任意走漏也。与其以国课而充滑橐，孰若衰馀税以助军需之为便耶？合无仿照新化称验事例，每年请委本县属官一员，每月初二、十六日前诣敷溪称验。盖敷溪去县仅九十里耳，往返不过三日，每月不过两次，不妨职业、不烦添设，似亦计之便者。称验既行，税无走漏，额解之外，必有盈馀，即以助抵加增饷银，灾黎受惠不小矣。伏候宪裁。

前件该知县蒋覆：看得茶法禁严，称验之法，防走漏、杜侵渔也。条陈甚悉，何节连五载，茶总经纪通同走漏，至欠一百七十馀两之税？盖商投经纪收买茶货，必尽本扣税方许运茶上舡，苟无称验之法，则税入经纪私囊，弊益难为稽查也。今本县十一都地名敷溪，离县九十馀里，虽茶舡聚会之区，实经商肆奸之薮，卑职缘是清查，兼有乡绅里递之条议，凿凿可凭。合议于敷溪立关盘验，倘额数有馀，衰之以佐公需，未必无小补于民间也。

一曰里递茶宜先买。夫一方之土产，供一方之赋税，养一方之生命，此一定之理也。本县十一、三都别无所产，惟是茶芽一种，公私皆仰赖焉。今各经纪嗔其不从重秤、不送偏手，止买囤贩假茶，竟将里递真茶阻塞不买。此在居恒情已不平，况当此军需火紧之日，将安所措办乎？官府徒任追比之劳，里递徒受鞭挞之苦，到底不能完纳。各牙贻害至此，其罪曷可胜诛。今恳天恩，严颁宪令，以后每年茶客到日，必先买丁粮多者之茶，俾得蚤完国赋。俟里递茶皆卖完，方可买囤贩之茶。如有不遵宪令，仍前先买假茶，阁悮真茶不买，致陷国赋无措者，容各递指名告理，以正其病国病民之罪。此关民隐，更为紧切，幸特加意焉。伏候宪裁。

前件该知县蒋覆：查得十一、三都产茶，每年里递完粮，咸藉茶芽一种，发卖以输国课。无奈经纪图利，偏手盛行无忌，往往遇茶客一到，先买囤贩之茶。□假茶其价必贱、其利易索，非若里递真茶，断不分毫假借也。返致以假混真，竟阻真茶难售。今议，责令各经纪于产茶之时，每年携客先买里递，丁粮多者之茶尽数买完，后买囤贩。有不遵者，许里递告究。则真茶售而国赋完，此诚公私两利之术也。委属妥便。

一曰广秤公平宜遵大。权量之谨，自古重之。每斤以十六两为准，此定例也。乃各经纪利于招客赚用，私置每斤二十四两重秤，名为"茶秤"，只图悦客，不惜害民。囤贩假茶肯依重秤，则尽为通行；里递真茶不从重秤，则皆阻塞。其为害更甚。今恳天恩，严颁宪令，以后经纪带客买茶，一体通用正十六两广秤。价值斤两看茶粗细定数。其各牙原私置重秤尽皆弃毁。如有再用重秤买茶、不肯遵用广秤者，容各递指名告究，毋容网漏吞舟也。伏候宪裁。

前件该知县蒋覆：看得秤以官颁法马较定订造，每斤十六两，此定额也。乃各乡经纪称茶，每私造重秤，借以悦害（当为客字）射利，害将何极夫？囤贩假茶不惜多斤，里递真茶谁甘贱售？今议通行广秤，非独便民，亦示以遵一定之式，毋敢违禁者也。卑职颁发法马、较定广秤，行令各经纪一体遵行。其私造"加五茶秤"尽行弃毁。如有敢违，仍用重秤称茶，许卖茶之人执秤指名告究，庶权量平、民害杜矣。

一曰假茶假银宜禁。夫茶法之律，有作假茶五百斤以上者发边远充军、知情贩买者同罪。其禁不啻严矣。本县自川商通行之后，各牙设厂囤贩，野草混挽茶内，毒伤人命。四十一年（即万历四十一年，公元1613年），已经里递谌、林、张等呈赴按院彭爷台下，批县立碑严禁。无奈各积欺貌（貌通藐）不遵，囤贩如故；以致假茶盛行，真茶阻塞，国蠹民害，莫甚如此。惟其假茶价贱，故经纪串同奸商，多造抵假之银。如铅铿烧粉走系吹系拖白纸搭粥脸反宰渔冻敲（此字漫漶，亦似敌字）系孕孕花婆婆耳之类（此句系当时银两造假的种种行话，今不可确解，估存之待考），莫可识认。乃积牙奸商愚害乡民至此，律理其曷可容。今恳天恩，严颁宪禁，以后买茶，责令经纪俱要一色纹银，照例折算。其前种种假银尽行痛革，如有再用九呈以下低假银色买茶者，容各递指名告究，罪坐经纪。其囤贩假茶者自有充军之律，行使假银者自有问徒之律，谅吞舟不能漏网也。伏候宪裁。

前件该知县蒋覆：查得茶法之禁，靡不森严。本县十一、三都茶行往时摘草挽和囤贩混挽茶内，毒茶人命。四十一年，里递公呈院道，立碑严禁。卑职范任，遵示禁革。今议，各乡经纪遇茶客一到，先带买里递真茶，则囤贩耶有，假茶不能售矣。其民间使用银色，即未条议之先，已经谕令各乡都俱用一色纹银，概不许用钻铅烧粉等项代银。

图9-52 明·天启七年林之兰
《山林杂记》《改良茶法议覆碑》碑文

敢有不遵者，许里递保甲指名呈首重治。每月取其银匠结状投递在卷，委属妥便。

奉本府批：立关验票，可免漏税之弊，有理可采。仰县作速查行。票仰县将发来款内凡产茶之时先买粮多、递年买茶遵用广秤、严禁假银假茶及用本县舡户装茶数款，一面严行立碑遵守，其益阳查验道票及该县小票，严行禁革夹带私茶，收过小票茶斤数目、埠头经纪、舡户姓名登填，循环赍府册迟。

天启七年正月二十五日发，二十八日奉到。

注：录自明天启七年林之兰《山林杂记》，湖南省图书馆藏本（图9-52）。

二、近代文献选编

鹞子尖募茶引

清·陶必铨

《禹贡》：荆州之域，三邦底贡厥名。李安溪以为"名"，茶类。窃意吾楚所辖。如今之通山、君山及吾邑，实属产茶之乡。六书中古简，后人始加以"艸"，而"名"乃从"茗"。则李说近是已。顾茶产于山，而高山崇岭，行人往来，渴而得饮者往往难之。夫樾可荫暍，救死良法也。然与其救之于已死，不若全之于方生。如十一都之鹞子尖，上下十余里，亦一险阨也。有兴言老人者深垂怜念，日汲水半山中，煮茗古亭，以待渴者，行者便之。所赖仁人君子，广为施济，以佐老人之不逮。庶几功博人间，不独"经传陆羽，露褒双芽；歌续卢仝，风生七碗"已矣。是为引。黄江陶必铨撰。

图9-53 清·嘉庆23年陶澍之父陶必铨为鹞子尖茶亭题撰的《募茶引》

注：两江总督陶澍之父作于嘉庆十年（1805），后镌碑于鹞子尖茶亭，此文本根据原碑及《资江陶氏族谱》采录（图9-53）。

《保贡卷宗》三保公序

仙溪茶行原为承办贡茶而设，故藩宪给之牙帖以专责成。立法之初，商民两便。奈积久弊生，渐为民害。道光中叶以来，茶行经纪遂结衙蠹党援，藉贡生端，讼累不绝。今日控挡抗，明日告私充，此我大桥、龙溪、九渡水三保茶户所涕泣痛憾而无可如何也。同治丙寅，向治江、姚成纪、周平濂诸君目击茶行鬼蜮，灾近剥肤，毅然

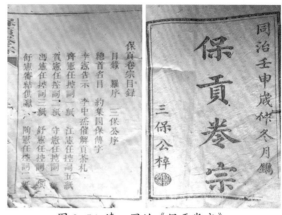

图 9-54 清·同治《保贡卷宗》

以除害为己任，爰倡集三保及仙溪茶户，将历年受害情状鸣诸官。至戊辰夏初，始沐邱邑侯育泉结讯，永革仙溪行户，不准复充。所有贡茶及税银饬各保捐贽置产，择殷实老成设局，自行采办完纳，并厘定章程，备文移载县志。煌煌谳语，铁案不磨。凡我有茶之家，宜何如之铭感无既也。所可惜者置产一节，我三保遵即举行，仙溪则度外置之，迄今尚无成议。诗云靡不有初鲜克有终其仙溪之谓与？方今圣天子在上，轸念元元，靡所不至，又得贤邑宰厘奸别弊、俯鉴民情，俾出首诸人克伸公愤，是则千载一时也。予小民践土食毛，只此茶芽藉为芹献，自兹以后，务宜同心踊跃，按候输将，勉为盛世良民，无负长官爱民至意。而况洁己办公如向治江者，农圃自如，并非茶户，只以茶行办贡蹂躏菜园，乃翁年逾八旬，受其凌辱，遂激而为之，除此大害。其仗大义而尽孝思有如此者。兹将前后卷宗付诸剞劂，爰叙颠末于卷首以示后人。至于三保捐项多少不同，是由各保度支不一，若业价讼费，则三保均派，岂有丝毫苟且于其间哉？三保谨识。

注：录自《保贡卷宗》（同治壬申岁三保公梓，现由湖南香木海茶业有限公司收藏（图9-54）。

明嘉靖《安化县志》关于茶叶的记载

卷 一

按图经序：雍熙二年，招梅山蛮之隶益阳者为密庄，宣补招安，将以领之。庆历以后，时复摽掠。至和二年，安抚司刘元瑜募进士杨谓招诱猺户，隶益阳为茶庄；隶宁乡为钱庄，宣补招安，将以领之。

卷　二

安化山邑，如茶棉之产，四方贸易，民生所资，真不小矣。

贡办（出《湖藩赋役册》）

御茶芽二十二斤

课程（指杂项税收）茶课钞肆拾玖贯伍佰文

均徭（出《湖藩总会册》）

御茶解户壹名，银伍两（□有关应付，今编银五两，官解盘费不敷，民多患焉）。
下解户贰名，共银叁拾两。

卷　五

宋茶法甚严。伊溪、中山、资江、东坪产茶，比他乡稍佳。谣云："宁喫安化草，
不喫新化好。"指茶也。山崖水畔，不种而生。人趋其利，奸民乘间唱和啸聚，或至
抗巡尉而习不轨。绍兴二十四年黎虎将、淳熙二年赖文政，皆因而为乱，猖獗杀掠为民患。
大帅王侍郎奏于资江龙塘建寨，命将统之，岁一易戌，民赖以安。

清同治《安化县志》关于茶叶的记载（图9-55）

卷十　物产

大率有材木茗荈之饶、金铁羽毛之利。其土宜谷稻。（《宋史·地理志》）百货有棕、
茶、竹、木、油、炭、纸、铁、乌梅、棉花之属，一邑中广袤数百里，各有土之所宜。

货之属：茶。古无茶名。《诗》：谁谓荼苦。"荼"即"茶"也。陆羽卢仝而后，
遂易"荼"为"茶"。明《统志》：安化出茶。《潇湘听雨录》：湘中产茶，不一其地。
安化售于湘潭，即名湘潭（茶），极为行远，邑土产推此为第一。盖缘芙蓉山有仙茶，
故名益著。

图9-55　清·同治版《安化县志》有关茶叶的记载

卷十一　古迹

茶场，在县西北资水上。宋置安化县，遂立茶场。伊溪、中山、资江、东平诸处皆产茶，

比他处稍佳。

<h2 style="text-align:center">卷三十三　时事</h2>

案：西北多嗜茶，唐回纥入朝以马易茶，茶通商自此始。《宋史》"陈恕为三司使，立茶法，各茶商数十人俾调利害，第为三等"。明置茶马司，诸关津要害置批验茶引所，其通商之法一准盐法以行。是历年茶商非漫无纪律者。梅山烟岚万叠，崖谷间生殖无几，惟茶甲于诸州县。四、五、六月青黄不接，全赖市茶运米于宝庆、益阳间、在启疆之初。茶犹力而求诸野。如旧志所云"山崖水畔，不种自生"，故采时不无角逐。宋筑五寨，设兵戍守，防奸宄也。元明以来，民渐艺植，各有畛域。国初，茶日兴，贩夫贩妇逐其利者十常八九；远商亦日至，曰"引庄"，曰"曲沃庄"，曰"滚包庄"。滚包庄茶尚黄；曲沃茶尚黑，引庄如之，皆西北商也。嘉庆间，知县刘冀程颁定章程、较准砝码，轻重画一，规矩森严，邑久赖之。越咸丰间，发逆猖狂，阛客裹足，茶中滞者数年。湖北通山夙产茶，商转集此。比逆由长沙顺流而窜，数年出没江汉间，卒之通山茶亦梗。缘此估帆取道湘潭，抵安化境，倡制红茶，收买畅行西洋等处，称曰广庄，盖东粤商也。方红茶之初兴也，打包封箱，客有冒称武夷以求售者；孰知清香厚味，安化固十倍武夷，以致西洋等处无安化字号不买。同治初，逆魁授首，水面肃清，西北商亦踵至。自是怀金问价，海内名茶以安化为上品。"

注：《卷三三·时事》为同治版《安化县志·卷三三时事》咸丰八年知县陶燮咸厘定红茶章程的按语。

<h1 style="text-align:center">论茶市</h1>

<h2 style="text-align:center">佚　名</h2>

行舟者不覆于逆风而覆于顺风，对仗者不挫于屡败而挫于骤胜。何也？顺风则意纵，骤胜则气骄，此其所以易致覆挫也。惟老成谙练之君子为能合顺逆胜败而总持之以一法。一法谓何？曰慎重是已。经商亦然，未有气骄意纵而不遭损者，更未有慎重而不受益者。

今届茶市承去岁极坏之后，开盘伊始，各帮多得善价，气象甚佳。于是茶帮中人争拟进山以应其市。此固多财善贾之本色，见利必趋之恒情，机会难逢，交臂毋失，不得与气骄意纵者并论。然老成者流或窃窃然虑之，诚以刻下为头帮上市之初，货到尚少，洋商踊跃争买，故能人人如愿，各得红盘。若一经入山添办，必致尔抢我夺，山价因之增高。山价愈高，成本愈贵，即汲汲然赶到汉口，而头帮已过，洋商买兴已衰，彼时货色愈多、求售愈迫，匪独不能得价，且使洋商见我如是，难保其不以压盘打板诸故习相为箝制。然则洋商尚未愚弄华商，而华商反先弄自己也，其为失计不已多乎？

前数日曾见华商分致洋商之公启，申明公道章程三条：第一条，磅茶咸照光绪九年即英一千八百八十三年禀定照会章程办理。第二条，向来买茶注簿，随买随磅，间或迟至一二日亦无不可，近年竟有迟逾数礼拜始行过磅者，斯时茶价较注簿时相去悬殊，一旦退出，华商大受其亏，实属不近情理。此后买茶过磅，至迟请以一礼拜为期，如逾一礼拜之外，须照原价受茶，不得言退言割。若因无宽余之地，亦必须于一礼拜内先起十箱或数十箱过磅对水，以清界限。第三条，华商所收售茶银两，洋行既扣去九九五现息，自应过磅即行兑银，方与先扣现银名实符合。公启如是，想见诸华商惩前毖后、藻密虑周，茶务转机皆将于今届卜之，不谓才得红盘即有入山添办之举，是自蹈于往年抢买之覆辙矣。前鉴不远，而又令后车继之，可乎哉？且公启不云乎，初年洋商到汉买茶，诚信共守，彼此均沾利益，相得弥彰。迨后人心不一，渐致参差。所谓人心不一者，似系侧注华商而言。惟因华商之人心不一，而后洋商之胜算可操。故为刻下华商计，祇有齐心合力、共图补救一法，庶几失之东隅，犹可收之桑榆。若竟忘知足之戒而效对仗者之骄于骤胜、行舟者之纵于顺风，欲无覆挫，殆不可得。此有心人所以不忍缄默，直欲大声而疾呼之也。

或谓刻下入山添办之举，原出于年少气盛阅历未深之人，若老成持重者操纵得法，断不为其所摇。余谓古人有言，"先觉觉后觉，先知觉后知"（《孟子·万章下》："天之生斯民也，使先知觉后知，使先觉觉后觉"），果如所云，则各帮之老手正宜齐心合力，举利害以为同业告，使其洞明此理，急行止办，譬之悬崖勒马，犹可免于一落千丈之忧。不然，坐视不阻，为洁身自好计，固得之矣，如茶市大局何？

总而言之，天下贸易之道，不外乎"居奇"两字。货少则见珍，货多则弗贵，赢亏损益，胥判于此。即如今届到汉各茶多得红盘，而尤推安化帮首夺锦标。查往年安化茶本有不及他帮之势，其故由该处土著狃于"早采叶少、迟采叶多"之小见，致令茶身粗老，色香味俱形减退。洋商买茶，既考色味之优劣，复察叶子之粗细，稍有不足，即难列入上选，各商于此受亏不少。后因入山者不惜唇舌，谆谆开导，而各土著亦自悟其失，议立善法，如期早采，于是安化茶之成色逐渐变好。今届闻其采摘更早，挑别益精，惨淡经营，克日赶到，用能首先入选，高占红盘。据此以观，愈知货祇贵美而不贵多，其货一多，虽美弗贵。安化茶即为明证。纵论及之，冀刻下入山办茶者之触类引伸焉。

注：此文录于《皇朝经世文统编·理财部六》卷六十一。应为清光绪十年（1884年）左右的文献。

《行商遗要》前言

清·王载赓

为商贾，把天理，常存心上。不瞒老，不欺幼，义取四方。领东本，遵号令，监制茶货。逐宗事，照旧规，勤勤俭俭。诸凡事，切不可，耗费浪荡。怕的是，遭祸孽，遗累子孙。行水陆，走江湖，跋涉艰难。勿华丽，学素朴，免惹盗窃。晚早宿，晨早行，以防不测。水陆路，遇生疏，最忌相伴。若同帮，宜逊让，务要尊敬。再不要，非长幼，着人说道。为客商，学谦和，勿势欺良。俟进山，逐款事，安治齐备。贪洋庄，办口庄，各事不同。若洋庄，预先访，全靠耳目。勿碍滞，生机见，临时通变。或缓办，或多贪，自立主章。制黑茶，逐宗事，慢慢张张。俟出乡，归买茶，取出真眼。勿惜价，贪便宜，岂有好货？你纵是，经练手，不能哄他。每日里，十点眠，五点即起（眉批：究实临小满节，每四点半起）。客出房，合行人，惊动急起。或做工，或做甚，各执因干（营干，营生）。平素日，手摸胸，细细思量。勿倍工，勿耽误，可称老板。莫学那，骄奢傲，时新款样。莫学那，匪类事，嫖赌嬉游。宗宗件（原文衍一件字），照旧规，真无走凿。予自愧，才学浅，处世不明。尚不能，与号中，出类拔萃。但愿的，接事伙，如同班相。尽其心，竭其力，正直端方。

注：录自清光绪二十三年长裕川茶庄伙友手抄本《行商遗要》。此为民国年间重抄本（图9-56）。

图9-56 《行商遗要》手抄本首页

《安化黑茶》（图9-57）弁言

彭先泽

茶叶为我国出口货物之一大宗，安化为湖南产茶重要区域，吾人类能言之，而湖南茶叶，索分红茶、黑茶、青茶三种，青茶产量甚少，全系内销，无论矣。

红茶在国际市场曰湖红（HanKow Congou），据财政部贸易委员会调查，民国二十五年产额，约计十八万七千箱，占全国红茶总产量第三位，是湖南红茶，已早为世人所重视，然清咸同以后始创制之。黑茶于安化产量特富，以其制造不受天气季节之影响，粗老茶叶，亦可踹制，故每年产量，视销场之需要，得尽量踹制焉。（俗称"买不尽的安化"。）其成货，一部分内销山西、陕西、甘肃、绥远、宁夏、新疆、西藏、蒙古等地，一部分加工压制成砖，除内销西北各地外，并得外销苏俄，特称砖茶（Green brick tea）。最盛时，年产达二千引之巨，（每引40大包，每包240乡包，每乡包25斤，即每引12万kg）。可制茶砖九千六百万封，（每封重五斤四两，每票可成一千二百封）。近则产量较减，然亦在四百引至八百引之间，则黑茶之关系国计民生，至为重大也。抗战军兴，政府为提倡茶叶生产，活泼农村金融，以奠定后方治安，并发展国际贸易，换取外汇，以增强抗战力量，于各产茶省区，组设茶业管理处，以管理该省茶叶之产制运销。先泽籍安化，习农业，只以连年于役苏

图9-57 彭先泽著
《安化黑茶》《安化黑砖茶》

浙间，桑梓生产事业，未有研究，民国二十八年三月，奉令勷理湖南省茶业管理处处务，九月衔命来安化兼办试压茶砖事宜，就江南市设厂工作。一年以来，对于黑茶，悉心研究，惜夫安化黑茶，鲜有典籍可考，採制方法如何，运销情形如何，贸易状况又如何，千数百年之黑茶市场，有何不当情事，究应如何设法改进，必为我茶业界同人，亟求了解之各问题，而皆茫然无所寻绎也。爰于公务之暇，或考之书史，或寻阅碑石，或询之乡叟茶工，经八阅月之时间，编述《安化黑茶》一书，内容务求翔实，文字不暇藻饰，或亦可供研究茶业者之参考焉。

除以上选编文献外，还有众多代表著作，列选如下：

①《湖南安化茶叶之调查》（图9-58）：陈启华著，刊登在民国二十五年（1936年）出版的《中华农学会报》（第154期），是目前所发现的最早的关于安化茶业产销历史和当时茶产业经济的论述。作者陈启华，为"全国经济委员会农业处技士"。该调查报告共18页，1万余字，分九个部分：引言、安茶沿革及趋势、安茶区域分布、茶叶制造、茶贩、茶号、茶商之困难、湖南茶事试验场、民国

图9-58 《中华农学会报》载
"湖南安化茶叶之调查"

十一至二十二年共12年来湖南红茶价格表。其中对"湖南茶事试验场"做了详细介绍（沿革、场址、地势、经费、组织、场屋及重要设备、主要工作、结论）。讲述宋熙宁安化"置郡"（应为置县）以来茶业生产经营的概况，里面有民国二十三年安化东坪、黄沙坪等地茶号

的资本、产量等情况统计，也有关于茶业行规、茶税茶捐的具体记述。安化黑茶的内容占了文章的大部分篇幅。里面提到"其时制成之茶，概称青茶，即今日之黑茶"。认为安化置县开辟东坪为茶市，茶业发展迅速，其后逐有黑茶之生产，"多运销中国内地及边陲"，但对于安化黑茶出现于何时并未详说。1948年，彭先泽出版《安化黑茶》，从内容上看，无论安化黑茶的历史沿革还是产业状况，乃至细节的记载，均与这篇调查报告保持了较为一致的说法，这篇文章对于彭先泽编写《安化黑茶》应该起到了重要的启发和参考作用。

图 9-59 雷男等著《湖南安化黑茶调查》

②《湖南安化茶业调查》（图 9-59）：雷男等著，见于民国二十八年（1939 年）十月国民政府经济部中央农业实验所特刊第二十二号《湖南安化茶业调查》。

图 9-60 王云飞著《茶作学》

③《茶作学》（图 9-60）：王云飞著，1942 年 11 月由蓝田书报合作社（蓝田今属涟源）铅印出版，湖南安化黑茶学会发行。全书 30 万字，分上下两册。内容包括总论、栽培、育种、病虫害、制造、组织、检验和贸易。这本书成为当时湖南茶叶学校和后来的湖南私立修业高级农业职业学校茶学班的主要教材。

三、当代文献选编

图 9-61 黄本鸿著
《红茶精制》

①《红茶精制》（图 9-61）：由湖南省安化红茶厂（安化茶厂前身）第一任厂长黄本鸿所著，有湖南省茶叶公司内部刊本。本书对红茶精制原理、茶叶机械、定额管理、工艺技术作了系统性的精湛论述，是中华人民共和国成立后的第一部红茶精制专著。（益阳市茶业学者汪勇藏本）

②《安化茶叶》（图 9-62）：1959 年 10 月，安化县茶叶局和安化县商业局联合编印《安化茶叶》，详细反映当时安化茶叶生产、技术创新和茶业人才教育培养等方面的情况。该书共 150 多页，收录各类关于安化茶业的文章 30 来篇。内容上分"指示""增产经验""双手采茶"和"其他"

图 9-62 安化县茶叶局、商业局合编内刊《安化茶叶》

四个部分，体现了那个时代特定社会政治环境和经济发展方式下安化茶叶生产的状况。"指示"一节既有"毛主席、朱德委员长对茶叶生产的指示"，也有"全国茶叶蚕桑会议关于茶叶生产八大倡议"。当时安化县在常德专署辖内，又是全省红茶、黑茶生产大县，书中刊登有：《常德专署在我县召开红茶产制现场会》《全省边销茶会议在我县召开》《人民公社开红花革命干劲结硕果——中砥公社茶叶生产空前大丰收》《羊角公社黑茶生产继续大跃进》《双手采茶——记魏淑媛和裴秋珍在双手采茶竞赛中》《成长中的安化茶叶学校》和《1959 年茶叶生产概况》等文章。《成长中的安化茶叶学校》中记载安化茶叶学校由安化县茶叶试验站举办，1958 年 9 月 1 日开学，招收学生 70 多人。学校以"面向农村，面向生产"为办学宗旨，学生实行"半工半学"，达到了"完全自给"。

③《吴觉农选集》（图 9-63）：吴觉农（1897—1989 年）著，中国茶叶学会编，上海科学技术出版社 1987 年 2 月出版，收入 70 年来发表的论文与著作 61 篇，大部分以摘录方式介绍，包括茶叶原产地、茶叶生产、茶叶统购统销政策、茶叶国际贸易、茶叶检验、茶叶科研及人才培养、茶业改革与展望、农民农业与农村经济问题等方面的内容。吴觉农一直关心益阳和安化的茶叶生产。在本书《湖南茶业史话》一文中，花较大篇幅厘清了益阳和安化茶业发展的脉络。

④《安化县茶叶志》（图 9-64）：廖奇伟主编，安化县农业局 1990 年 3 月出版，该书是安化历史上第一部茶叶专志，由概述、专章及大事记组成，概述总摄全书，专章包括沿革、茶叶经济、茶类演变、茶区状况、茶树栽培、茶叶加工、茶叶贸易、科教文化及机构，共九章。

图 9-63 《吴觉农选集》　　图 9-64 《安化县茶叶志》

第九章 — 安化黑茶文化积淀

311

⑤《湖南黑茶》（图9-65）：蔡正安、唐和平著，湖南科学技术出版社2006年出版，该书提出了以优质茶树种质资源和微生物环境（微生物种群优势）为基础的中国优质黑茶产区条件；指出了黑茶品类的特殊性和独特性、黑茶品质的评判标准及其依据，构建了黑茶加工化学的基本研究体系；从分子学的角度阐述了黑茶的醇化机制，提出了"微生物载体"理论以释疑年份茶的功效和作用。该书的出版为黑茶生产与加工、科学与研究指明了方向，也促进了黑茶知识的普及和黑茶消费。

⑥《安化黑茶》（图9-66）：由安化茶业协会原会长伍湘安编著，湖南科学技术出版社2008年出版发行。该书对安化黑茶的起源、产地、茶行的兴起、茶马古道的由来，万里茶路源起以及晋、陕、甘等地茶商进行了初步考证，对安化黑茶传统的制茶工艺和茶文化、茶历史进行了记述。全书约40多万字，是湖南省茶叶界较为系统地叙述县域茶叶的第一本专著。

⑦《一小时读懂安化黑茶》（图9-67）：由蒋跃登、李朴云主编，是在第四届湖南·安化黑茶文化节推出的安化黑茶知识读本，当代中国出版社2018年出版，中英文对照阅读。该书简要介绍了安化黑茶的概念、历史、特殊工艺、原产地及饮用收藏方法，主题集中，文辞简练，通俗易懂，图文并茂，专业性强，可读性强，适合各类读者人群，是一本向全世界推介安化黑茶的大众科普类读物。

⑧《方圆之缘——深探紧压茶世界》（图9-68）：台湾藉茶文化人曾至贤著。

⑨《中国黑茶之乡》（益阳历史文化丛书之一）：孙国基著，岳麓书社2008年一版一印。

⑩《益阳茯茶》：孙国基、文建辉著，作家出版社2009年9月第一版一印。

⑪《安化黑茶知识手册》：肖力争、卢跃、李建国编著，湖南人民出版社2012年9月一版一印。

⑫《安化黑茶》：彭先泽原

图9-65 蔡正安等著《湖南黑茶》

图9-66 伍湘安编《安化黑茶》

图9-67 蒋跃登等编《一小时读懂安化黑茶》

图9-68 曾至贤著《方圆之缘——深探紧压茶世界》

著，汪勇、李朴云校注，线装书局 2018 年 10 月一版一印。

⑬《安化黑茶文物实录》：由蒋跃登、黄志军、刘国平等著，2015 年长沙湘城印刷有限公司印刷，2015 年 10 月在第三届中国·湖南安化黑茶文化节作为重要资料发行。

⑭《万里茶道安化段碑刻集成》：由黄瑛、周德淑、欧阳建安等著，"安化万里茶道申报世界遗产办公室" 2018 年内部资料。

第四节　茶乡文艺

一、茶乡诗词

（一）释齐己茶诗

释齐己（图 9-69），俗名胡德生，晚号衡岳沙门，湖南益阳县人，唐朝晚期著名诗僧，有《白莲集》。释齐己一生经历晚唐和五代时期的三个朝代，在楚、吴越等地颠沛流离，坚持禅修，于当时江南的茶多有吟咏。

图 9-69　齐己画像和《白莲集》

谢中上人寄茶

春山谷雨前，并手摘芳烟。绿嫩难盈笼，清和易晚天。

且招邻院客，试煮落花泉。地远劳相寄，无来又隔年。

唯好茶者知茶难得。诗人收到友人寄茶，惜其为谷雨前绿嫩茶芽，细且难摘，天色易晚；远道寄来，一年将尽；欲再尝时，皆已隔年。爱茶之心，浮于纸上。

咏茶十二韵

百草让为灵，功先百草成。甘传天下口，贵占火前名。出处春无雁，收时谷有莺。

封题从泽国，贡献入秦京。嗅觉精新极，尝知骨自轻。妍通天柱响，摘绕蜀山明。

赋客秋吟起，禅师昼卧惊。角开香满室，炉动绿凝铛。晚忆凉泉对，闲思异果并。

松黄干旋泛，云母滑随倾。颇贵高人寄，尤宜别匮盛。曾寻修事法，妙尽陆先生。

诗为五言排律，共十二联。首二联奠定茶之品位。第三联茶之出，第四联茶之贡，第五联茶之效，第六联茶之产，第七联茶之客，第八联茶之碾，第九联茶之侣，第十联茶之饮，第十一联茶之藏，第十二联茶之修。

寄旧居邻友

别后知何趣，搜奇少客同。几层山影下，万树雪声中。

晚鼎烹茶绿，晨厨爨粟红。何时携卷出，世代有名公。

此诗咏其旧居邻友隐居适世，喜搜奇探幽而不求闻达。茶以新绿为贵，粟因久贮而红。故其家颇为富足，时有佳茗陈谷飨客。其人富有才华，如携卷出干功名，必为世代簪缨。

闻落叶

楚树雪晴后，萧萧落晚风。因思故国夜，临水几株空。

煮茗烧干脆，行苔踏烂红。来年未离此，还见碧丛丛。

注：干脆，指好的柴炭。

（二）明嘉靖版《安化县志》涉茶诗

仙人桥石刻诗

乡村十里少人家，手掬清泉嚼细茶。洞口春深却无酒，故人相赠以桃花。

明嘉靖、清同治两个版本的《安化县志》都记载了宋代的这首《仙人桥石刻诗》。如同治志卷三二《金石》载："宋仙人桥石刻诗，无名氏，在县东四十五里灵龟洞。"这首诗格调高古、意态悠闲，印证了湖湘之间在饮茶的同时嚼吃茶叶的习惯。

安化莲里道中

莲里，原属安化县平口公社，20世纪60年代析建乡级行政区，按传统地名改称连里公社（乡），今称渠江镇。

渠江舍舟趋莲里，草间深入依山岊。登登渐高路盈尺，飞藤丛棘刺人耳。

喷泉淙淙乱石斑，突兀卧木横道间。失脚愁落溪百丈，夹面仰看天一弯。

有时下舆度危磴，苔滑仍防踏不正。左持右翼步踽踽，一险百虑心始定。

日落聊宿舒老家，解衣张榻烹新茶。摘柑侑酒问风土，面热顿失天之涯。

明朝更发岂辞苦，百里崎岖入溆浦。

呜呼，吾辈乘轩食肉尚艰辛，奔逐更有尘下人。

此诗为明代崔桐所作（见《东州集》卷二）。崔桐（1478—1556年），字来凤，号东州，直隶海门（今江苏海门市）人，明正德十二年（1517年）第一甲第三名（探花）进士。嘉靖初，"以副使督学，于楚有清名。历辰沅兵备道，定永顺保定争地，平长沙安化等处山寇，擢为南太仆累拜礼部侍郎。"（《大清一统志·卷七十四》）此诗即作于崔桐任辰沅兵备道期间，纪录了明中晚期安化县渠江镇地理情况及山民以茶待客的情形。

柬龙梓溪

忆昔相逢意气佳，谁知今日又通家。山中挂杖头犹黑，枕外羲皇鬓不华。

三径秋霜元亮酒，一溪春雨玉川茶。尘缨早弃浮云外，老傍青门学种瓜。

梓溪名光祖，旧万年簿，尝署吾浮梁事，廉能有声。此诗为嘉靖时主修《安化县志》的教谕方清（号竹城子）所作。安化龙氏先祖龙光祖，居梅城梓溪，曾任江西万年县主簿，后署理浮梁知县。"三径秋霜元亮酒，一溪春雨玉川茶"（陶潜字元亮，卢仝号玉川子）是龙光祖致仕归里后，同为浮梁人的方清赞美其林泉生活的写照。

（三）《资江耆旧集》（图9-70）益阳茶诗

山 家

采药东山畔，山边小径斜，那知深谷里，更有野人家。

稚子抱薇蕨，小姑拈野花，自言无井税，衣食了春茶。

注："衣食了春茶"即卖了春茶基本可以保障家人一年生活。

过张小崟别业

山行如不及，望望白云赊。黄叶门前路，青松处士家。

盘盛霜后橘，碗泛雨前茶。好是张公子，劳人坐叹嗟。

图9-70《资江耆旧集》

注："好是张公子"即张小崟，为南宋理学家张栻之后，时居安化芙蓉山下。

作者李天任，新化人，康熙初以岁贡官辰溪训导，其居近梅城，故作有《梅城初雪》。

游东林寺（寺在益阳，今不存）

曲径纡遮第几峰，讲堂深处问游踪。十城雨过春前草，初地云盘劫外松。

镜里芙蓉开面面，画中蜃市影重重。坐添一缕茶烟细，又隔临溪数点钟。

作者廖天闲，字作山，益阳诸生，性狷介，晚居桃花江上。

游石门关

石门之高欲插天，石门之险不可船。资江四十八溪水，迅流到此都回旋。

第九章—安化黑茶文化积淀

我家相隔止数里，全家笑语山光里。今朝策杖快一观，未凌绝顶心已寒。

仰视悬崖势将坠，敛衣欲坐还起避。溪午不见日光来，恍疑别自有天地。

其中粼粼怪石多，惟有仄径可人过。熊蹲虎踞鞭不去，行者曳踵愁坡陀。

绝壁猿犹不可上，飞空瀑布向千丈。奔泉激石声如雷，伫听移时始独往。

嶙峋耸出真奇哉，巨灵仙掌何时开。森森石笋挂空际，仰攀不得心徘徊。

双门屹立仅容步，石角钩衣行且住。前溪遥指百花滩，回首岩前似无路。

俗传古洞名三洋，岂无二酉书卷藏。眼前古籍且高阁，何论漆简多荒唐。

探奇无路兴尽返，苍然暝色来斜阳。茅檐一带炊烟幂，村外数声牛背笛。

重向石门关下行，我欲题诗写崖壁。

注："三详"原注：上有三洞，深不可测。

作者廖国恩，字群普，号沐堂，安化诸生。石门关在资水小淹段，旧时险滩之一，此诗虽不及茶，而运茶之水路可览而知，故选存。

春　阴

竹雾茶烟黯未消，春阴漠漠野萧条。

东风尽日不为雨，吹送杨花过小桥。

作者黎光地，字环斋，益阳监生，著有《云肤山房初稿》《今吾集》。

（四）《沅湘耆旧集》（图9-71）益阳茶诗

哭梅巢居士，和湘岩韵（其一）

少微光陨涕双垂，握手平生意好奇。

晓雨绿蕉濡墨后，清秋黄叶煮茶时。

冲霄剑佩逢谁拨，流水匣琴笑自知。

四十年来成拓落，交情便向九泉期。

作者曹耀珩，字鸣佩，号畅庵，益阳人，康熙

图9-71《沅湘耆旧集》

拔贡，曾任宁元教谕、岳麓书院山长，著有《听涛园全集》。梅巢居士即夏光洛，字禹书，号秘庵、云卧，今桃江县人，清康熙益阳廪生。

归化乡

马鬣山高望眼赊，红崖黑箐野人家。乱峰峭似登天栈，曲径奔如赴壑蛇。

有水便舂云母碓，无园不种酪奴茶。我看处处皆诗料，安得随行作八叉。

作者聂汝康，字乃福，自号乃坞，湘乡人，居湘乡安化界为村塾师，嘉庆中贡有《乃坞庐草》。归化乡为旧时安化县"前四乡"之一，略相当于今安化县仙溪镇、长塘镇、大福镇一带。亸：音 yà，缺损，参差不齐之意。酪奴乃茶之别称。"无园不种酪奴茶"可见清乾嘉时期安化县茶叶种植之广。唐温庭筠诗才敏捷，一叉手即成一韵，八叉手即能完篇，故号温八叉。

（五）陶澍著涉茶诗

陶澍生于安化（图 9-72），对茶叶有着独到而透彻的理解。其所写茶诗不多，但堪称首首佳构。

消寒第六会，吴兰雪舍人、陈石士编修、朱兰友侍讲、谢向亭编修、胡墨庄侍御、钱衎石农部，同集印心石屋试安化茶，成诗四首。

图 9-72 位于江南镇的陶澍南书第

其　一

今岁足衎乐[①]，春来事云适。长安诸故人[②]，颇能盛筵席。
席设每见招，终日但为客。今朝客忽来，例我具肴核[③]。
冷盘三五陈，下箸无所获。匪徒少羊羔[④]，亦乃乏鸡跖[⑤]。
斗酒兴未阑，四座欢弥剧。旋闻蟹眼鸣[⑥]，中有云腴碧[⑦]。
我家茱萸江[⑧]，乡物旧所积。虽无甘露兄[⑨]，犹足清两腋。
煮茗况家风[⑩]，庭前馀雪白。

注：①衎，音 kàn，和乐貌。②.长安，借指北京，即下文之京华。③肴核，泛指酒食。④匪徒，同非徒，不但。羊羔，指美酒。⑤鸡跖，即鸡踵足，古人视为美食。⑥蟹眼，水初开时的小水泡。⑦云腴，古时名茶。⑧作者原注：资水迤流山峡，变名为茱萸江。见《水经注》。⑨甘露兄，好茶的别称。⑩况，比如之意。煮茗家风：晋陆纳清廉自守，客至惟设茶果。其侄陆俶盛馔待客，陆纳怒杖之，责其不能光大清白家风。

其　二

芙蓉插霞标[①]，香炉渺云阙[②]。自我来京华，久与此山别。
尚忆茶始犁，时维六七月。山民历悬崖，挥汗走躄躠[③]。
培根阅冬初，摘叶及春发。冻雷一夜鸣，蓓蕾颖欲脱。
是名雨前香，采之日一撮。未几渐蒙茸[④]，卓立针抽铁。
是名谷雨尖，香气弥勃勃。毛尖如鹤氅[⑤]，挨尖类雀舌[⑥]。
黄茶号晚出，味厚亦非劣。方其摘取时，篮筥遍山呇[⑦]。

晨穿苦雾深，晚焙新火烈。茶成与商人，粗者留自啜。

谁知盘中芽，多有肩上血。我本山中人，言之遂凄切。

注：①芙蓉，即芙蓉山，今安化县仙溪、长塘、大福、清塘等镇之间，海拔1400m余。霞标，指高峻的山峰。②香炉，即香炉山，今安化县小淹镇境内，其下为陶澍祖居之所，亦产茶。③鳖蟹，音bié xiè，奔波劳累貌。④蒙茸，草木葱茏状。⑤毳，音cuì，羽毛。⑥挨尖，按次序采于毛尖之后的嫩茶。⑦岊，音jié，山角落。

其 三

宁吃安化草，不吃新化好①。宋时有此语，至今犹能道。

斯由地气殊，匪藉人工巧。迩来地利尽，所产日以少。

变化及荃茅②，夹杂或荼蓼③。遂令东家施，貌作西邻姣。

时俗但鹜名④，讵易初终保⑤？臭味慎差池⑥，我谓茶犹小。

原注：①安化茶下者犹胜他邑好者。二语见府志。②荃茅，香草。③荼蓼，杂草。④鹜名，追求声誉。⑤初终，品质始终如一。⑥臭味，即气味，喻志趣。差池，步调不一致。《左传·襄公二十二年》："谓我敝邑，迩在晋国，譬诸草木，吾臭味也，而何敢差池？"

其 四

茶品喜轻新，安茶独严冷。古光郁深黑，入口殊生梗①。

有如汲黯戆②，大似宽饶猛③。俗子诩茶经，略置不加省④。

岂知劲直姿，其功罕与等。气能盐卤澄⑤，力足回邪屏⑥。

所以西北部，嗜之逾珍鼎。性命系此物，有欲不敢逞。

我闻虞夏时，三邦列荆境。包匦旅菁茅⑦，厥贡名即茗⑧。

著号材所长⑨，自昔功已迥。历久用弥彰，闇然思尚絅⑩。

因知君子交，味淡情斯永。

注：①殊，特别。生梗，浓涩之味。②汲黯，汉代名臣，性喜直谏，职不悔，武帝斥之曰"戆"。③宽饶，姓盖，汉代名臣，严于劾奏，世人谓之曰"猛"。④略置，轻视、忽略。⑤盐卤，熬盐残液，味苦有毒，可制豆腐。此处借指人们生活中摄入的有害物质。⑥回邪，邪性、邪佞。⑦包匦，裹束而置于匦中一说包裹缠结。旧亦指贡品。旅，野生的。菁茅，一种香草。古代祭祀时用以缩酒。一说菁、茅为二物。⑧语出《禹贡》：三邦底贡厥名。也作：三邦致贡其名。⑨著号，著名、著称。长材，良材、好的功用。⑩闇然，《礼记·中庸》称："故君子之道，闇然而日章"。指君子行事应韬光养晦，外表暗淡，日久彰显。絅，

音 jiǒng，古时细麻外套。尚絅，指穿着朴素、不事奢华。

茱萸江竹枝词（选二）

其　一

身背竹篓上山岗，白云深处歌声昂。

十指尖尖采茶叶，笑语阵阵比情郎。

其　二

才交谷雨见旗枪，安排火炕打包箱。

芙蓉山顶多女伴，采得仙茶带露香（图9-73）。

图 9-73　芙蓉女伴采茶忙

煎茶坪

新验初尝试，煎茶此一坪。溪回疑鸟坠，路仄避驴行。

隐隐前朝垒，荒荒落日程。马前羌管发，吹作过山声。

（六）《安化诗钞》（图9-74）中的茶诗

采茶曲集句

黄金碾畔忆雷芽，斗品争传太傅家。入座半瓯轻泛绿，晴窗细乳戏分茶。

我欲仙山掇瑶草，石上生茶如凤爪。踏碎残花屐齿香，采茶歌里春光老。

杏花杨柳乍晴时，山色空濛雨亦奇。花深时有人相应，翠华顶上摘春旗。

铜围银范铸琼尘，腻绿长鲜谷雨春。苍爪嫩芽开露茗，白云峰下两枪新。

一帘花气香春酒，绿槐阴合清和后。自汲香泉带落花，来试点茶三味手。

作者杨甲联，字竺行，今安化羊角塘镇人，清附贡生，宣统初举孝廉方正。全诗由古代诗句集成。"黄金碾畔忆雷芽"来自耶律楚材《乞茶诗》。"斗品争传太傅家"来自梅尧臣《谢寄茶诗》。"入座半瓯轻泛绿"来自郑谷《赏茶》。"晴窗细乳戏分茶"来自陆游《临安春雨初霁》。"我欲仙山掇瑶草"来自东坡《次韵僧潜见赠》。"石上生茶如凤爪"来自欧阳修《双井茶诗》。"踏碎残花屐齿香"来自来鹄《清明日游玉勒塘诗》。"采茶歌里春光老"来自佚名。"杏花杨柳乍晴时"来自仇远《泛西湖》。"山色空濛雨亦奇"来自东坡《西湖》。"花深时有

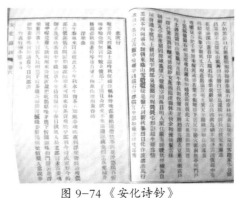

图 9-74　《安化诗钞》

人相应"来自欧阳修《蒙谷》。"翠华顶上摘春旗"来自赵抃《茶诗》。"铜围银范铸琼尘"来自杨万里诗，见佩文韵府。"腻绿长鲜谷雨春"来自林逋《茶诗》。"苍爪嫩芽开露茗"来自陆游诗。"白云峰下两枪新"来自林逋诗。"一帘花气香春酒"来自陈颢《题山林文会图诗》。"绿槐阴合清和后"来自郑谷诗。"自汲香泉带落花"来自戴昺诗。"来试点茶三昧手"来自东坡诗。

桑林杂咏（选一）

维南有嘉卉，茁茁梅山茶。茶厘日以增，嗟予种桑麻。

作者赵凤池，字方晋、号曙湖，今羊角塘镇人，清光绪诸生，著有《呐呐斋随笔》。"茶厘日以增"写的是因茶叶所征厘金太重，茶农难以养家，故改种桑麻。

蓝田竹枝词

老茶多种阴山后，新茶多种阴山前。采茶一派歌声起，日暮人归唤渡船。

修觉寺用陆放翁韵

危岩百尺架飞梯，蹑足层巅杖懒携。宿雨乍收山路滑，野云轻压寺楼低。

鬓丝禅榻尘根净，树影江帆望眼迷。煮茗灵泉最甘冽，异香何用忆曹溪。

作者吉仙觐，字莲青，号未山道人或称未道人，今东坪镇人，清光绪癸巳恩科举人，曾官江西永丰知事、署理宁冈丰城县事，著有《未山剩草》四卷。蓝田，指令涟源市蓝田镇一带，原属安化县地。

题云璈阁诗稿

枫林风点绽疏红，香茗风流一卷中。莫怪左芬才绝丽，太冲文翰本来工。

花开姊妹枝连理，孝行当年并可风。底事蓼莪同饮恨，欲将灵響问苍穹。

作者黄自元，字敬舆，龙塘人，清同治丁卯科举人，戊辰科贡士、赐进士及第，授翰林院编修，历官河南道、陕西道监察御史，甘肃宁夏知府。

溪行（原注：乙卯）

晓溯诸溪上，溪多木客家。溜迢舽放急，风猛轿行斜。

儿拗当蹊笋，娃攀近水花，相逢豪贾士，趁买雨前茶。

作者黄凤歧，字芳久，原字方舟，近号放叟，龙塘人，清光绪戊子科举人，甲午科进士，钦点内阁中书，充虎神营总教习，历官云南开化府、安徽太平府知府及广西百色厅同知，著有《种茂园诗草》二卷。

梅城归途竹枝辞（三首选一）

草服芒鞋并竹蓝，休论子妇与丁男。纷纷争向茶山去，天气刚逢三月三。

作者梁树煌，字紫英，常安乡人，清光绪优廪生。

溪 行

一水通舟处，长隄几曲隈。鱼虾依藻漾，桃李傍溪栽。

棹唱渔翁散，茶香海客来。山邨弦诵少，盐米各论才。

作者刘春元，名明遇，以字行，号翰坡，归化乡人，清咸同间诸生，工书，尝就聘罗绕典幕僚，著有《小蓉山馆存稿》。

（七）《默庵诗钞》中的茶诗

夏默庵（图9-75），安化县羊角塘镇人。少以廪贡生举孝廉方正，后考授六品顶戴、补用知县，未赴。晚任安化县教育会会长，后改劝学所所长，曾晤前来安化游学的少年毛泽东。著有《默庵文史杂存》十七卷、《默庵诗存》四卷、《中华六族同胞考说》一卷，编有《安化诗抄》十七卷。

图 9-75 夏默庵像

戏作药名诗九首（选一）

竹瓦松轩日蔼然，买茶新汲水来煎。武昌蒲帆南归客，泉石膏肓二十年。

注：帆，原注去声；诗中含瓦松、茶薪、昌蒲、石膏四种中药名。

二月杪访老友赵曙湖三首（选一）

庞公有妇发如蓬，桓孟贤尤在德工。药椀茶瓯安置好，得闲锄菜小园中。

原注：曙湖妻瞿氏字璧英，以贤闻乡里。

安化竹枝辞二十一首（选三）

暮春风日正清嘉，处处招工各采茶。采得茶归谁第一，权衡都在主人家。

乱头粗服有邨婆，白袜银环有素娥。同是拣茶同赚饭，得钱还让美人多。

家家款客有擂茶，妇女逢迎笑语哗。炒豆煨姜随意着，最宜还是白芝麻。

原注：秤所摘茶，最重者谓之包元，得工价最多数。其次以是为差。

（八）其它古茶诗

《资江拣茶词并引》（图9-76）摘自彭先泽《安化黑茶》一书附录，当为清代咸同之后、民国之前所作。

图9-76 彭先泽《安化黑茶》
载《资江拣茶词并引》

资江拣茶词并引

自来无不变之风气，人生有难改之性情。问俗观风，每因时而兴起；评花论月，喜即景以拙词。本邑以黑茶名，迄今别为红号①。利通外域，超洋海以飘香；民鲜丁壮，待金莲而补缺。始也快如试剪，不过采自山陬；继则细若拈针，公然拣于行屋。地不分乎远近，家无论其富贫。舒玉腕于热闹场中（图9-77），是谁作俑；扮金枝而往来市上，举国若狂。人情之好尚如斯，世道之隆污②可想。太史乘轩下采，应将补入《豳风》③；骚人抚景微吟，亦可传为佳品。刘先生学原宿博④，罗顺子诗尚愁工。脱稿数百言，条陈利弊；拣茶十余首，目列初终。以振铎⑤之余闲，起分笺⑥之逸兴。题既倍形艳冶，词亦不惜风流。骥也山谷寂居，风声逖听⑦。虽愧青莲学士，献雅调于杨妃；也欣花蕊夫人，拟宫词于王建。睹沧桑而寄忱，代巾帼以陈情。拟不如伦，聊遣捻髭⑧之兴；阅者嗤我，应为抚掌⑨之资。谨序一言，观陈七绝。

图9-77 拣茶场景

注：①红号即红茶庄。②隆污，指盛衰兴替。③古代朝廷派使者到各处调查民生情况上奏，称为輶轩使者，乘轩下采。《豳风》是《诗经》十五国风之一，共七篇，为先秦时代豳地民歌。豳，音bīn。④学原宿博意即先天的聪慧博识。⑤振铎，旧指教职。⑥分笺，指旧时文人分题作诗。⑦疑逖字之误，风声逖听指风传、风闻。⑧唐卢延让《苦吟诗》："吟安一个字，捻断数茎须"。⑨抚掌指拍手大笑。

晓 妆

小窗花影渐移时，起事妆台意恐迟；不是床头人未醒，倩他握笔画眉儿。

结 伴

开拣期乘四月三，大家打伴去江南；姐携小妹衣包去，侬替阿姑负竹篮。

露 行

佳佳背地惜佳佳，不走市街走后街；躲得嚣尘惹后露，空教湿透凤头鞋。

入 行

认着招牌步步挨，门楼底下且徘徊；邻家几辈俱先在，新结同年尚未来。

领 牌

发过篓儿数拟千，今天热闹胜前天；催将号码呼同伴，珍重闺门莫浪传。

觅 坐

耳根雅不喜喧哗，况复乡谈拌异腔；侬觅坐头东壁好，读书声隔一层墙。

发 盘

领过牌儿赤满腮，哪堪亲手接牌回；小娃能识侬家意，笑倩旁人递过来。

催 拣

耕夫不愿催耕牛，织妇何嫌促织虫；拣得快时收亦快，大家收拾好完工。

查 盘

连忙练得手纤纤，红梗花青仔细拈；一自查盘人过去，溜排多着是无盐。

午 饭

但说今朝把拣开，全家大小去忙财；儿童读过中书后，要破工夫送饭来。

兑 茶

平居里巷斗妍媸，颦效何曾肯下之；今日兑茶输一着，西施到底是西施。

收 盘

檐际斜阳身入楼，厂夫高唤把盘收；盘儿递过还须问，明日重来拣得不？

给 钱

篦子高头注注钱，一盘一注不须穿；手巾包去便宜用，扯个围前并足缠。

出 行

凉水井边逗晚凉，重阳树下剩斜阳；清光一抹江南地，照着拣茶人出行。

归 家

迢遰归去日将晡，稚子迎门喜欲趋；问道一声娘到也，小酥糖饼买来无？

劝茶业改良歌

山莫多安化，尤多在后乡。赶之平沙去，鞭恨无始皇①。

贫民是以苦，苦处且异常。种田无半亩，种土缘高岗。

雨旸天时若②，秋收乃有望。歉则一冬尽，丰则过年粮。

不足其何补，种茶山之阳。茶叶出即卖，茶价亦颇昂。

命斯得以活，蔬食亦酒浆。而乃世多故，销道绝外洋。

红黑如山积，抛亦无地方。泉源悲断绝，流不到吾湘。

吁嗟势及此，守旧盍改良。秋初荞即种，秋末荞已黄。

豌麦兴冬作，四时牧牛羊。只待明年夏，新尝麦饭香。

豌豆亦熟矣，粗粝亦充肠。饥饿繄何忧④，诗亦赓仓厢⑤。

注：①相传秦始皇有赶山鞭，可以挥鞭移动山丘。②雨旸时若指晴雨调和，气候适宜。③繄，音 yī，文言虚词。④赓，续写或唱和。仓箱喻丰收。《毛诗正义·小雅·甫田之什》："乃求千斯仓，乃求万斯箱。⑤黍稷稻粱，农夫之庆。报以介福，万寿无疆。"

作者邓绅湘，小淹苞芷园人，有民国十三年梓行《随安园诗集》行世。

（九）现代茶诗词

咏安化名茶

王 明

枪立旗开绿满冈，村姑采摘巧装潢。马帮初伴穿幽径，船队遥随渡远洋。

陆羽三篇声早播，卢仝七碗腋生凉。提神醒脑祛顽疾，茶圣从来胜药王。

采茶女

夏兴隆

妙龄女子貌如花，安化山乡是我家。百岭茶园春滴翠，一帘晨雾树笼纱。

凝眸快捷翻新叶，绕指轻柔撷嫩芽。结伴归来筐正满，歌声惊落漫天霞。

安化轿家山①问茶

万青山

久闻安化好黑茶，柏庐②品茗味绝佳。万里奔赴古源地，寻得真悟似佛家。

注：①湖南省安化县马路镇一产茶地。②位于杭州凤起路 622 号，民国时建筑。

西江月·安化黑茶

李兴高

长寿健身佳品，高山云雾精灵。甘醇风韵味无穷，一饮精神振奋。

世贸商机走俏，深闺一举驰名。梅山百业更兴隆，车马滔滔外运。

鹧鸪天·黄沙坪茶市怀古

魏岱玲

澹影疏香青石砖，斜阳斑驳洒江边。船工号里人声沸，风雨桥头马迹绵。思去日，莫堪言，青苔小院忆茶仙。繁华未卸流光老，把盏临风不识颜。

安化名片（组诗）

李国祥

黑　茶

千年历史　蕴育千两茶香　舀一瓢资江水　煮出梅山　琥珀的光芒

茶马古道

山坡上　采茶女几声清唱　远方来的茶商　听着听着　便听成了茶郎

水井巷炒货

谌雪花告诉我　巷太深　有些好东西　不炒作　不行

羽毛球

洁白的羽毛　在天空飞翔　那是我舞动的翅膀　只要心中有梦　山再高　也不能将我阻挡

梅城擂茶

堂屋里　堆满笑声　嘻嘻哈哈的村妇　一根擂茶棒　搅动村里乾坤

柴火腊肉

端坐在城市的餐桌旁　我总想起乡下的娘　千里之外　我闻到了　老家那烟熏火燎的香

九龙池

不是你高　也不是你妖娆　傲立湘中　俯视群峰的

是将军岩镇定自若的气度　是一池清泉里九龙腾起　的滚滚波涛

蚩尤故里

那一年中原逐鹿　你至今仍捂着带血的伤口

梦回故里　不是落草也不为寇　漫山石头　是你不屈的头颅

陶　澍

你打坐在石屋里　听资水滔滔　顺江而下寻找的　不是那花翎紫袍

一句经世致用 使这小淹 不小

黄自元

山里人 不善狂草 握一管狼毫 一笔一画 间架几多牢靠 山摧 不倒 地动 不摇

茶与水

谌侃 周再实

女：我是南国梅岭的嘉木

朝露润我，夕阳浴我

我已亭亭

雪峰俊逸，资水清悠

我丰姿窈窕，满溢芬芳

这一季

风霜还不曾侵蚀，秋雨也未曾滴落

青涩已经远去

留给我满腹的心事

男：我是雪峰的清泉，泠冽甘甜

怀着初恋般的清纯与少年的烦恼

穿过缠绵的沟壑，越过枯藤老树的困

绕，漫过人间世事的悠长

一路奔来，憧憬着与你相见的日子

出山那一天

我听到有人说，跳跃奔腾，犹如名泉

我知道，那人说的是我

女：我曾期许，今生与你相见

纵然天南地北，纵然历岁经年

我绝尘而去，义无反顾地寻觅

只为你，我的归宿

只为把我的终身向你托付

男：林涧间一路的吟唱，是我无边的梦想

我希冀心灵的充实

我希冀生命丰盈而又透亮

抬头相望

美丽的你，就在不远的前方

女：经过寒冬之痛的长冬

当第一缕春霞萦绕梅岭

我的爱，已萌出新芽

渴望中，采茶女半藏粉面，

玉指娇羞

轻喊着我深闺的乳名

天使啊，用无尽的深情将我裹紧、烘焙

于是，我有了自己的名字：安化黑茶

男：我可以做梦吧

在你的故园，在我的温柔之乡

我还记得，第一次梦见你，

是在秦时的月光下

月光下，我轻柔地拥你入怀，

你醉在我缱绻的柔波里

女：前世多少次的回眸

今日终于心身相属

滚烫的是你不变的情怀

浮沉的是我初心不改的烂漫

男：雨过天晴，雪峰山云雾缭绕仿佛仙境

老人们都说，

这里就是神仙居住的地方

我看到，你的花轿在深山密林里穿行

你撩动帘角，浅笑盈盈

我看到

你那琥珀般晶莹的的芳心

女：曾经，林壑清幽的山涧中，

时时听到你的哼唱

而今，朱帘半卷的窗棂前，

天天看到你的身影

既得一心人，白首不相离

男：揭开红色的头盖，从此你我一家人

有了你，平凡普通的日子，也就有了

诗情画意

有了你，冬去春来的时光，也就成了

艺术的享受

女：我是南国梅山的嘉木

你我相伴

我的爱的眷恋

化作雪峰天际五彩的云烟

男：我是雪峰的清泉

你我相伴

我性灵的歌声嘹

亮了整个山川

合：尽浮生半日，解十年茵梦

在这个美丽的地方

在茶马古道的起点

我们一生一世的愿望，终于实现

无论天涯地角

无论海枯石烂

山盟海誓后

内心前所未有的轻松、舒坦

时间发酵的味道

——中国安化黑茶与罗马尼亚红酒的对话

李定新

中：我从大唐走来，渠江薄片是我最初的
名字

宋元的风，明清的雨，风吹雨打，不
改容颜

有着墨玉的黑，良夜的黑，乌金的黑

如今，我的名字叫安化黑茶

罗：我来自欧洲一片葡萄酒的土地，

酒神巴克斯的国家

从达契亚到罗马尼亚，

一直是国人的最爱

有着宝石的红，乌梅的红，玫瑰的红

现在，我的身影象征着胜利与光荣

中：曾经，我是一片嫩嫩的绿叶，浸泡在
年轻的时光里

山崖水畔，不种自生

岁月的紧压让每片绿叶相拥相抱

沸腾的光阴里我们羽化成蝶，梦绕魂牵

罗：曾经，我是一颗饱满的绿果，

　　攀沿在清涩的回忆中

　　沾花带露，笑靥盈盈

　　为了一个共同理想，

　　每颗果实粉身碎骨

　　时间的过滤，

　　终于蜕变成幽雅浪漫的精灵

中：一切美好的事物从来没有国界

　　作为生命之饮，

　　所到之处总是能将奇迹创造

　　从亚洲到欧洲，人们焦渴的目光

　　照亮一条连接友谊的万里茶道

罗：一切美好的事物从来不分地域和种族

　　作为高脚杯里舞动的红色芭蕾

　　从欧洲到亚洲，曼妙的风情

　　让千年的丝绸之路光彩迷人

中：你从丝绸之路走来，芬芳而典雅

罗：你从万里茶道走来，高贵而清澈

中：我们都从绿色中走来

罗：琥珀的光芒是我们共同的肤色

中：新中国的诞生，让我们彼此敞开国门

罗：六十七年风雨同舟，

　　我们的友谊之树常青

中：今天我们走到一起，青鸟为你引路

罗：今天我们欢聚一堂，花露为你洗尘

中：让我们举起杯，迷醉在微醺的旋律中

罗：让我们举起杯，陶醉在琥珀的光芒里

合：今日相逢，茶与酒共述盛世情缘

合：今日相逢，一带一路从此阳光普照

中：绿色在发酵，黑茶在发酵，红酒在发酵

罗：醇香在发酵，历史在发酵，友谊在发酵

合：红尘万丈，

让我们开心地喝杯黑茶饮杯红酒

合：岁月安好，

让我们从容地享受时间发酵的味道

二、茶乡赋

安化黑茶博物馆赋

王青山（安化县政协公务员）

　　岁惟癸巳，龙蛇在天。雪峰山逶迤竞翠，资江水浩森生烟。黄沙坪安化黑茶博物馆之矗，宜其泼丹青而摹壮景，驱椽笔以祝长安。

　　安化之境也，上下五千年，蚩尤后裔敢拒王法征徭；纵横八万里，梅山腹心独留桃源逸话。背铳赶山，结绳弯缲。刀锄奋力烧畲，溪谷经年放鸭。及有宋一朝，归安德化。

且三十度北纬地质带，有事多奇；六亿年冰碛砾泥岩，成土皆褐。物产殊佳，茶茗尤特。山崖水畔，得天地之灵气长青；雨后明前，秉日月之光辉亮泽。指掐篓装，男歌女唱，田园涧壑腾欢；手揉叉炒，堆渥火烘，土灶松烟色黑。夫渠江薄片，士宦案间称奢侈；高马二溪，皇家雅室受矜夸。上漠北，身伴酥油奶酪；入毡房，香酽达甫胡笳。晋贾陕商，好货何愁远路；船舱马背，无心育出金花。精诚招徕四方客，赢得美名安化茶。

至若黑茶之效，怡情养性修身，"将军"定当矫健；暖胃生津降脂，"三高"更可延龄。办论坛，神州盛誉；闯世博，十甲留名。琥珀一杯，宁神虑躁健康饮；金刚千两，震古烁今世界尊。

而斯楼之构也，四方九重，直冲霄汉；精描细绘，不论牙檐。背倚雪峰，想九龙池雄鹰展翅；面临资水，看鲇鱼洲白鹭悠闲。时而浩荡回旋，频兴层浪；时而氤氲腾跃，暂隐重峦。鹳雀楼临河赋诗，不过如此；蓬莱阁求仙入海，实属枉然。春殿语从容，陶云汀把笔兴茶韵；大江流日夜，左季高负笈走天山。诗联题匾，碑刻文书，正宜广搜而善储；箕斗叉壶，篓盘灶具，莫教流落而沉湮。蹑足登楼，各怀新愁旧叹；啜茗浇沸，坐看白水青天。

噫！楼馆有形，宝藏无价。黄鹤楼美，只余芳草晴川；滕王阁高，空想徐儒陈榻。若斯楼也，凭馆藏而说故事，一览无遗；阅文史以证源流，六茶称霸。茶马古道又谱新篇，风雨廊桥何惭旧跨。放言：安化神在黑茶，黑茶独步天下！

千两茶赋

蔡镇楚（湖南师范大学教授）

伟哉中华兮，万里茶香；妙哉花卷兮，千秋名扬。玉叶金枝，吸天地之精气；花格篾篓，聚日月之灵光。七星灶里，运转乾坤；资水河畔，创造辉煌。承潇湘之秀色兮，积力量之阳刚；折神州之弘毅兮，铸世界之茶王。大漠之甘泉兮，生命之昌；草原之玉液兮，健康之望。黑美人兮，湘女情长；千两茶兮，四海飞觞。

千两茶赋

石印文（益阳市书法家协会主席）

潇湘人杰，安化茶名。清季以还，已成花卷；民国而后，更有雷鸣。采天地之精华，形同砥柱；得山川之灵气，味比醴醇。灶出七星，号夸千两。朔漠以甘泉宝视，文房以清友神交。雨接青痕，顾渚之声华罔若；云垂绿脚，陶公之辞藻奚如。况是高家马家之溪，漂水深水之洞。龙泉乍泻，乌莽盈瓶；蟹眼新鸣，甘香溢室。倘重生陆羽，亦需续写茶经；再起耿漳，未必难以墨客。茶马之厚交不远，丝绸之古道犹存。天生灵物，允称世界之王；邑举高科，待创辉煌之业。

三、茶乡楹联

峻岭妆梅堪入画；寒泉煮茗好谈诗。

——梅城镇梅子仑茶亭（其一），清·佚名

梅岭寒泉能止渴；长途有客好停车。

——梅城镇梅子仑茶亭（其二），清·佚名

北海樽空茶当酒；一亭风满夏疑秋。

——梅城镇北一茶亭，清·周楚乔

青山问我，活十万年过客重经，曾记此间小住；白水多情，问二千里大江流去，能否犹识旧交。

——梅城镇瞪然茶亭，清·熊若虚

君莫嗟行路难，憩迹休形，且试灵龟一滴水；我最怜长途怨，披荆斩棘，为种芙蓉数亩茶。

——清塘铺镇清风茶亭，明·佚名

晓日汲泉烹活水；桥头送客倩清风。

——清塘铺镇晓桥铺茶亭，清·袁涤凡

老少英雄，千里奔劳，止渴茶浆何处饮；山林俊杰，一行辛苦，此间活水可堪尝。

——大福镇老山坑茶亭，清·佚名

茶可清心，渴时一滴如甘露；亭堪驻足，歇后千钧类羽毛。

——大福镇沙子坡茶亭，民国·王懋绩

南去北来，过客何妨聊坐坐；风和日暖，劝君且莫急忙忙。

——高明乡司徒岭茶亭其一，清·佚名

野鸟啼风，絮语劝君姑且息；山花媚目，点头笑客不须忙。

——高明乡司徒岭茶亭其二，清·佚名

松下问童，何处有梅能止渴；风中听竹，乡间汲水可煎茶。

——高明乡松风茶亭，清·佚名

鏊开世上崎岖路；字抚湘中过路人。

——乐安镇鏊字仑茶亭，明·佚名

莫嫌狭小三间屋；常备清凉一碗茶。

——乐安镇香炉山茶亭，清·佚名

西山瑞气迎朝爽；一路行人纳晚凉。

——乐安镇西一茶亭，清·贺少亮

泉在山清，一杯自解长途渴；濯斯蟾垢，七碗能生两腋风。

——仙溪镇泉濯岭茶亭，清·佚名

茶产芙蓉，饮后三天留楚味；亭居云雾，望中一脉带衡山。

——仙溪镇云雾山茶亭，清·佚名

图 9-78 滔溪镇桃花坳茶亭

茶香引客常驻足；亭阔容人暂歇肩。

——滔溪镇桃花坳茶亭（图9-78），清·佚名

乌啼月落梦初醒，问樵青，天将明，汤滚未也？
金勒马嘶人已到，呼李白，酒莫饮，茶可当乎！

——滔溪镇乌金岭茶亭，清·佚名

奉命岂敢忘，建小亭数椽，献予先慈偿夙愿；

义心尽所表，烹清泉几盏，聊为过客洗尘劳。

——小淹镇奉义茶亭，民国·龚怡发

跋涉艰难，渴饮茗，暑乘凉，休息偶淹留，鄙陋莫嫌当道合；
前程远大，执征鞭，整行李，宦游期指顾，清廉定似此山泉。

——羊角塘镇境一茶亭，清·佚名

濂水清涟，茶煎竹里；溪山排闼，亭峙山间。

——江南镇濂溪茶亭，明·佚名

百折岂辞劳，攘往熙来，快到此间停马足；步行多感慨，汗流口渴，何须他处问龙芽。

——江南镇百步桥茶亭，清·王圣洁

今日至东，明日至西，忙甚么？观不尽佳水名山，愁不尽情田欲海。智虽周瑜，勇虽项籍，赤壁乌江，到头来是梦。请君暂坐片刻，谈数言，思前想后，留些精神养自己。

这条路来，那条路去，叹怎的？止勿住红颜黑发，带勿去白壁青蚨，贵如韩信，富如石崇，淮阴金谷，转眼便成空。与我丢下几文，沽半壶，测五猜三，让将辛苦付他人。

——东坪镇黄沙坪义渡茶亭，民国·佚名

一楼风月宜酣饮；万里溪山可畅怀。

——东坪镇月形山茶亭，清·佚名

酉下夕阳，鸟噪枝头催过客；洲边古渡，人挑行李问前程。

——东坪镇西州茶亭，清·佚名

山好好，水好好，入亭一笑无烦恼。来匆匆，去匆匆，喝茶三杯各西东。

——田庄乡杉树岭茶亭，清·佚名

东阁谈经，影摇竹节来朱履；风前弄笛，香动梅花引玉人。

——柘溪镇东风茶亭，清·佚名

放眼遥观云山远；解渴先尝露水甘。

——马路镇歇驴坳茶亭，明·佚名

白水为泉，烹出龙芽雀舌；竹前是箭，射过兔鸭山鸡。

——马路镇白竹茶亭，清·佚名

饮水煎茶留过客；香风度岭送行人。

——烟溪镇饮香茶亭，清·云梦道人

茶后行者行，莫愁劳燕分飞，放眼光明路正远；
亭前过客过，若访雪鸿遗迹，印心名胜景尤佳。

——渠江镇杉树坳茶亭（图9-79），清·陶澍

图 9-79 渠江镇杉树坳茶亭

漾水泡清茶，且待行人解渴；佳山留夕照，漫催游子归情。

——平口镇漾佳茶亭，清·邓炳中

生计尽关心，长途辛苦，坐片刻少息疲劳，哪管他春秋冬夏；
光阴同过客，逆旅奔波，喝一杯全消渴癖，任凭你南北东西。

——松木塘镇穿坳仑茶亭（其一），民国·彭子仁

穿破名利关头，想只因富贵身家，过此尽属康庄道；
坳上清闲地位，看不上江山风月，少座都为畅快人。

——松木塘镇穿坳仑茶亭（其二），民国·彭子仁

人生若梦，何处归来，喜萍水相逢，到此有怀思旧雨；
世事如棋，为谁奔走，叹关山难越，停车小憩引清风。

——武潭镇钱家岭茶亭，清·莫吉爻

秦时明月，相随久自桃源，照来资上旧游，鸿爪雪泥浑一瞬；
笛里梅花，吹送几番客骑，认取坂长茶话，关山云树有余思。

——武潭镇坂长坡茶亭，民国·王运勋

萍水相逢同坐坐；关山难越且迟迟。

——沧水铺镇茶亭，民国·佚名

两腋清风，诗句好寻芳路后；一炉活火，茶亭轻漾小桥西。

——泉交河镇小河桥茶亭，民国·佚名

春夏秋冬，一岁川流不息；东南西北，四方宾至如归。

——泥江口镇樊家庙茶亭，民国·佚名

四、文学作品

（一）彭伦乎安化茶业短篇小说

彭伦乎（1934—2000 年），湖南宁乡人，1979 年毕业于北京电影学院编剧进修班，历任解放军三兵团司令部、第三十三及第五十六预备医院通讯员及文书、湖南省行政学院、安化县文化局干部，益阳地委报社编辑，潇湘电影制片厂二级编剧，湖南作协理事。1962 年开始发表作品，1979 年加入中国作家协会。彭伦乎长期关注安化茶业发展，在其 1979 年由湖南人民出版社出版的短篇小说集《叶里藏金》（图 9-80）中，收入了短篇小说《茶叶收购员》《烘房飘香》《芙蓉茶》等有关安化茶叶生产的小说，获得 1981 年湖南文学艺术创作奖。其中《烘房飘香》被先后改编为花鼓戏和电影。

图 9-80 彭伦乎著《叶里藏金》

（二）《菊花醉》

讲述英政府为扭转大清茶叶出口对英国利益的损害，派人潜入中国，盗取茶种及技术。湖南茶商胡英因遭同为茶商的吴氏兄弟的陷害，身陷死牢，命悬一线；而吴孝增却随左宗棠进疆，成为茶商首富。于是，围绕一场中英茶商斗法，铺开了胡英寻仇探秘之路。从雪峰山脉、洞庭湖畔到昆仑山下，上演了一幕幕人间罕见的情仇悲喜剧。全书背景广阔，内蕴深厚，构思奇妙，语言魅人，情节曲折，人物丰满。

《菊花醉》（图 9-81）由古越、羽萱夫妇编著。古越，安徽人，现任西部编剧协会主席，《西部影视文化》杂志主编。唐羽萱，笔名羽萱，宁夏中宁人，宁夏作家协会会员，银川市文学院院聘作家。现任西部编剧协会副主席，《西部影视文化》杂志采编总监。现就职于宁夏劳动和社会保障部门。

图 9-81 古越、唐羽萱著《菊花醉》

（三）于建初《茶都》

湖南省知名作家于建初继长篇小说《脚都》之后，创作了融文化和经济为一体的长篇小说《茶都》（图9-82），由大众文艺出版社出版。《茶都》以安化黑茶业为背景，以黑茶老板谌家兴衰为主线，以情感纠葛为支线，叠次出现陶澍、左宗棠、胡林翼以及道光皇帝、咸丰皇帝和年青的慈禧等形象，向读者讲述出一段鲜为人知的安化旧事，在展示黑茶文化和安化旖旎山水之时，成功地塑造了谌毓庆、黑美人、马上飞、林文轩等一系列血肉丰满、性格鲜明的茶乡人物形象。

图9-82 于建初著《茶都》

（四）蔡镇楚《世界茶王》

蔡镇楚，号石竹山人，湖南邵阳人，湖南师范大学教授，古代文学原省级重点学科带头人，湖南省茶文化高级顾问。蔡镇楚教授以安化黑茶为对象，创作了《白沙溪》《世界茶王》（图9-83）两部长篇小说。其中《世界茶王》以元末明初的历史风云为背景，以从湖南益阳安化到俄罗斯恰克图的万里茶路为纽带，以益阳黑茶商队和安化茶商军为描写对象，全面生动地描写"世界茶王"与山西茶女、安化茶女与明朝北方边防军将士惊心动魄的爱情故事。这部小说历史背景广大开阔，故事情节曲折复杂，人物形象生动活泼。

图9-83 蔡镇楚著
《世界茶王》

（五）欧阳吉元《古道茶香》

欧阳吉元，湖南安化人，安化县原文化局局长兼文联主席，中国电影文学学会、中国电影艺术家协会、中国电视艺术家协会、中国作家协会湖南分会会员。从20世纪70年代开始电影、电视剧本创作，编著了电影《醉倒茶乡》和30集电视剧《古道茶香》（图9-84）。《古道茶香》电视剧本记述了安化黑茶发展艰难曲折的历史，也对开辟万里茶道进行了生动的描述。

图9-84 欧阳吉元著
《古道茶香》

（六）民间故事三则

民间故事三则采自《梅山故事》及相关企业品牌故事，《梅山故事》由陈可立、熊吉秋编，岳阳出版社，2019年版。

1. 芙蓉山仙茶的传说

在安化县的崇山峻岭中，有座高耸入云的芙蓉山。

芙蓉山顶有座芙蓉庙。从前，寺庙周围长满了郁郁青青的茶树（图9-85），鸟语花香，泉水潺潺。在寺庙的后面，有颗大云杉树，大树旁边有幢茅房。这里住着一个白发苍苍的老公公，带着一个小孙女。小孙女喜穿红衣，如花似玉。每年谷雨前后，这穿红衣的姑娘，就和周边的姑娘大嫂们一起采茶。当地人们都称她为芙蓉姑娘。芙蓉姑娘采茶手脚比别人快，做出的茶也比别人的清香可口。因此，芙蓉姑娘制作出来的芙蓉茶，一传十，十传百，早就远近闻名了。

图9-85 芙蓉山仙茶园

这年春天，山西的一个买茶客人，跋山涉水，来到这芙蓉山顶。他少年英俊，挑着沉重的行李，见山上没有客栈，便在芙蓉庙里求方丈行个方便，在寺庙住了下来。然后找到寺庙后边的茅棚小屋，打探芙蓉山里每年出茶的制作、产量和买卖情况，事事问得清清楚楚。他决心要在芙蓉山顶购买一批好茶，当做贡茶献给皇上，回去也好给老板交差。于是，他起早摸黑，看茶叶，研究采茶、制茶。这一晃就是3年。这年轻的山西小伙，本是帮老板来买茶叶的，可是住在芙蓉山顶绿茶丛中，天天学种茶、理茶、采茶、制茶，也和芙蓉姑娘一样，倒也成了一个茶农。有一天，芙蓉公公看到孙女和这山西小伙子来来往往，劳动相帮，有说有笑，年纪也相当，就想有意撮合他们俩。他们两人早就有意，公公这么一提，两人当即把喜事定了。不过，小伙子提出一个条件，要求芙蓉姑娘按照他定的规矩采茶一次，然后择期结婚。

公公不解地问青年有什么规矩，青年告诉他，在谷雨那天，芙蓉姑娘打早洗个澡，净净身体，早晨等鸡一叫，就用口咬下嫩叶茶尖，不用手摘，一直采到太阳出来。这段时辰采的嫩茶叶尖尖就很稀罕了。公公问孙女的意见，芙蓉姑娘早已是方圆百里的采茶能手，当面满口承应。

谷雨节到了。芙蓉姑娘不慌不忙，起床，洗澡，梳妆打扮，就像过节。好不容易盼到公鸡叫，芙蓉姑娘张开小嘴咬摘嫩尖茶叶，只见她一口一片好似鸡啄米，咬一片，吐一口，费尽精神，好不容易采到太阳出来，她不再咬茶了，身子也倦疲了，腰间的围布巾里，刚刚装满如翡翠般绿油油的细嫩芽尖茶。芙蓉姑娘已经筋疲力尽，但是她坚持把带回的鲜叶制做成干茶，一称恰好两斤。这天，正好这小伙子的老板托人带来信件，要催小伙子火速回店。小伙本来和芙蓉姑娘已是如胶似漆，感情很深，定了婚约，答应制作好茶后成亲。可是天不遂人愿。当下两人抱头痛哭，难舍难分。不过回去交差还是要的，芙蓉姑娘把亲手制好的两斤细茶送给了小伙子，小伙子也留下些银子，让姑娘和公公营生度日。

不多日，小伙子就回到店里。茶店老板询问买茶情况，小伙子如实说了芙蓉细茶的好处。店东老板见他外出三年，仅仅背回两斤茶叶，一怒之下将这芙蓉细茶甩得满地皆是。青年说："店主不要发怒，待我给你用嘴一片片咬起来，将来自有用处。"店主说："你就咬吧！三年的劳动全在这里！"小伙子果然匍匐在地，一口一片细茶尖，口口都象叩头一样。店家见小伙子确实诚心诚意，也就再没有责罚他了。

过了不久，当朝皇帝紧催贡茶，店东没有好茶纳贡，急得要命，左思右想，想到小伙子买来的两斤芙蓉细茶，就叫官员拿去进贡。这茶泡好送到皇帝跟前，果然异香扑鼻，皇上喝了一口，清凉可口，再睁眼看去，袅袅的茶气里面浮起一个白衣仙女，手捧一束芙蓉茶花，笑容满面，手舞足蹈，帝宫七嫔八妃不可媲美。皇帝欣然笑着说："这真是芙蓉仙茶啊！"于是立即传旨，吩咐火速再进贡这种芙蓉仙茶。使臣飞马来到山西茶店，找到店东，店东甚为欢喜，仍复传这位小伙子再带银两，去到湖南安化芙蓉山顶寻找那位情丝缕缕的芙蓉姑娘。这青年心急如焚地回来了，可是踏遍青山，哪里还有那座芙蓉寺庙、那间茅屋、芙蓉姑娘和芙蓉公公的影子。后来得知芙蓉姑娘是一个仙女，送给自己纳贡的乃是芙蓉仙茶，小伙子更加怀念，就在芙蓉山顶黯然洒泪。据说小伙子的泪水洒满了芙蓉山岳，土地长出了无数青枝绿叶的茶树，生出了细嫩翡翠的香茶。从此以后，芙蓉仙茶闻名中外，这动人的故事也一直流传下来了。

2. 余丈国发茶财

夏秋娘是柘溪人，原名叫吴夏，是当地首富吴家的千金，还没有出嫁就做了吴家的管家婆，因为性格刚烈有原则（安化旧时称这种人为"秋娘"），当地人都叫她夏秋娘。

夏秋娘管家非常严厉，得理不饶人，因此全家大小都怕她。她也迟迟不肯嫁人，仿佛要在家中当一辈子老姑娘。直到中砥大沙坪一带的财主余丈国遣媒上门，夏秋娘才同意出嫁，但向娘家提出了三条要求：一是要陪嫁金银财宝三扁桶，二是要打发绫罗绸缎两抽箱，三是要把娘家的头号水牯做陪嫁。娘家人巴不得夏秋娘早日嫁人，于是一一答应。但到出嫁的那一天，夏秋娘隔着花轿的帘子，发现她要的头号水牯被换成了二号水牯，她勃然大怒，立马停轿，硬是要家里派人到山上把头号水牯牵来才上轿。

夏秋娘过门一看，余国丈家也无非是有几十亩田，一家老小省吃俭用，从牙缝里省出来的地主。于是过门第四天，就跟丈夫余国丈分工，家里的田土耕作由夏秋娘负责管理；余国丈专门外出做茶叶生意。

余国丈心里直打鼓，说山西茶客十年没有进山收茶，茶价低廉，怕收了没人要。夏秋娘说，你只管收茶，走到哪里收到哪里，只要茶好，收得越多越好，务必要把三扁桶、两抽箱陪嫁全部变成茶。

从此夏秋娘带着头号水钻在家管理家人佃户种田，余国丈一个夏天收光了方圆几十里的干毛茶（图9-86），茶叶堆了几栋房，三扁桶、两抽箱陪嫁一文不剩。

第二年，山西客商进山了。因为山上的茶全被余国丈卖走，山西客采购量严重不够，不得不高价从余国丈手中买茶。结果，一两

图9-86 清代茶商在乡间收茶

银子收回来的茶卖到十两银子的价。余国丈一年茶叶生意就成了安化首富。从此，中砥田庄一带的人夸某人富裕，就说他富得像余国丈；夸某人会理家，就说他厉害得像夏秋娘。

3. 阿香美

唐元和年间，在风景秀丽的梅山蛮地渠江，住着一位姓夏的草药郎中，夏老膝下有一女儿，名叫阿香（图9-87）。父女俩相依为命，常年以采药治病为生。

一个春季的早晨，阿香与往常一样，背着竹篓穿梭在云雾缭绕中。天快晌午，阿香一片草药也没采到，心里非常焦急。口干舌燥时，她聆听到山泉的叮当声，便俯在涧水边痛饮甘泉，起身之际，无意间看到了涧水下边有一小潭，但见潭边岩缝内长着数株不知名的四季树。阿香见状，好奇地摘了一片嫩嫩的绿叶，细细咀嚼，但觉清香可口，芳香异常，阿香高兴地采摘起来，直到太阳偏西阿香才踏上回家之路。

金色的夕阳下，夏老见阿香背着一篓草药回家，高兴地接下了女儿背上的竹篓。当他看到绿油油的鲜叶时，不禁大惊地问阿香："这些鲜叶在什么地方采摘的？"阿香把实情禀告了父亲。夏老满心欢喜地告诉女儿："阿香，知道今天采的是什么吗？这是神农帝种植的仙茶。"阿香闻听大惊。

翌日，父女俩再次来到潭边，把所有鲜茶叶全部采摘回家，将鲜茶叶精细加工成干茶后妥善存放起来。后来，当地腹疾肆虐，阿香便用原来存放的干茶泡水与村民分而服之，不多时日，乡民皆愈。于是，阿香治疾之事便广为流传。第二年夏天，皇帝的郑妃突患腹胀之疾，寻遍名医医治无效，命悬旦夕。

图9-87 阿香

郑妃大妹夫王褒，时住长沙，对草药郎中之女阿香治腹胀腹泻等疾病之事，从乡邻传颂中早有耳闻，便上书皇帝，皇帝立即下旨召见阿香。

阿香带着九龙池的水与干茶奉旨进宫，及时为郑妃进行医治。当晚，郑妃腹胀之疾痊愈，皇帝与郑妃大喜。皇帝见阿香心灵手巧，大方美丽，便将此干茶赐名为"阿香美"。

在滚滚向前的历史长河中，阿香奉旨进宫治病的美谈一直传颂至今。如今，"阿香美"成为了安化黑茶的知名品牌，融入了大众的生活，为人类的健康抒写着未来。

五、歌　曲

（一）《十二个月采茶》

《十二个月采茶》（图9-88）是益阳流传最广的民歌之一，有多个版本，这里以安化后乡曲调为例：

正月采茶是新年，姐妹双双定茶园。定了茶园十二亩，
典当家什现交钱。

二月采茶茶发芽，姐妹双双到山崖，左手摘茶茶四两，
右手摘茶茶半斤。

三月采茶正当春，姐妹双双绣手巾，两边绣起茶花朵，
中间绣出采茶人。

图9-88　1924年民间手抄本
《十二个月采茶歌》

四月采茶农事忙，郎在田中绕牛行。摘得茶来秧又老，插得田来草麦黄。

五月采茶茶叶圆，茶蔸脚下恶蛇盘。多把大钱敬土地，山神土地保平安。

六月采茶热茫茫，多栽杨柳少栽桑，桑树脚下无人采，杨柳树下歇阴凉。

七月采茶秋风起，姐在家中坐高椅，绫罗缎匹装满箱，送与情哥哥做衣裳。

八月采茶秋风凉，头茶有得晚茶香，头茶香过三间屋，晚茶飘来十里香。

九月采茶是重阳，重阳美酒桂花香，先煮三缸做重九，后煮三缸送情郎。

十月采茶是立冬，十担茶箩九担空。茶箩放在我姐高楼上，扁担搁在我姐绣房中。

十一月采茶雪花飞，郎在外乡讨茶钱。姐在房中搭炭火，郎在外边受熬煎。

十二月采茶是一年，捆起包袱雨伞转家园。忙忙碌碌多辛苦，过哒一年又一年。

（二）《你来得正是时候》

第三届安化黑茶文化节主题曲《你来得正是时候》，由"现代民歌教父"何沐阳作曲、华语乐坛著名女歌手徐千雅演唱（图9-89），清新悠扬的曲调受到广泛关注和传唱。

图9-89　著名女歌手徐千雅

你来得正是时候

演唱：徐千雅

1=Eb 4/4 ♩=60

曲：何沐阳
词：何沐阳 蒋平

第九章 — 安化黑茶文化积淀

我爱爷爷的千两茶

安化黑茶传天下

（女声独唱）

1=G $\frac{2}{4}$ ♩=60

词：李晓跃
曲：颜 敏

第九章 — 安化黑茶文化积淀

我从黄沙坪出发

词：瞿美云
曲：歌 奴

1=E 4/4 ♩=70

牵着我的爱 马，
我从黄沙坪 出 发，

驮着神奇的黑 茶，我从黄沙坪 出 发，高原的阿妈等着黑茶
万里的路就在 脚 下，我加快了步 伐，为了 边疆的阿妈

等着黑茶熬煮奶 茶。 煮出香甜的奶 茶。 牵着我的爱
我从黄沙坪 出

马，驮着神奇的黑 茶，美丽 的姑 娘等着我
发，千山万水苦 咽 下，等着我的马 帮顺利到 达，

等 我的真情表 达。
赢得了爱情 换 回了马。

To Coda

Coda
D.S
等到我的马 帮

顺利到 达 赢得了爱情换 回了 马。

Fine.

中国茶全书 ★ 安化黑茶卷

344

黑茶情歌飘九天

1=G $\frac{2}{4}$ ♩=88

曲：雨 典
词：陈 红

第九章　安化黑茶文化积淀

345

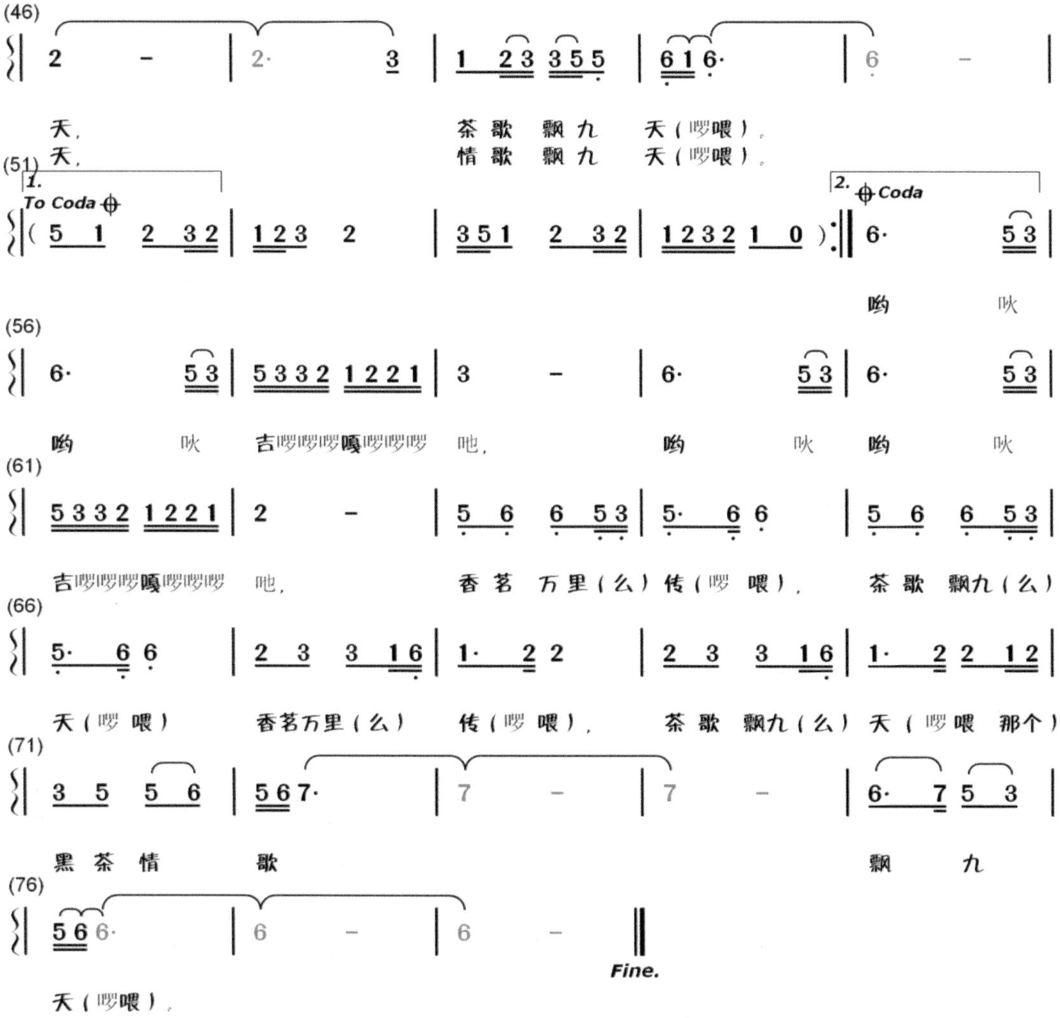
天，　茶歌飘九天（啰喂）。
天，　情歌飘九天（啰喂）。
To Coda
Coda
哟 吙
哟 吙 吉啰啰啰嘎啰啰啰 吔，哟 吙 哟 吙
吉啰啰啰嘎啰啰啰 吔，香茗万里（么）传（啰 喂），茶歌飘九（么）
天（啰 喂） 香茗万里（么） 传（啰 喂），茶歌飘九（么）天（啰喂 那个）
黑茶情歌 飘 九
天（啰喂）。
Fine.

安化千两茶号子

词曲：罗艳群

1=G 4/4

热情、充满激情地

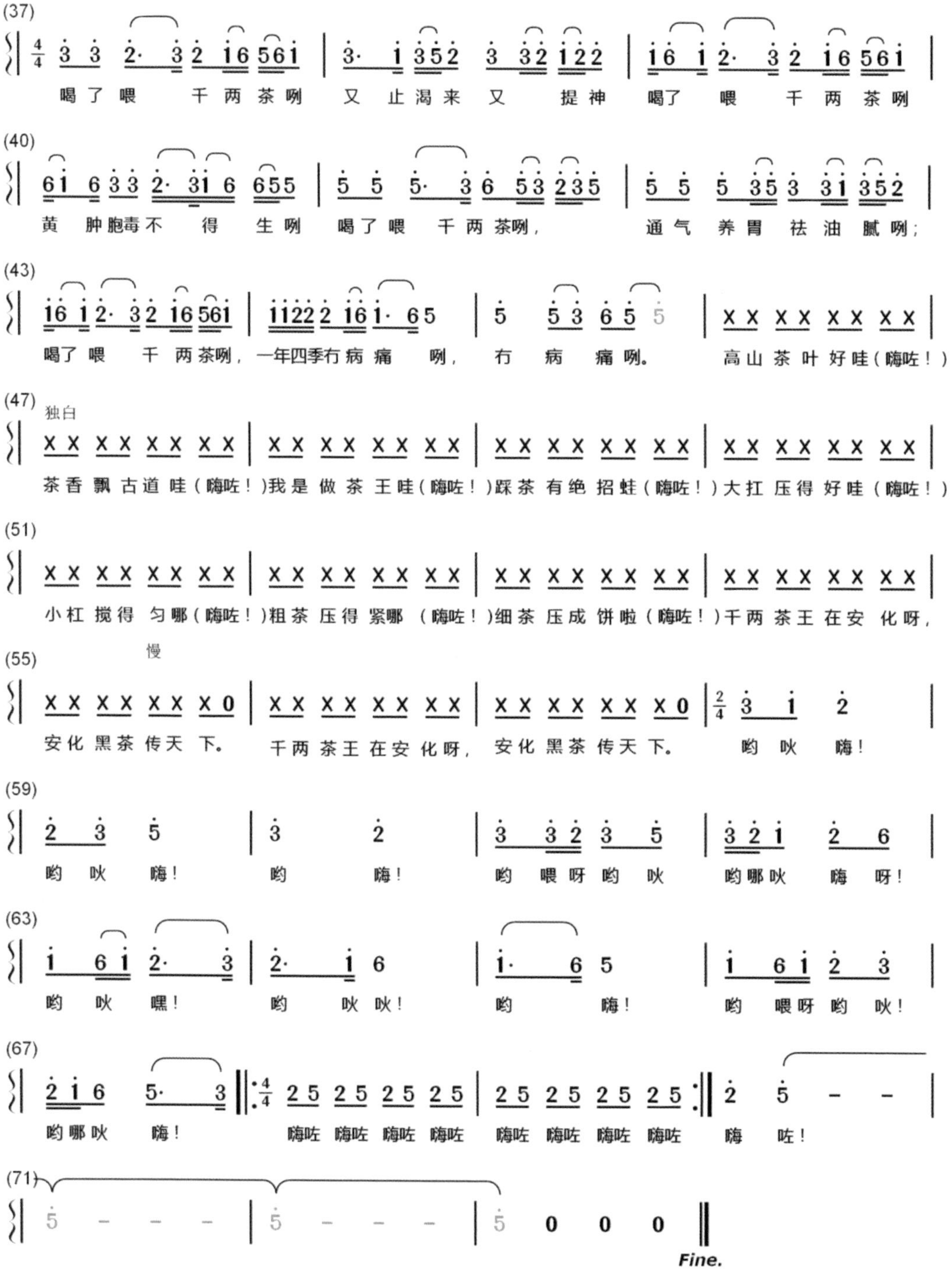
(37)
喝了喂 千两茶咧 又止渴来又 提神 喝了 喂 千两茶咧
(40)
黄 肿 胞毒不 得 生咧 喝了喂 千两茶咧， 通气 养胃 祛油 腻咧；
(43)
喝了喂 千两茶咧，一年四季冇病痛 咧， 冇 病 痛咧。 高山茶叶好哇（嗨吆！）
(47)
独白
茶香飘古道哇（嗨吆！）我是做茶王哇（嗨吆！）踩茶有绝招蛙（嗨吆！）大扛压得好哇（嗨吆！）
(51)
小杠搅得匀哪（嗨吆！）粗茶压得紧哪（嗨吆！）细茶压成饼啦（嗨吆！）千两茶王在安化呀，
(55)
慢
安化黑茶传天下。 千两茶王在安化呀， 安化黑茶传天下。 哟 吹 嗨！
(59)
哟 吹 嗨！ 哟 嗨！ 哟 喂呀 哟 吹 哟哪吹 嗨 呀！
(63)
哟 吹 嘿！ 哟 吹 吹！ 哟 嗨！ 哟 喂呀 哟 吹！
(67)
哟哪吹 嗨！ 嗨吆 嗨吆 嗨吆 嗨吆 嗨吆 嗨吆 嗨吆 嗨吆 嗨 吆！
(71)
Fine.

六、影视作品

（一）电视剧《菊花醉》

2011 年初，由著名制片人张纪中、香港著名导演胡明凯制导的《菊花醉》（图 9-90）在湖南吉首芙蓉镇、安化县开机，主要演员有郑国霖、李泰、衣珊、袁菲、杨念生、寇占文等。

图 9-90 在安化茶园拍摄电影《菊花醉》的采茶女

《菊花醉》片尾主题歌《醉饮红尘》歌词：

> 醉饮红尘茶一杯，前世的缘，今生的水。
>
> 再难的路，有你相随，陪你笑，陪你醉。
>
> 风雨中为我撑伞，你却淋湿了；
>
> 旅途中为我安危，你却好疲惫。
>
> 当你无助时，我愿伸出手；
>
> 当你伤心时，请和我倾诉。
>
> 耐得住沸腾，才会有真味，空杯面对才不累。
>
> 醉饮红尘茶一杯，前世的缘，今生的水。
>
> 再难的路，有你相随，陪你笑，陪你醉。

（二）《北纬 30°·中国行》第 52 集——《安化，家在茶马古道间》

《北纬 30°·中国行》是中央电视台中文国际频道《远方的家》栏目的大型系列旅游节目（共推出 189 集），节目展现北纬 30° 沿线神奇的自然环境和丰饶物产，描绘这片土地上人们的人性美、人情美，以自东向西沿纬度线行走为推进线索，横跨浙江、江西、安徽、湖北、湖南、重庆、贵州、四川、西藏等 9 个省、自治区、直辖市，向世界展示中国的北纬 30° 带上包括自然风光、历史文化、民俗风情和社会发展在内的全景式图画。本节目第 52 集《安化，家在茶马古道间》纪录了安化茶乡风情，播出时长 55min。

（三）中央电视台科教频道《探索·发现》"手艺"栏目——《千两茶韵》

中央电视台科教频道《探索·发现》栏目聚焦中国传统手工艺的制作与传承，从不同的角度展示中国传统手工技艺与手工艺人的现状，自 2011 年 6 月 14 日（即中国文化遗产日）开始播出百集系列片《手艺》。其中 2014 年第四季 7 月 1 日播出了纪录安化千两茶制作的纪录片《千两茶韵》。

（四）湖南卫视新闻联播六集新闻片——《黑茶大业》

湖南卫视于 2018 年 1 月 18 日在新闻联播栏目推出新闻大片《黑茶大业》（图 9-91），

共 6 集，每集约 6~8min，报道从安化黑茶的悠久历史、制作工艺、产业价值等方面立体展示安化黑茶的独特魅力。

（五）中央电视台二频道的《鉴宝》栏目

2005 年 2 月 14 日，中央电视台《鉴宝》栏目对一篓 1953 年前产自湖南省白沙溪茶厂的天尖茶进行验证鉴评，通过专家评估，评价 48 万元，轰动了茶叶界和收藏界。

图 9-91 湖南卫视新闻片《黑茶大业》

七、题　词

图 9-92 全国人大常委会原副委员长李铁映为"中国黑茶博物馆"书写馆名

图 9-93 全国人大常委会副委员长周铁农题词

图 9-94 全国人大常委会原副委员长布赫为白沙溪茶厂题词

图 9-95 全国人大常委会原副委员长铁木尔达瓦买提为白沙溪茶厂题词

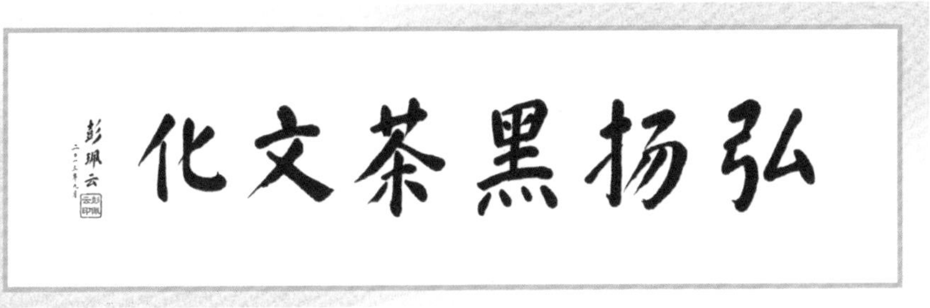
弘扬黑茶文化
彭珮云

图 9–96 全国人大常委会原副委员长彭佩云题词

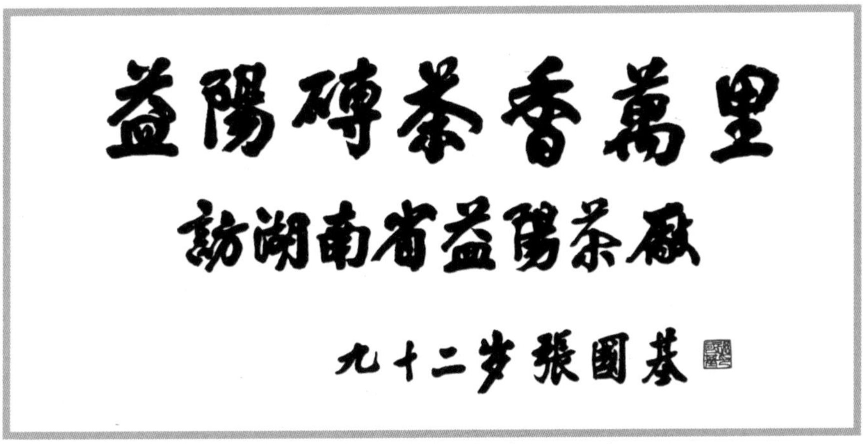
益陽磚茶香萬里
訪湖南省益陽茶廠
九十二岁張國基

图 9–97 全国侨联原主席张国基为益阳茶厂题词

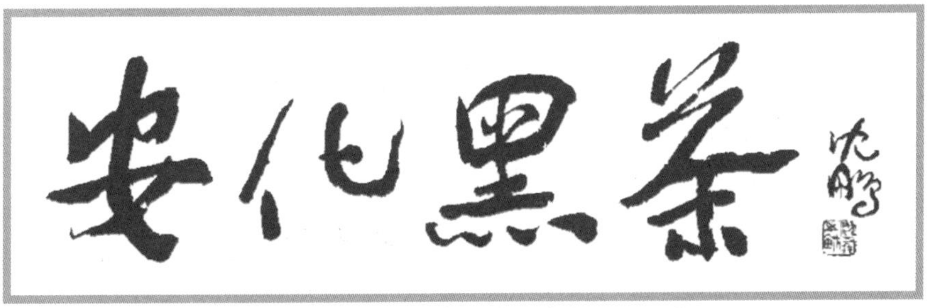
安化黑茶
沈鹏

图 9–98 全国书法家协会原会长沈鹏题词

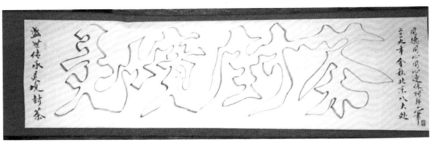

图 9–99 著名书法家阿郎一笔题词

10

第十章　安化黑茶茶旅融合

千年茶路，沉淀着生生不息的灿烂文化；浩瀚茶山，蕴藏着上苍恩赐的绝美风景；熙攘茶市，上演着茶工、茶艺史诗般的实景大戏。茶旅联袂自然成为产业发展的时代产物。近几年来，以安化为实业代表的益阳市全面实施茶旅高度融合产业提升战略，以生态为魂，以茶业为经，观光游、体验游并进，唱响了茶乡发展的又一张名片。

第一节　自然景观

一、湖南六步溪国家自然保护区

六步溪国家自然保护区位于湖南省安化县马路镇，是雪峰山北部唯一保存完好的原始次森林（图10-1）。保护区总面积1.4239万hm²，距县城50km。区内海拔最高1130m，最低258m。生物物种资源十分丰富，植被类型多样，珍稀濒危动植物繁多，具有典型的亚热带常绿阔叶林植被和复杂的森林生态系统。现有维管束植物205科678属2067种，国家Ⅰ级保护植物3种（南方红豆杉、银杏和伯乐树），Ⅱ级保护植物18种（金钱松、篦子三尖杉、榉树、鹅掌楸等）。有35种兰科植物，其中21种属珍稀濒危保护植物。

图10-1　六步溪原始次森林

保护区属东洋界华中区西部山地高原亚区，丰富多样的森林生态环境给野生动物提供了良好的栖息、繁衍之地（图10-2）。调查发现有脊椎动物224种，其中鱼类31种、两栖类19种、爬行类20种、鸟类（图10-3）127种、哺乳类27种。国家Ⅰ级保护动物3种（白颈长尾雉、云豹、林麝），国家Ⅱ级保护动物21种（大鲵、虎纹蛙、鸢、苍鹰、赤腹鹰、雀鹰等）。还发现湖南动物新分布种2个（鱼纲的红尾副鳅和两栖纲的无声囊树蛙）。

图10-2　六步溪清澈的小溪流

湖南六步溪自然保护区良好的自然条件和独特的地质构造，造就了区内丰富多彩的景观资源，其中以险峰峡谷、溪涧瀑布最为迷人。山景、水景、生物景资源丰富，类型齐全，风格各异，风光无限，绮丽多姿。

图10-3　六步溪珍禽翠鸟

二、湖南雪峰湖国家湿地公园

雪峰湖国家湿地公园主要包括雪峰湖，即柘溪电站水库（图10-4、图10-5）、资江干流安化东坪电站水库（图10-6）至珠溪口电站水库（图10-7）段及周边区域，湿地公园东西垂直长约40km，南北垂直宽约30km，总面积9450.2hm²。湿地公园区划为6个功能区：雪峰湖湿地保护保育区、资江（东坪—珠溪口）河流湿地保护保育区、湖滨生态缓冲保护区、山溪入库口湿地保护保育区、湿地宣教展示区和综合管理服务区。

图10-4 雪峰湖国家湿地公园中的宝塔山

图10-5 柘溪水电站大坝

图10-6 东坪水电站

图10-7 株溪口水电站

雪峰湖国家湿地公园及其周边区域共记载了维管束植物1419种，维管束湿地植物150种，有国家重点保护植物10种，其中包括国家Ⅰ级重点保护植物2种，国家Ⅱ级重点保护植物8种。列入国际公约保护植物名录的兰科植物22种。发现野生脊椎动物共计281种，其种数为湖南已知脊椎动物总数的31.6%。其中列为国家Ⅱ级重点保护的野生动物22种，湖南省重点保护动物125种，列入《国家保护的有益的或者有重要经济、科学研究价值的陆生野生动物名录》的两栖动物和鸟类（图10-8）、兽类达140种；列入《濒危动植物种国际贸易公约》

图10-8 雪峰湖湿地白鹭群

的鸟类 26 种，被中国濒危动物红皮书评为濒危级别的物种有 14 种；还有不少中国与日本、中国与澳大利亚共同保护的候鸟，其中列入中日候鸟保护协定的有 42 种，列入中澳候鸟保护协定的有 8 种。

三、湖南柘溪国家森林公园

柘溪国家森林公园以湖南省安化县林科所为中心，由柘溪景区、云台山景区、茶马古道景区三大部分组成，公园总面积 8579.3hm²。属亚热带季风湿润气候，气候温和，四季分明，雨水集中。森林植被类型为中亚热带偏北次生常绿阔叶林（图 10-9、图 10-10）落叶阔叶混交林，森林覆盖率高达 94.00%。具有山中有湖、湖中有山、群山环抱、峰峦叠翠的"高峡平湖"特色。2009 年 8 月，湖南柘溪森林公园经国家林业局批准为国家级森林公园。

图 10-9 安化县名贵树木竹柏　　　图 10-10 安化县名贵树木香榧

四、湖南雪峰湖国家地质公园

雪峰湖地质公园位于湖南省益阳市安化县西部，雪峰山脉中段，区域面积 692.6km²，著名的柘溪水库正处于公园中心地带。森林覆盖率达 85%，受国家重点保护的植物 39 种，世所罕见的"金镶碧玉竹"（图 10-11）在境内分布有 1km²。公园内山青水秀，风景如画。

图 10-11 金镶碧玉竹

公园内地质遗迹景观丰富,以岩溶地貌(图 10-12)、南华纪冰期的冰碛砾泥岩(图 10-13)和水体地质遗迹为主体,兼有留茶坡、烟溪等标准地层剖面。公园出露的地层齐全,自中元古代至新生代地层均有分布,震旦纪南沱组冰碛砾泥岩遍布全区。公园以蓝天、碧水、翠峦、奇洞、幽岩为特色,以"梅山文化"为底蕴,构成了集山、水、林、瀑、峡、洞等为一体的奇特秀丽的自然风光,是一个集自然保护、旅游观光、科学研究、科普教育、度假休闲、保健疗养、文化娱乐于一体的地质公园。

图 10-12 安化县马路镇龙泉洞

图 10-13 安化县柘溪镇冰碛岩

五、蚩尤故里原生态景观区

蚩尤故里(图 10-14)原生态景观区位于湖南省安化县乐安镇,东接千年古县城梅城镇,西临娄底市新化县,纵横 20km,海拔 800m 多,是历代汉、苗、瑶聚居之地。境内石奇、林密、水丽、洞幽,是梅山文化的发祥地,又是名副其实的蚩尤文化带。第二次国际梅山文化研讨会、中英喜马拉雅山探险队考察后,史学界和文学界专家学者无不惊叹:山水多留蚩尤遗迹,民间尽现蚩尤风情。

蚩尤故里有条神奇地下阴河蚩尤河,相传为蚩尤开凿,后裔连通,为战备之用,可出入新化、涟源、梅城。阴河中有天池、龙洞、宫娥、蓬莱、神龟、燕潭等奇洞无数,多处洞高 30m 多、宽近 100m,有 20m 多高的玉树 5 根,10m 多长的钟乳石瀑布。张家仙湖(图 10-15)居蚩尤故里中心,由两个天然湖泊组成,湖水清澈,久旱不枯,久雨不涝。湖中小岛

图 10-14 安化县乐安镇蚩尤界山门

图 10-15 安化县乐安镇张家仙湖

怪石嶙峋。距湖 300m 处有一古神洞,高约 30m 多,长度无法探测,洞上有一座天然石桥。

六、会龙山佛教公园

会龙山坐落在湖南省益阳市区西部资水南岸。东依螺丝顶,西靠凤形山,四周峰峦

簇拥，似群龙聚会江边，故名会龙山。会龙山佛教公园始建于魏晋，复建于1965年，总面积152.2hm²。公园中心区为佛教人文景区，北为滨江景区，南为自然山林景区。园内九龙广场、栖霞寺（图10-16）、曾士峨烈士纪念碑、何凤山墓、福林塔、福源寺、广法寺等景点均对外开放。

图10-16 益阳会龙山栖霞寺

会龙山佛教公园除会龙栖霞外，还有白鹿寺、裴公亭等名寺古胜，会龙花卉、会龙翠竹、会龙山庄和烈士陵园，使自然景观与人文景观得以和谐统一，是久负盛名的游览和休闲胜地。

七、湖南桃花江国家森林公园

桃花江国家森林公园位于湖南省益阳市桃江县境内，距省会长沙约90km。2008年1月7日经国家林业局批准设立，总面积3167.58hm²，由桃花江竹海、浮邱山、桃花湖三个景区组成（图10-17）。其中桃花江景区位于县城南面，与县城之间相距30.2km；浮邱山景区位于县城西面，与县城之间相距仅12km；而最近的桃花江竹海景区位于县城东面，与县城之间相距仅1.8km。

图10-17 桃江县大栗港安宁竹谷

公园内除水体外森林覆盖率高达99.56%，野生动植物资源丰富，自然生态环境优良（图10-18），共有银杏等国家重点保护植物14种，白鹤、云豹等国家一级保护动物14种；大气质量、土壤环境质量均达国家Ⅰ级标准，空气负离子含量每立方cm达1.39万个，地表水质量达国家Ⅱ类水质标准，形成了良好的森林气候，适游期长达300多天。

图10-18 桃江县桃花湖景区

八、安化九龙池

安化九龙池位于湖南省安化县南金乡，与新化县大熊山接壤，主峰海拔1622m。峰顶有一池，九股清泉从池底涌出，池水甘甜清冽，清澈见底，其声清脆悦耳。相传远古有九座峰峦，尽得天地之灵气，黄帝登熊山时，将其点化成九条金龙，从池中遁入东海，九龙池因故得名。九龙池风景区山体宏伟、绝壁深涧、茂林古木、奇石叠瀑、奇花异草、珍禽异兽，山、水、林浑然天成，幽、险、神集于一身，构成了大自然绚丽多姿的画面。有兀立清溪的将军岩（图 10-19），栩栩如生的十里奇石画廊，曲径通幽的九龙峡谷，养在深闺的白岩山叠瀑群（图 10-20），更有驭波逐浪的毗溪漂流刺激惊魂。

图 10-19 将军岩　　　　　　　　图 10-20 溪流瀑布

此外，九龙池莽莽苍苍的原始次森林，蕴藏着极为丰富的物种资源，有被誉为"活化石"的银杏，有濒临灭绝的连香树、金钱柳、罗柏、天师栗、云锦杜鹃等，还有金钱豹、豺狼、果子狸、穿山甲、娃娃鱼、锦鸡等国家珍稀重点保护动物。

九、安化芙蓉山

安化芙蓉山位于湖南省安化县东部，东连长沙，南抵娄底，由 72 座山峰构成，以锡杖山为中心向四面散开，互相簇拥，宛如一朵盛开的芙蓉，故名芙蓉山。有"白日遥望洞庭帆影，薄暮能见长沙灯火"之称。清代乡贤黄国香作对联曰："自衡岳九千仞而来，推开一朵芙蓉，仿佛花中藏世界；望洞庭八百里之外，踏破几

图 10-21 芙蓉山云雾寺

重云雾，依稀海上现蓬莱"。在海拔 1428m 的芙蓉第二峰云雾山，山顶有云雾寺（图 10-21），始建于唐朝，是闻名的佛教圣地。

芙蓉山不仅气势宏伟，风景秀丽，还是史上闻名中外的产茶之地。"芙蓉仙茶"的传

说、明清时代钦定贡茶以及清两江总督陶澍诗词中对这里采茶的生动描述，使芙蓉山成了人们向往的探密天堂和旅游胜地。

十、安化辰山绿谷

辰山又名神山、白云山，位于湖南省安化县东坪镇辰山村，距安化县城直线距离仅9km。主峰白云峰海拔1326.4m，山势平缓，拾梯而上，有高山盆地、山湾，山上有数十条溪流，山溪水清洌甘甜，有的落差达1000m左右，形成众多瀑布、深涧。登高望远，旭日东升，晚霞壮美，云蒸霞蔚，超然世外。山腰万亩厚朴（药材）林覆盖，每到春夏之交厚朴花开，雪莲般的花朵与山中杜娟交相辉映，香气四溢，醉人心田。辰山还拥有万亩竹海、万亩茶园、万亩中药材等。

自唐咸通年间（860—873年）僧密禅师创建白云寺起，辰山佛教至今已有1200余年历史，鼎盛时期，从山顶的白云峰寺、山腰的白云寺（图10-22），到山下的中砥、桥口共有寺庙48座。僧侣们千年前开垦的辰山大丞千丘梯田（图10-23），自海拔600m的村口风雨桥边层层叠叠直上近千米的半山腰，田埂线条优美，暗藏太极八卦等图案，四季景色宜人。

图10-22 辰山白云寺　　　　　　　　图10-23 辰山梯田

第二节　人文景观

一、安化黑茶特色小镇

安化黑茶特色小镇（图10-24）核心区位于安化县田庄乡茶酉村，规划建设区域涵盖株溪口电站至东坪电站之间的资江水域及两岸茶酉村、泥埠桥村、槎溪村等8个行政村，规划面积20.52km²，建设区域8km²，核心区域3km²。2017年9月，由安化县人民政府与湖南华莱生物科技有限公司签订合同，由湖南华莱投资，计划五年内（2017-2022年）投资50~100亿元，打造全国唯一的黑茶主题特色小镇。安化黑茶小镇以"安化黑茶"为主题，贯彻"一二三产业融合，茶旅文融合，产城融合"的发展理念，突出黑茶文化和梅山文化特色，着力打造茶产业链完整、茶文化体验独特、宜业宜居宜游的特色小镇。在空间布局上，安化黑茶小镇规划"一江四区，十里画廊"。四区分别是：健康养生区，聚焦休闲旅游、茶药养生产业；创新融合区，研发创建黑茶全产业链业态；黑茶文化区，实现茶旅文深度融合（图10-25、图10-26）；商贸服务区，打造高端酒店业态和新型商业综合体，提升城镇品位。总体发展目标是：至2022年，把安化黑茶小镇建设成为极具特色的旅游目的地和世界黑茶产业中心、黑茶文化旅游中心、黑茶健康养生中心。吸纳就业3万人以上，年产黑茶5万t，年接待游客1000万人次，年综合产值100亿元以上，年创税5亿元以上。至2019年12月，先后启动建设项目18个，累计完成投资30亿元。

图 10-24 安化县城南区滨江效果图

图 10-25 华莱万隆广场

图 10-26 华莱天下黑茶演艺中心

二、茶乡花海旅游景区

茶乡花海旅游景区（图10-27）是一个茶旅深度融合的高、大、上旅游景区，地处县城东坪镇与龙塘乡交界处，距县城10km，距益安高速出口6km，核心区总面积200hm²，由98座小山头组合。安化籍北京维通利集团总经理黄郎云全资建设，总投资7亿元，于2015年正式开工（图10-28）。项目以茶与花造型艺术为基本格局，以生态优美为建设目标，以奇特、高尚、健康、享受为终极要求。园内有春、夏、秋、冬四大主题花海和绿野迷踪、多彩迎宾两大休闲区。四大主题区内置有"秋天的幻想""蓝色之梦""荷塘月色""樱花谷""海棠谷""牡丹天下""薰衣草场"等花的海洋。刻意打造了"空中玻璃漂流""天空之树""悬崖宾馆""儿童乐园""水上竞技"等奇特旅游项目。与之配套的停车、饮食等功能性项目已初具规模。项目按年接待游客300万人设计，2020年4月18日正式开园。

图 10-27 茶乡花海全景

图 10-28 茶乡花海有限公司董事长黄郎云向市、县领导介绍茶乡花海规划建设情况

三、云台山茶旅风景区

云台山茶旅风景区是茶旅融合烈士陵园胜地,集中国最美茶园、国家地质公园核心区、历经 600 年的真武寺(图 10-29)、茶叶全程体验加工厂于一体,并由云上茶旅集团投入巨资,刻意打造大批彰显自然大美、心境探奇的旅游设施,如玻璃滑道、玻璃吊桥、斗牛场、飞机茶馆等。距县城仅 25km,并紧临

图 10-29 云台山真武寺

平洞高速与呼北高速交汇点。旅游区四周是中国茶叶优质母本云台大叶茶原产地,是安化黑茶最为集中产区之一。现已成为大梅山旅游圈的骨干区,年接待游客超 100 万人次。

四、湖南省益阳茶厂旅游点

湖南省益阳茶厂有限公司地处气候温和、雨量充沛的湖南省益阳市资水南岸,昔日关云长单刀赴会的茶亭街大渡口。创建于 1958 年,1959 年 7 月建成投产,其早期建筑与古老的设备设施,被湖南省人民政府列为第十批省级文物。该厂为湖南省农业产业化龙头企业、省高新技术企业、省重大科技专项示范企业、省创新型试点企业,有示范茶叶基地 133.4hm²。系国家商务部、发改委、民委、财政部、工商总局、质检总局、全国供销总社等国家部委定点的、全国最大的茯砖茶生产厂家和全国最大的茯砖茶原料代储企业之一,国家级非物质文化遗产传承保护示范基地,是茶旅融合工业旅游经典之地。

五、湖南省白沙溪茶厂旅游点

湖南省白沙溪茶厂旅游点座落于安化县小淹镇,厂区内有 1948 年苏联技术援建的砖木结构老厂房,连排 30 多栋,中间通道,保存完整。全省唯一古树茶园,安化黑茶标志性建筑——千两茶王景观塔，七星灶烘房，千两茶踩制车间，白沙溪黑茶文化博物馆、风雨廊桥、非遗技艺馆，茶包老码头等景点景物独特，可现场体验加工生产制作全过程，观感千两茶踩制的古典振撼，还可搭船过江，走进白沙溪钧泽源茶园采茶、制毛茶、打捆茶、欣赏茶园风光，从茶园到茶杯全程旅游，再现安化黑茶历史沧桑与现代繁华。2016 年建成的千两茶王景观塔（图 10-30）。塔高 27.5m，共 7 层，塔座呈八边形，仿千两茶底座设计，塔身呈园形，仿千两茶花格篾篓外观设计，塔内 1~6 层为观光层，7 层为茶室。是安化黑茶标志情景观建筑。

图 10-30 湖南省白沙溪茶厂
千两茶王景观塔

六. 中茶湖南安化第一茶厂旅游点

中茶湖南安化第一茶厂坐落于安化县东坪镇酉州社区，是湖南省第一家规模最大的红、黑茶加工的国营企业，始建于 1902 年。现茶厂是在原湖南省安化茶厂的基础上于 2012 年 9 月改制重组的新型国有企业，总占地面积 79682m²，隶属于中国土产畜产进出口总公司旗下中国茶叶股份有限公司，是世界 500 强中粮集团有限公司（COFCO）企业成员。

图 10-31 百年茶叶木仓

安化第一茶厂现保存有靠背式茶叶木库（图 10-31）、单开门茶叶木库南北西栋、锯齿形车间及西大门、清代茶叶作坊、50 年代兴建的 3 栋拣场、20 世纪 50 年代兴建的茶叶审评室、70 年代兴建的办公楼、60 年代兴建的电影院以及秤砣、木质飘筛机、桶式揉茶机、茶样（茶素、黑茶、红茶、绿茶、乌龙茶）等工业遗存。2018 年，确定为第二批国家工业遗产。

七、华莱万隆黑茶产业园旅游点

华莱万隆产业园（图 10-32）位于湖南省安化县经济开发区，属黑茶小镇核心项目，总投资 10 亿元，建设占地 20hm²，总建筑面积超 14 万 m²，是一个集科研、加工、生产、销售、文化传播和旅游培训为一体的现代化综合型产业园。园区所处地段不仅交通便利，资源得天独厚，且背枕群山，面临资江，处在青山绿水环抱之中。

万隆产业园区设有三大生产车间及两个圆形仓库，年产能力达 2 万 t。厂区内拥有初制加工车间、冷发酵车间、打火提香车间、筛分色选车间、拼配车间、精制加工车间、GMP 深加工车间、晒晒场、烤房及各类储存仓库，产品质量和产品创新都在行业中保持领先地位。

图 10-32 湖南华莱万隆黑茶产业园

八、梅山文化生态园

中国梅山文化生态园坐落于湖南省安化县仙溪镇山口村，园区占地 197.6hm^2，现已建成景点 52 处，有万家大院、梅山文化博物馆、梅山文化艺术村、风雨廊桥、景牌楼、水库大坝、农耕博览园、黑茶工艺坊、吊脚楼群、梅山狩猎神神像等等。园内设施齐全，有大小餐厅 3 个，可同时容纳约 800 人就餐。有现代化宾馆楼与仿古吊脚楼群的住宿区，共计房间 188 间，房内配套设施齐全。还有各种休闲娱乐场所，冬天可上山打猎，夏天可下水捕鱼，春天可采野菜，秋天可摘野果。

九、芙蓉山贡茶茶园

芙蓉山贡茶茶园（图 10-33）位于湖南省安化县仙溪镇芙蓉山村。传说云雾寺禅师佛道高深，惊动天帝，忽一夜，月明如昼，寺中突冒青烟，变茶一株，采左右长，采右左长，盖地八尺八，摘之不竭。禅师取果扩种，满山茶树生长于云雾之中，茶叶醇香甘甜，称为"芙蓉仙茶"，是明清贡茶珍品。贡茶

图 10-33 芙蓉山贡茶茶园

系采谷雨前雀舌，手工生产的纯天然产品。自明初入贡皇家，持续 500 余年。2007 年以来，县镇两级政府高度重视茶产业发展，对种茶户按种茶面积给予补贴，至 2018 年芙蓉山村新建茶园 134hm^2，目前全村新建改建高山茶园 536hm^2。现园内有香木海、洢水四保贡茶、安蓉茶业、仙山茶业、奕神茶业等 10 多家茶叶企业，"芙蓉仙茶""四保贡茶""香木海"等名茶畅销海内外。

十、高马二溪生态茶园

高马二溪生态茶园（图10-34）位于湖南省安化县田庄乡高马二溪村，这里常年云雾缭绕，共有高山生态有机茶园1125.6hm²，有大小企业20余家，是安化茶园面积最大、茶企最多的茶园基地。2016年，高马二溪村以悠久的黑茶历史文化底蕴，创建了安化县天下黑茶第一村，发展集茶叶种植、生态观光于一体的茶旅产业。

图10-34 高马二溪生态茶园

十一、华莱林中茶园

湖南华莱江南茶园基地地处风景秀丽的安化县江南镇马路新村（图10-35），于2010年5月始建，是典型的"林中有茶，茶中有林"的林中茶园。该茶园基地始终突出"优势区域、优良茶种和优良鲜叶"，着力打造绿色生态有机标准的生态观光茶园，全方位展示了湖南华莱在茶叶栽培种

图10-35 湖南华莱林中茶园

植方面的绿色环保、有机高效、生态自然的数字化智能管理新模式，体现了现代茶叶种植的先进科学技术和安化黑茶的深厚文化底蕴，已成为安化生态观光农业的靓丽名片。

十二、唐溪湿地公园茶园

唐溪湿地公园茶场即安化县柘溪镇五一茶场（图10-36），地处生态条件优越的国家雪峰湖湿地公园，面临柘溪水库，三面环水。创建于1966年，主要开展茶树种植、销售；茶树新品种的选育、推广及农副产品种植、销售。茶园面积234.5hm²，产品深受消费者青睐和好评，茶园于2014年被农业部评为全国十佳最美茶园。

图10-36 唐溪湿地公园茶园

十三、渠江茶园

渠江茶园（图10-37）位于湖南省安化县渠江镇大安村，分布在大安片区和黄茶片区，占地33.5hm²。主要文化遗迹：传统民居建筑群3处、古道2条、古石拱桥2座、古茶亭（兼碾房）遗址1处、古茶园3处、古碑刻3座、古井3口、古树名木数棵，村民家中保存了大量传统的采茶、制茶工具。据

图 10-37 渠江茶园

夏氏族谱记载，唐以前就已有人在此开荒种茶制茶，生产的"薄片团茶"通过古道运送至资江边的神湾、夏湾等地，再顺资江而下远销湖北江陵、襄阳乃至京城长安，被皇室贵族饮用，称之为渠江薄片。公元935年毛文锡《茶谱》记载"潭邵之间有渠江，中有茶……其色如铁，而芳香异常，烹之无渣也"是对渠江薄片最早的文字记载；2019年湖南省人民政府公布渠江茶园为湖南省级文物保护单位，并被列入万里茶道（中国段）申报中国世界文化遗产预备名单。2019年10月国家文物局确定渠江茶园为国家文物保护单位。

第三节　历史古迹

一、中国黑茶博物馆

图 10-38 中国黑茶博物馆

图 10-39 中国国际茶文化研究会会长周国富参观黑茶博物馆

中国黑茶博物馆（图10-38）位于湖南省安化县东坪镇黄沙坪，占地面积约0.67hm²，楼及地库房共10层，裙楼两层，附楼6栋，高39m，建筑面积6250m²，采用中国传统楼阁式建筑风格，设计合理，工艺精湛，造型宏伟，风景优美，是全国唯一的黑茶专题博物馆，由原全国人大常委会副委员长李铁映题写馆名，2012年9月破土动工，2015年10月向市民免费开放（图10-39）。馆藏安化县珍贵文物、茶业地理、产茶历史、茶

乡风情等展品，博物馆周边即著名的黄沙坪古茶市建筑群，是了解黑茶、读懂安化的重要窗口。

二、白鹿寺与裴公亭

白鹿寺（图 10-40）位于湖南省益阳市城区资江南岸的白鹿山上，毗邻会龙山，俯瞰资江。始建于唐宪宗元和年间（806—820 年），距今约 1200 年。古寺有四进，第一进为弥勒佛殿，左右为四大天王；第二进为观音殿，左右为佛学堂；第三进为大雄宝殿，左右为十八罗汉，左厢房为禅堂，右厢房为斋房，第四进为药师殿、藏经楼。住寺和尚有 300 多人，是益阳最大的一座寺庙。白鹿寺香火旺盛，寺内有一口重达千 kg 的古铜钟，声音洪远，悠扬清逸，震撼心灵，净化灵魂。"白鹿晚钟"由此成为益阳十景之一。

图 10-40 益阳白鹿寺

图 10-41 益阳裴公亭

裴公亭（图 10-41）在白鹿寺旁，为纪念唐代名相裴休而修建。裴休字公美，河南济源县人，博学多能，工于诗画，擅长书法。唐宪宗时，裴休任兵部侍郎兼领诸道盐铁史，后晋升为中书侍郎和宰相，他改革漕运积弊，遏制藩镇专横，颇有政绩。晚年遭贬任荆南节度史，潜心研究佛家经学，常路经益阳小住，在江边结庐读书诵经，后来人们在青山云树之中，修了一座楼亭合一的裴公亭，供裴公读书小住。相传裴公朗朗的读书诵经声，曾引来白鹿驻足聆听。

三、梅城文武庙建筑群

梅城文武庙建筑群坐落在湖南省安化县梅城镇城西的安化一中校园内。由文庙（图 10-42）、武庙（图 10-43）、培英堂和安化县立简易

图 10-42 安化县梅城镇文庙

图 10-43 安化县梅城镇武庙

师范旧址组成，占地 7000m² 多。梅城的文庙、武庙主体建筑保存完好，并且位于一处，此格局为湖南省内独有；文庙、武庙、培英堂、安化县立简易乡村师范学校旧址为一个完整建筑群落，演绎了我国从封建时代到民国时期再到现代的教育进化史，体现了从清乾隆时期到清末再到民国时期的这一阶段的建筑特色与风格变化。2019 年 10 月被确定为第八批国家级重点文物保护单位。

四、安化茶马古道

茶马古道风景区位于湖南省安化县江南镇境内，为国家级四 A 级景区。素以南方最后一支马帮和最完整的茶马古道遗存著称于世，保留了原生态的高山民居和幽深峡谷风光，林秀水美，山高谷深，雄奇险峻，远离尘嚣，秀美独特。景区内有梅山马帮、峡谷栈道、原生态高山民居、峡谷溪流、高山茶园、农家乐等景点。茶马古道上古桥（图 10-44）、古亭（图 10-45）、古码头、古渡口等遗存古韵犹存。

图 10-44 安化县江南镇洞市永锡桥

图 10-45 安化县江南镇永兴茶亭

五、陶澍故里

陶澍故里在今湖南省安化县小淹镇区，包含有陶澍陵园、尚书第、文澜塔、御书崖等古迹和景观。

陶澍陵园（图 10-46）位于沙湾村，1840年由左宗棠主持择地修建，陵园占地 3.35hm²，面对资水，背依群山，坐北朝南，环筑围墙。墓园正门为三间四柱牌坊，花岗岩和汉白玉质地，高 4m、宽 5m，两侧各置花岗岩石狮一尊。从正门入内，神道直通陶澍墓丘，左右两侧为5 位夫人墓，墓前依次有石羊、石虎、石马、

图 10-46 陶澍陵园

石武官、石文官各二。神道左侧有御碑亭和享堂，供奉道光皇帝御赐、著名书法家何绍基书写的碑文，御碑亭前有侧门出入。陶澍墓庄严肃穆，是一座典型的、保存完整的清代封疆大吏墓葬形制景观。

文澜塔（图10-47）位于资江石门潭北岸，1836年陶澍回乡捐资所建。塔高21m，8方7层，4~7层塔角铜铃32个，风吹铃响，似仙女奏乐。第一层汉白玉石匾额上刻着道光皇帝御书"印心石屋"，第二层嵌"文澜塔"青石匾额。古塔点缀在高山峡谷之中，青山绿水之间，气势雄伟。

图10-47 安化县小淹镇文澜塔

与文澜塔隔江相望的资江南岸有一石崖，长55m，高22.5m，山巅有一石翘起，俨然龟首，俗称"乌龟崖"。1836年陶澍回乡，

图10-48 清·道光皇帝赐陶澍的"印心石屋"

将道光皇帝所赐"印心石屋"四字刻在石上（图10-48），故称"御书崖"。陶澍故里还有仙龙吐珠、风雨迎宾、仙蛙对峙、纱帽传奇、七星闪光、龟蛇戏斗、石龙过江、三公抢印等自然和人文景观。

六、木孔土塔

木孔土塔（图10-49）位于湖南省安化县大福镇大尧村，建于清代，为省内唯一保存完好的土筑塔。塔坐北朝南，四级六方，中空，通高16.5m，底层边长1.7m，塔基由青条石垒砌，高1.3m。塔身为三合土夯筑，石灰抹面。一层高6m，径3.4m；二层高2.5m，径3m；三层高2m，径2.6m；四层高1.5m，径2m。塔檐为小青瓦，垂檐饰蔓草纹，翘角塑兽像，下悬泥塑各式风铃。一层南向正上方5.3m处空心线刻"焚字亭"，下方有空心线刻对联"大块文章咸臻化境，尧天日月共仰光华"。二、三层对联分别为"文章到底难磨灭，笔墨如兹近化工""气吞霄汉，秀抱芙蓉"。二、三、四层正面有泥塑人物故事像，造型优美，保存完好，原彩

图10-49 安化县大福镇
木孔土塔

绘故事因风雨侵蚀已漫漶不清。石基上0.2m处，有一小的拱形孔，为当年焚稿之用，塔尖已毁，塔碑无存。1996年被公布为省级文物保护单位。

七、桃江天问阁

天问阁位于湖南省桃江县凤凰山。据清《一统志》：相传此地乃屈原作《天问》处，山下旧有庙曰凤凰庙。屈原与夫人，俗称凤凰神，每端阳竞渡辄祀之，清道光年间庙毁，今存遗址（图10-50）。天问阁前临桃花江，背靠凤凰山，四周古木参天，林荫蔽日，游人于此，往往发思古之幽情。

图 10-50 桃江县天问阁遗址

八、安化十景

安化十景，明嘉靖《安化县志》载有紫云晚照、沩水拖蓝、笔架凌霄、熊耳浮青、仙岩佛像、镜泉浴月、泉塘沸玉、印石奇纹、灵龟兆雨、芙岭朝云等景观。虽经历史沧桑，但景象依存，在古县城梅城周边还保存如下景观：

梅城双塔。梅城双塔位于安化县梅城镇城郊。联元塔，又名南塔（图10-51），位于梅城镇南桥村，为清乾隆十四年（1749年）建，建后曾迁址。三十八年（1789年）复迁今址。北塔又名三元塔（图10-52），位于梅城镇落霞湾，清嘉靖十八年（1813年）建成。双塔均经历次复修或重建，保存较好。

图 10-51 安化县梅城南塔

梅城东华观。东华观（图10-53）位于安化县梅城镇城区东华山，明朝嘉靖三十五年（1556年）修建，是梅山文化道教文化的典型代表，于1976年被拆除，2015年重修。

九、梅山古玩城

梅山古玩城位于湖南省安化县东坪镇，坐落在雪峰湖中路盛世茶都一楼。建于2015年8月，经营茶业古玩的门店20多家，从业人员50余人。收集了各类茶叶资料与书籍、老茶与茶砖、古茶叶机械、古茶器、古茶包装和明清时期茶招牌，还经营与茶相关的各类古董，古玩门类齐全，吸引国内外茶人和古玩收藏者来此鉴宝。目前，安化县从事古玩门店有60余家，从业人员达200多人。

图 10-52 安化县梅城北塔

图 10-53 安化县梅城东华阁

第四节　茶旅线路

　　益阳市旅游业以茶旅融合为突破点，主打茶旅生态体验游、观光游等特色旅游取得成效，已成为全省旅游业的高地。近几年来，全市旅游项目建设快速发展，益阳农业嘉年华、天意木国、云梦方舟、云台山旅游、梅山生态园、桃花江旅游度假区、安化茶乡花海、安化黑茶特色小镇等多个旅游骨干项目相继建成并投入市场，山水茶旅受到旅游市场的高度认可，地接旅游业不断刷新。至2019年共接待游客突破3000万人次，茶旅融合成为益阳经济发展的增长极。

一、益阳市旅游发展规划

　　益阳市旅游定位以长株潭 3+5 城市群为核心，突出山的精神，水的灵性，茶的神韵，竹的风骨，湖的浩渺来布局（图 10-54）。发展高等级自然生态游、茶旅康养体验游和红色旅游为主，同时开发安化温泉、夜色资江、梅山民俗、体育运动等旅游产品。全市旅游功能分为生态旅游区、茶旅康养体验区、文化旅游区、体育旅游区和南洞庭湖湿地旅游区，着力推进全市全域旅游发展。

图 10-54　益阳市旅游发展规划示意图

二、安化县旅游发展布局

　　安化县旅游发展总体规划（图10-55）根据空间布局原则、重点区域、布局策略，形成安化旅游总体规划的空间结构，以"一轴两核三带四区五极"的骨架铸就"上山入水、两乡共振"的旅游新格局。一轴：资江旅游发展轴线；两核：东坪旅游综合服务核、梅城旅游综合服务核；三带：东梅公路旅游发展带、仙沩公路旅游发展带、

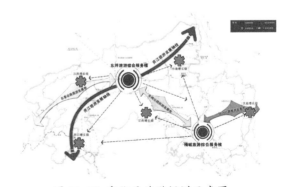

图 10-55　安化县旅游规划示意图

东奎公路旅游发展带；四区：梅山古国文化旅游区、陶澍故里文化体验区、茶马古道民俗风情旅游区、雪峰湖山水休闲旅游区；五极：马路增长极、江南增长极、大福增长极、小淹增长极、平口增长极。

安化县全域旅游围绕"神韵安化"主题和"茶马古道"战略品牌，以旅游交通为重点，抓好安化茶马古道、雪峰胜境、梅山古国等主要景区的基础设施建设，通过融汇旅游要素，强化旅游引领，全面整合资源，推动产业融合，建设集茶旅观光、休闲度假、健康养生、文化体育、商务会展于一体的世界级茶旅康养旅游目的地；围绕核心资源建设核心集区、美丽乡村、精品茶庄、体育运动等项目。以资江山水茶旅休闲度假发展廊、207国道梅山文化休闲旅游发展廊、东梅公路茶马古道体验游三条廊道（图10-56）和不同主题的游线为载体，整合安化县"三山一湖一带一路"核心资源及重点开发项目以及10个主题小镇、38个美丽乡村、一批精品休闲农庄的建设，形成覆盖全域旅游吸引物体系，即：主题游线＋景区庄园＋主题休闲小镇＋精品农庄。

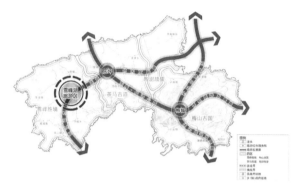

图10-56 安化县全域旅游线路示意图

三、益阳茶旅线路

当前益阳依据地域优势和优秀旅游资源及交通条件，形成了6条茶旅精品线路：

① **神韵茶旅线路**：益阳茶厂—安化茶乡花海—安化第一茶厂百年木仓—云台山茶旅风景区—中国黑茶博物馆—安化黑茶特色小镇—茶马古道—白沙溪茶厂

② **梅山古国线路**：益阳白鹿寺—桃江天问台—梅山生态园—芙蓉山风景区—梅城文武庙—蚩尤故里—新化大熊山

③ **原生态山水线路**：益阳奥林匹克公园—桃江桃花湖风景区—云台山国家地质公园—六步溪国家自然保护区—雪峰湖国家湿地公园—柘溪国家森林公园—安化九龙池风景区

④ **红色旅游线路**：益阳周立波故居—桃江张子清烈士纪念馆—桃江马迹塘战史陈列馆—毛泽东农民运动考察旧址梅城文武庙—云台山英雄公园—红二、六军团长征经过安化遗址

⑤ **八百里洞庭线路**：益阳四方山—云梦方舟—南洞庭水天一色—德昌公园—厂窑遗址—大通湖渔场

第五节　茶旅服务

一、智慧旅游——"乡伴"

安化全域旅游信息化平台是由湖南乡伴信息科技有限公司独立研发、自主运营，拥有完整知识产权的以内容营销＋用户运营＋活动推广＋产品运营为新型全媒体视角模式的全域旅游信息化平台。乡伴在研发之初，就站在全域旅游的角度，建设"一部手机游安化"信息化平台，助力安化旅游发展。目前，全县旅游资源采集整理工作基本完成，形成以乡镇为单位的旅游攻略，建立了"安化全域旅游一张图"的基础数据库。乡伴 APP 一期开发已完成并上线运营。后续开发将以县内现有旅游资源（图 10-57）为基础，进一步加强县内互联网数字旅游建设，打造智慧旅游产业平台。

图 10-57　茶旅观光茶园

二、茶旅交通

① **二广高速桃江、安化段**（图 10-58）：二广高速即二连浩特—广州高速公路，中国国家高速公路网编号 G55，是中国贯穿南北的高速大动脉之一。二广高速安化段北连长沙—张家界高速（G5513），南接上海—瑞丽高速（G56），于 2016 年 12 月 31 日通车。二广高速湖南段正式全线通车。

图 10-58　二广高速桃江、安化段

② **长张高速益阳段**：长张高速是长沙—张家界高速公路，中国国家高速公路网编号 G5513，是二连浩特—广州高速公路（G55）的联络线之一。长张高速长沙至益阳段于 1998 年 7 月建成通车。

③ **平洞高速益阳段**：平江—洞口高速公路是湖南省七纵九横高速公路网规划第二横（编号 S20），平洞高速益阳段又称益阳—安化高速公路，东起益阳市绕城高速，向西经二广高速及安化县羊角塘镇、冷市镇、龙塘乡、东坪镇，在安化县马路镇与呼和浩特—北海高速公路（G59）连通，全长 66.7km，2018 年 12 月 18 日通车。

④ **呼北高速安化段**（图 10-59）：呼北高速是呼和浩特—北海高速公路，是中国 11 条南北纵向国家高速之一，国家高速公路网编号 G59。呼北高速安化段起于怀化市沅陵

县官庄镇，斜穿安化县西北，经过安化县马路镇、柘溪镇、南金乡、古楼乡、平口镇等5个库区乡镇和柘溪林场，连接新化县琅塘镇，境内全长52km，2019年11月6日已动工建设。

⑤ **石长铁路益阳段**（图10-60）：石长铁路是一条连接湖南省石门县至长沙市的国铁一级铁路，全线位于湖南省境内。西起焦柳铁路石门县北站，中连洛湛铁路娄益线，东接京广铁路捞刀河站。于1998年10月开通运营。

⑥ **沪昆（湘黔）铁路安化段**：沪昆铁路是连接上海市和昆明市的国家东西向铁路干线。沪昆铁路安化段处于西线湘黔铁路段，经过安化境内平口镇、渠江镇、烟溪镇，1972年10月建成通车，全线为国家Ⅰ级双线电气化铁路，是安化通往西南地区和东部沿海的重要通道。

⑦ **资江水运**：资江发源于广西壮族自治区资源县，于益阳市甘溪港注入洞庭湖，全长653km。资江贯穿安化全境120km，基本全年通航。水运时代，资江航道几乎承担了全县的主要运输任务，资江两岸港口众多、千帆竞发。随着陆路交通迅速发展，资江水运受到冲击。"十三五"期间，加大对港口、航道建设力度，资江水上运输有所恢复（图10-61），为全县旅游产业的发展和库区农产品的转运发挥了较大的作用。

⑧ **云台山茶旅通航**：湖南茶旅通航是一家按照民航法规CCAR-91部运行的通航企业，主运行基地建设在美丽的安化县云台山风景区内（图10-62），在株洲市芦淞区建有通用机场，安化陶澍广场、六步溪国家森林公园、长沙宁乡炭河古镇、长沙市岳麓区尖山建设了起降场。目前机组有美国进口两架四座的罗宾逊R44直升机，一架七座的贝

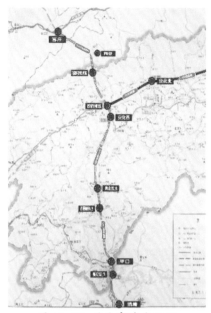

图10-59 呼北高速安化段

图10-60 石长铁路益阳段

图10-61 资江水运柘溪港

图10-62 茶旅通航直升机机场

中国茶全书 ＊ 安化黑茶卷

374

尔 407GXi 型直升机，同时配有两套机组。2018 年 10 月开通飞行航线，主要经营项目有空中游览、空中广告、空中拍摄、飞行员执照培训、青少年研学教育等，其中云台山风景区空中游览项目为主营业务板块。同时为抢险救灾、紧急救援、森林防护等公共事业服务。

三、茶旅宾馆

① **益阳佳宁娜国际酒店**（**图 10-63**）：益阳佳宁娜国际酒店位于益阳市新城区中心地带，毗邻益阳市委、市政府、奥林匹克公园、梓山湖高尔夫球场，环境幽美。酒店于 2008 年开业，由主楼、附楼、别墅三大群体组成，整体布局融入欧陆式风格，设计新颖，设施齐全，集餐饮、娱乐及客房于一体。

图 10-63 益阳佳宁娜国际酒店

② **华莱国际大酒店**（**图 10-64**）：华莱国际大酒店由湖南元畅房地产开发有限公司投资建设，按照五星级标准配置打造，总投资 8 亿元，华莱国际大酒店占地约 2hm²，总建筑面积约 7.5 万 m²，酒店主楼地上 26 层，地下 2 层，建筑高度 99.9m，6.5 万 m²；裙楼 5 层，设

图 10-64 华莱国际大酒店

会议宴会厅、餐饮中心、KTV 及康体中心等配套设施 1 万 m²。该酒店是安化第一家温泉酒店，目前，元畅已投入近千万元，在酒店旁边勘探开发出了富含人体有益矿物质的优质温泉，相关的温泉泡池和配套服务设施也在同步建设中。

③ **安化华天假日酒店**（**图 10-65**）：位于湖南省安化县城南区，占地 1.68hm²，建筑面积 2 万 m² 多；酒店东侧与安化二中校区相邻，三面环路，北为陶澍大道，东为茶香路，交通条件优越。安化华天假日酒店设施齐全，环境优美，装修豪华典雅，酒店主楼 15 层，拥有各式豪华客房，拥有宽大的停车场、中西式餐厅、咖啡厅、多功能厅、宴会厅、棋牌室、足浴、KTV 包房、洗衣中心、商务中心、外币兑换、委托代办、票务中心、出租车队等综合服务设施，可为中外宾客提供最全服务。

④ **安化银莲国际大酒店**：位于美丽的"黑茶之乡"——安化，地处湖南省安化县城南区陶澍大道与

图 10-65 安化华天假日酒店

吉祥路交汇处；距安化汽车站只需 10min，距风景旅游区茶马古道仅 45min，交通极为便利。安化银莲国际大酒店是按照国际星级酒店标准设计建造的综合型商务酒店。酒店设计风格既赋有本地黑茶文化韵味，又拥有现代时尚元素。酒店楼高 14 层，建筑面积 2.1 万 m²。

⑤ **梅城华天酒店**：位于湖南省安化县梅城镇镇区，座落在辰光路西侧。环境优雅，交通方便，按星级宾馆设计，住宿舒适。

四、特色美食

① **安化擂茶**：为湖南省传统的地方名点，属于湘菜系。该小吃起于汉，盛于明清，至今在湖南中部以北的安化一带传袭。其色味、功效、制作方法以及饮茶习俗等都具有山乡古朴浓郁的特点。

图 10-66 制作安化擂茶

安化擂茶分清水擂茶与米擂茶两种。清水擂茶用花生、芝麻、茶叶、山苍子、生姜、食盐为原料，用擂钵擂烂（图 10-66），放入少量凉开水搅拌成糊状，冲入开水即成。米擂茶以浸泡了的大米为主要原料，擂烂后加入上述擂烂的原料，倒入锅内开水里，边搅边熬，熬熟后拌入擂碎的熟花生、熟芝麻，撒上炒米制成。前者解热、止渴、助消化，为当地居民四季佳饮；后者配上"安化茶点"，是待客的特色美食。

② **梅王宴**：是以梅山本地食材，采用古法烹饪，黑茶汤汁调味，色、香、味、形独特，土俗中彰显出神秘霸气，有王者风范的大菜。分 18 道主菜的梅王盛宴（图 10-67），12 道主菜的梅王家宴。马帮肉、排帮鱼、苗峒鸭、五郎鸡、瑶家锅、枯板腊肉、梅山三宝、雷公粑，都是经典的梅山味道。马帮肉是益阳市十大名菜，中央电视台 10 频道《味道》栏目组专门进行过采访报道。

图 10-67 安化梅王盛宴

五、茶旅特产

① **安化红皮小籽花生**：主产于安化县乐安镇蚩尤界（图 10-68），是国家农产品地理标志产品。安化红皮花生果皮薄，子籽饱满，出仁率高，特

图 10-68 安化蚩尤红皮小籽花生

别是红皮小籽花生，含蛋白质在 30% 左右，籽仁较小整齐如珍珠，种皮红色，既适于炒食，又适于加工。

② **安化腊肉**（图 10-69）：安化腊肉是湖南著名特产，色彩红亮，烟熏咸香，肥而不腻，鲜美异常。正宗安化腊肉，以山养黑猪肉为原材，采用古法秘方腌制，文火熏烤 50 天以上，成品肉质紧实，肥肉肥而不腻，瘦肉紧实香嫩。

图 10-69　安化腊肉

③ **安化柑桔**（图 10-70）：安化柑桔具有色泽澄红，肉质细嫩，香气浓郁、含糖量高的特点，受到消费者追捧，畅销国内。以安化阿香品牌为主的湖南阿香茶果食品有限公司，是一家集"阿香"柑桔、"阿香美"安化黑茶科研、种植、加工、销售、服务于一体的重点农业产业化龙头企业。

图 10-70　安化柑桔

④ **安化茶油**（图 10-71）：安化是中国油科重要基地，目前仍有油茶种植面积 9000hm² 之多，茶油不仅是安化至今为止最具特色的优质油料食品，还具有降火消炎等多种外用保健功效，其中"皇青玉"茶油选用荒山油茶树果，采取古老的压榨工艺试制而成。其各式产品深受国内新老客户的欢迎。

图 10-71　安化"皇青玉"茶油

⑤ **安化小竹笋**：盛产于湖南省安化县雪峰山大山深处，自古被当作"菜中珍品""寒士山珍"，有"无笋不成席"之说。野生小竹笋经过人工筛选、蒸煮、腌制、风干等加工工艺制作，成为各种口味风格的小笋干（图 10-72），产品深受国内外客户喜爱。

⑥ **桃江竹笋**（图 10-73）：桃江竹笋产于益阳市桃江县境内，为禾本科植物毛竹的幼芽，呈宝塔形，密被褐色茸毛，笋体肥壮，中间有节，节短而粗，笋肉白色，肉质肥厚，质嫩多汁。桃江竹笋营养价值高，具有低脂肪、低糖、低粗纤维、高膳食纤维等特点。2017 年 12 月原国家农业部批准对"桃江竹笋"实施农产品地理标志登记保护。

图 10-72　安化小竹笋

图 10-73　桃江竹笋

⑦ **安化红薯粉**：红薯，又称甘薯、番薯、山芋等。红薯中含有多种人体需要的营养物质。红薯粉是红薯中分离出来的淀粉所制，为灰色细长条状（图10-74），晶莹剔透，与粉丝相似。产品分为红薯粉粑粑、红薯粉丝、红薯粉皮、红薯巧果等。红薯粉的食用方法：既可泡水凉拌，也可煮熟或炒吃。

图 10-74 安化红薯粉丝

⑧ **益阳松花皮蛋**（图10-75）：是益阳市驰名的传统特产之一，已有500多年的生产历史。益阳松花皮蛋是用纯碱、石灰、盐、黄丹粉按一定比例混合，再加上泥和糠裹在鸭蛋或鸡蛋外，经一定时期腌制而成。呈棕色或绿褐色，肉体柔软，晶莹透亮，指触不沾，富有弹性，玳瑁皮层，内嵌乳白色松枝图象。不仅味美醇香，且清凉爽口，食之不腻，易消化，有增加食欲、降血压、解热去火等功能。

图 10-75 益阳松花皮蛋

⑨ **沅江芦笋**（图10-76）：生长环境以地、湖泊为主，土层深厚，土质肥沃，有机质十分丰富。沅江带壳鲜芦笋饱满、紧实，长度16cm左右，中部直径1.5~2cm。剥壳鲜笋呈淡绿色，笋头为芽白色，长度8~15cm，中部直径1~1.5cm。采摘期为每年3月上旬至4月上旬。沅江芦笋口感清香，肉质细嫩，鲜美爽口。2017年12月，中华人民共和国农业部正式批准对"沅江芦笋"实施农产品地理标志登记保护。

图 10-76 沅江芦笋

⑩ **南县小龙虾**（图10-77）：个大体长，熟制后鲜红光亮，红色度、明亮度高，腹部圆润光泽、污染物沉积少。口感肉质细嫩，味道鲜美，气味醇香，烹调后壳色鲜红，肉色白嫩，味感丰富。2017年12月，原国家质检总局批准对"南县小龙虾"实施地理标志产品保护。

图 10-77 南县小龙虾

六、茶工艺品（含茶器）

在安化黑茶产业发展的历史过程中，益阳和安化等地的茶工艺品也随之发展，形成了以茶器、茶桌（台）、茶室工艺品为主要品类的各种茶工艺品。茶器包括冰碛岩、竹木、陶瓷、金属和玻璃等多种材质，有杯、盏、壶、滤等品种（图 10-78、图 10-79），尤其以安化冰碛岩茶器最为出名。茶桌（台）包括茶桌椅、茶几、茶凳和茶台（盘）等器具，大多为竹木制，也有金属、竹木和玻璃等材质的组合，分素工、雕熨等工艺，尤其以安化竹木雕茶桌为代表。茶室工艺品主要包括家具、摆件和挂件等，以益阳小熨竹艺所制作的家具和安化冰碛岩摆件、挂件为代表。

图 10-78 亿年前冰碛岩制成的茶器

图 10-79 安化县慧鑫居高温陶瓷茶器

11

第十一章

安化黑茶人物

成事在天，谋事在人。安化黑茶千年壮美画卷，凝结着无数人物的浓墨重彩、智慧汗水，饱含着一代又一代人物的执着坚守、善谋实干。特别是中华人民共和国成立以来，涌现了一批批优秀茶人，他们不断追求，积极进取和勇于开拓，为安化茶业作出了卓越的贡献，推动着安化茶业的不断发展和壮大。

第一节　古代名人与安化黑茶

一、安化茶最早的记录者：杨晔与毛文锡

① **杨晔**，晚唐时人，生平不详，曾任巢县（今安徽省巢湖市）令。其《膳夫经手录》（图11-1）成书于唐朝大中十年（856年），一作《膳夫经》，全书四卷，早已散佚，后世仅存一卷、近1500字。《膳夫经手录》本来是关于烹饪的书籍，后人认为该书"唯所载茶品甚详，分所产之地，别优劣之殊，足与《茶录》《茶经》资考证也"。《膳夫经手录》是至今发现的最早记载安化茶叶的史籍。

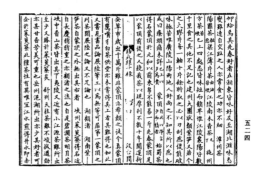

图 11-1　唐·杨晔《膳夫经手录》

② **毛文锡**，字平珪，唐末五代时高阳（今河北省高阳县，一作今河南南阳）人，年14登进士第，后在前蜀、后蜀为官，曾任翰林学士、内枢密使、拜司徒。蜀亡入后唐，以词章任职于内廷。著有《前蜀纪事》第二卷，《茶谱》一卷（图11-2），今存词30余首。《茶谱》约作于公元935年前后，今也佚失，内容散记于辑本。该书在陆羽《茶

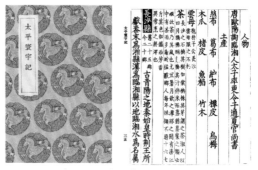

图 11-2　《太平寰宇记》所辑毛文锡《茶谱》

经》研究成果的基础上另辟蹊径，着重研究茶事，列唐后期名茶产地、产量、品味等内容，是宋以前仅次于《茶经》的专著。

二、李允则：确定茶叶官方计量标准

李允则（953—1028年）字垂范，并州盂县（今山西省阳泉市盂县）人，北宋初名将李谦溥之子，"少以材略闻"，宋太宗朝曾巡察河东、荆湖、西川诸路，均有所为。咸

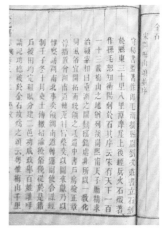

平二年（999 年），宋真宗命其任潭州（今湖南长沙）知州，并主政潭州三年，蠲免马楚及宋初潘美治潭州时的“地税”“屋税”“枯骨税（耕牛税）”。马楚政权官方收购茶叶，至多以 34 斤为 1 大斤，茶农不堪重负。李允则规定“茶以十三斤半为定制”，以降低赋税、稳定官茶重量标准。这些善政为后世所传颂（图 11-3，参见《宋史》卷三百二十四・列传第八十三）。

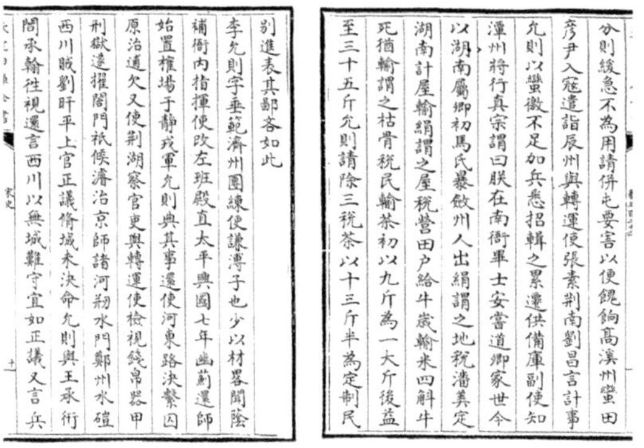
别進表其畧各如此
李允則字垂範濟州團練使謙溥子也少以材畧聞蔭
補衙内指揮使改左班殿直太平興國七年幽薊還師
始置榷場于静戎軍允則典其事還使河東路決繫囚
原治道欠又使荆湖察官吏與轉運使檢視錢帛器甲
刑獄遣擢閤門祗候濬治京師諸河朔水門鄭州水磑
西川賊劉旰平上官正議脩城未決命允則與王承衎
閬承翰往視還言西川以無城難守宜如正議又言兵
分則緩急不為用請併屯要害以便餽餉高溪州蠻田
彦伊入寇遣詣辰州與轉運使張素荆南劉昌言計事
允則以蠻徼不足加兵悉招輯之累遷供備庫副使知
潭州將行真宗謂曰朕在南衙畢士安嘗道卿家世今
以湖南屬卿初馬氏暴斂州人出絹謂之地稅潘美定
湖南計屋輸絹謂之屋稅營田户給牛歲輸米四斛牛
死猶輸謂之枯骨稅民輸茶初以九斤為一大斤後益
至三十五斤允則請除三稅茶以十三斤半為定制民

图 11-3《宋史》李允则传

三、安化第一任县令毛渐与茶叶

毛渐（1036—1094 年）字正仲，江山（今浙江省衢州市江山县）人。北宋英宗治平四年（1067 年）进士，神宗熙宁元年（1068 年）任宁乡知县。熙宁五年（1072 年），朝廷“开梅山”，毛渐“条利害以上察访使，使者诿以区画，遂建新化、安化二县”，并知安化县事，成为安化第一任知县。毛渐采取赦免逃亡者罪责，实施户籍管理，均给百姓田土，推广牛耕和良种，建立县学提高文化素养等措施，逐步改变了安化的面貌。为了搞活经济，发挥安化“唯茶甲诸州县”的优势，毛渐配合朝廷在安化资水北岸设置了博易场，由官府运销粮食、布匹，收购茶叶、药材等山货，以通有无。毛渐治理安化县 6 年，政绩卓著，熙宁末年（1077 年）被召为司农丞、提举京西南路常平，此后历任两浙路转运副使、加授集贤院校理、吏部右司郎中、陕西转运使、边镇元帅、直龙图阁、渭州（今甘肃省平凉县）知州等职。宋哲宗元祐三年（1088 年），他撰写了《开梅山颂（并序）》（图 11-4），称颂朝廷对于梅山地区的经略与管理，也借以缅怀自己的功绩，后人将这篇颂摩刻于安化县清塘铺镇八里潭，后毁于兵燹。（参见《宋史》卷三百四十八、传一百零七，清同治《安化县志》卷。）

金石
宋開梅山頌并序
守秘書監著作郎毛漸撰縣尉劉次莊書立石刻
於縣東三十里八里潭摩崖上後經兵火石燬著
作孫毛恕知衡陽刻於石其序云宋有天下一百
一十三載梅山之地猶列溪峒熙寧天子厲精求
治顧宰相曰亟湖之間蠻猺錯處非所以一教化
同風俗宜開拓而統領之乃遣中書后房檢正章
惇措置湖南道轉運判官蔡奕以圖來獻乃以
惇察訪荆湖南北事奕副湖南道轉運副使合謀經
制壬子冬十月吏士傳檄招諭猺俗悅從於是籍
户授田均定租賦分建二邑功成政舉百姓讙呼
請記功德被於金石故為之頌云粤惟梅山千里

图 11-4 宋・毛渐《开梅山颂(并序)》

四、朱元璋与安化“四保贡茶”

朱元璋（1328—1398 年）明朝开国皇帝，年号洪武，濠州钟离（今安徽省凤阳县）人。据《万历野获编》记载，明初贡茶仍以建宁（今福建省建宁县）、阳羡（今江苏省宜兴市）

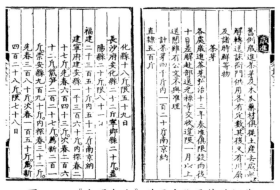

图 11-5 《大明会曲》关于安化贡茶的记载

为上品，当时沿袭宋代的做法，所有进贡的茶叶都要碾碎之后，制成大小不同的"龙团凤饼"。洪武二十四年（1391年）九月，朱元璋认为这种做法加重百姓负担，下令停止制作，直接进献芽茶。当时规定湖广安化县每年贡"御茶芽"22斤（图11-5）、益阳县（时与安化均为长沙府属县）茶叶20斤。安化县即在芙蓉山之阳的仙溪、大桥、龙溪、九渡水等四保制作贡茶，史称"四保贡茶"，直到清宣统年间（1909—1912年）满清灭亡，安化芽茶持续进贡600余年。

五、为茶农请愿的林之兰

林之兰，字芳麓，生活于明嘉靖至崇祯年间，今安化县东坪镇人，贡生出身。"万历中由国子生任瑞州通判，念存爱民。因筠（瑞州古为筠州）多水灾，米价腾踊，捐俸置义仓，积谷至三千七百石以备荒。郡前浮桥商税，旧苦搜索，力申革之，四民颂德"（《江西通志》卷六十）。因为任瑞州通判期间颇有政绩，当地人称"林青天"，后代理知府（图11-6）。林之兰晚年退休回乡后，深感家乡茶农被混乱的茶政秩序迫害，认为"兴百利不如除一害"，"斯诚吾辈剥肤之患，义有不容缄嘿者，予即庸劣，其何敢辞？"（见林之兰《明禁碑录跋》，现藏湖南省图书馆）。于是在万历四十五年（1618年）六月、万历四十七年（1620年）四

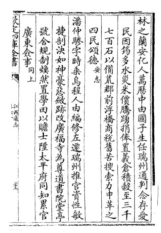

图 11-6 《江西通志》关于林之兰的记载

月、天启七年（1627年）正月，向湖广行省、长沙府反映安化茶行、经纪、船帮脚帮坑害百姓、损公肥己的不法行为，并吁请规范茶法、严厉打击，对维护当时安化黑茶市场秩序、减轻茶农负担发挥了积极作用，推动了安化黑茶产业的发展和持久兴盛。为防止所立茶法因人而变，林之兰特将每一次批示的禀帖，刻成石碑立于交通要道或公共场所作为警示，并将碑文收集整理为专著《明禁碑录》，将每次禀帖的起因、过程及上级的批示辑录为另一专著《山林杂记》。这两本专著虽然讲的是安化茶政，但同时也记录了当时安化黑茶生产、加工、形制、运输、销售、税收等诸多方面的情况，为后人了解明代安化黑茶历史提供了宝贵史料。

六、湖南巡抚陈宏谋奏定茶业章程

陈宏谋（1696—1771年），字汝咨，临桂（今广西桂林）人。清雍正元年（1723年）进士，历官布政使、巡抚、总督，至东阁大学士兼工部尚书。曾于乾隆二十年（1755年）六月、乾隆二十七年（1762年）十月先后两度任湖南巡抚。乾隆二十年五月，陈宏谋在协助平定边疆少数民族叛乱过程中，被调往湖南产茶区组织物资支援西北战争。为了打击私贩安化黑茶冲击西北茶叶供应的行为，确保晋陕甘茶商收购，陈宏谋第二年就着手起草了《茶商章程》（图11-7），并上奏乾隆皇帝，于当年颁布实施。《茶商章程》规定将茶商所有戥秤由官府较定后颁发市场，茶叶称量按照官称的九三折扣算；茶叶买卖采用纹银九折扣算；牙行不得多取佣金、高抬茶叶价格。谷雨以前的细茶先尽量满足引商的收购需求，谷雨以后之茶方许卖给其他客贩。《茶商章程》有

图11-7 清·同治《安化县志》所载陈宏谋奏定茶章

效地规范了安化黑茶的采购秩序，为安化黑茶兴盛的延续和安化黑茶走向世界发挥了重要作用，也奠定了安化黑茶在万里茶道中的重要地位（清同治《安化县志》卷三十三）。

七、陶澍的安化茶情结

陶澍（1779—1839年，图11-8），字子霖、号云汀，晚号髯樵、桃花渔者。湖南省安化县人。嘉庆七年（1802年）进士，历任翰林院编修、国史馆纂修、四川乡试副考官、监察御史、户科给事中、川东兵备道；道光年间，历任山西省按察使、安徽省布政使、安徽巡抚、江苏巡抚，官至两江总督，兼理两淮盐政。道光十九年（1839年）病逝于任，晋赠太子太保，谥文毅。陶澍早年苦读于岳麓书院，后师事纪晓岚等名士，在江浙等地任地方官20多年，积累了丰富的从政经验。他在任清理账目，厘清吏治，督办海运，改革盐政，兴修水利，赈济灾荒，

图11-8 陶澍

推动了多方面的改革，是古近之交首屈一指的学问家、政治家、经济学家和诗人。同时，陶澍发现、培养、荐举和影响了大批人才，他是林则徐、魏源的上司，曾国藩的楷模，左宗棠的亲家，胡林翼的岳父。特别是识胡林翼于幼年，重左宗棠于未显，"翁励婿志""总

督布衣之交”，都传为千古佳话。陶澍同时是安化茶的爱好者、研究者、宣传者，他笔下的茶诗（图 11-9）、茶事，对于推介安化黑茶、了解安化黑茶历史具有很大价值。

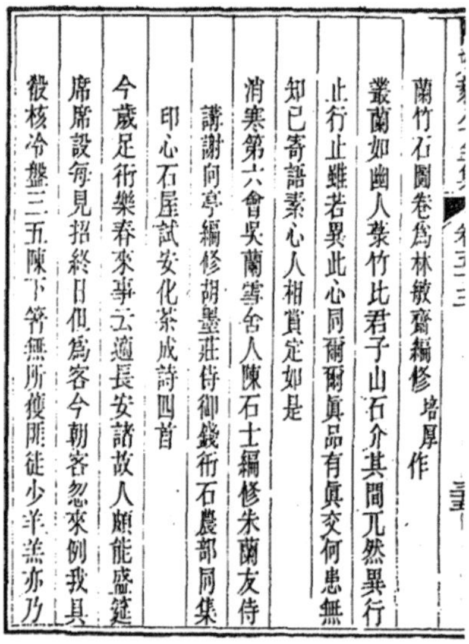
蘭竹石圖卷爲林敏齋編修培厚作
叢蘭如幽人藂竹比君子山石介其間兀然異行
止行止雖若異此心同爾爾眞品有眞交何患無
知己寄語素心人相賞定如是
消寒第六會吳蘭雪舍人陳石士編修朱蘭友侍
講謝向亭編修胡墨莊侍御錢衎石農部同集
印心石屋試安化茶成詩四首
今歲足衎樂春來事亡遍長安諸故人頗能盛筵
席席設每見招終日但爲客今朝客忽來例我具
殽核冷盤三五陳下箸無所獲匪徒少羊羔亦乃

图 11-9《陶文毅公全集》所载茶诗

陶澍幼年家境贫寒，参与过采茶、制茶，对安化茶有着深厚情感。为官时深情怀念家乡茶山：“芙蓉插霞标，香炉渺云阙。自我来京华，久与此山别。”忠实地记录了他的乡土情怀。

爱茶、懂茶的陶澍留下很多诗词，对茶德有着独特体会，自觉地将茶德与己德融如一体。他欣赏和继承了晋代陆纳煮茶待客、清廉自守的清白家风，认为这种风骨就像白雪那样无瑕。他鞭挞无良茶商以外地茶充当安化茶的卑劣行径，认为安化茶具有因性赋形、润物无声、味淡情长的特点，这也正是儒家经世学派追求的人生境界。

八、左宗棠与安化黑茶

左宗棠（1812—1885 年，图 11-10），湖南湘阴人。字季高，一字朴存，号湘上农人，晚清重臣，军事家、洋务派政治家、著名湘军将领。官至东阁大学士、军机大臣，封二等恪靖侯，谥号文襄。曾参与平定太平天国、捻军和剿灭陕甘回乱、消灭阿古柏政权及收复新疆等行动；积极兴办洋务，创办了中国第一座造船厂“马尾船政局”，引进西方科学技术，开办船政学堂，培养中国自己的科技人才。

图 11-10 左宗棠

左宗棠尊敬陶澍，以陶澍为经世致用的榜样。陶澍逝世后，左宗棠按照其生前托付，在安化小淹陶澍府第教读管家 8 年。在此期间，他对安化黑茶的生产工艺和茶市营销有深入了解。同治六年（1867 年），钦差大臣、陕甘总督左宗棠着手改革西北茶务（图 11-11），最终于 1873 年实行“改引为票”改革，规定：每票 50 引，合茶 51.2 担（老秤）。承领人至少得领 1 票……每票征税银 258 两，初领时先收 100 两，将茶运送到兰州入库时，再补缴其余的 158 两，缴纳课税后，可自由经营。同时，把茶商以前所欠的茶税全部免掉，

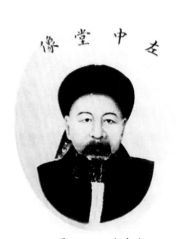

而且不准再乱收其他杂费。还鼓励湘商组建新的茶叶销售组织"南柜"。奏请朝廷同意经兰州、嘉峪关，沿着古代丝绸之路将茶叶销至俄国。并且经过与湖南巡抚协商，对持有陕甘茶票的茶商运茶过湖南境时，只征收税金2成，其余8成由陕甘都督府补贴，在湖南应解甘肃协饷内划抵。这一措施既激发了茶商运销茶叶的积极性，又解决了甘肃协饷历年拖欠的问题，还极大地促进了以安化黑茶为主的益阳黑茶发展。

第二节　近代安化黑茶先贤

一、"南柜"总商朱昌琳

朱昌琳（1822—1912年，图11-11）字雨田，晚年自号养颐老人，湖南省长沙县人。家承儒业，考取秀才后，乡试屡不第，曾至富绅家任账房，后借资在长沙开设"乾升"杂货店。朱昌琳以"务审时，如治国"为聚财妙诀，先后创办了湘善记和丰公司、湘裕炼锑厂、阜湘红砖公司、乾泰顺盐号，开长沙近代工业企业之先河。

清同治十二年（1873年），左宗棠整顿改革西北茶务，广招商贩，在原"东柜"（晋茶商）、"西柜"（陕甘宁黑茶商）的基础上，增设"南柜"，起用朱昌琳为"南柜"总商，专司湖南茶商领票运销事宜，出资请领官票200余张。为大力经营茶叶，朱昌琳在长沙太平街新设"朱乾升"茶庄总号（图11-12），在安化设立总茶栈，以采办安化茶叶为主，并按茶叶产销流转方向，于汉口、泾阳、羊楼司、西安、兰州等地设分庄，雇佣人员数千运茶制砖，销往新疆、西藏、蒙古各地，盈利日增。此外，他还在长沙县麻林市、高桥、金井等地辟有大片茶园，生产绿茶、红茶和砖茶，以朱漆木匣盛装，上盖"乾益升"牌号，运销全国各地。随着经营日益扩大，同治、光绪年间（1862—1908年），他涉足银钱业、房地产业，旗下的粮食、淮盐、茶叶三大项目成为当时湖南商业贸易的支柱。

朱昌琳创立用人行事的规程，知人善任；深入安化产地，与茶农商定茶叶的种植面积和产量，并预付三成定金，

图 11-11 朱昌琳

图 11-12 长沙太平街乾益升总栈

讲求信用。曾有劣商假冒"乾益升"茶牌名，制作赝品，混入市场，后为承销商发觉，前来交涉。朱家为顾全信誉，将全部赝品备价承受销毁。

二、湖南茶学教育开创者彭国钧

彭国钧（1877—1952年，图11-13）原名深梁，号贤访，后更号全方，湖南安化小淹人，杰出教育家。1905年任教湖南省农林修业专科学校，1908年任校长。1912年，兼办长郡中学（图11-14）。1913年奉派赴日本考察教育半年。1915年，继任修业校长。1917年，教育部以办理修业、长郡两校成效卓著，奖给彭国钧三等褒章。1934年，分设"湖南私立修业农校"（后升级为"湖南私立修业高级农业职业学校"）任校长。1946年湖南省政府呈准教育部，评彭国钧等5人为教育家，尊为湖南教育界五老。1951年4月，以"确系不法"被捕，翌年5月，在

图11-13 彭国钧

押解安化途中落水资江逝世，终年76岁。1982年5月9日，中共湖南省委统战部证明彭国钧为起义人员；是年6月28日，平反昭雪。

图11-14 湖南长郡联立中学

1920年，彭国钧以岳麓山不宜于茶为由，积极倡议促成湖南茶叶讲习所由长沙迁至安化县小淹镇，并于1920—1923年兼任湖南茶叶讲习所校务主任。

1905—1949年，彭国钧直接创建、任教、管理湖南省农林修业专科学校40余年。1934年，设立"湖南私立修业农校"。1937年抗日战争爆发，率校由长沙迁入安化西州，增设茶科，为我国农业中专最早开办的茶科专业，受到当时国民政府的高度重视。彭国钧注重教育质量，学以致用，倡导"习劳耐苦、崇实尚朴"的校风，在安化先后招收5个茶科班约200人，均接受了当时最先进的茶业科学教育，许多学生为中国茶业发展做出了杰出贡献。

抗战结束，修业学校迁回长沙，年逾古稀的彭国钧为恢复校园，不惜拆除在安化褒家村的老屋，将木料扎排运到长沙，筹款重建修业农校教学大楼。

三、安化黑茶理论与实业的奠基人彭先泽

彭先泽（1902—1951年，图11-15）字孟奇，湖南安化小淹人，彭国钧之子，是对中国黑茶进行系统理论总结的第一人，被誉为"中国黑茶理论之父"。在父亲影响下，对安化茶叶有较为深刻的认识，心存振兴家乡茶业愿望。1919年东渡日本到九州帝国大学求学，专攻农学和茶叶专业。1927年学成回国，在湖南省农林修业专科学校主持棉稻试验场和农业部，并兼任湖南省建设厅农业技正。1937年，回湘从事茶业研究和实业发展，任湖南省建设厅茶业管理处副处长，负责办理全省的茶叶贷款、监督产制、收购、运销及出口结汇等项工作。1939年5月，在安化用木机压制黑砖茶成功，第一片黑砖茶诞生。亲手设计手摇压砖机样图，与湘潭机械厂商议试制，租用江南坪私营茶行建厂，1941年定名为湖南省砖茶厂，隶属省建设厅管理，并兼任厂长，后又在桃源沙坪

图11-15 安化黑茶理论
之父——彭先泽

设立分厂，为满足战时外销砖茶需求、缓和边销矛盾做出了重要贡献。

安化黑茶砖压制成功后，他撰写了《辟在安化不能压砖》一文，又在江南、小淹、仙溪试压茯砖茶，为安化黑茶就地压制茯砖茶打下了坚实基础。1942年6月湖南省砖茶厂改由中国茶叶公司和湖南省政府合办，更名为中国茶叶公司湖南砖茶厂，由彭先泽主持厂务。1947年4月，由湖南省政府、中国银行、西北民生实业公司、湘联公司、中国实建公司、资滨茶厂、修业茶厂及茶界集资组成公私合营安化茶业公司，彭先泽任总经理，并在白沙溪及湖北咸宁开设分厂。1948年9月，在白沙溪置地建厂，添置大型螺旋压机，建立大型紧压茶厂，有力促进安化茶叶生产，调剂边茶供销，对开发战时后方资源做出很大贡献。

彭先泽严谨认真，亲力亲为，既崇尚实干，又注重理论，潜心研究，用自己的经验和学识创立了中国黑茶理论。著述了《茶叶概论》《茶叶行政》《安化黑茶砖》《安化黑茶》等著作，还先后主编《湘茶》《修农》《芙蓉》《安化茶叶公司丛刊》等刊物，开展学术研讨，奠定了中国黑茶理论基础。还撰写了《西北万里行》《鄂南茶叶》等书，解决了安化黑茶的运销难题。

四、"茶业先导"王云飞

王云飞，1908年生，安化县江南镇人，湖南私立修业高级农业职业学校茶学班毕业，

曾任国营中茶公司技师，被中茶公司派驻湖南农业改进所安化茶场任技师兼主任，后任安化茶场副场长。他对茶叶产业研究甚广，不但在茶叶栽培、育种、制造和贸易等方面造诣很高，而且特别关注安化茶叶的历史和文化，在报刊上发表了多篇论文，如《安化黑茶之毛茶初制方法》《湖南安化饼茶制法》《安化饼茶怎样干燥的》等。1942 年，集多年研究成果，写成《茶作学》一书，由蓝田（今属涟源市）书报合作社铅印出版，湖南安化黑茶学会发行。全书 30 万字，分上下两册。书前有彭国钧先生的题词"茶业先导"（图 11-16）。该书内容

图 11-16 彭国钧题
"茶业先导"

包括总论、栽培、育种、病虫害、制造、组织、检验和贸易，为湖南私立修业高级农业职业学校茶学班的主要教材，是湖南第一部具有现代意义的茶学专著，开创了湖南茶学教育研究的新局面。

五、黄本鸿：茶叶机械研制第一人

黄本鸿（1896—1959 年，图 11-17），字石舞，湖南湘乡人。1917 年毕业于湖南高等工业学校（湖南大学前身），后在南京金陵大学农业专修科进修。先后担任汉阳兵工厂、江西安源煤矿工程师和湖南省湘岸権运局会计师。1936 年转攻茶业，任湖南省建设厅农业改进所技师。1938 年，担任湖南省第三农事实验场安化茶场主任兼技师、精制茶叶示范厂厂长。1950 年，任湖南省安化红茶厂（安化茶厂前身）第一任厂长。1952 年调湖南省茶叶公司工作。

图 11-17 黄本鸿

图 11-18 阿香茶果公司保存的圆筛机

虽然 40 岁后才改行茶业，但他锐意创新，发挥所长，1940 年配合省合作事业管理局在安化首先组织茶叶合作社，以东坪镇仙缸洞为中心点，推广台刘更新及合理间作等技术，使茶叶单产显著提高。他积极组织开展茶叶机械科研，首创铁木结构的抖筛机（图

11-18），拣茶机等茶叶精制机械，有效提升了茶叶质量。后来安化红茶外销受阻，他坚持土法上马制造茶素成功，为滞销的红茶找到了新的出路。

1950 年 2 月，中国茶叶公司安化分公司以原安化茶场位于西州的办公室和部分茶园、原公私合营的华湘茶厂为基础，成立中国茶叶公司安化红茶厂，成为湖南省最早、规模最大的国营红、黑茶加工企业，有"中南第一茶厂"之称，黄本鸿出任首任厂长。他组织该厂员工以生产红茶为主、黑茶天尖等产品为辅，一边发展茶叶生产，一边恢复和扩大红茶加工，他很快使安化红茶厂成为当时省内最大的茶叶企业和国家红茶出口生产基地，因为产品质量优良，经济效益高，受到中南区和湖南省茶叶公司的高度评价。他还改变传统红茶精制加工工艺，科学组织生产流水线，简化制茶工序、茶机科学组合，1951 年创作《试行定额管理的制茶方法》在中南地区推广。1953 年根据多年实践著作《红茶精制》一书，首次对红茶精制原理、茶叶机械、定额管理、工艺技术作了精湛论述。

六、安化茶场第一任场长杨开智

杨开智（1898—1982 年，图 11-19）曾用名杨子珍，湖南长沙县板仓乡人，近代教育家杨昌济之子、革命烈士杨开慧之兄。1921 年就读国立北京农业专门学校，为该校社会主义研究小组三名创建者之一。1927 年后历任湖南省建设厅常德森林局局长、中央林区管理局牛首山林场技术员兼管理员、湖南省建设厅技士、湖南省农业改进所技士、中茶公司总技师兼茶师、湖南省农业厅技正兼研究室主任等职。解放后历任湖南省茶业公司副经理、中国茶叶公司安化实验场场长、湖南省茶叶经营处副处长等职。1959 年后因病休养。系湖南

图 11-19　杨开智

省第三、四届政协委员，第五届政协副主席，第五届全国政协委员。多年从事茶叶生产技术、管理工作，为湖南茶叶事业做出了积极贡献。

1949 年 8 月湖南和平解放。年底，中茶公司安化支公司在东坪成立，接管安化茶场，定名为中国茶叶公司湖南省公司安化实验茶场，时任中国茶叶公司湖南省公司副经理的杨开智兼任首任场长。茶场百废待兴，处境艰难。杨开智带领众人白手起家，艰苦创业，一方面继续开办茶叶产制技术培训班，培养茶叶生产技术人才，另一方面组织学员、发动茶农在褒家冲荒山野岭上开垦荒土，培育茶苗，培植茶园。通过两年努力，安化实验茶场初具规模，培育出一千多万株茶苗分送全县各地，安化茶业迅速恢复生机。

1952 年元月，杨开智回中国茶叶公司湖南省公司工作，始终关心、关注安化茶叶发展。他重视名茶开发，1955 年起组织科技人员投入安化名茶研制，经历 4 年多反复试制和总结提高，于 1959 年创制出绿茶珍品"安化松针"，并作为向国庆 10 周年的献礼赠给毛主席。毛主席品饮后大加赞赏，嘱咐秘书处回信，鼓励安化大力发展茶产业。

第三节　中国 20 世纪十大茶学家与安化茶

中国茶学界公推的"20 世纪十大茶学家"：吴觉农、胡浩川、冯绍裘、蒋芸生、方翰周、王泽农、陈椽、庄晚芳、李联标、张天福，其中，冯绍裘、方翰周曾经在安化工作，吴觉农专程到过安化进行茶业考察，吴觉农、陈椽、庄晚芳 3 人对安化茶有过专门论述。

一、吴觉农

吴觉农（1897—1989 年，图 11-20）浙江上虞人，著名茶学家、农业经济学家、社会活动家、中国现代茶业的主要奠基人。曾就读于浙江中等农业技术学校，1918 年留学日本，回国后长期从事茶叶改良。首创茶叶出口口岸和产地检验制度；最早论述了中国是茶树的原产地。抗日战争期间，负责国民党政府贸易委员会的茶叶产销工作，努力开拓茶叶对外贸易，促进全

图 11-20　吴觉农

国茶叶的统购统销，发展战时茶业经济。中华人民共和国成立后，曾担任农业部副部长、全国政协副秘书长并兼任新成立的中国茶叶公司总经理，主持制定茶业发展规划；大力推广机械制茶，建立和扩大茶叶教学与科研机构，努力提高生产水平和茶叶品质。他十分重视益阳和安化茶业发展，1934 年在《湖南省茶叶视察报告》中赞扬："湖南茶叶学校（办在安化）较其他各省完备。"1936 年，受国民政府实业部委派来湘指导湘茶改进，通过调查研究他建议湖南茶产业发展要"规定标准，提高品质，先就安化、新化着手"。1982年，还为复刊的益阳茶学会《茶声》题写了刊名。

二、冯绍裘

冯绍裘（1900—1987 年，图 11-21），字挹群，湖南衡阳人，中国著名茶学家、红茶专家、滇红创始人。他曾三次来安化工作。第一次是 1924 年，从河北保定农业专科学校毕业后，应聘来安化担任湖南省茶叶讲习所专业课教师、教务主任。1928 年讲习所停办，

改为湖南省茶事试验场，冯绍裘担任第一任场长，1932年离开安化。第二次是1942年，从云南回湘，应邀担任原中茶公司湖南（安化）砖茶厂厂长，1945年离开。第三次是1950年，时任中茶公司华中南区公司副总经理的他来安化检查工作并策划红茶收购产制业务，还拨冗为安化茶叶制作练习生训练班讲授"夏茶秋茶采制应注意的几点事项"，并发表在当时的《安化茶讯》。

图 11-21 冯绍裘

冯绍裘前后在安化工作十多年，为安化茶业发展作出了重大贡献。一是大力推动机械制茶。任教茶叶讲习所时，从上海购入动力制茶机械5台，这是安化乃至湖南机械制茶之始。他还自行设计手推式木质吊桶揉捻机和A型烘茶机，并集资试办群力机械制茶厂示范推广，比手工生产提高工效六七倍，茶叶制作质量极大提高。由于取材容易、结构简单，这种揉茶机在20世纪50年代得到大量推广，称"绍裘式"揉茶机。二是推动安化茶产制创新。抓住砖茶关键工序，将木质蒸箱改为小蒸甑、单压斗模改为双压，提高工作效率，并继续改进黑茶砖加工设备，提高生产技术。同时开展红茶、蒸青、扁茶及珠茶等技术研发与创新，在红茶外销受挫的情况下，先后成功研制"芙蓉仙""江南春"等扁平形绿茶，"联凤珠""结龙团"等团形绿茶。三是大力培养茶业人才。任湖南茶事试验场场长时，正式开始了安化茶叶系统性科学研究。在讲习所工作的8年里，主要从事茶叶科研、教学工作，培养了王坤、刘凤文、周世胄、刘宝祥、文世银、黄甲寰、周三才等大量优秀茶业人才。

三、方翰周

方翰周（1902—1966年，图11-22），安徽歙县人，茶学家、制茶专家。1920年毕业于安徽省第一茶务讲习所。1927年赴日本留学，攻研制茶技术。1931年回国后即任湖南省安化茶叶讲习所教师，后历任上海、武汉、青岛等商品检验局技正，江西省修水县和婺源县茶叶改良场主任，江西省中国茶叶公司专员，江西省婺源茶业职业学校校长。1949年后，任中国茶业公司、商业部茶叶局、中国茶叶进出口公司总技师兼企业管理处处长，长期担任国家茶叶加工技术领导工作，主持制订全国毛茶和精茶标准样、价格以

图 11-22 方翰周

及品质系数体系，国营初精制茶厂设计修建方案，各类茶叶精制技术规程和茶厂管理制度，对推动我国机械化制茶工业的建立和发展作出了卓越的贡献。虽然在安化工作时间不长，但安化茶业发展给他留下了深刻的印象，在后来创建婺源茶叶职业学校的过程中，借鉴

了安化农事试验场的运作经验。1949年以后，在负责筹建中国茶业公司中南区公司及所属各省公司的过程中，也高度重视运用安化茶业技术，并与当时的安化同行多有交流。

四、陈椽

陈椽（1908—1999年，图11-23），福建惠安人，茶学家、茶学教育家、制茶专家，中国现代高等茶学教育事业的创始人之一，为国家培养了大批茶学科技人才。在开发我国名茶生产方面获得了显著成就，对茶叶分类研究取得了重要成果。著有《茶树栽培学》《茶叶检验学》《制茶技术理论》《制茶学》《茶业通史》《茶叶经营管理》《茶叶商品学》《茶叶市场学》等，在培养茶叶人才和茶学研究方面作出了卓越贡献。他在很多著作中都详细介绍和论述了安化茶业，

图 11-23 陈椽

主编《制茶学》第八章，对安化黑茶的鲜叶质量、制作工艺、成品种类等作了详细论述。

五、庄晚芳

庄晚芳（1908—1996年，图11-24），福建惠安人，茶学家、茶学教育家、茶树栽培专家，我国茶树栽培学科的奠基人之一。毕生从事茶学教育与科学研究，培养了大批茶学人才。在茶树生物学特性和根系研究方面取得了突出成果。晚年致力于茶业的宏观研究，对茶历史以及茶文化的研究作出了贡献。编著有《茶作学》《茶树生物学》《茶树栽培学》《茶树生理》《中国茶史散论》等。20世纪50年代末期安化松针研制成功，他在品饮之后欣然题诗称

图 11-24 庄晚芳

赞："芳丛产安化，冷露凝清华；且见雪峰容，露上掇灵芽。细炒塑成针，翠绿呈秀霞；毫茸纤纤见，洁白无疵瑕。煮火泡玉叶，余香延幽遐；敬奉外宾客，众口皆称佳。"

第四节　安化黑茶科技领军人物

科技是现代安化黑茶产业的有力支撑，在盛世复兴过程中大批科研人员孜孜不倦地开展种植、培育、加工、营销研究与创新，做出了杰出贡献。

一、安化黑茶首席科学家团队

2014 年 6 月，安化县人民政府聘请陈宗懋、王庆、刘祖生、施兆鹏、刘仲华、张士康、杨亚军等 7 名科学家为安化黑茶产业发展首席顾问。

（一）陈宗懋

陈宗懋（图 11-25）1933 年 10 月出生于上海市，原籍浙江海盐县，著名茶学家，中国工程院院士，1954年毕业于沈阳农学院植保系。曾任中国农业科学院茶叶研究所所长、研究员、博士生导师，中国茶叶学会理事长、名誉理事长，国际茶叶协会副主席。他是我国茶学学科带头人，国内外著名茶学专家，也是我国茶园农药残留研究的创始者。在其代表作《中国茶经》

图 11-25 陈宗懋

等书中，详细介绍了益阳和安化的黑茶砖、茯砖茶、湘尖茶，安化松针、雪峰毛尖等绿茶，以安化红茶为代表的湖红工夫、湖南红碎茶等茶品。他多次到益阳、安化指导茶产业发展并授课，目前，仍带领团队在安化开展生物防控研究与推广，并取得重大成果。

（二）王　庆

王庆（图 11-26）1964 年 10 月出生，中共党员，工学学士，产业经济学研究生，先后在国家商业部、国内贸易部、中华全国供销合作总社从事行政管理和行业管理工作。中国茶叶流通协会会长，国家茶叶标准技术委员会副主任委员，中国社会组织促进会副会长。具有深厚的产业经济理论功底和丰富的行业管理经验，为市场经济体制下中国茶叶流通体系建设、市

图 11-26 王庆

场机制完善、营销模式、市场秩序维护及茶叶产业健康可持续发展做出了突出贡献。王庆非常关注益阳茶产业，他在调研指导益阳茶产业时说："建国以来，国家边销茶担着半壁江山者，就是益阳；而唐宋以来，尤其是明清时期，在中央政府'以茶制夷''茶马互市'的基本国策中，挑重担者就是安化。"对安化黑茶产业发展作出了很多指导，尤其是在市场营销、产业宣传上贡献很大。

（三）刘祖生

刘祖生（图 11-27）字昭扬，1931 年 8 月出生于湖南省安化县小淹镇。茶学家、茶学教育与茶树育种

图 11-27 刘祖生

栽培专家。1953年毕业于武汉大学农学院茶叶专修科，后留校任教。1954年10月调入浙江农业大学，长期从事高等茶学教育与茶叶科学研究，主编《茶树栽培学》《茶树育种学》等大学茶学教材，培养了大批茶学人才，为创建中国第一个茶学博士点和建立我国完整的高等茶学教育体系作出了重要贡献；主持育成一批国家级和省级茶树新品种，在茶树矮化密植速成栽培和苦丁茶资源研究方面取得显著成果。荣获国家科技进步三等奖、全国优秀教师、中国茶行业终身成就奖等国家和省部级奖励数十项。多次回乡对益阳、安化茶产业发展进行指导和从事安化黑茶研究。

（四）施兆鹏

施兆鹏（图11-28）1936年4月出生，湖南省醴陵县人。1960年毕业于湖南农学院园艺系茶学专业，后留校任教至退休，历任助教、讲师、副教授、教授及茶学专业主任、系主任、院长等职，茶学博士生导师，农业部园艺学科组茶学组组长、湖南省茶叶学会理事长、中国茶叶学会副理事长。毕生从事茶学教育科研工作，对我国茶学教育和科学研究做出了很大贡献，先后获得国家级科技进步二等奖、国家级教学成

图 11-28 施兆鹏

果一等奖、全国优秀教师、中国茶叶界终身成就奖，两次被评为湖南省科技先进工作者。1963—1965年率团队对黑茶初制加工理论进行了系统探索，1984—1987年对湖南的三大砖茶（黑砖、花砖、茯砖）建立了省级标准及国家标准，对茯砖发花的理论与品质形成进行系统研究并取得突破性成果。他多次指出："唯有安化黑茶才是湖南茶叶的特色与希望。"

（五）刘仲华

刘仲华（图11-29）1965年3月出生，湖南省衡阳市人，清华大学生命分析化学方向博士，现任湖南农业大学教授、茶学博士点领衔导师、药用植物资源工程学科带头人、中国工程院院士。其首个院士工作站于2020年6月正式落户安化，安化县茶旅产业发展服务中心为建站依托单位，湖南省白沙溪茶厂股份有限公司、湖南华莱生物科技有限公司为建站联合单位，长期从事茶叶科学和药用植物资源功能成分研究，任

图 11-29 刘仲华

植物功能成分利用国家工程技术研究中心主任、湖南省天然产物工程技术研究中心主任、

湖南省茶叶学会理事长、湖南农业大学药用资源工程系主任、湖南农业大学茶叶研究所所长、中国茶叶学会副理事长兼茶提取物分会理事长、国家茶产业工程技术研究中心技术委员会副主任、中国茶叶进出口商会专家委员会副主任。在茶叶功能成分化学、茶叶深加工与综合利用、茶叶加工理论与新技术、茶叶制造化学与品质化学等茶叶科学研究领域以及植物功能成分分离纯化工程、天然保健食品开发等研究领域具有很深的学术造诣和很高学术地位。先后承担国家和省部级研究项目课题40多个，领衔研究的科研成果"茶叶功能成分提制新技术与产业化""黑茶提质增效关键技术创新与产业化应用"分别获得2008年、2016年度国家科技进步二等奖，此外还获得省部级科技进步一、二、三等奖10余项，国家发明专利授权40多项，发表学术论文380多篇，SCI收录40多篇，主编、参编学术专著和教材15部。先后获得何梁何利奖（农学奖）、国家新世纪百千万人才、全国农业科研杰出人才、全国先进科技工作者、教育部创新团队领衔人、教育部新世纪优秀人才、湖南省科技领军人才、湖南省光召科技奖、湖南省优秀专家等荣誉。长期从事安化黑茶研究，与当地政府、企业和科技工作者一起攻坚克难，为安化茶产业发展作出了很大贡献。

（六）张士康

张士康（图11-30）1965年10月出生，江苏泗阳人，高级工程师，工学博士，曾任中华全国供销合作总社杭州茶叶研究院院长，党委副书记，兼任全国茶叶标准化技术委员会副主任委员，中国茶叶流通协会副会长，中国茶业可持续发展项目组专家。主持"中国茶叶质量调查报告"等多项省部级重点课题，并成功进行了产业化；参与国家十二五科技支撑计划"茶

图 11-30 张士康

产业升级关键技术研究与示范""茶与酱卤、烘焙食品质构重组及品质提升关键技术研究""超绿活性茶粉在烘焙食品中的应用技术研究"和"茶叶蛋白高效提取与高水分组织化改性关键技术研究"等重大课题的实施；倡导提出的茶产业"全价利用，跨界开发"新理念为业内广为认可和引用，以新理念设计项目作为国家"十二五"科技计划农村领域首批征集项目入库。主持或参加省级以上课题12项，自选研发项目14项，在国内外学术期刊公开发表论文（著）18篇，专利1项。多次深入安化调查研究和技术指导。

（七）杨亚军

杨亚军（图11-31）1961年9月生，江苏如皋人。1982年毕业于华南农学院茶学系，获学士学位。现任中国农业科学院茶叶研究所（浙江省茶叶研究院）所（院）长、党委

副书记，农业部茶叶质量监督检验测试中心主任。先后独立或合作主持国家攻关专题、国家科技部重点课题、重点科技项目和基础性项目、省部级重点专题多项，参与组织完成首轮全国茶树品种区域试验，参与选育龙井 43、碧云、菊花春等国家或省级良种在全国主要茶区推广应用，其中"茶树育种早期品质化学鉴定技术"获中国农科院科技进步二等奖；作为茶数据库的主要完成人参加完成的"国家农作物种质资源数据库系统"获农业部科技进步二等奖。多年来坚持科研为生产服务，重视良种推广应用，取得了很好的社会、经济效益。

图 11-31 杨亚军

二、老一辈茶叶科技工作者

益阳茶产业的辉煌，还得益于一大批一线科技工作者的贡献与付出。

（一）方永圭

方永圭（图 11-32）1923 年出生，湖南临湘县人，克强学院农茶系肄业，1953 年由省农林厅分配到安化，先后任安化茶场场长 24 年。主持参加茶叶采摘试验、安化松针创制、分级红茶试制、丰产示范试验丘、云台山良种繁育等科研工作。创办安化县茶叶学校，培养了大批社队茶场和茶叶初制加工人才。在国家级及省级刊物上发表的主要论著有《安化黑茶传统初制与审评技术调查》《茶叶采摘与茶树台刈试验报告》等。1959

图 11-32 方永奎

年出席湖南省科学技术工作大会并宣读《分级红茶试制经验》，1965 年在益阳地区农学会宣讲《黑茶渥堆与温度关系的研究》。1954 年选为湖南省第三届人大代表，后历任湖南省政协第四、五届委员。

（二）姜文辉

姜文辉（图 11-33）1921 年出生，湖南邵东县人，农艺师。1949 年前曾系统地学习茶树栽培和茶叶加工技术，1954 年调安化县茶叶试验场，担任该场主要技术人员。他从 1958 年开始参加全国分级红茶的试点研究，为 1964 年"分级红茶初、精制联合加工"试制的主要技术人员之一。1959 年参与"安化松针"创制。他还长期担任分级红茶加工及审评人员的培训老师和大中专学生制茶实习导师。主要论文有《安化松针》《鲜叶摊放对

图 11-33 姜文辉

提高安化松针品质的作用》等。

（三）黄千麒

黄千麒（图11-34）1932年出生，湖南湘乡人，黄本鸿侄子，1950年2月在安化红茶厂参加工作，后在中南农林部茶干班及安徽农学院茶业干部专修班进修。1957—1966年在安化农业局及县茶场从事茶叶科研及技术推广工作，1980年调益阳地区茶叶公司。在安化曾参与安化松针、分级红茶初精制联合加工、黑茶加工等试验研究，他发明的螺齿式切压机技术提高了分级红茶产品质量，发表了《水份对黑茶渥堆的影响》等论文。

图11-34 黄千麒（左四）在培训茶叶技术员

（四）唐明德

唐明德（图11-35）湖南常德县人，湖南农学院毕业。1963—1979年在安化县茶场从事茶树栽培及育种研究。后任湖南省茶叶研究所副所长。主要研究茶树高产优质栽培技术、茶叶良种选育等课题，选育的湘安28号良种获益阳地区一等奖，在全国及省级学术刊物发表《黑茶渥堆中过氧化氢酶的研究》《茶苗移栽技术的研究》等论文。

图11-35 蒋冬兴（右）唐明德（左）在进行茶叶品种检测

图11-36 甘舒志

（五）甘舒志

甘舒志（图11-36）湖南临湘人，1954年中南茶干班结业，由湖南省农业厅分配到安化，从事茶叶技术推广及行政工作，先后任安化县茶叶技术推广站长、茶叶公司经理。在省级茶叶刊物上发表《谈衰老低产茶园的改造》等论文。1981年晋升为农艺师。

（六）邹传慧

邹传慧（图11-37）1937年12月出生，湖南长沙人，湖南农学院园艺系毕业后，分配在安化县茶场，一直从事茶叶科研工作，主要进行黑茶、名茶等研究，发表的论文主要有《黑茶渥堆与温度关系的研究》《茶树新品种选育研究初报》等。从事提高"安化松针"品质的研究，分别获国家商业部、农业渔业部部优产品称号，1988年获全国首届食品博览会金牌奖。1987年晋升为高级农艺师，是安化县政协第1~3届

图11-37 李传真（1939—2017）邹传慧夫妇

第十一章 安化黑茶人物

副主席。方永圭曾作《临江仙·致茶学专家李传真和邹传慧夫妇》:"半纪同舟风雨共,齐奔四化图强。茶场开拓步康庄。耕耘挥汗水,落竹尽华章。致力科研逾十载,丰收硕果盈囊。双馨德艺竞群芳。松针浮异彩,良种焕春光。"

（七）廖奇伟

廖奇伟（图 11-38）1930 年生,湖南衡阳县人,高级农艺师。1950 年春考入安化茶叶实验场,1952 年调湖南省农业厅,1956 年任厅茶叶科副科长,1975—1980 年,对安化茶树害虫进行系统调查,首先在省内发现茶细蛾,并对主要害虫进行防治研究,建立安化县内茶场植保体系并测报病虫害。先后任安化县茶叶公司经理、农业局副局长。1982—1983 年,主导安化茶园普查工作,编成《安化茶叶普查资料汇编》。1987—1990 年主编《安化县茶叶志》,成为国内

图 11-38 廖奇伟

首批两个县（湖南安化、陕西紫阳）茶叶志之一。主要论文有《安化茶树害虫发生发展及其控制》《茶叶细蛾的发生与防治》《安化千两茶》《安化茶行史略》等。

（八）陈先敬

陈先敬（图 11-39）1930 年出生,湖南省安化县东坪镇人,制茶专家。历任湖南省益阳茶厂筹建委员会副主任、厂长等职。曾任湖南省茶叶学会常务理事、陆羽研究会名誉理事等。毕生专注于茶叶事业,对茶叶生产工艺技术及茶叶机械设备研制等做出了积极贡献,出版有专著《今古茶事》。

图 11-39 陈先敬

三、老一辈技术传承人

大规模机械化制作之前,安化黑茶的发展离不开手工技艺与经验;即使大规模机械化实现后,安化黑茶的制作技艺和人工经验仍然是保持风味与优化品质所必需。这些技艺与经验,都是靠一辈辈口耳相传、手把手授艺。在传统与现代之间,王炯楠、刘阁书、李华堂、李华鸿、刘向瑞等老一辈技术传承人,是安化黑茶绵绵延续的桥梁。

（一）王炯楠

王炯楠（图 11-40）1926 年 1 月出生,安化县江南镇人,助理农艺师,早年教书。1951 年外援茶叶技术到浙江杭州绍兴茶厂从事改进老青砖茶工作,1952 年调回安化砖茶厂（即白沙溪茶厂）,担任技术员、车间主任、生产科长、生产副厂长等职。编著了《湖南

图 11-40 王炯楠

边茶制造》，主要论文有《怎样使花砖茶获得优质产品》《漫谈安化砖茶》等。1983年组织研究安化千两茶制作工艺，并详细记录和整理了相关工艺和生产流程，为千两茶制作技艺传承做出重大贡献。

（二）刘阁书

刘阁书（图11-41）1944年4月出生，安化县小淹镇人，助理工程师。1959年招工进入湖南省白沙溪茶厂，1960年6月保送湖南科学技术学院进修。1974年开始历任机修班班长、科技组组长、副厂长。他是白沙溪茶厂20世纪70—80年代生产、科技与技术革新的负责人。设计的茶叶机械设备主要有茶砖预压系统、蒸汽散热烘砖设备、风力碎茶与取梗系统、自动计量司称机、茶叶分级与茶包起卸系统等，为安化黑茶精制生产的机械化与自动化做出了重大贡献。他为主承担的"湘尖精制加工生产与除尘技术及设备研究"课题荣获国家对外经济贸易部四等奖、湖南省三等奖。1987年1月因公殉职。

图11-41 刘阁书

（三）李华鸿

李华鸿（图11-42）1920年12月出生，安化县长乐乡（今属滔溪镇）人。1950年6月参加工作，他着力技术改造，改人力手摇机为动力压机，对装箱机、透气箱、蒸箱、拌茶机、滑轮架等机械设备进行大胆创新与改造，解决了多项生产技术难题，使产量提高十倍以上。1956年被评为全国劳动模范，受到毛泽东主席亲切接见。

图11-42 李华鸿

（四）李华堂

李华堂（图11-43）1928年出生，安化县小淹镇人。国家非物质文化遗产千两茶制作技艺传承人。1951年在江南茶厂师从刘连保学习千两茶制作技术。1953年任白沙溪茶厂安化千两茶生产组组长。为20世纪80—90年代恢复千两茶制作工艺、申报国家非物质文化遗产做出了重要贡献。他1953年踩制的安化千两茶目前仅存三支，2009年中央电视台据此为李华堂拍摄了《黑茶之王》纪录片。

图11-43 李华堂

（五）刘向瑞

刘向瑞（图11-44）1928年3月出生，安化县江南镇人，国家非物质文化遗产传承人，安化千两茶江南镇边江刘氏嫡系传人。1950年招工进入湖南省白沙溪茶厂踩制千两茶，

20世纪80—90年代为恢复千两茶制作工艺、申报国家非物质文化遗产做出了重要贡献。

图 11-44 刘向瑞

四、新一代科研领军人才

在安化黑茶发展和复兴过程中，倾注了新一代科研人员的智慧与辛劳。他们倾力付出、潜心钻研与研究成果，加快了安化黑茶的复苏步伐和复兴进程。

（一）郑国建

郑国建（图11-45）1963年10月出生，浙江浦江人，高级工程师、国家一级评茶师，杭州茶叶研究院党委书记、副院长，国家茶叶质量监督检验中心主任，长期从事茶叶加工工艺、茶叶加工机械的研究设计，茶叶新技术、新产品开发、质量管理等工作。先后主持完成20余项国家、省部级科研和技术开发项目，主持或参加完成了20余项国家、行业标准制修订工作，先后发表论文50余篇，主编或参编著作5本，获得"陆羽奖"第四届国际十大杰出贡献茶人等荣誉称号。

图 11-45 郑国建

（二）刘志敏

刘志敏（图11-46）理学博士，二级教授，博士生导师，2006—2007年任安化县人民政府副县长（挂职），专职负责茶产业，现任湖南第一师范学院党委副书记。主要研究方向为植物种质资源与遗传育种。先后获国家科技进步二等奖一项，省科技进步一等奖两项、二等奖一项、三等奖两项。获国家优秀教学成果二等奖一项，在国内外发表科研论文80多篇，主编出版著作和教材15部。湖南省园艺学会副理事长、湖南省县域经济研究会副理事长。

图 11-46 刘志敏

（三）朱 旗

朱旗（图11-47）1959年出生，湖南长沙人。1981年毕业于湖南农学院茶学专业，现为湖南农业大学教授、博士生导师，主要从事茶叶加工理论与技术、茶叶深加工及茶叶风味化学等研究，对速溶茶香气物质的分析检测技术等研究成果独有建树，多次主持和参与国家、省级科研课题研究，已获湖南省科技进

图 11-47 朱旗

步一等奖 1 项、二等奖 1 项，发表论文 30 多篇。多年深入安化，支持安化茶叶企业进行技术创新和新产品开发。

（四）包小村

包小村（图 11-48）1963 年 4 月出生，1984 年毕业于湖南农学院茶学专业。1997 年起在湖南省茶叶研究所工作，先后任副所长、所长。茶叶研究所研究员、湖南省茶叶产业技术体系首席专家兼质量安全控制岗位专家、农业部湖南茶树及茶叶加工科学观测实验站站长。先后被评为全国科技星火带头人、国务院有突出贡献专家、中国茶叶行业年度十大经济人物，是安化黑茶品种选育、栽培、茶园培管的重要科技专家。

图 11-48 包小村

（五）萧力争

萧力争（图 11-49）1963 年 12 月出生，湖南湘潭人，湖南农业大学教授、博士、茶学博士研究生导师，国家一级评茶师，全国优秀茶学专家。历任湖南省茶果公司经理、湖南农业大学园艺园林学院副院长、科技处副处长，安化县人民政府副县长（挂职）等职。长期从事茶叶加工与审评、茶文化与茶业经济管理等方面的教学、科研与管理工作，研究领域涉及黑茶初制加工技术、

图 11-49 萧力争

安化黑茶产业发展战略、黑茶降氟技术、黑茶新产品开发及黑茶标准化等方面。主持或参加国家和省部级科研课题 10 余项，获湖南省科技进步一等奖 1 项、二等奖 2 项；主编或参编《茶文化学》《茶学概论》《茶叶企业经营管理》等教材和茶学专著 10 余部；主持制定茶叶国家标准 2 项、地方标准 10 余项。现任中国茶叶学会理事、湖南省茶叶学会会长。

（六）蔡正安

蔡正安（图 11-50）1964 年 11 月出生，湖南省沅江市人。1984 年 7 月毕业于湖南农业大学并留校任教。1987 年调湖南省白溪茶厂，历任生产技术科科长、生产副厂长等职。1988 年参加紧压茶国家标准制订，获商业部科技进步二等奖。2002 年 12 月调入湖南农业大学，聘为副教授。主编《湖南黑茶》《茶叶营销策略》《茶学实验技术》等专著。对安化黑茶的加工有深度研究，并长期指导产业振兴。

图 11-50 蔡正安

（七）朱海燕

朱海燕（图 11-51）1971 年出生，湖南省双峰县人。现任湖南农业大学教授、硕士

研究生导师，茶美学专家。1994 年毕业于湖南农业大学，2008
年获农学博士学位。主要从事茶文化、茶叶经济等方向研究与
教学工作，主讲《茶文化》《中国茶艺》《中国茶道》等课程，
主持或参加《明清茶美学研究》等 10 余项国家级、省部级科研
项目。出版《中国茶美学研究——唐宋茶美学思想与当代茶美
学建设》《明清茶美学研究》等专著。为安化黑茶茶道、茶艺和
茶文化研究作出了重大贡献。

图 11-51 朱海燕

第五节　安化黑茶制茶大师

在安化黑茶产业大家庭里，拥有一批技艺精湛、事业执着的工匠，他们数十年如一日，
不断探索、改进、提升工艺水平，尤其是在拼配、发花、提升和理化指标管理等关键工
序上，具有很高的操作、管理水平，掌握着一个产品或一个企业的核心密码，是安化黑
茶健康发展的中坚力量。为了对他们进行褒奖，安化黑茶产区通过公开推荐、公开评选，
分两个批次评选出 22 位"安化黑茶制茶大师"，其中第一批 12 人，第二批 10 人，并分
别于第三届、第四届安化黑茶文化节上授牌。

图 11-52 肖益平

图 11-53 陶优瑞

① **肖益平**（图 11-52），1964 年 2 月出生，安化县小淹镇人。
首批中国制茶大师，安化黑茶制茶大师，高级农艺师，高级评
茶师，国家非物质文化遗产安化千两茶、安化天尖茶制作技艺
传人。1981 年进入湖南省白沙溪茶厂工作，历任车间主任、科
长、副厂长。是全国标准化技术委员会边销茶工作组委员、全
国茶叶标准化技术委员会委员、安化县茶叶协会理事、安化黑
茶研究所副所长。担任车间主任时创造了出口青砖茶 5300 片 /
班的记录，产品合格率达 96% 以上；1997 年任副厂长期间，组
织恢复安化千两茶生产。他积极创新，追求产品精细化、便捷化，
研制了大量适销产品，共计申报专利 15 个，先后发表《千两茶
是炼出来的》《千两茶传奇》《安化黑砖茶与花卷茶的区别》《"安
化天尖茶"朝廷贡茶的由来》等十多篇专业论文，是安化黑茶
技艺领军人才。

② **陶优瑞**（图 11-53），1966 年 10 月出生，湖南安化人，
高级农艺师，1988 年湖南农学院茶叶专业本科毕业，获农学学

士学位,是年进入安化茶厂工作,先后任部门负责人。2005年创办中茶黑茶第一家专卖店——安化瑞安黑茶馆。2010年起任中茶湖南安化第一茶厂有限公司副总经理。2018年5月被聘为中国茶叶有限公司专家技术委员会专家。参与安化黑茶生产方面的发明专利3项,其中实用新型专利2项,发明专利1项;先后发表《湖南工夫茶及精制加工》《安化红茶加工技术史略》《史话安化茶行》等论文多篇。

③ **王治华**(图11-54),1962年9月出生,安化县东坪镇人,1983年参与筹建安化县西州砖茶厂,长期任生产和采购主管,采集不同区域的茶叶样本,进行反复拼配制作,对黑茶进行改良升级,其中"黑砖""贡尖""南参砖茶""特制花砖"获1992年省优质产品;2007年任安化怡清源副总经理,牵头研发黑茶特色产品"黑玫瑰",获得两项国家专利。2016年任湖南华莱生物科技有限公司副总经理,负责技术研发,研制的产品经第三方检验,农残与感官综合得分95.45分,荣获黑茶组最高荣誉"特别金奖"。

图11-54 王治华

④ **刘杏益**(图11-55),1964年5月出生,湖南益阳人。高级农艺师、首批中国制茶大师,国家非物质文化遗产茯砖茶制作技艺传承人,全国茶叶标准化技术委员会委员兼茯茶工作组副组长,1985年从湖南农学院毕业,分配到湖南省益阳茶厂,现任益阳茶厂有限公司副总经理。2005年研制开发高等级茯获安化黑茶生产实用新型专利5项。他还是湖南省优秀企业科协秘书长,益阳市专家联合会专家。

图11-55 刘杏益

⑤ **李胜夫**(图11-56),1965年9月出生,安化县东坪镇人。国家非物质文化遗产安化千两茶制作技艺代表性传承人。1982年参加工作,1986年开办茶叶作坊制售安化黑茶。20世纪90年代后期参与保护、传承安化千两茶传统技艺。先后参与提出了《把安化黑茶打造成富民强市的支柱产业》《把安化黑茶申报为国家地理标志产品》《关于对安化黑茶进行中国农业文化遗产申报的建议》等提案。

图11-56 李胜夫

⑥ **谌小丰**(图11-57),1946年9月出生,安化县东坪镇人。首批中国制茶大师,晋丰厚茶行第六代传人。荣获1988年湖南省劳动模范、1989年全国劳动模范,湖南省最佳农民企业

图11-57 谌小丰

家、湖南省十大优秀乡镇企业家、2011年湖南茶业十大杰出人物。1980年成立西州砖茶厂，开始代加工安化黑茶。1981年创办西州茶行，成为安化县第一家私营茶叶企业、第一个"万元户"。2007年，他研究"金花千两茶"获得成功，并在中国（东莞）茶文化节上获"茶王"称号。2008年受北京奥运经济研究会茶产业专家委员会委托，其晋丰厚茶行成为"迎奥运茶火炬黑茶"指定生产与销售企业。2009年，突破散装黑茶发花瓶颈，成功研制出金花散茶，获得国家专利。2014年获评"湖南省老字号"。

⑦ **吴高良**（图11-58），1952年出生，安化梅城镇人。1976年开始在大队茶场学做黑毛茶，历任洢泉公社茶厂车间主任、副厂长，1991—2006年任安化梅城茶厂厂长，2007年创办安化连心岭茶业有限公司，任董事长。40多年专制茯茶，注册"连心岭"商标，产品主销西藏、甘肃、新疆、内蒙等地。

图11-58 吴高良

⑧ **丁深根**（图11-59），1964年11月出生，湖南省桃江县人。高级农艺师、国家茶叶标准委员会会员。1980年考入湖南农学院茶学专业。1984年分配至湖南省益阳茶厂，历任生产技术副厂长、董事兼副总等职。2010年担任湖南浩茗茶业公司经理。先后兼任湖南茶叶学会常务理事、参与起草和制定了茯砖茶国家标准（GB/T9833.3-88），参与撰写《益阳茯砖茶》《湖南黑茶》和《黑茶生产与加工》等专著，主持参与的安化黑茶相关技术及设备研发，获7项实用新型专利。

图11-59 丁深根

⑨ **吴建利**（图11-60）字建立，1958年出生，湖南安化人。大专学历，安化千两茶非物质文化遗产传承人，益阳市专家联合会黑茶专家委员会副主任。1978年12月参军，1981年转业分配到湖南省白沙溪茶厂工作，先后任经营副厂长、厂长兼党委书记。2001年6月创办湖南利源隆茶业有限责任公司，任董事长兼总经理。1997年主持恢复了安化千两茶的生产，并配合申报国家非物质文化遗产获得成功。参与修改制定2002年版黑砖茶、花砖茶国家标准、2010年版安化千两茶地方标准。

图11-60 吴建利

⑩ **邓龙章**（图11-61），1952年10月出生，湖南省安化县人。大专文化，助理经济师。1979年进入安化县茶叶公司工作，先后从事茶园栽培、红碎茶初精制和黑茶加工研发工作；历任安化县精制茶厂副厂长，安化县茶叶公司副经理、经理兼茶厂厂长，

图11-61 邓龙章

湖南阿香茶果食品有限公司生产技术副厂长、研发中心主任等职。获得授权发明和实用新型专利5项,湖南省科学技术研究成果1项。

⑪ **曾卫军**（图11-62），1974年1月出生，安化县人，高级农艺师，中国茶叶流通协会会员，湖南省制茶大师，湖南华莱生物科技有限公司副总经理。主要负责茶叶生产加工及产品研发工作，荣获国家发明专利1项，实用新型4项，外观设计7项，主持茶叶科研项目22项。2015年被评为湖南省十大杰出制茶大师，2017年参与"黑茶提质增效关键技术创新与产业化应用"项目研究；2019年荣获益阳市"市长质量奖"和湖南省千亿茶产业建设先进工作者。

图11-62 曾卫军

⑫ **吴伟文**（图11-63），1967年出生，湖南省安化县人。高中学历，高级农艺师，全国茶叶标准化技术委员会黑茶工作组成员，湖南省茶业学会副会长、安化茶叶协会副会长。曾任湖南省安化第一茶厂黑茶经营部经理，现任湖南久扬茶业有限公司法人代表、总经理，率先在安化黑茶业内实现清洁化、标准化、自动化生产，推动安化黑茶拓展国际市场。所在公司成为安化县绿色工厂、高科技企业。

图11-63 吴伟文

⑬ **夏华生**（图11-64），1966年出生，湖南省安化县人。中专学历，国家食品检验工程师，评茶员。从事茶叶种植、生产30余年，现任湖南久扬茶业有限公司副总经理、生产总监。主持研发的安化黑茶产品多次获奖，研发的"特制千两茶"被中国农业博物馆永久收藏。

图11-64 夏华生

⑭ **仇大洲**（图11-65），1951年出生，安化县人。高级评茶员。1968年到安化茶业试验场，开始种茶、制茶。1988年任益阳地区茶叶总公司总经理兼益阳地区茶厂厂长。1995年创办私营企业，从事安化黑茶产制营销。2007年创建安化华茗茶厂。2011年增资扩股组建湖南金湘叶茶业股份有限公司，任公司总经理兼生产技术总监。

图11-65 仇大洲

⑮ **蒋明高**（图11-66），1953年6月出生，安化县人。1972年参加工作，1983年任安化县茶叶公司副经理、经理，负责全县茶叶生产的发展、茶叶加工质量、茶叶收购政策落实和红毛茶、黑毛茶标准样茶的制作。积极组织新产品研发，相继主持或参与研制了"安化雪松"黑针、金杞袋泡黑茶等新产品，是"荷香茯砖茶"的

图11-66 蒋明高

主要研发人。先后获国内贸易部科技进步三等奖、益阳市科技进步四等奖；2013年荷香茯砖茶获国家发明专利。2007年主持配制了改革开放后第一套黑毛茶加工、收购的标准样茶。发表多篇黑茶、红茶论文。退休后创办安化县云松茶厂、湖南一盏云茶业有限公司。

⑯ **龚顽强**（图11-67），1963年6月出生，安化县人。高级评茶员。1981年入伍，1990年转业。2007年创办湖南高家山茶业有限公司。从事茶叶生产加工、种植十多年，专注于保护和开发安化荒野山茶。2008年研制天尖茯砖茶、原叶茯砖茶，研发了芽尖茶深度发酵的关键技术和热风炉高温提香清汤工艺。该企业产品多次获国际国内大奖。

图11-67 龚顽强

⑰ **谭伟中**（图11-68），1971年7月出生，安化县人。现任湖南省香木海茶业有限公司董事长。2005年潜心研究茶道，独创"四步发酵观"工艺，申请黑茶传统制作工艺及黑茶加工设备发明专利32项。从2014年开始，该公司产品连续五届荣获国际武林斗茶大赛冠军、连续四届荣获中华茶奥会金奖。他深入探索研发紧压机械、茶叶破壁技术、超细速溶茶，获得重大突破，原叶茯砖茶技术独树一帜，成为市场热销产品。

图11-68 谭伟中

⑱ **姚呈祥**（图11-69），1963年12月出生，安化县人，高级农艺师，中国制茶大师，国家茶叶标准化委员会黑茶、茯砖茶和红茶组成员，中国茶叶有限公司专家技术委员会专家。毕业于安徽农学院茶叶加工专业，1980年在湖南省安化茶厂工作，先后负责茶叶生产加工及技术工作，历任湖南省安化茶厂副总经理，中茶湖南安化第一茶厂有限公司副总经理。主导建立了发花散茶等8个企业标准，参与修订了GB/T13738.2-2017工夫红茶国家标准，获得4项黑茶生产技术和设备的发明专利。

图11-69 姚呈祥

⑲ **刘幸福**（图11-70），安化人，1979年高中毕业后。进入白沙溪茶厂，从事茶叶加工40年，先后担任车间班组长、车间主任、生产副厂长，被评聘为助理农艺师。2016年进入华莱生物科技公司旗下的万隆实业公司，继续负责安化黑茶加工。先后多次荣获县、市、省级科技工作奖项，其中《清洁化茶砖压制生产线的研究与应用》被评为湖南省科技成果奖，牵头研发的"新品千两茶"荣获第十届中国（深圳）国际茶叶博览会

图11-70 刘幸福

特别金奖。

⑳ **张军支**，（图 11-71）1967 年出生，安化县人。湖南农学院毕业，1983 年进入白沙溪茶厂，安化千两茶传统制作技艺代表传承人，首席质量官。他长期从事黑茶加工制作、产品研发、质量检测等工作。参与恢复安化千两茶生产。2007 年牵头整理合编《紧压茶黑砖茶标准》等 6 个企业标准，成为安化黑茶制作地方标准雏形。2008 年主编天茯砖、手筑茯砖、安化千两茶、湘尖茶、精品黑砖茶的《产品质量生产作业指导书》，2010 年参与安化黑茶地方标准制订。参与《茯砖茶压制成型自动化生产技术研究与应用》《黑茶原料分选净化设备的研制与应用》《清洁化茶砖压制生产线的研制与应用》等课题研究，并获得省市科技成果奖；牵头研发的"能连续压制砖茶的模具""茶叶净化除尘集合器"获发明专利。

图 11-71 张军支

图 11-72 龚寿松

图 11-73 向远幸

㉑ **龚寿松**，（图 11-72）1940 年出生，安化县人。湖南省劳动模范。安化云台山八角茶业有限公司创始人。毕生从事茶叶种植与茶叶加工工作。1957 年在高级社茶叶队建条列式茶园、制作红条茶，1958 年参加省专家组"云台山大叶种"良种保存选育项目，承担单株繁育扦插等工作，坚守云台大叶种原种保护和良种繁育 60 多年。参与安化黑茶样茶制作。1979 年在云台茶厂从事红碎茶初制、精制及扦插育苗等工作。2000 年创建云台山八角茶厂，研制"云台春芽"等名优绿茶。

㉒ **向远幸**，（图 11-73）生于 1956 年，安化县人。高级制茶师，"四保贡茶"非物质文化遗产传承人。1976 年开始在仙溪红旗茶场、红碎茶厂负责茶叶培植、红碎茶制作。1999 年承包仙溪镇红旗茶场。2009 年创办安化县仙山茶叶开发有限公司，2011 年加入湖南省茶叶学会。40 余年坚守茶叶培育和生产制作，拥有"仙溪保"等品牌，主要产品有四保贡茶芽茶及黑茶、红茶，推动了"四保贡茶"制作技艺生产化、大众化。

第六节　盛世复兴茶企精英

一、中国茶企"航母"的打造者——陈社强

陈社强（图 11-74），1962 年 6 月出生，安化县冷市镇人。1980年参加高考，就读于湖南商学院，1982 年毕业分配到安化县物价局。现任湖南华莱生物科技有限公司董事长、中国茶产业联盟理事、湖南省茶业协会副会长、湖南省工商联常委、益阳市工商联副主席、安化县茶业协会荣誉会长，湖南省第十二届、第十三届人大代表。

图 11-74 陈社强

陈社强是一位百折不挠、越挫越勇的商海精英，也是一位以茶兴业、创造奇迹的黑茶大咖。参加工作后，当时政策许可机关干部创办第二职业，他先后兼职经营多种商品，有收获，但更多的是挫折和失败。1996 年开始，尝试留职停薪到长沙浏阳工业园一家医药企业当销售员；1999 年，正式留职停薪，开启自谋职业生涯；2007 年，在长沙高新技术产业区注册湖南华莱生物科技有限公司，经营安化黑茶。经过两年打拼，赢得良好的市场业绩。为了全面进军安化黑茶，他把公司迁回黑茶原产地——安化，落户冷市镇。

"爱拼才会赢"是一首歌名，也是他的人生格言。公司定格后，他公开宣布打造中国茶叶企业航母，振兴民族品牌。制定坚守高标准、高规格、高品质、高效益的企业方略，从原料生产—加工—销售全程掌控，自建茶园基地 3 万多亩、加盟基地 5 万多亩，保证原料质量与安全。加工全面实行清洁化、标准化、自动化作业，已建万隆、冷市、叶子湾三大产业园，产能规模近 5 万 t，拥有两个十万级净化车间、多条全国最先进的茶叶产品全自动化生产线。产品研发和质量控制实现飞跃，已开发产品几十种，包括传统型产品、方便型产品、外延型产品，公司建有先进的试验室、检测中心、监控中心，营销布局全国，出口东南亚国家和欧美市场，经营模式是电商、传统、微商全方位的。

"十年磨一剑"，华莱已基本实现中国茶叶企业航母梦想，年销售突破 50 亿元，成为全国第一；年生产茶叶 3 万 t，也是全国第一；年缴纳税收突破 3 亿元，还是全国第一。2017 年开始格局升华，全面启动茶旅融合、茶与文化融合、茶与乡村振兴融合，计划投资 80~100 亿元，建设安化黑茶小镇，已进入湖南省十大特色小镇榜首，投资 3 亿元打造《天下黑茶》室内剧。

目前，华莱旗下独资企业已有万隆公司、黑茶小镇公司、梅隆公司等，控股企业有梅山黑茶公司、高马二溪茶业公司等。他还是一位充满爱心的企业家、慈善家，在公司

设置扶贫办，承担 2 万户贫困户脱贫责任，如期完成任务，并开发一款扶贫茶，每块茶提取 5 元作为扶贫基金，累计投放扶贫资金 1 亿多元；成立"爱心基金会"，已累计捐款 3 亿多元，其中公益性公路捐款 8000 多万元，助学、助残、救济资金 1.5 亿多元。

多年的付出和影响，赢得了社会认可与赞誉，他被评为"当代湖南杰出经济人物""2014 年中国茶叶行业年度经济人物""中国湘商十大风云人物""湖南省创新农业经营十大领军人物""2017 年湖南省百名最美扶贫人物"。

二、湘茶振兴名将——周重旺

图 11-75 周重旺

周重旺（图 11-75）1962 年 9 月出生，湖南省新化县人，毕业于湖南农业大学茶学系，研究生学历，高级农艺师、高级评茶师，1986 年 7 月被分配到湖南省茶叶总公司（今湖南省茶业集团股份有限公司），现任党委书记、董事长，湖南省白沙溪茶厂股份有限公司董事长。

他在担任省茶业集团"一把手"之后，带领企业与时俱进，改革创新，迄今已发展成一家集茶叶种植、加工、科研、销售、茶文化传播于一体的农业产业化国家重点龙头企业，有 63 家参控股企业、4 个中国驰名商标、3 个省部级科研中心、2000 多家品牌专卖店和 2 万个营销网点。2018 年，销售收入 70 亿元，出口 8000 万美元，综合实力排名全国同行前列。因杰出业绩及影响力，他被评为中国茶叶行业十大风云人物、全国农业产业化工作先进个人、湖南十大杰出经济人物、湖南省劳动模范、全国供销合作社系统优秀企业家、湖南省农产品企业品牌建设十大领军人物、全国优秀茶叶科技创新企业家、中国十大国际杰出企业家、中国绿茶出口杰出人物等。

他紧抓机遇，真抓实干，助推了产业快速健康发展，推动省茶业集团与权威科研院所广泛合作，获得了系列重大应用性成果，为湖南茶产业新增产值 100 亿元，联结带动茶农增收 20 亿元；主持和参与的研究课题"出口优质高效低农残茶与有机茶产业化关键技术的研究与示范"应用推广之后，打破了欧盟技术壁垒，使湖南茶叶出口排名前列；由湖南农大牵头、省茶业集团等单位主要参与的"黑茶提质增效关键技术创新与产业化应用"项目获国家科技进步二等奖，对推动安化黑茶持续发展具有划时代意义；他率领白沙溪茶厂改制创新，成为茶企浴火重生的典范；2010 年，他争取将白沙溪、湘益代表安化黑茶入驻上海世博会，成为上海世博十大名茶、联合国馆礼品茶。

因在行业的突出影响力和公信力，他被推选为中国茶叶流通协会监事长、全国边销茶委员会主任、中国茶产业联盟副理事长、湖南省茶业协会会长、湖南省食品行业联合会会长等。切实担负起行业组织职责，为产业发展奔走呼号，取得很好效果。他协调各方，致力边销茶标准修订、质量改善、品质改良和市场维护等，保障边销茶的稳定，稳定了民族团结大局，2014年全国边茶委被国务院评为"全国民族团结进步模范集体"。在省发改委、省农业农村厅、省供销社的等部门指导下，他深度参与"千亿茶产业"目标规划与推进，以安化黑茶、湖南红茶、潇湘绿茶等为主力的特色茶类稳步发展。

他始终不忘茶农，率先提出"公司增效、茶农增收、合作双赢，视三湘茶农为父母"的经营宗旨，率省茶业集团采用"公司＋基地＋农户"的模式，与98个茶园基地的50万户茶农结成紧密的利益共同体，连年对基地茶叶实行"保护价"收购，保证茶农年户均增收10%，加速了山区贫困茶农脱贫致富进程。

三、安化黑茶接力健将——彭雄根

彭雄根（图11-76）1985年从湖南农业大学茶学专业毕业，1986年进入湖南省茶业有限公司，现任湖南省茶业集团股份有限公司副董事长、副总经理，湖南省益阳茶厂有限公司董事长。2000年2月开始担任湖南省茶叶总公司边销茶公司经理，分管白沙溪茶厂、益阳茶厂、临湘茶厂等三大边销茶定点调拨企业。在老旧国有边销茶企业面临困境时，他坚持深化改革改制，推动大众茶生产营销。先后参与白沙溪茶厂、益阳茶厂、

图11-76 彭雄根

临湘茶厂改制重组，并兼任益阳茶厂董事长，形成了内销黑茶和边销黑茶互相促进、相得益彰的局面，走上一条集约发展之路，为湖南黑茶异军突起做出了贡献。白沙溪、湘益、洞庭三大品牌相继被评为驰名商标，分别成为中国黑茶、茯茶、青砖标志性品牌。此外，他专注科技研发和成果转化，先后组织了"三低一高"花卷茶系列新品开发研究、高级茯茶研制，开创了湖南省边销茶直接出口欧美、日韩等国家地区的先河。

四、安化黑茶品牌旗手——刘新安

刘新安（图11-77）1963年4月出生，安化县小淹镇人。1980年11月参加工作，1983年到益阳供销学校企业管理系进修，1987年8月至2007年4月，先后任湖南省白沙溪茶厂车间主任、副厂长、厂长，2007年5月任湖南省白沙溪茶厂股份有限公司副董事长兼总经理。兼任全国边销茶工作委员会理事、全国茶叶标准化技术委员会黑茶工作组委员、中国茶叶流

图11-77 刘新安

通协会黑茶专业委员会副主任委员,省、市、县茶叶协会常务理事、会长,湖南省第十一届、十二届人大代表,2010年中国茶叶行业年度经济人物,2013年第十二届湖南十大杰出经济人物,2014年陆羽奖国际十大杰出贡献茶人,2015年湖南茶叶十大杰出制茶师,2017年第十届"金芽奖·中国茶行业特别奉献奖"获得者。40余年来,他临危受命、以厂为家,带领企业从每年亏损数百万、银行举债数千万元起步,闯过承包、改制等险滩,全力建设现代营销网络,营销模式由单一的支边改为边销、内销、外销三翼齐飞;着力技术改造,深入开展新产品研发,参与的"黑茶提质增效关键技术创新与产业化应用"科研项目获国家科技进步奖二等奖,拥有国家专利50多项、省级科技成果9项,先后研制出白沙溪牌千两茶、精品黑砖条装茶等新品种,从2006年开始连续13届荣获中国国际茶业博览会金奖、百年世博中国名茶金骆驼奖等重大奖项。2009年"白沙溪"黑茶被评为"中国黑茶标志性品牌"。他引领安化黑茶产业步入规范化、标准化时代,坚持按ISO9001体系管理企业,组织制定毛茶收购标准样、黑茶生产地方标准,建立现代企业人事管理制度。2015年湖南省白沙溪茶厂股份有限公司黑茶产业园竣工。2017年所在公司产值3.96亿元,销售收入2.85亿元,创税2989万元,引领"白沙溪"成为湖南黑茶名副其实的第一品牌。

五、百年木仓的守护神—朱文武

朱文武(图11-78)1958年8月生,安化县小淹镇人,高级农艺师。1975年高中毕业后下放农村从事茶园培管及黑毛茶初制等工作。1978年3月应征入伍,1982年1月退伍分配至安化茶厂从事茶叶加工,历任科长、副厂长、厂长。1996年,由于受国内市场和对外出口形势影响,安化茶厂年产量由最高近5万t下滑到不足1万t,员工发不出工资,企业面临破产倒闭。他在危难之际挺身而出,坚持以品质和信誉拓展市场,努力使红茶出口量由几千t增加到1.5万t左右,同时实行内部集资、成立股份制公司,

图11-78 朱文武

创建黑茶经营部(后对外承包),开始多渠道经营,维持全厂生计。所在安化茶厂创始于1902年,1950年2月成为新中国成立后湖南规模最大的国营茶厂,有"中南第一茶厂"的美称,不仅有百多年兴建的西大门牌楼、百年的木质茶仓、清代飘筛车间、苏联专家设计的锯齿车间,而且审评室保存着70多年来历年的茶样。但到20世纪90年代,这些建筑出现了不同程度霉烂、朽漏、虫蛀等现象,急需维修和更换,在企业发工资都困难的情况下,他带领全厂职工克服困难,千方百计筹措资金实施维修和保养,每年都进行捡漏防水、加固整修,使安化茶厂百年木仓等文物完整地保留至今,成为省级文物和国

家级非遗工业遗产点。为了使百年老厂再焕生机，自2006—2011年，经过艰苦细致的工作，安化茶厂接受中粮集团全资控股的改制方案，年近花甲的他带领熟练技术工人，以招聘制、合同制的形式继续在安化茶厂工作直至退休。

　　安化黑茶的盛世复兴，汇聚了众多党政军领导、教育科研工作者、商界精英、杰出茶人等各界人士的韬略决策、执着坚守和倾心付出。2007年5月，省委书记张春贤视察安化黑茶产业时提出，走茶马古道，品历史名茶。指示要做大做强做优湖南黑茶产业。是年8月，省长周强到安化考察时强调：要因地制宜，充分利用好、开发好安化黑茶优势资源，做大做强特色产业。2008年7月，副省长徐明华在国际农博会新闻发布会上要求：安化黑茶是湖南农产品的特色产业，要加大宣传力度，把安化黑茶做成湖南的大品牌。是年9月，省人大常委会副主任蔡力峰在安化考察时指出：要坚持质量兴茶、科技兴茶、特色兴茶战略，做大做强益阳黑茶产业。2017年，省委书记杜家毫在省人大常委会《安化黑茶产业发展调研报告》中批示：要加强对安化黑茶的宣传力度，实施湘品兴湘战略。2006年，益阳市委书记蒋作斌在深入调查研究后，审时度势、果断决策，把发展安化黑茶产业、促进茶旅融合和精准扶贫升级为市域发展战略，而且持续关心支持产业发展，是成就安化黑茶产业的"总设计师"。湖南省军区副司令员黄明开，湖南省茶业协会原会长曹文成，益阳市领导胡衡华、许显辉、魏旋君、胡忠雄、瞿海、张植恒、徐耀辉、李稳石等，是安化黑茶产业振兴的重要组织者、指挥者。时任安化县委书记彭建忠、县长谢寿保运筹谋划，直接指挥，是决定安化黑茶产业发展的核心力量和关键决策者。在安化黑茶复兴的十余载历程中，先后担任县委书记、县长的杨光鑫、刘勇会、肖义是安化黑茶持续、健康发展的举旗人。从2006年开始，蒋跃登无论担任安化县副县长、常务副县长、县委副书记，还是任县人大常委会主任，十余年主管安化黑茶产业，是运用市场经济规则复兴安化黑茶的关键操盘手，被评为"扶贫状元""中华兴业茶人"。在益阳市曾经负责茶产业发展的部门领导人匡维波、彭志强、李建国等，是安化黑茶产业发展的坚定支持者。安化县茶产业领导小组历任副组长刘志敏、肖力争、胡跃龙、罗必胜（图11-79）、王益文、邹雄彬、肖伟群、黄瑛、

图11-79 安化县副县长罗必胜在"一带一路"推介安化黑茶

林玲、林英以及县茶叶办主任贺心武、黄政辉、康胜良，茶业协会历任会长伍湘安、吴章安、李俊夫等，是成就安化黑茶复兴的重要参与组织者。还有众多茶企负责人和业务骨干长期坚守、精工制作、戮力营销，是安化黑茶复兴的真正功臣。

第十二章

12 安化黑茶企业

"不论经济发展到什么时候，实体经济都是我国经济发展、在国际经济竞争中赢得主动的根基"。一个地区、一个行业同样如此。安化黑茶全面振兴，一批现代企业崛起是关键支点和基础。2006年，全市仅有几家停产半停产茶企；从复苏到复兴，历经12年，安化黑茶行业发展到500多家实体经济（其中200多家完全按公司化运作的现代企业），1000余家销售企业，还有一批上下游配套企业。在实体经济中，有的是国家级、省级、市级农业产业化龙头企业，有的是年产值过50亿元、5亿元、1亿元的大规模企业，有的同时荣获国、省级"高新技术企业"等称号。正是实体企业的支撑、成就了安化黑茶产业的蝶变和振兴，催生、聚集着地域经济发展的无限后劲。

第一节　国家、省级龙头企业和高新技术企业

一、湖南华莱生物科技有限公司

"农业产业化国家重点龙头企业"湖南华莱生物科技有限公司（图12-1）成立于2007年9月，2009年迁回安化，注册资金2.5亿元，董事长陈社强，法人代表张先枚。现已发展成一家集茶叶种植、黑茶产销、接待服务、文化传播及食品保健品研发、生产、销售、茶旅文深度融合等多位一体的现代化高科技企业。

图12-1　湖南华莱万隆黑茶产业园

10年来，湖南华莱不断夯实根基、全面发展，建成了湖南华莱冷市黑茶产业园、万隆黑茶产业园、3万亩有机生态标准茶园、叶子基地、水龙茶园等多个种植生产加工基地，拥有全国最大规模的全自动、清洁化、标准化生产线3条，GMP车间2个（图12-2），省部级企业技术中心——安化黑茶精深加工工程技术研究中心1个，

图12-2　GMP生产车间

安化黑茶质量检验检测中心1个，产品检测已达到国家标准。

公司目前已实现年产销黑茶 5.5 万 t，累计上缴国家税收逾 10 亿元，累计捐赠公益资金 6 亿元，安置长期就业人员 4000 余人，涉及土地流转的农民、茶农及茶叶生产相关人员 9 万多人，其中贫困农户 2.32 万人，为推动安化黑茶产业快速发展及落实国家"精准扶贫"工作做出了突出贡献。

同时，公司还有多家独资、控股茶叶企业或新业态茶叶关联企业。该企业荣获"农业产业化国家重点龙头企业"（图 12-3）"全国万企帮万村精准扶贫行动先进民营企业""中国茶叶行业百强企业""高新技术企业""湖南茶叶助农增收十强企业""湖南茶叶千亿产业十强企业"等称号，是中国最大的茶叶企业。

图 12-3 湖南华莱国家重点龙头企业证书

该公司一直秉承"要做就做最好的黑茶"的企业宗旨，依托独特的黑茶资源，并经过科研与创新，形成以"华莱健"品牌为核心的传统黑茶产品、现代高科技黑茶产品、黑茶衍生产品等科学构建的产品格局，产品达 60 余款。同时，公司还先后与湖南省农业大学、国际茶学界专家、工程院院士刘仲华教授、茶学界泰斗施兆鹏教授建立了良好的合作关系，研发生产多种新型黑茶深加工产品，包括速溶茶、袋泡茶、黑茶衍生产品等。

目前已是"国家教育部茶学重点实验室技术示范基地"和"湖南农业大学茶叶博士工作站"、刘仲华院士工作站。

湖南华莱在立足黑茶产业的同时，全面实施产城融合、茶旅融合、茶文融合战略。2017 年开始，公司计划 5 年内（2017—2022 年）投资 50~100 亿元，打造全国唯一的安化黑茶主题特色小镇，截至 2019 年 12 月，先后启动建设项目 18 个，累计完成投资 30 亿元，荣获湖南省"十大特色小镇"第一名。该企业正朝着主体化、多元化、国际化现代企业迈进。

二、湖南省白沙溪茶厂股份有限公司

中国黑茶品牌企业湖南省白沙溪茶厂股份有限公司（图 12-4），位居安化县小淹镇，公司前身是湖南省白沙溪茶厂，创建于 1939 年，由原湖南省建设厅委派湖南省茶叶管理处副处长、留学海外的农学士彭先泽组建的湖南省砖茶厂。解放后接收改制为国营企业，先后隶属中国土畜产进出口公司、

图 12-4 湖南省白沙溪茶厂股份有限公司

湖南省供销社管辖，2007年改革为股份企业，董事长周重旺，党委书记、总经理、法人代表刘新安。该公司曾创造了我国紧压茶史上的数个第一：即1939年中国第一片机压黑砖茶，1953年中国第一片产地茯砖茶，1958年中国第一片花砖茶。1956年被评为全国5个优秀茶厂之一。现已成为实施现代企业管理的股份制企业。

该公司是国家民族宗教事务委员会确定的边销茶定点生产企业，设备先进，工艺完备，技术力量雄厚。注册资本8096万元，资产总额3.6亿元，厂房占地8万 m^2，年生产能力2万t，员工688人，获国家专利52件，其中发明专利8件；注册商标40余个；有机生态茶园基地800.4hm²。拥有国内领先的自动化清洁化砖茶生产线（图12-5）、立体化茯砖茶成型车间、茶叶净化分选车间及其它制茶机械设备千余台。

图12-5 白沙溪茶厂的国内首创
黑砖茶自动化生产线

该公司是中国茶叶行业百强企业、国家AAA级工业旅游景区、湖南省农业产业化龙头企业、湖南省高新技术企业，白沙溪是"中国黑茶标志性品牌""中国驰名商标""湖南老字号"，白沙溪黑茶是"湖南名牌产品"。产品畅销新疆、内蒙、甘肃、陕西、青海、宁夏、广东、广西、北京、上海、深圳、湖南等省、市和自治区，营销网络遍及全国。部分产品远销日本、韩国、德国、蒙古、俄罗斯、东南亚等国家或地区，以及台湾、香港特区。

三、益阳茶厂有限公司

中国边销茶老字号企业湖南省益阳茶厂有限公司（图12-6），位于益阳市赫山区龙岭工业园。1958年根据国家的指令，由位于安化小淹的安化第二茶厂总体搬迁至益阳市桃花仑，定名为益阳茶厂，先后隶属于中国土畜产进出口公司、湖南省供销社管辖，为国有企业。2010年开始进行股份

图12-6 湖南益阳茶厂有限公司

制改造，现为湘茶集团控股的股份合作制企业，法人代表为董事长彭雄根。公司系国家

民委、财政部、中国人民银行等国家部委定点的、全国最大的边销茶生产厂家和最大的边销茶原料承储企业，是湖南省农业产业化龙头企业、重大科技专项示范企业、高新技术企业、创新型企业、湖南大学院士工作站和湖南农业大学茶学博士科研工作站落户单位。

公司半个多世纪以来，精心耕耘，不断壮大。2008年，益阳茯砖茶制作技艺被列入中国第二批国家级非物质文化遗产保护名录；2012年，公司品牌"湘益"被认定为中国驰名商标；湘益"领头羊2015"茯茶荣获米兰百年世博中国名茶金骆驼奖；2016年，公司荣获国家科学技术进步二等奖（黑茶提质增效关键技术创新与产业化应用课题），受到了国内外茶界人士的广泛关注与好评。

公司主要产品为"湘益"牌系列茯砖茶（图12-7），质量稳定可靠、品质优良。厚重的历史与文化底蕴，一流的质量品质与制作技艺，是作为安化黑茶拳头产品中茯砖茶的经典产品。

图12-7 "湘益"牌茯茶

四、中茶湖南安化第一茶厂有限公司

中国茶叶历史悠久企业中茶湖南安化第一茶厂有限公司（图12-8），位于安化县东坪镇光明路130号，是在2012年9月改制重组的新型国有企业，法人代表王伟，注册资本8000万元。曾隶属于中国土产畜产进出口总公司旗下中国茶叶股份有限公司，现为世界500强中粮集团有限公司（COFCO）企业成员。公司起源于1902年安化酉州兴隆茂茶行，先后经过多次体制变更，解放后，将几家私营企业并入改造完成，占地面积79682m²，固定资产1093万元。

公司一直致力于黑茶生产技术的改进和创新（图12-9），拥有完整的黑茶加工生产线，产品曾多次获得"安化黑茶金奖""优质产品奖""产品包装奖"。2019年，中国土产畜

图12-8 中茶湖南安化第一茶厂有限公司

图12-9 公司总经理王伟在检查研发黑茶新产品

产进出口总公司投资 1.5 亿建设的一流现代化黑茶生产工程竣工投入运行，年产能达到 5000t，销售突破 2.5 亿，产品畅销全国。同时是安化黑茶的重要出口基地，远销马来西亚、日本、韩国及波罗地海各国。

公司现存的百年木仓，样品陈列馆等是国家和省级重点文物保护单位，同时，正在全面打造 AAAA 级工业旅游景点。

五、湖南梅山黑茶股份有限公司

中国黑茶"新三板"企业湖南梅山黑茶股份有限公司（图 12-10），位于安化经济开发区江南工业园，公司成立于 2004 年 11 月，法人代表陈安社，注册资金 10782.2 万元。是一家涵盖茶叶种植、安化黑茶传统产品及创新制品的生产、研发、营销和茶文化传播的"新三板"挂牌（证券代码：834573）企业。公司自有 667hm² 生态有机茶园基地；自建研发中心，拥有技术力量雄厚的产品研发队伍，经科研攻关获得 70 余项专利。该公司先后获得全国质量诚信优秀企业、湖南省农业产业化龙头企业、湖南省著名商标等数十项权威认证。公司全力打造以"梅山崖"品牌为核心的产品格局，对外投资公司 2 家，3 处分支机构。年生产能力达 8000t，年销售突破 1 亿元，在 23 个省市设置网点 2000 余家，产品畅销全国和东南亚等国家和地区。

图 12-10 湖南梅山黑茶股份有限公司

六、湖南省高马二溪茶业有限公司

湖南省高马二溪茶业有限公司（图 12-11），位于安化县经济开发区江南工业园。于 2007 年成立，董事长兼法人代表李忠。公司拥有精制加工基地 2.6 万 m² 多，成套现代化、清洁化设备，总资产 8000 多万元。原料主产于安化县高马二溪村，自有有机茶园 133.4hm²，合作式生态茶园 333.5hm²。是一家集茶叶种植、加工、销售、科研及茶旅开发为一体的现代化企业、益阳市农业产业化龙头企业、湖南省高新技术企业。公司作为安化黑茶及其文化的传承与推广者，在经营发展过程中始终坚持"尊重传统，崇尚自然，注重品质，坚守诚信"的

图 12-11 湖南省高马二溪茶业有限公司

企业文化和"高品牌、高品质"的经营理念，以品质赢市场，"高马二溪"安化黑茶品牌被评为湖南名牌，湖南著名商标。

七、湖南省云上茶业有限公司

湖南省云上茶业有限公司（图12-12）位于安化县马路镇云台山，成立于2013年1月，前身为安化云台山占豪有机茶开发有限公司，2018年实行股份制调整，现为湖南云台山茶旅集团控股企业，董事长李亮，总经理刘波。公司现有员工202人，高级评茶师10人，中级制茶师20人，现自建生态有机茶园基地386.8hm²，生态茶厂暨茶文化体验中心占地2.46万 m²。注册商标为"妙境云上"，主营安化黑茶系列产品、安化传统工夫红茶、安化高山云雾绿茶等茶产品。

公司是安化黑茶骨干企业、省级农业产业化龙头企业，2015年9月，中国农业国际合作促进会授予"中国最美茶园"荣誉称号，是湖南省黑茶文化涉外基地、湖南省现代农业特色（茶叶）产业园、湖南省绿色食品示范基地、国家安化黑茶产业标准化示范区、湖南省质量信用 AAA 级企业。

图 12-12 湖南省云上茶业有限公司茶园

八、湖南建玲实业有限公司

湖南建玲实业有限公司（图12-13）位于安化县小淹镇陶澍街，于1998年3月成立，法人代表贺建中，注册资本3180万元，是一家规模化、标准化、清洁化的省级农业现代化龙头企业和重品牌、重质量的样板企业。公司主要经营高中档茶叶（紧压茶、黑茶、袋泡茶）生产、销售。产品畅销于全国各地，出口中南亚国家和港澳地区。

图 12-13 湖南建玲实业有限公司

九、湖南安化芙蓉山茶业有限责任公司

湖南安化芙蓉山茶业有限责任公司（图12-14）位于安化经济开发区梅城工业园，成立于2012年8月，法人代表谭伟中，注册资本500万元。公司于2016年入驻建筑面积3万 m²多的新厂房，设有专业金花培育车间、发酵房、化验室、审评室、茶文化交流中心、成品茶仓库等多功能厂房，独创了四步发

酵设备，有专业制茶师 10 多名，技术力量雄厚，产品研发居领先地位，已申请 32 项专利。获得湖南省农业产业化龙头企业、AAA 质量等多项荣誉。在安化黑茶著名产区芙蓉山冰碛岩区建设有机茶园 800hm² 多，以芙蓉山茶园原料制作的"原叶茯砖""芙蓉茯"等产品连续六届荣获中华茶奥会和武林斗茶大会金奖。该公司尤为重视现代科技长入生产，开发了大批新型科技产品，并具很强的成长性。

图 12-14 湖南安化芙蓉山茶业有限责任公司

十、湖南浩茗茶业食品有限公司

湖南浩茗茶业食品有限公司（图 12-15）位于桃江县桃花江经济开发区，成立于 2005 年 4 月，法人代表昌智才，注册资本 3168 万元。经营范围包括安化黑茶、绿茶、红茶、边销茶、调味茶，农产品的种植、收购、加工，精制茶的研发和加工，茶具、工艺品的销售，茶馆及餐饮服务，名茶代理收藏、保管和交易，电子商

图 12-15 湖南浩茗茶业食品有限公司

务服务，民俗文化演艺，茶文化产业园区开发和运营，产品已远销欧洲市场。

十一、湖南黑美人茶业股份有限公司

湖南黑美人茶业股份有限公司（图 12-16）位于益阳市赫山区春嘉路 6 号，现公司成立于 2007 年，法人代表吴少华，注册资本 2440 万元，2014 年 12 月公司在"新三板"上市（股票代码：831443）。自成立以来一直致力于带动地方农民致富，并以"公司 + 基地 + 农户"的经营模式，在安化文溪建有黑毛

图 12-16 湖南黑美人茶业股份有限公司生产车间

茶生产基地，在益阳杨林坳建有欧盟有机茶认证标准的茶园基地 667hm²。主营安化黑茶传统产品和科技创新产品的生产与销售、茶叶科研、黑茶文化传播。

十二、湖南阿香茶果食品有限公司

湖南阿香茶果食品有限公司（图12-17）位于安化县东坪镇，成立于2003年8月，法人代表夏赞国，注册资本4500万元，总资产9500万元，年销售收入1.12亿元。拥有完备的黑茶加工车间和成套流水生产线，是荷香茯砖的研发企业，湖南省农业产业化龙头企业。

公司还拥有柑桔专业合作社12个，茶叶专业合作社5个，茶叶基地503hm²，有黑毛茶原料加工厂5个。是一家集阿香柑桔，阿香美安化黑茶种植、加工、销售，茶果旅于一体及国家边销茶定点生产企业，公司是湖南省高新技术企业、湖南省工业旅游示范点单位。

图12-17 湖南阿香茶果食品有限公司

十三、安化怡清源茶业有限公司

安化怡清源茶业有限公司（图12-18）位于安化县东坪镇黄沙坪，成立于2007年11月，法人代表张流梅，注册资本1000万元。原隶属于湖南怡清园茶业公司，现隶属于维维集团。经营范围包括安化黑茶加工、销售，含茶制品和代用茶（其他类）加工、销售，餐饮服务，住宿服务，茶具销售，茶艺、茶文化培训，是一家大规模茶叶专业化、现代化生产企业。

图12-18 安化怡清源茶业有限公司

十四、湖南久扬茶业有限公司

湖南久扬茶业有限公司（图12-19）位于安化经济开发区江南工业园，公司成立于2005年8月，法人代表吴伟文，注册资本1209万元。公司总占地面积4万m²多，拥有2万m²多的标准化厂房、4000m²多的现代化综合办公大楼及安化标志性的"千两茶"文化广场，总资产达8000多万元。经营范围包括紧压茶、黑茶、调味茶生产、加工、销售，预包装食品批发兼零售。公司对外投资两家公司，

图12-19 湖南久扬茶业有限公司

具有两处分支机构，产品远销中南亚国家和港、澳、台地区。

十五、湖南利源隆茶业有限责任公司

湖南利源隆茶业有限责任公司（图12-20）位于安化县江南镇洞市老街，创建于2001年6月，法人代表吴建利，注册资本300万元。厂区占地6700m²多，近万平方米厂房按出口要求以框架立体标准模式建造，拥有安化黑茶从原料到成品的完备生产线，自有高山生态有机茶园134hm²，拥有国家发明等各类专利20多项，是一家集茶叶种植、生产加工、科研开发、茶旅体验为一体的传统安化黑茶企业。主要经营安化黑茶千两花卷茶系列、陈年老茶、龙凤团茶、砖茶系列、天尖茶、梅山蛮茶等。

图12-20 湖南利源隆茶业有限责任公司

十六、安化县云天阁茶业有限公司

安化县云天阁茶业有限公司（图12-21）位于安化县小淹镇敷溪社区，成立于2011年4月，法人代表李云，注册资本1000万元。经营范围包括茶叶加工、销售，含茶制品加工、销售，茶园培植，茶叶收购、初加工，调味茶加工、销售，自营和代理各类商品及技术的进出口。

图12-21 安化县云天阁茶业有限公司茶楼

十七、安化云台山八角茶业有限公司

安化云台山八角茶业有限公司（图12-22）位于安化县马路镇，前身为安化县云台山八角茶厂，创立于2000年，法人代表龚意成，注册资本1000万元。公司是一家经营安化黑茶、绿茶、红茶，集基地种植、

图12-22 安化云台山八角茶业有限公司

生产加工、产品研发和产品销售于一体的民营独资企业。公司现有厂房面积 7800m²，员工 120 余人，年产值 4000 万元。自有有机茶叶原料基地 402hm²，基本实现原料自供。产品获评"全国名优绿茶评比金奖""中国国际茶业博览会金奖""湖南省新科技新产品科技创新金奖"等 20 余项荣誉，是一家守道地、树特色的茶叶生产企业。

十八、湖南省千秋界茶业有限公司

湖南省千秋界茶业有限公司（图 12-23）位于安化县马路镇，成立于 2000 年，法人代表邓鹏飞，注册资本 500 万元。公司以生产名优绿茶和安化黑茶为主，是益阳市农业产业化龙头企业，安化黑茶骨干企业。品牌绿茶"千秋龙芽"连续五届获得国际名优绿茶评比金奖，产品与茶园全部通过中国有机食品认证。目前拥有有机茶园基地 220hm²，发展茶农 1518 户。2016 年成功通过中国有机产品认证，2017 年成功通过欧盟有机产品认证。

图 12-23 湖南省千秋界茶业有限公司

十九、湖南清山月茶业有限公司

湖南清山月茶业（图 12-24）有限公司位于安化县小淹镇，成立于 2012 年 7 月，法人代表李巧，注册资本 500 万元。公司厂区占地面积 33200m²，拥有标准化、清洁化生产、科研厂房 2 万 m² 多，茶园基地 865hm²，是一家集茶叶种植、培育、生产加工、研发、销售、茶旅文化传播为一体的国家高新技术企业。公司致力于安化高端纯料黑茶的制作，多项产品获得国家专利，是湖南省质量信用 AAA 级企业。"清山月"安化黑茶获得了湖南名牌产品称号，产品畅销国内外市场，多次在国内国际茶博会及农博会上获得金奖。

图 12-24 湖南清山月茶业有限公司

第二节 骨干企业

一、湖南省安化县晋丰厚茶行有限公司

 湖南省安化县晋丰厚茶行有限公司位于安化县东坪镇酉州村，前身是百年老字号"晋丰厚茶号"，始创于清嘉庆15年（1810年）。1982年更名为酉州茶行，2009年5月恢复变更为现名，法人代表谌超美，注册资本500万元。经营范围安化黑茶生产、加工、销售，是一家集茶叶生产、科研、销售于一体的老字号企业。产品曾获2007年中国（东莞）茶文化节金花千两茶"茶王"奖，以金花千两茶制作的迎奥运茶火炬被北京奥运经济研究会茶产业专家委员会收藏（图12-25），2009年5月，该公司被确定为湖南农业大学"黑茶加工技术创新产学研结合基地"。研发的黑茶加工技艺获4项国家专利。

图12-25 湖南省安化县晋丰厚茶行有限公司研制的奥运茶火炬

二、湖南省褒家冲茶场有限公司

 湖南省褒家冲茶场有限公司位于安化县县城南区，前身为1917年在长沙岳麓山创办的湖南茶叶讲习所，1920年迁到安化小淹，1927年迁至黄沙坪，1928年讲习所奉命停办，改为湖南茶事试验场，再迁至褒家冲。现公司成立于2003年3月，法人代表李俐，注册资金680万元。是一家为中国茶业发展作出重大贡献的企业，安化茶业骨干企业。经营范围包括茶叶种植、绿茶、黑茶、红茶加工、销售，该公司生产的"安化松针"是中国名茶，新开发的"红针、黑针"与原有"松针"组合的"三针"产品（图12-26）在市场具有很高信誉。

图12-26 湖南省褒家冲茶场有限公司"安化三针"产品

三、湖南省高马山农业有限公司

 湖南省高马山农业有限公司（图12-27）位于安化县经开区，成立于2013年10月，法人代表黄艳松，注册资本1000万元，总投资1.2亿元。公司在安

化县经开区拥有生产基地 3.42 万 m²，建设有标准化生产厂房、仓储、办公楼等 3.76 万 m²，拥有茶园基地 335hm²。该公司是安化黑茶首家取得欧盟标准有机认证的企业，是一家集茶叶种植、加工、生产、销售产业链完整的茶企。经营范围包括黑茶、红茶、绿茶、边销茶及相关制品，调味茶生产、加工、销售，预包装食品批发兼零售，茶具销售，旅游产业投资。产品多次在国内茶文化节、茶博会获得金奖，公司创始人黄庆祖被中国国际茶文化研究会等单位授予"安化黑茶十佳匠心茶人"。

图 12-27　湖南省高马山农业有限公司

四、安化县茶亭湾茶业有限公司

安化县茶亭湾茶业有限公司（图 12-28）位于安化县小淹镇，2012 年 3 月成立，法人代表彭海登，注册资本为 100 万元。公司拥有优质有机茶园 67hm²，一线员工 100 多人，年产值 3 千多万元。经营范围包括茶叶生产、加工、销售，茶叶收购、种植，茶园基地建设。

图 12-28　安化县茶亭湾茶业有限公司

五、湖南安化县金峰茶叶有限公司

湖南安化县金峰茶叶公司（图 12-29）位于安化经济开发区黑茶产业园，法人代表肖琦聪。公司 1996 年首创于安化县柘溪镇，2011 年搬迁至现址，新厂占地 2.6 万 m²，拥有 6000m² 的现代化生产车间和仓库；两条紧压砖茶生产线，四条花卷茶生产线，一条天尖茶生产线；33.5hm² 茶园基地，年产黑茶 2500t 余。公司研发的荷香千两花卷茶、荷香天尖、竹香茶、茶花黑砖等独特品种，在市场上享有很高的声誉。

图 12-29　湖南安化县金峰茶叶有限公司

六、益阳冠隆誉黑茶发展有限公司

益阳冠隆誉黑茶发展有限公司（图12-30）位于益阳市赫山区沧水铺镇，成立于2007年9月，法人代表张学毛，注册资本100万元。2018年公司成功研发第6代烘房，茯茶生产关键工序全过程计算机控制，实现茯茶关键工序点数据标准化、工艺智能化，公司被评为益阳市农业产业化龙头企业。经营范围包括黑茶加工、销售，茶叶收购、茶具销售等。

图12-30 益阳冠隆誉黑茶发展有限公司

七、湖南省雪峰山生态茶业有限公司

湖南省雪峰山生态茶业有限公司位于桃江县灰山港镇雪峰山茶场，前身为始建于1958年的湖南省桃江县雪峰山茶叶试验场，现公司成立于2002年9月，法人代表邓辉，注册资本200万元。自有全国最美茶园面积134hm²（图12-31），厂房面积9500m²多。公司先后被评为湖

图12-31 雪峰山茶园评为全国最美茶园

南农业大学先进科教实习基地、湖南省民营科技企业和益阳市农业产业化龙头企业。"雪峰山"商标2013年被评为湖南省著名商标。经营范围包括茶叶加工、茶叶种植、茶叶收购、茶叶销售。

八、安化县仙山茶叶开发有限公司

安化县仙山茶叶开发有限公司位于安化县仙溪镇山漳村向家湾，成立于2013年（前身是仙溪红旗茶场，1989年改建为仙山茶厂），法人代表向凤龙，注册资金1000万元。公司是安化县"四保贡茶"传统制作技艺非物质遗产项目单

图12-32 安化县仙山茶叶开发有限公司茶园

位，拥有自营红茶、绿茶海关备案许可。自有茶园基地66.7hm²（图12-32），成功申报"黑毛茶初加工技术"专利1项，包装外观专利10多项，商标注册达到20多项。以盛产名

优茶（黑茶、红茶、绿茶）而闻名，其创立的"仙溪保"贡茶品牌，秉承"遵古训、循古法"的宗旨，精心制作，确保芙蓉山贡茶信誉。

九、安化县永泰福茶号

安化县永泰福茶号（图12-33）位于安化县东坪镇黄沙坪，2005年4月成立，法人代表李胜夫，注册资本100万元。是一家从1987年开始改造、改制发展起来的企业，拥有完备的生产条件，生产场地6000m²，综合办公大楼4000m²，生产设备齐全、市场覆盖广阔，该公司生产的千两

图12-33 安化县永泰福茶号

茶在2010年上海世博会荣获世博艺萃荣誉奖和上海世博会贡献奖。

十、湖南省高马溪茶业有限责任公司

湖南省高马溪茶业有限责任公司（图12-34）位于安化县长塘镇，成立于2004年4月，法人代表陈凯，注册资本500万元，是一家集茶叶种植、生产加工、产品销售、茶文化传播于一体的现代综合型黑茶企业。公司占地面积1.2万m²，拥有千两茶、茯砖茶、天尖茶和黑砖茶等各类黑茶

图12-34 湖南省高马溪茶业有限责任公司

生产线6条，年生产能力达2000t，员工160人，资产总额超5000万元。现有茶园面积335hm²，黑茶产品60余种，"皇家茯""蚩尤薄片"等12项产品获国家专利。

十一、湖南高家山茶业有限公司

湖南高家山茶业有限公司（图12-35）位于安化县东坪镇西州村，创办于2007年，法人代表龚顽强，注册资本1000万元，公司设有总厂和多家初制茶分厂，在全国大中城市建立营销体验旗舰店50多家。总厂总占地面积6.53万m²，新建综合办公楼，

图12-35 湖南高家山茶业有限公司

纯木质结构茶楼，成品木质仓库，文化广场，新建高标准、清洁化生产车间5000m²多，生产能力达5000t余，是安化黑茶骨干企业，益阳市农业产业化龙头企业。公司专注安化黑茶三砖、天尖、花卷3大类产品的生产、销售。

十二、安化连心岭茶业有限公司

安化连心岭茶业有限公司（图12-36）位于安化经济开发区梅城工业园，前身为1979年成立的安化梅城茶厂，生产的黑茶主供西南边疆地区。2013年7月改制为安化连心岭茶业有限公司，法人代表吴俊，注册资本1000万元，拥有生产线4条，有上千t的原料储备库。公司为益阳市农业产业化龙头企业，"连心岭"是湖南省著名商标。经营范围包括红茶、绿茶、黑茶、紧压茶、边销茶、含茶制品生产、加工、销售，茶园培植，茶叶收购。公司为安化黑茶重点骨干企业。

图12-36 安化连心岭茶厂

十三、安化梅园阁茶业有限公司

安化梅园阁茶业有限公司位于安化县江南镇植荣社区村，成立于2016年10月，法人代表姜献，注册资本1000万元。经营范围包括茶叶生产、加工、销售，茶叶包装制作（图12-37）、销售，茶园基地建设，茶叶种植、收购，茶文化传播，农副产品收购、销售，茶旅游开发。

图12-37 安化梅园阁茶业有限公司千两茶晾晒场

十四、湖南老顺祥茶业有限公司

湖南老顺祥茶业有限公司（图12-38）位于安化经济开发区江南工业园，成立于2012年10月，法人代表熊文洪，注册资本1600万元。经营范围包括茶叶（紧压茶、黑茶、绿茶、红茶）生产、加工、销售，茶园基地建设，茶具销售，农副产品收购、销售，茶旅游产业投资、开发，茶文化传播。

图12-38 湖南老顺祥茶业有限公司

十五、安化县天泉茶业有限公司

安化县天泉茶业有限公司（图12-39）位于安化县东坪镇，成立于2001年3月，法人代表杨永和，注册资本400万元。经营范围包括安化黑茶生产、加工、销售，调味茶生产、加工、销售。

图 12-39 安化县天泉茶业有限公司

十六、湖南省兴隆茂茶业科技有限公司

湖南省兴隆茂茶业科技有限公司（图12-40）位于安化县东坪镇大园村，成立于2012年9月，法人代表谌亮宇，注册资本200万元。主要从事安化黑茶生产、加工、销售，茶叶、中药材种植，茶具销售，茶艺培训，茶文化传播，商务信息咨询。

图 12-40 湖南省兴隆茂茶业科技有限公司

十七、湖南安化国津茶业有限公司

湖南安化国津茶业有限公司（图12-41）位于安化县乐安镇，公司创建于1979年，2009年进行了改制，法人代表吴芳。现公司占地1.5万 m^2，拥有200hm^2无公害茶园基地，3条标准化生产线，年生产能力达3000t，集茶叶种植、生产加工、科研开发、市场营销为一体。2011年度荣获"湖南名牌产品"、2012年度荣获"湖南省著名商标"、益阳市农业产业化龙头企业、质量兴湘万里行"魅力企业"称号。

图 12-41 湖南安化国津茶业有限公司

十八、安化香马黑茶厂

隶属于益阳市辉华茶业有限公司（图12-42）的安化香马黑茶厂位于安化县乐安镇，于2013年11月成立，法人代表陈跃进，注册资本1200万元，厂区占地面积2.8万 m^2 多，现

图 12-42 益阳市辉华茶业有限公司

有员工95人，拥有茶园基地134hm²，年生产能力达3000t多。建有黑砖茶、精品茶自动生产线4条，拥有鲜毛茶、花卷茶、天尖、贡尖的制作加工场地。公司创立6年来，始终为客户提供好产品和技术支持，健全售后服务，研发新产品，赢得了市场。

十九、安化领峰茶厂

安化领峰茶厂位于安化县东坪镇，创办于2011年，法人代表杨双华，注册资本1000万元，占地6000m²余。拥有专业茶叶生产线5条，现代化的恒温烘茶车间9间，年产能3000t。自有六步溪等海拔600m以上的高山茶园201hm²（图12-43），产品市场信誉良好。

图12-43 安化领峰茶厂六步溪高山茶园

二十、安化濂溪茶业有限公司

安化濂溪茶业有限公司位于安化县江南镇，2001年3月始创于原裕盛全茶行，法人代表刘春琦，公司占地2万m²，自有茶园面积35hm²（图12-44）。年加工产能1500t，厂区生产加工线共占地面积2万m²。拥有成套完备的茶叶生产机械设备，专业技术人员30余人。经营范围包括紧压茶、黑茶、调味茶加工销售，茶叶收购，进出口业务。公司是安化黑茶传统产品骨干企业和很具发展前景的明星企业。

图12-44 安化濂溪茶业有限公司
标准化有机茶园

二十一、安化老茶斗茶业有限公司

安化老茶斗茶业有限公司（图12-45）位于安化县江南镇，成立于2012年5月，法人代表王军华，注册资本580万元，公司拥有一流的清洁化黑茶生产线和67hm²无公害有机茶园。经营范围包括精制茶

图12-45 安化老茶斗茶业有限公司

加工，茶叶种植、生产、销售，预包装食品销售，茶饮服务。

二十二、安化县胜源茶业有限公司

安化县胜源茶业有限公司位于安化县江
南镇，公司成立于 2010 年 3 月，法人代表李
胜，注册资本 108 万元。是安化天尖茶、茯砖茶、黑砖茶、
千两茶、百两茶、荷香茯砖、黑毛茶等产品生产加工的专
业公司，拥有完整、科学的质量管理体系。产品商标是"李
德记"（图 12-46）。

图 12-46 "李德记"黑茶产品

二十三、湖南高甲溪茶业开发有限公司

湖南高甲溪农业科技有限公司（图 12-
47）位于安化县经济开发区，公司成立于 2016
年 9 月，法人代表谌利，注册资本 1000 万元。
在高马二溪村自有茶园 200hm²，与农户合作茶园 334hm²。
公司以茶园种植、生产、销售为一体，致力打造"高甲皇
园与谌公茶"品牌，产品先后获得十余次金奖，多个发明
专利。公司评为市级扶贫龙头企业、农业产业化龙头企业。

图 12-47 湖南高甲溪茶业开
发有限公司

二十四、安化县卧龙源茶业有限责任公司

安化县卧龙源茶业有限责任公司（图 12-
48）位于安化县烟溪镇，前身是安化县卧龙茶厂，
2012 年 2 月更名为安化县卧龙源茶业有限责任公
司，法人代表马金华，注册资本 2000 万元。公司主要从事
茶叶生产、加工、销售等业务，是益阳市农业产业化龙头
企业，安化县红茶行业重点企业，"湖红"的代表性企业。
采取"公司＋基地＋农户"的经营模式，建立绿色原料基
地 201hm²，发展茶农 1600 户，安置就业人员 450 多人。

图 12-48 安化县卧龙源茶业
有限责任公司

二十五、安化县泗水四保生态农业开发有限公司

安化县泗水四保生态农业开发有限公司（图 12-49）位于安化县仙溪

镇镇区，成立于 2012 年 5 月，法人代表吴菁菁，注册资本 500 万元。公司主营有机茶叶种植、生产、加工、销售，拥有固定资产 1000 多万元，建设有机生态茶叶基地 87hm²，年产值达 1000 万元规模。公司传承"四保贡茶"传统生产技艺，结合现代生产技术，致力于"四保贡茶"历史品牌的开发，生产的"四保贡茶"系列产品，

图 12-49 安化县浔水四保生态农业开发有限公司茶园基地

在国内国际茶文化节、茶博会多次获得金奖、银奖。吴菁菁在 2013 年被安化县政府评为"青年创业之星"。

二十六、湖南省九成宫茶业有限责任公司

湖南省九成宫茶业有限责任公司（图 12-50）位于安化县江南镇，于 2014 年 5 月成立，法人代表邹奇辉，注册资本 500 万元。公司占地面积 10000m²，茶园 194hm²，其中海拔 600m 以上的狗子溪茶园 134hm²。主要经营黑茶生产、销售，茶园培植，茶叶收购，茶具、工艺品销售，茶文化旅游开发，电子商务服务。

图 12-50 湖南省九成宫茶业有限责任公司

二十七、湖南天德润茶业有限公司

湖南天德润茶业有限公司（图 12-51）位于安化县县城南区，于 2015 年 10 月成立，法人代表黄战力，注册资本 5000 万元。公司主要经营茶叶生产、销售，茶叶种植、收购，农副产品销售及网上销售。

图 12-51 湖南天德润茶业有限公司

二十八、安化县马路茶厂

安化县马路茶厂（图 12-52）位于安化县马路镇，原厂创建于 1975 年，2002 年 7 月改组为普通合伙制企业，法人代表蒋秀哉，注册资本 60 万元。

茶厂占地面积 1 万 m²，建筑面积 6000m²，年产茶叶 150t，年产值 1000 多万元。茶厂自有生态茶叶基地 201hm²。公司集 40 余年工艺传承，拥有黑茶、绿茶、红茶等初、精制生产加工与技术研发能力，开发了大叶爽等系列产品，多次荣获各大茶博会金银奖项。"黑妹沱"黑茶荣获 2008 年第九届广州国际茶文化博览会金奖，"安化天尖"荣获 2009 年中国（上海）国际茶业博览会金奖。

图 12-52 安化县马路茶厂

二十九、湖南金湘叶茶业股份有限公司

湖南金湘叶茶业股份有限公司（图 12-53）位于安化经济开发区，成立于 2011 年 8 月，法人代表黄乐安，注册资本 2541.16 万元。公司占地 4.86m²，新建标准化厂房 2.57 万 m²，投资上亿元，建成标准化万 t 黑茶生产基地。公司于 2016 年原料产区投资 500 余万元，兴建了多个清洁化、标准化毛茶初制加工厂，流转土地 24.8hm² 建设

图 12-53 湖南金湘叶茶业股份有限公司

循环化茶园基地，集种茶、观茶、采茶、制茶、品茶、买茶于一体，实现了公司对产品的全程管控，公司是安化黑茶产业中标准化、规模化骨干企业。

三十、安化茗鼎茶业有限公司

安化茗鼎茶业有限公司（图 12-54）位于安化县田庄乡，成立于 2016 年 11 月，法人代表谌勇，注册资本 500 万元。经营范围包括茶叶生产、加工、销售，茶园基地培植，茶叶种植、收购，是一家以高山茶为原料的黑茶加工销售企业。

图 12-54 安化茗鼎茶业有限公司

三十一、安化县渠之源茶业股份公司

　　安化县渠之源茶业股份公司位于安化县渠江镇，前身为渠江镇桃平茶厂，现公司成立于2012年3月，法人代表胡君平，注册资本300万元。现种植茶园67hm²（图12-55），年产黑茶2000t，是一家专业从事茶叶科研、种植、加工、销售及文化挖掘和传播于一体的现代茶业公司。拥有完备的生产线和清洁化厂房。主要产品"渠江薄片"获"金砖奖"，"渠江红"获最佳茶品牌奖。

图12-55　安化县渠之源茶业股份公司茶园

三十二、湖南省求喜茶业有限公司

　　湖南省求喜茶业有限公司位于安化县烟溪镇，由全国劳动模范夏求喜创建于1993年，法人代表夏想有，注册资本600万元，公司占地面积达4000多m²。经营范围包括绿茶、黑茶、红茶加工、销售，茶园基地建设。2006年公司被中国质量万里行评为"产品质量服务双满意单位"，2010年9月"求喜"品牌荣获"中国著名商标"称号，"银币"绿茶（图12-56）畅销20多年，目前仍为主要产品。

图12-56　"求喜"牌银币绿茶

三十三、安化县天宝仑茶业有限公司

　　安化县天宝仑茶业有限公司（图12-57）位于安化县田庄乡，成立于2013年1月，法人代表谌正来，注册资本2508万元。经营范围包括黑茶生产、加工、销售，拥有自主高山茶园134hm²，标准化厂房和成套制茶设备，"顺天然"品牌在市场反响良好，主销北京、广东、长沙等大

图12-57　安化县天宝仑茶业有限公司

中城市，同时，公司长期与多家科研机构开展营销合作和茶具科学研究，是一家安化黑茶骨干企业和创新型企业。公司对外投资公司3家。

三十四、安化云台雾寒茶业有限公司

安化云台雾寒茶业有限公司（图12-58）位于安化县奎溪镇，成立于2004年3月，法人代表龚光明，注册资本1000万元。公司占地面积1.1万 m²，其中办公楼、生产车间面积3000m²多，有绿色生态茶园804hm²。经营范围包括黑茶、绿茶、红茶生产、加工、销售，是安化黑茶骨干企业。

图12-58 安化云台雾寒茶业有限公司

三十五、安化县高马茗缘茶业有限责任公司

安化县高马茗缘茶业有限责任公司（图12-59）位于安化县江南镇，成立于2014年7月，法人代表王跳安，注册资本500万元。公司经营范围包括黑茶、红茶生产、加工、销售和茶园培植。公司拥有自主商标、厂房、设备，市场销售良好。

图12-59 安化县高马茗缘茶业
有限责任公司千两茶晾晒棚

三十六、安化县湖南坡茶业有限公司

安化县湖南坡茶业有限公司位于安化县马路镇，于2012年建厂，2013年正式投产，法人代表龙文初，注册资金500万元。现拥有厂房3800m²多，茶园80hm²多（图12-60），年加工能力300t余。公司为益阳市农业产业化龙头企业。该公司产品已出口东南亚国家，国内主销广东等沿海地区。

图12-60 湖南坡野荒茶

三十七、湖南安化县德兴泰茶业有限公司

湖南安化县德兴泰茶业有限公司位于安化县东坪镇，成立于1997年12月，法人代表周兴丽，注册资本200万元。主营产品为：千两茶、天尖、青砖茶、百两茶、黑砖茶、茯茶等安化黑茶（图12-61）。

图12-61 德兴泰茶叶产品

三十八、湖南星火茶业有限公司

湖南星火茶业有限公司（图12-62）位于益阳市赫山区，前身为益阳星火茶厂，现公司成立于2008年3月，法人代表杨联欢，注册资本2000万元，拥有一个绿茶、红茶生产加工厂、一个黑茶生产加工厂、一个子公司（湖南天王茶业有限公司），产品畅销全国。经营范围包括茶叶收购、加工、销售，茶文化传播，有1家对外投资公司。

图12-62 湖南星火茶业
有限公司茶园

三十九、湖南惟楚福瑞达生物科技有限公司

图12-63 惟楚颗粒
调味茶生产线

湖南惟楚福瑞达生物科技有限公司位于益阳市高新区梅林路61号，成立于2013年5月，法人代表周雷，注册资本6333.33万元。主要经营产品为颗粒调味茶和"惟楚"茯砖茶。公司建有1300m²的现代化实验室，配置了原子吸收仪、气相、液相、近红外扫描等高端仪器设备，同时还拥有7300m²洁净化生产车间和黑茶仓库，配备了按GMP标准研发的现代化黑茶生产设备（图12-63）。公司通过了ISO9001质量体系和ISO22000食品安全体系认证、美国食品药品监督管理局FDA认证。2019年公司被评定为国家高新技术企业。

四十、益阳资江缘茶业有限公司

益阳资江缘茶业有限公司（图12-64）位于桃江经济开发区牛潭河工业园，前身为创建于1988年的桃江新河茶厂，现公司成立于2011年7月，法人代

表黎宇斌，公司注册资金1080万元。公司拥有3000m²多标准化厂房，占地面积4000m²多，现有职工30余人，自有茶园6.7hm²，年生产茯砖、黑砖等300多t。公司主要经营茶叶种植、生产、销售，经营农副产品、茶具、工艺品、包装材料等。

图12-64 益阳资江缘茶业
有限公司

四十一、益阳龙岭黑茶有限公司

益阳龙岭黑茶有限公司（图12-65）位于益阳市赫山区凤山路龙岭工业园，成立于2015年5月，法人代表曹道凡，注册资本1000万元。目前拥有43名员工，大学以上学历员工占员工总数的62%以上。经营范围包括茶叶、茶制品和代用茶的加工、销售。

图12-65 益阳龙岭黑茶
有限公司

四十二、益阳乐道茶业有限公司

益阳乐道茶业有限公司（图12-66）位于桃江县鸬鹚渡镇，成立于2014年9月，法人代表张浩亮，注册资金1000万元。公司生产全系列黑茶：天尖、贡尖、生尖、茯砖、黑砖、青砖、千两、百两、十两及工艺茶等几十个产品。2017年荣获益阳市农业产业龙头企业，2018年公司获得两项发明专利，六项新型实用型专利，是一家集种植、生产、销售和茶旅观光于一体的现代化茶业企业。

图12-66 益阳乐道茶业
有限公司

四十三、安化县湘情农业发展有限责任公司

益阳乐道茶业有限公司（图12-67）位于安化县平口镇，公司前身为平口茶厂，成立于2014年5月，法人代表刘玄子，注册资本1000万元。公司是集茶叶种植、生产加工、出口贸易和新产品为主的益阳市农业产业化龙头企业，拥有绿色茶园基地27hm²，荒山野生茶

图12-67 安化县湘情农业发展
有限公司

园 334hm²。公司生产、经营"手筑茯砖茶""机制黑砖、花砖茶""千两花卷茶""天尖茶""湖南红茶"和"松针绿茶"等 20 多个系列产品,产品畅销国内外。

四十四、湖南省碧丹溪茶业有限公司

湖南省碧丹溪茶业有限公司位于安化县马路镇碧丹村,成立于 2012 年 8 月,法人代表唐令中,注册资金 500 万元,自有茶园基地面积 81hm²(图 12-68),是一家集黑茶、红茶、绿茶、调味茶生产、加工、销售,茶旅开发,茶文化传播等多元化的茶叶经营企业,已开发碧丹溪品牌产品 60 余个。2015 年被益阳市人民政府批准为益阳市农业产业化龙头企业,2016 年"碧丹溪"品牌被评为湖南省著名商标,2017 年公司与中国黑茶检测中心联合制定的《云台大叶茶栽培技术规程》由湖南省质量技术监督局正式发布。

图 12-68 湖南省碧丹溪茶业有限公司茶叶基地

四十五、湖南万丰元茶业有限公司

湖南万丰元茶业有限公司(图 12-69)位于安化县冷市镇,成立于 2015 年,法人代表石凯,注册资本 500 万元,是一家利用传统技术制作安化黑茶的新型股份制企业,

图 12-69 湖南万丰元茶业有限公司

四十六、安化县莲花山茶业有限公司

专门生产、加工高中档内销黑茶,生产品类有:天尖、贡尖、生尖、茯砖、黑砖、青砖、千两、百两、十两及工艺茶。

安化县莲花山茶业有限公司(图 12-70)地处安化县乐安镇莲花山,由原浮青茶厂更名而成,法人代表覃可强,注册资本 418 万元。

图 12-70 安化县莲花山茶业有限公司

公司 2010 年在原浮青茶厂的基础上进行改造和扩建，建成占地面积 5.34hm² 和 6000m² 的厂房，年生产能力 3000t 以上。现拥有近千亩团云茶园，建有黑砖、花砖、青砖、茯砖、半自动生产线和生产千两花卷茶系列的生产车间。是安化黑茶骨干生产企业。

四十七、安化县亦神芙蓉茶业有限公司

安化县亦神芙蓉茶业有限公司（图 12-71）位于安化县仙溪镇芙蓉村，成立于 2015 年 7 月，法人代表潘亦可，注册资本 3000 万元，是一家专业从事安化芙蓉山高山茶叶种植、芙蓉山有机红、绿、黑茶生产、加工、销售和茶文化传播于一体的综合型企业。公司拥有 233.5hm² 芙蓉山山头茶，研制开发了"亦神芙蓉"中高档红、绿、黑茶系列产品 30 余款，产品品质得到了专家的肯定与认可，畅销全国各地。

图 12-71 安化县亦神芙蓉茶业有限公司

四十八、湖南烟溪天茶茶业有限公司

湖南烟溪天茶茶业有限公司位于安化县烟溪镇大阳村，前身为烟溪红碎茶厂，法人代表夏国勋，注册资金 2000 万元。现有加工厂区面积 1800m²，茶园基地 334hm²，初制厂 8 处，深加工线 4 条。公司主产黑茶与红茶，生产"天茶村·天茶红"系列产品 20 余个，产品多次在全国获奖。公司重点打造的艾家寨观光茶园（图 12-72）已初步建设为安化茶旅一体休闲观光茶园。2013—2020 年相续荣获益阳市农业产业化龙头企业、十大新型农业示范单位、最美茶园基地等荣誉。

图 12-72 艾家寨观光茶园

四十九、安化县四方坪茶厂

安化县四方坪茶厂位于安化县东坪镇，成立于 2014 年 4 月，法人代表谌能才，属个人独资企业。茶厂主要经营黑茶生产（图 12-73）、加工、销售。公司具备完整的生产车间、设备，"芳琰健"品牌在市场有良好信誉。

图 12-73 安化县四方坪茶厂茶园

五十、安化县庙山坑芙蓉茶业有限公司

安化县庙山坑芙蓉茶业有限公司位于安化县芙蓉村，成立于2016年7月，法人代表陈小军，注册资本500万元。该公司坚持有机种植、坚持只使用芙蓉核心产区的茶叶为制茶原料，坚持以制药的标准，精制高质量的黑茶与名优茶。目前，已有自建厂房2000m²余，茶山334hm²，黑茶、红茶、绿茶、白茶4条标准生产线，并建设有"高山茶院"（图12-74），发展茶旅经济。

图12-74 安化庙山坑芙蓉茶业有限公司高山茶院

五十一、安化湘丰黑茶有限公司

安化湘丰黑茶有限公司（图12-75）位于安化县仙溪镇芙蓉村，成立于2018年8月，法人代表程孝，注册资本500万元。拥有黑茶、红茶、绿茶等初、精制生产线，厂房建筑面积4000m²多，自有老茶园基地20hm²，新茶园33.4hm²，"公司＋农户"新建茶园基地133.4hm²，固定资产1000多万元。主要产品有"湘丰"牌绿茶、红茶、花砖茶、茯砖茶、千两茶、天尖等产品系列。公司集茶叶种植、茶叶生产加工、产品营销于一体的黑茶生产骨干企业。

图12-75 安化湘丰黑茶有限公司

五十二、湖南老泷泉茶业有限公司

湖南老泷泉茶业有限公司（图12-76）位于益阳市高新大道9号，公司成立于2016年3月，法人代表袁路冲，注册资金2000万元。公司主要生产加工安化黑茶（茯砖、花卷、黑砖、天尖等）、红茶、绿茶及调味茶，并提供定制加工服务。公司配套建有雅致四合院、茶旅景观园，集观光体验于一体。

图12-76 益阳老泷泉茶业有限公司

五十三、湖南品芥茶业有限公司

湖南品芥茶业有限公司（图12-77）位于桃江县大栗港镇，创办于2018年，法人代表张界明，注册资金1000万元。公司前身为大栗港红茶厂，创建于20世纪70年代，是集茶叶种植、加工、销售于一体的综合性茶企，生产经营安化黑茶、红茶、绿茶产品。

图12-77 湖南品芥茶业有限公司

五十四、安化县小淹镇老安茶业有限公司

安化县小淹镇老安茶业有限公司（图12-78）位于安化县小淹镇，成立于2015年7月，法人代表黄飞，注册资本580万元。经营范围包括茶叶生产、加工、销售，茶叶种植、收购。

图12-78 安化县小淹镇老安茶业有限公司

五十五、安化县乌云界茶业有限公司

野荒贡茯

安化县乌云界茶业有限公司位于安化县龙塘乡，成立于2014年12月，法人代表黄义文，注册资本500万元。公司经营范围包括茶叶种植（图12-79）、生产、销售，电子商务服务，茶文化旅游开发，茶文化传播。

图12-79 安化县乌云界茶业有限公司茶园

第三节　知名企业

序号	企业LOGO	企业名称	企业地址法人代表	企业主要产品
1	御君康	湖南御君康茶业有限公司	安化县城南陶澍大道 法人代表：蒋亮君	高端安化黑茶产品
2	梅山古国	安化梅山古国茶叶销售有限公司	安化县东坪镇南区陶澍大道696号 法人代表：余其珍	安化黑茶系列产品

序号	企业 LOGO	企业名称	企业地址法人代表	企业主要产品
3		安化六步溪 茶业有限公司	安化县东坪镇沿江路 611 号 法人代表：谢文杰	安化红茶、安化黑茶
4		安化广聚供销 电子商务有限公司	安化县东坪镇黄沙坪社区 法人代表：张递霆	安化黑茶、安化农副产品
5		安化县银峰 茶业有限责任公司	安化县马路镇大旺村 法人代表：张行	安化绿茶、红茶、黑茶系列产品
6		安化县苏家溪 茶叶专业合作社	安化县田庄乡高马二溪村 法人代表：谌任岩	安化黑茶、安化黑毛茶
7		益阳市神农 茶业有限公司	安化县江南镇麻溪桥 法人代表：李勇彪	安化黑茶系列产品
8		安化县天植坊 茶业有限公司	安化县东坪镇黄沙坪古茶市 法人代表：黄文光	安化黑茶系列产品
9		安化县雪峰溪 茶业有限公司	安化县东坪镇中砥村 法人代表：刘建刚	安化黑茶系列产品
10		湖南安化虫龙珠 茶业有限公司	安化县田庄乡龙门新村 法人代表：吉家清	虫龙珠虫茶
11		安化裕鑫纸制品 包装有限公司	安化县东坪镇黄沙坪社区 法人代表：夏裕才	各种茶叶礼盒、手提袋、卡盒、棉纸、彩箱等
12		湖南左宗棠 茶业有限公司	安化县江南镇天门村 法人代表：钟光	"左公"品牌系列 安化黑茶

序号	企业 LOGO	企业名称	企业地址法人代表	企业主要产品
13		湖南省道然茶业有限公司	安化县柘溪镇凤凰岛 法人代表：曾春雷	安化黑茶、绿茶、红茶
14		湖南九黎茶业有限公司	长沙市高新区湘麓国际 1605 法人代表：莫海军	安化黑茶、红茶、绿茶
15		湖南烟溪丰里茶业股份有限公司	安化县烟溪镇双丰村 法人代表：谌理健	安化黑茶、"天茶村"牌系列红茶
16		安化祥强源茶业有限公司	安化县南金乡将军村 法人代表：陈强	安化黑茶、"祥强源"品牌红茶
17		安化县鸭耳湖茶业有限公司	安化县东坪镇南苑新村 法人代表：谌超兰	安化黑茶、红茶
18		安化金茂龙茶业有限公司	安化县江南镇麻溪口 法人代表：陈奕丹	安化黑茶系列产品
19		安化县五龙山茶业有限公司	安化县滔溪镇英家村 法人代表：李兴明	安化黑茶系列产品
20		湖南安化辣木黑茶有限公司	安化县梅城镇 法人代表：蒋席高	辣木黑茶系列产品
21		安化御品轩茶业有限公司	安化县东坪镇吴合新村 法人代表：付次华	安化黑茶系列产品
22		安化县梦江南茶业有限公司	安化县江南镇 法人代表：谌生	安化黑茶、黑茶煮茶器

序号	企业 LOGO	企业名称	企业地址法人代表	企业主要产品
23		安化县麻溪桥茶业有限公司	安化县东坪镇城南区黄自元路166号 法人代表：邓平洛	安化黑茶系列产品
24		安化县古道湾茶业有限公司	安化县东坪镇崇阳村 法人代表：王建军	安化黑茶、安化黑毛茶
25		湖南边江源茶业有限公司	安化县烟溪镇大阳村 法人代表：龚雪辉	"边江源牌"黑茶系列产品
26		湖南泉笙道茶业有限公司	长沙市芙蓉区马王堆中路蔚蓝天空大厦 法人代表：易蔚明	"泉笙道"茯砖茶及沏茶器等
27		湖南省臻龙茶业有限公司	益阳市高新区迎宾西路16号 法人代表：龙舟	安化黑茶系列产品
28		安化县峰角岭茶业有限公司	安化县长塘镇合兴村 法人代表：杨德家	安化黑茶系列产品
29		湖南小黑神生物科技有限公司	长沙市万家丽中路217号华樟名府13楼 法人代表：聂再生	"小黑神"黑茶饮料等安化黑茶产品
30		安化县利纯黑茶有限公司	安化县东坪镇莲城路 法人代表：刘力	"磬子山1354"牌安化黑茶系列产品
31		湖南一盏云茶业有限公司	安化县东坪镇黄沙坪社区 法人代表：蒋星	"湘云松"牌系列安化黑茶产品
32		安化建新山界上茶业有限公司	安化县梅城镇铺坳村 法人代表：周竹飞	安化黑茶系列产品

序号	企业 LOGO	企业名称	企业地址法人代表	企业主要产品
33		湖南皇园 茶业有限公司	安化县田庄乡高马二溪村 法人代表：谌吉云	安化黑茶系列产品
34		安化友信茶厂	安化县田庄乡高马二溪村 法人代表：蒋建辉	安化黑茶、安化黑毛茶
35		安化县宏毅栈 茶业有限公司	安化县田庄乡高马二溪村 法人代表：王军安	安化黑茶系列产品
36		安化谌福茶业销售 有限责任公司	安化县东坪镇泥埠桥村 法人代表：谌小满	谌福袋泡贡茶、安化黑茶
37		湖南老茶场 茶业有限公司	安化县马路镇四方村老茶场 法人代表：仇世发	安化黑茶、安化黑毛茶
38		安化竹鑫 茶业有限公司	安化县清塘铺镇文丰村 法人代表：周鑫	安化黑茶、红茶
39		湖南顺生祥 茶业有限公司	安化县长塘镇岳峰村 法人代表：陈雪辉	安化黑茶系列产品
40		安化县田庄乡 高马盛茗茶叶加工厂	安化县东坪镇城南区盛世茶都 法人代表：谌建辉	安化黑茶系列产品
41		安化县高马山头 茶业有限公司	安化县东坪镇黄沙坪社区 法人代表：蒋志飞	"高马九湾"牌 安化黑茶系列产品
42		安化县烧香尖 茶业有限公司	安化县梅城镇启安新区 法人代表：李辉	安化黑茶、红茶、 绿茶、安化黑毛茶

序号	企业 LOGO	企业名称	企业地址法人代表	企业主要产品
43	冰崖古叶 R BINGYAGUYE	湖南湘里农茗生态农业开发有限责任公司	安化县仙溪镇九渡水村 法人代表：李展鹏	安化黑茶、红茶、绿茶、安化黑毛茶
44		安化县昆记梁徽辑红茶有限公司	安化县黄沙坪社区 法人代表：陈娇	安化红茶系列产品
45		安化县静诚茶业有限公司	安化县城南区南苑星城步行街 法人代表：黄辉	安化黑茶、安化黑毛茶
46		安化新农民茶业有限公司	安化县仙溪镇芙蓉村 法人代表：潘海阔	安化黑茶、绿茶、红茶
47		湖南省天晟一品茶业有限公司	安化县田庄乡文溪村 法人代表：谌志华	"道地"安化黑茶
48	熊耳山	安化县熊耳山茶叶种植专业合作社	安化县乐安镇尤溪村 法人代表：龚辉	安化黑茶、绿茶、红茶
49		安化益客隆茶业有限公司	安化县江南镇红泥村 法人代表：刘建芳	安化黑茶系列产品
50		安化县宗益私房茶业有限公司	安化县东坪镇青山园 法人代表：谢宗益	安化黑茶系列产品
51		湖南神农茶业有限公司	益阳市十洲路茶业市场5号 法人代表：冯钰竹	安化黑茶系列产品
52		益阳市旺泰茶业有限公司	益阳市赫山区泥江口镇南坝村 法人代表：罗跃飞	安化黑茶、绿茶、红茶

序号	企业LOGO	企业名称	企业地址法人代表	企业主要产品
53		安化县湘池生态农业开发有限公司	安化县东坪镇盛世茶都 法人代表：陈克平	安化黑茶系列产品
54		湖南野境茶业有限公司	长沙市雨花区长沙大道508号 法人代表：王华	安化黑茶系列产品
55		湖南中安茶业有限公司	安化县冷市镇曲江社区 法人代表：吕扬	安化黑茶系列产品
56		安化黑马茶业有限责任公司	安化县小淹镇百福村 法人代表：陈大兵	安化黑茶系列产品
57	酉州村	安化县金道茶业有限公司	安化县东坪镇酉州村 法人代表：郭轶	安化黑茶、安化黑毛茶
58		湖南益阳香炉山茶业股份有限公司	桃江县马迹塘镇 法人代表：刘搏	安化黑茶系列产品
59		安化县安蓉茶业有限公司	安化县仙溪镇芙蓉村荆竹组 法人代表：潘又来	绿茶红茶安化黑茶
60	正安黑茶	安化县正安茶厂	安化县古楼乡古楼坪村 法人代表：夏伟平	安化黑茶系列产品
61	Since 1862	安化县裕盛泉茶业有限公司	安化县江南镇黄石村 法人代表：聂湘宇	安化千两茶、茯砖茶
62	展鹏金茯	安化县展鹏金茯茶业有限公司	安化县柘溪镇大溶溪村 法人代表：谌俊旭	安化黑茶系列产品

序号	企业 LOGO	企业名称	企业地址法人代表	企业主要产品
63	五阆盛	安化梅山人农业发展有限责任公司	安化县经开区梅城工业园 法人代表：姚志斌	安化黑茶、红茶、绿茶
64	宝树茶业	安化宝树 茶业有限公司	安化县大福镇苍湘村 法人代表：谢拥军	安化黑茶系列产品
65	边源	安化边源花卷 茶业有限公司	安化县江南镇边江村 法人代表：刘春跃	安化黑茶系列产品
66	旭东南华	安化县旭东南华山 茶业有限公司	安化县冷市镇南华村 法人代表：夏铁钢	安化黑茶、红茶、绿茶
67	朝山黑芽	安化县马路镇 云台冰芝谷茶厂	安化县马路镇潺坪村 法人代表：谭益文	安化黑茶、红茶、绿茶
68	廖氏兄弟	安化华美润 茶业有限公司	安化县东坪镇株溪口村 法人代表：廖美华	安化黑茶系列产品
69	龙门之薮	安化龙门 茶业有限公司	安化县田庄乡龙门村 法人代表：谌明贵	安化黑茶系列产品
70	抢茶乐	安化天下传福 茶业有限公司	安化县江南镇黄石村 法人代表：黄传富	安化黑茶系列产品
71	白沙冲	湖南白沙冲 茶业有限公司	安化县小淹镇胜利村 法人代表：李刚	安化黑茶系列产品
72	永康	安化永康村 茶业有限公司	安化县小淹镇百花村 法人代表：李建新	安化黑茶系列产品

序号	企业 LOGO	企业名称	企业地址法人代表	企业主要产品
73	盛世茗源 shengshimingyuan	安化县盛世茗源茶业有限公司	安化县梅城镇十里村 法人代表：戴金华	安化黑茶系列产品
74	魁泰和	湖南魁泰和茶业有限公司	安化县东坪镇玉溪村 法人代表：彭友	安化黑茶系列产品
75	烟溪人家	安化县烟溪茶业有限公司	安化县烟溪镇大阳村 法人代表：刘吉华	安化黑茶、红茶
76	栖山半隐	湖南云雾生态农业有限公司	安化县长塘镇林山塘冲社区 法人代表：杨映云	安化黑茶系列产品
77	潮	安化王家古茶坊有限公司	安化县江南镇庆阳村 法人代表：王志强	安化黑茶系列产品
78	永锡	安化县永锡茶业有限公司	安化县江南镇青田村 法人代表：陈金祥	安化黑茶系列产品
79	鸿盛泰	安化县鸿盛泰茶业有限公司	安化县东坪镇槎溪村 法人代表：蒋石尧	安化黑茶系列产品
80	立党	安化县立党茶业有限公司	安化县江南镇红泥村 法人代表：王立党	安化黑茶系列产品
81	江南坪	安化县德和缘茶厂	安化县江南镇光明街 法人代表：王新勤	安化黑茶系列产品
82	信奕福	安化信奕福茶业有限公司	安化县马路镇潺坪村 法人代表：邓忠信	安化黑茶系列产品

序号	企业LOGO	企业名称	企业地址法人代表	企业主要产品
83		安化双龙溪茶业有限公司	安化县田庄乡文溪村 法人代表：龚翠飞	安化黑茶系列产品
84		安化县天池湖茶厂	安化县南金乡三龙村 法人代表：邹靠山	安化黑茶、红茶、绿茶、白茶
85		益阳正源安茶业股份有限公司	安化县南金乡三龙村 法人代表：贺华吉	安化黑茶、红茶
86		湖南淳和堂茶业有限公司	长沙市芙蓉区马坡岭街道远大路157号 法人代表：刘聪	安化黑茶系列产品
87		安化津基岭茶业有限公司	安化县滔溪镇滔溪社区 法人代表：李显祥	安化黑茶、红茶、绿茶

附录一

安化黑茶大事记

西　汉

汉文帝十二年至后元四年（前168—前160年），长沙马王堆一、三号汉墓出土有"一笥"竹简，经考证即"茶一箱"，箱内实物用显微切片分析是茶。经专家进一步考证，是安化黑茶的历史原型。

唐

贞观十四年（641年），文成公主远嫁土蕃，带阳团茶和渠江薄片茶，以备水土不服、肠胃不适之用。到西藏不久，用阳团茶煮奶酪，发明酥油奶茶。

大中二十三年（856年6月），杨烨《膳夫经手录》成书，共4卷（现残存1卷），是至今发现的最早记载安化茶叶的史籍。《膳夫经手录》载："潭州茶、阳团茶，粗恶；渠江薄片茶，由油、苦硬……""远销湖北、江陵、襄樊……"

五　代

后梁开平二年（908年），马楚国王马殷听取判官高郁的建议，"乃自京师至襄、唐、郢、复等州，置邸务以卖茶，其利十倍""又令民自造茶，以通商旅，而收其算，岁入万计"。这是马殷以茶强国的古老实践。

清泰二年（935年），毛文锡完成《茶谱》创作。《茶谱》记载："潭邵之间有渠江，中有茶，而多毒蛇、猛兽。乡人每年采撷不过十六七斤。其色如铁，而芬香异常，烹之无滓也。"又"渠江薄片，一斤八十枚"。

宋

庆历五年（1044年），与西夏议和，每年向西夏贡茶叶3万斤。朝廷派军队到资江中游（今安化）收茶，再押运北上。

熙宁五年（1072年11月），章惇开梅山，置安化县，隶潭州长沙郡。毛渐任知县。全县分为四乡、五都。

元丰元年（约1078年），宋朝在安化资江之滨设博易场，用米盐布帛交换以茶叶为主的土特产。

绍兴三十二年（1162年），《宋会要辑稿·食货》二九/产茶额载：荆湖南路潭州府共产茶1.04万担，占整个湖南省（包括荆湖北路）的58.4%。安化其时产茶2000担左右。

乾道二年（1166年），茶农、茶贩反对朝廷茶叶专卖及重税政策，首领赖文政（湖广荆南人）发动起义，聚众达数千人，旋遭官兵镇压。

淳熙二年（1175年），义军复于湖北聚众起义，转战湖南茶乡，率部路过安化，在资江沿岸一带杀富济贫，不久又遭镇压。后官府为防"茶寇"复起，设龙塘寨，派兵把守。

元

至元八年至至正二十八年（1271—1368年），清同治《安化县志》载：安化茶"当北宋启疆之初，茶犹力而求诸野"，而到元代"民渐艺植……深上穷峪，无不种茶，居民大半以茶为业也，邑土产推此第一"。

明

洪武二十四年（1391年），明朝廷规定，长沙府安化县贡茶22斤、宁乡县贡茶20斤、益阳县贡茶20斤。其中，安化县贡茶由县衙督仙溪、大桥、龙溪、九渡水等地采制，称"四保贡茶"。

洪武三十一年（1398年），驸马欧阳伦走私黑茶（私贩湖茶）一万斤，被朱元璋钦命砍头，湖南布政司受连累，也被赐死。

嘉靖三年（1524年），《明史》卷八零《食货志四·茶法》载："商茶低伪，悉征黑茶。"黑茶一词首次见诸文字。

万历六年（1578年），李时珍《本草纲目》："楚之茶，则有湖南之白露，长沙之铁色。岳州之巴陵，辰州之溆浦，湖南之宝庆，茶陵……皆产茶有名者。"

万历十九年（1591年），黄一正辑注类书《事物绀珠》41卷，自天文，地理至琐言锁事共46目。该书"今名茶"有97种，包括渠江茶、潭州铁色茶。"古制造茶名"中有"薄片（出渠江，一片八十枚）"。

万历二十五年（1597年），《明神宗实录》卷三百零八载：（户部）"折中二议，以汉茶为主,湖茶佐之。各商中引,先给汉川。完日方给湖南。如汉引不足,听于湖引内据补"。安化黑茶自此取得"官茶"地位。

崇祯二年(1629年),2月安化籍退休官员林之兰,代安化当地茶农就茶政管理问题3次上书行省、府、县,并将每次批示的禀帖勒石为碑,立于县衙前和要道口,以警示茶农、茶商和管理者。

清

顺治元年(1644年),"泾阳砖每封旧称5斤,每二封装一篾篓。"此为茯砖茶最早的文字记载。据《安化黑茶》记载:"泾阳茯茶,历史悠久,安化原料。"

康熙年间(1644—1661年),赵尔巽等《清史稿》载:"清初茶法沿袭明代,官茶由茶商自陕西领引纳税,带引赴湖南安化采买,每引正茶一百斤,准带附茶十四斤。"

雍正八年(1730年),安化苞芷园立茶叶禁碑,禁止掺杂使假、外路茶入境、越境私贩等。

乾隆二十一年(1756年),清·光绪《湖南通志》载:"湖南巡抚陈宏谋奏定安化引茶章程……雨前细茶,先尽引商收买,雨后之茶,方可卖给客贩。"

乾隆二十二年(1757年),陈宏谋、范成撰《湖南通志》载:物产,茶,产安化者佳,充贡而外,西北各省多用此茶,而甘省及西域外藩需之尤切,设立官商,做成茶封,抽取官茶以充市易,赏赍诸蒙古之用。每年商贾云集。君山茶则为次。

乾隆二十七年(1762年),江昱《潇湘听雨录》:"湘中产茶,不一其地,安化售于湘潭,即名湘潭,极为行远。

乾隆三十年(1765年),赵学敏著:《本草纲目拾遗》载"安化茶,出湖南,粗梗大叶,须以水煎,或滚汤冲入壶内,再以火温之,始出味,其色浓黑,味苦中带甘,食之清神和胃。性温,味苦微甘,下膈气、消滞,去寒。湘潭县志:茶谱有潭州铁色茶,即安化县茶也,今京师皆称湘潭茶。"

道光初年(1821年—),安化创制"百两茶"(花卷茶)。

道光二年冬(1822年),为规范茶叶交易,平定买卖纷争,安化县知县刘冀程铸成"刘公铁码"二十四副颁发各茶叶集散地。

道光十年至十二年(1830—1832年),何秋涛《朔方备乘》:"《澳门月报》载:俄罗斯在北边蒙古地方买茶,道光十年买五十六万三千四百四十棒(磅),道光十二年买六百四十六万一千棒(磅),皆系黑茶。"

咸丰四年(1854年),《湖南省安化茶厂史》:安化创制红茶,年产约10万箱,转销欧美，称曰"广庄"。安化工夫红茶在国内外享有盛誉。雷男《安化茶业调查》载：安化于咸丰初制造红茶，当时年产10万箱，十分之六七销往俄国，其余销往英美。

同治年间（1862—1874年），晋茶商与边江刘姓踩茶师无数次探索，改百两茶为安化千两茶，"世界茶王"问世。

同治七年（1868年9月），安化知县陶燮成厘定红茶章程，是为国内第一个红茶章程。

同治八年（1869年），为防止茶行借办贡茶剥削茶户，四保地方绅士和产户自行捐钱购置田产，以租谷出粜收入办理贡茶。这一办法得到县令邱育泉的支持，并出示晓谕，编订《保贡卷宗》。

同治十一年（1872年），陕甘总督左宗棠平定回民起义后，于1872年奏请厘订甘肃引茶章程，以票代引；除原有东、西柜外，添设南柜，遴选长沙茶商朱昌琳任南柜总商。

同治十年至十二年（1871—1873年），《海关华洋贸易册》载：山西商人有大量的茶叶和砖茶经陆路运往蒙古及恰克图，砖茶来自湖北和湖南。1871年为202184关担（10109t），1872年为148964关担（7448t），1873年为192311关担（9615.5t）。

光绪初年（1875年—），《湖南之财政》第三章载：湘省洋装红茶每年销售汉口九十余万箱（约27670t），岁入库银千余万两，其中安化四十万箱。

光绪十二年（1886年），安化县产销茶叶1.2万t余，为历史上最高年产量。

清末民初

晋茶商长裕川茶庄伙友王载赟据旧本抄录的《行商遗要》流传。这是一本详细记录安化茶叶采购、加工、运输等诸环节的重要历史文献。

中华民国

民国四年（1915年）5—8月，安化红茶在巴拿马万国博览会上获金质奖章。是年，湖南省国民政府在长沙市岳麓山下创办"湖南茶叶讲习所"。

民国五年（1916年），1月30日上海《申报》载，湖南巡按使拟设立模范制茶场，经商务总会召集会议决定，所设茶场以官商合办，常年经费暂定为60万元，总场设在岳阳，专办验茶与运销等事。并设三处分场，第一分场设在安化兼理安化、桃源各县制茶事务。第二分场设在平江兼管临湘、湘阴、平江等县制茶事务。第三分场设在长沙兼管浏阳、长沙等县制茶事务。

民国六年（1917年），《大公报》转载《安化县署茶业调查报告》："丁酉年（1917）产红茶12万箱，黑茶（花卷）2万卷，引茶800票。"以上折合共6971t。

民国八年（1919年），7月1日，安化县知事朱恩湛奉民政司批准立案厘定黑茶章程十则。

民国九年（1920年），"湖南茶叶讲习所"在安化籍人士彭国钧等的力主下由岳麓山迁往安化小淹镇。

民国十一年（1922年），《湖南之财政》载：安化红茶运销40万箱（12096t），占湖南红茶出口的44.9%，全国的12.1%。

民国十六年（1927年），"湖南省茶叶讲习所"再从安化小淹迁安化黄沙坪，翌年7月奉命停办，改为"湖南省茶事实验场"。

民国十七年（1928年），湖南省茶事实验场场长冯绍裘从上海购置蒸茶机、复炒机、炒揉机、揉捻机、干燥机等5台制茶机械，是湖南系统应用机械制茶之始。

民国二十一年（1932年），湖南安化茶事试验场场长冯绍裘设计发明木制揉茶机和A型烘茶机，并在茶区推广，开始了安化茶农由人工揉茶向机械揉茶的历史性转变。

民国二十五年（1936年）7月，总场设于安化县的"湖南省茶事实验场"改为"湖南省第三农事实验场"，湖南建设厅委派技正刘宝书兼任场长。

民国二十七年（1938年）8月，湖南私立修业高级农业职业学校，由长沙迁至安化县资水南岸褒家冲。其前身是清光绪二十九年（1903）创立于长沙马王庙的修业学堂。安化籍教育家彭国钧任修业学校校长。是年，湖南省农业改进所茶作组成立，"湖南省第三农事实验场"与该所合并更名为"安化茶场"，隶属省农业改进所领导，技正刘宝书仍兼茶场主任。湖南省茶叶管理处联合修业农校师生，在资江两岸动员茶区群众组织茶叶生产合作社98个、社员4671人、社股9522元。

民国二十八年（1939年）2月，湖南省农业改进所茶作组改为湖南茶业管理处，直辖于省建设厅，设办事处于长沙和安化东坪。安化小淹人彭先泽任湖南茶业管理处副处长。5月，省茶业管理处派副处长彭先泽至安化江南试制出第一块黑茶砖，开辟了湖南黑茶压制的历史先河。翌年3月压制样砖200片，品质"堪合苏销"。8月，成立"湖南省茶叶管理处砖茶厂"，彭先泽任厂长。秋，修业农校利用安化茶场的师资和技术力量开设茶科专业。是年，彭先泽《安化黑茶》一书问世。湖南省安化茶厂黄本鸿先后研制成功茶叶筛分机、捞筛机、轧茶机、抖筛机、脚踏撞筛机及拼堆机，用于红茶精制加工。

民国二十九年（1940年）11月，湖南茶业管理处砖茶厂（设安化江南坪）生产黑砖茶2073箱（1110t），经衡阳运往香港出口苏联。

民国三十年（1941年）1月，湖南省茶业管理处砖茶厂更名为湖南省砖茶厂，由省建设厅直辖，厂址仍设安化江南坪。9月在桃源沙坪设立分厂。7月，首批10万片黑砖茶西运抵甘肃兰州销售。

民国三十一年（1942年）6月1日，"湖南省砖茶厂"更名为"国营中国茶叶公司湖南省砖茶厂"，彭先泽仍主持厂务。12月9日　国民政府行政院颁发《砖茶运销西北办法纲要》，对边销黑茶的价格、交通等做出明确规定。冬　安化茶场黄本鸿利用积存的红茶末土法提炼茶素成功。

民国三十二年（1943年）5月，湖南省砖茶厂改由中茶公司与湖南省政府合办，更名为"中国茶叶公司湖南砖茶厂"，厂址在安化江南坪，并在安化酉州加设分厂。是年，湖南砖茶厂在江南试压茯砖茶66箱、528片，是为茯砖茶在湖南制造的开始。

民国三十三年（1944年），国民党政府中国农业银行、湖南省银行及西北民生银行实行公司集资建安化茶叶公司，设安化砖茶厂于安化白沙溪，压制安化黑砖茶。湖南砖茶厂制成黑砖7280t，运往兰州交贸易委员会兰州办事处。其中4000t转运新疆哈密，用作与苏联易货贸易，其余供应西北边销。

民国三十四年（1945年）5月，彭国钧及茶商陈绍云等组织安化茶盐运输服务处，雇脚夫肩挑马驮茶、盐往返于安化、湖北三斗坪之间。6月2日，"国营中国茶叶公司湖南省砖茶厂"更名为"复兴公司湖南砖茶厂"。

民国三十五年（1946年）5月10日，"复兴公司湖南砖茶厂"更名为"中央信托局湖南砖茶厂"。7月，湖南省政府第30次常务会议决议，成立湖南省制茶厂，安化茶场并入湖南省制茶厂为研究单位。厂址仍在安化江南坪。是年，湖南省银行与私营华安、大中华等3家茶厂联合组设华湘茶厂于安化酉州，以加工黑茶砖为主，每年边销约40万片。加上另7家私营茶厂生产的黑砖茶及紧压茶，西北茶商每年在安化运销黑茶1000—1500t。王云飞（后任安化实验茶场副场长）编印《茶作学》上下册，用以指导全国茶叶栽培。

民国三十六年（1947年），年初公私合营的"湖南茶叶公司制茶厂"在安化江南坪成立，并接收停办的"中央信托局湖南砖茶厂"的全部设备。李厚澄任总经理，姚贤凯任副厂长。4月，公私合营的安化茶叶公司成立，在小淹设"安化制茶厂"。彭石年任董事长，彭先泽任总经理，彭中劲任厂长。

民国三十七年（1948年）9月，"安化制茶厂"在小淹镇白沙溪口购地8000m²，自建原料收购站、工场、烘房、包装楼及货栈。

中华人民共和国

1949年10月，湖南军事管制委员会贸易处派军代表于非接管公私合营的"安化茶叶公司制茶厂"和公私合营的"湖南茶叶公司制茶厂"。

1950年1月,"中国茶叶公司安化砖茶厂"成立,总厂设江南坪,白沙溪设分厂。2月,中国茶业公司安化红茶厂(安化茶厂)正式成立,隶属中国茶叶公司安化支公司领导,第一任厂长黄本鸿。3月,彭先泽著《安化黑砖茶》出版。是年,国家开始对茶叶实行统购,茶农不得对外出售茶叶或自由交易。

1951年1月,中国茶叶公司安化砖茶厂从江南坪举迁小淹白沙溪。2月,湖南省人民政府发出布告:按茶类划分生产收购区域,划定区域内不得生产其他茶类。安化划分为3大类产区。4月,安化茶场职工第一次向毛泽东主席写感谢信,并随信寄上玉露茶0.5kg。此举得到了中央办公厅秘书处的回信和勉励。

1952年4月2日,国务院发布《关于加强边销茶生产和收购工作的通知》。9月,苏联科学院院士、茶叶专家贝可夫,带领索利魏也夫、哈利巴伐及研究生鲁奇金等四人,来安化考察茶叶,学习红茶和黑茶技术。是年,安化县供销社设置黑茶收购站4个、红茶收购站6个,统一收购初制毛茶3148t。以后,收购站发展到75个,存在32年。湖南省白沙溪茶厂从江南边江招收安化千两茶制作技工刘应斌、刘雨瑞为正式职工,传授技术,是年,制作安化千两茶40支,使安化千两茶制作技术得以传承。指定安化、益阳、桃江、汉寿、临湘、宁乡、沅江等7县为边销茶原料产地,其中安化、桃江、临湘是传统生产老区。

1953年3月,中国茶叶公司安化红茶厂改名为中国茶叶公司安化第一茶厂,安化砖茶厂改名为中国茶叶公司安化第二茶厂。是年,安化第二茶厂(原白沙溪茶厂前身)试制茯砖茶成功,打破了"茯砖只能产于泾阳"的传统制茶格局。黄本鸿编著《红茶精制》一书,全面论述红茶精制原理、制茶机械、定额管理和工艺技术,是中国第一本红茶精制专著。受西南农林部委托,在安化茶场设置了西南茶叶干部学习班,有四川、贵州、云南、广西、西康等省学员40余人参加。

1954年1月。中国茶叶公司第一茶厂、第二茶厂合并为湖南省茶叶公司安化茶厂。是年,安化茶厂全面应用机器精制茶叶,基本结束千年来靠手工操作的历史。

1955年,安化县云台山伍芬回互助组精制绿茶1kg,寄给毛泽东主席品尝。中央办公厅回信勉励"茶质很好,希努力发展",并给付茶资。

1956年,湖南省茶叶公司安化第二茶厂被评为全国5个优秀茶厂之一,李华鸿小组被评为全国先进小组。

1957年2月,根据湖南省供销社指示精神,茶叶收购方式由委托代购改为内部调拨。3月,湖南省茶叶公司安化茶厂重新恢复为"安化第一茶厂"和"安化第二茶厂"。12月30日,湖南省人民委员会批准"安化第二茶厂"迁建益阳市,更名为"湖南省益阳茶厂",

原安化第二茶厂更名为"益阳茶厂白沙溪精制车间。"

1958 年 4 月，中央第二商业部茶叶采购局牵头组成的分级红茶（红碎茶）试验工作组在安化县茶场试制分级红茶成功。9 月 16 日，毛泽东主席在安徽舒城视察，发出"以后山坡上要多多开辟茶园"的指示，其后湖南茶叶生产再度加速发展。是年，益阳茶厂白沙溪精制车间改手制茯砖为机压茯砖。中国第一片花砖茶在益阳茶厂白沙溪精制车间问世。商业部烟茶局及湖南省商业厅派员组成黑茶初制工具实验工作组，在湖南省安化县江南人民公社制成一套黑茶初制机械，即滚筒杀青机，卧式揉茶机，立式解块机，间接加温简单干燥机。安化县在安化茶场开设半工半读茶叶学校，设高、初中班，学制 2—3 年，毕业 4 期共 200 人。经益阳地区、湖南省批准，安化县茶场加挂安化县茶叶实验场的牌子。

1959 年 2 月，安化县设立县茶叶局。7 月 1 日，于 1957 年 10 月 2 日开始筹建的湖南省益阳茶厂正式投产。是年，响应毛泽东主席"以后山坡上要多多开辟茶园"的号召，全县办茶场 250 个，面积达 2066.7hm^2。安化茶场创制"安化松针"名茶，向国庆十周年献礼。

1960 年，湖南省茶叶研究所研究员、安化茶叶专家谌介国受中央对外经委的派遣，赴马里共和国指导种茶，并于 1965 年获大面积试种成功，结束了马里不能生产茶叶的历史。

1962 年 4 月，根据上级指示精神，茶叶收购方式复由内部调拨改为委托代购。

1963 年，中共安化县委成立茶叶工作办公室，取代茶叶局的职能。

1964 年 4 月 9 日，湖南省编制委员会批准安化县成立茶叶技术推广站，是全省第一个技术指导站。

1965 年 1 月，湖南省益阳茶厂白沙溪精制车间正式独立，改名为湖南省白沙溪茶厂。是年，在福州召开的"全国茶树品种资源研究及利用学术讨论会"上，安化云台山大叶种作为全国第一批 21 个地方茶树优良品种之一，向国内推广。安化县茶叶学校恢复招生，设高、初中班，共招学生 76 人，于 1968 年毕业。

1966 年 9 月，成立"湖南省临湘茶厂筹建办事处"，由湖南省益阳茶厂负责人主持筹建工作，并从该厂抽调 18 人参与筹建，后来成为临湘茶厂的骨干。

1969 年 7 月，安化县茶场副场长蒋冬兴任茶叶专家组长，赴马里共和国指导茶叶栽培、丰产、加工工作，茶园产量实现翻番，为马里成为产茶大国奠定了基础。

1970 年 10 月，湖南省茶叶生产、收购现场经验交流会在桃江召开，《人民日报》刊登"湖南桃江认真执行'发展经济、保障供给'的总方针，积极扶植农村发展多种经营"的典型材料。

1971 年，安化县改由县多种经营办公室管理茶业。

1972 年 7 月 15—25 日，农林部、商业部在桃江召开全国茶叶生产、收购经验交流会，15 个产茶省（区）的 19 个单位的代表在会上介绍增产经验，参现了桃江县发展茶叶生产的典型单位，桃江的经验在全国推广。

1973 年 4 月，根据湖南省（73）商字第 121 号和 127 号补充文件精神，茶叶收购方式再一次改委托代购为调拨作价。

1974 年 4 月 10 日，全国茶叶生产会议明确安化、桃江为全国茶叶重点县。

1975 年，安化县五七大学增办茶叶专业，共招收两个班，其中 1976 年毕业的 41 人，1977 年毕业的 44 人。

1976 年，全国茶叶产量达 5 万担的 18 个县中，有益阳地区桃江、安化、益阳 3 个县。

1977 年 5 月，农林部、对外贸易部、全国供销合作总社在安徽休宁联合召开全国年产茶 5 万担县经验交流会。会议确定的 5 万担县 18 个，包括安化、桃江、益阳县。6 月，湖南省茶叶公司在安化茶厂召开益阳、黔阳两地区红碎茶生产经验交流会。

1979 年 12 月，益阳地区茶叶学会经地区科委批准成立，首批会员 67 人，由李同春、熊雄、黄千麟、甘舒志等 15 人组成理事会。

1980 年 3 月，安化县创办"安化县茶叶公司茶厂"，为国家民委定点边销茶生产企业之一。

1981 年，湖南省益阳茶厂开始连续 4 年精制"普洱茶"销往香港、澳门、新加坡、马来西亚等地。

1982 年，安化县累计建成红碎茶厂 21 座，年产量 6300t 多，总产值 500 多万元。全国茶叶普查，全国县级产茶排名：安化第二名，桃江第五名，益阳第八名。

1983 年 7 月，湖南省白沙溪茶厂生产的花砖茶在全国边销茶优质产品评选会上被评为商业部优质产品。是月，湖南省益阳茶厂生产的"中茶"牌特制茯砖茶在全国紧压茶质量评比会议中荣获商业部优质产品称号。安化县大办社队茶场，新建茶园 8.442 万 hm^2，茶园总面积达 16.75 万 hm^2。白沙溪茶厂请回一批退休老师傅，以带徒弟示范表演方式，踩制安化千两茶 300 支。

1984 年 5 月，国务院转发中商部"关于调整茶叶购销政策和改革流通体制的意见"，改变了茶叶由国营茶厂独家经营的状况，茶叶收购、加工、销售开始出现多家竞争局面。7 月，安化县第一家民营企业"安化酉州茶行"由谌小丰在东坪镇酉州村创办。9 月，湖南省农业厅在安化县城东坪召开茶叶现场会，参观了安化县茶叶试验场、唐溪乡五一茶场、马路口镇八角塘村及科技示范户龚寿松的丰产茶园和品种试验区。是年，经国务院批准，除黑茶仍为国家二类物资实行派购外，其余各种茶类放开经营。安化有多家茶企进入流通渠道。从 1982 年开始的安化县茶资源普查和茶区规划结束，共取得各种数据 11 万多个，汇编成册，成为安化茶业发展的重要参考资料。

1985 年 10 月，新疆维吾尔自治区成立 30 周年，湖南省益阳茶厂生产的"民族团结茯茶"被中央代表团选为礼品，由国务院副总理王震亲手赠送给了新疆人民。10 月，著名华侨教育家、全国侨联主席张国基，视察益阳茶厂，题写"益阳砖茶香万里"。

1986 年年初，由商业部茶畜局提出，委托湖南农学院、湖南省益阳茶厂起草《中华人民共和国国家标准·紧压茶茯砖茶》，所有技术指标与参数都参考了湖南省益阳茶厂的企业标准。8 月，商业部在福州召开全国名茶评选会议，评出全国名茶 43 个，"安化松针"茶当选。

1987 年 2 月，经湖南省人民政府批准，湖南省益阳茶厂、安化茶厂为紧压茶出口生产厂家。5 月，湖南省白沙溪茶厂生产的安化黑砖茶、花砖茶，在全国紧压茶优质产品评选会上被评为商业部优质产品。

1988 年 9 月，经国家技术监督局批准，《中华人民共和国国家标准·紧压茶茯砖茶》发布实施。10 月，白沙溪茶厂举行 50 周年厂庆活动。12 月，湖南省益阳茶厂"中茶"牌特制茯砖荣获首届中国食品博览会金奖。

1990 年，湖南省白沙溪茶厂试制青砖茶获得成功。《安化县茶叶志》出版，为我国县级编写茶叶专志之先。

1991 年 1 月，国家民委、商业部等国家 6 部委联合发文，将湖南省益阳茶厂、湖南省白沙溪茶厂、安化县茶叶公司茶厂、益阳县砖茶厂、桃江县香炉山茶厂确定为国家边销茶定点生产企业。

1993 年，湖南省白沙溪茶厂生产的"中茶"牌 9101 青砖产品出口蒙古人民共和国。由民营企业首创的"求喜银币茶"获中国首届国际文化博览会银奖和中国文化名茶称号。

1994 年 7 月，安化县茶叶公司茶厂研制生产的"荷香茯砖茶"获蒙古国际食品工业贸易产品博览会金奖。

1995 年 10 月，湖南省益阳茶厂率先研制开发出加碘茯砖茶系列产品，获得中国地方病协会颁发的合格证书。11 月，安化茶厂"猴王牌"工夫红茶被中国茶叶流通协会评为"中国茶叶名牌"。

1996 年 10 月，湖南省益阳茶厂"中茶"牌特制茯砖茶被中国茶叶流通协会评为"中国茶叶名牌"产品。

1997 年，白沙溪茶厂恢复生产安化千两茶。

1998 年 5 月，益阳市政府拨款 30 万元，租赁赫山区跳石茶场 13.33hm² 茶园，建立益阳市茶叶良种繁殖示范基地。9 月 5—6 日，益阳茶厂成功承办中国茶叶流通协会边销茶委员会第五次会议。

1999 年 2 月，湖南省茶叶进出口公司将安化茶厂定为湖红工夫茶原箱出口定点厂。10 月 18 日，湖南省白沙溪茶厂举办 60 周年厂庆活动。

2000 年 3 月，湖南省益阳茶厂首次由国家确定为边销茶原料代储企业。5 月，湖南省益阳茶厂自主研究、设计、制作出国内先进的茯砖茶电气自动化生产加工技术设备，并经全线调试后投入正常生产。是年，益阳茶厂研制的加碘茯砖和试制瓶装茯茶饮料获得成功。

2001 年 11 月，湖南省益阳茶厂"湘益"牌特制茯砖茶产品荣获中国国际农业博览会"名牌产品"称号。是年，台湾茶文化学者曾至贤写成《方圆之缘——深探紧压茶世界》一书，赞扬安化千两茶是"茶文化的经典，茶叶历史的浓缩，茶中的极品"。

2002 年，国家经济贸易委员会等 7 部委局联合下达第 53 号公告，确定湖南省益阳茶厂、安化金洋茶叶有限公司承包的安化茶厂黑茶生产线、湖南白沙溪茶厂、安化茶厂（久扬公司）和安化茶叶公司茶厂等为 25 家全国边销茶定点生产企业。

2004 年 10 月 21 日，在北京举办的第一届中国国际茶业博览会，共有 40 个国家和地区参展商与会。会议发表了《中国茶业北京宣言》。安化黑茶著名品牌白沙溪荣誉出品本届纪念茶。

2005 年 2 月，在央视《鉴宝》栏目中，陕西一家茶叶公司盘库清理出的两篓湖南白沙溪茶厂的"53 天尖"，每一篓拍出了 48 万元的天价。是年，由湖南农业大学、湖南省茶叶总公司、湖南白沙溪茶厂联合开发高档次千两茶系列产品（千两、百两、十两、一两）。安化千秋龙芽获第五届国际名茶评比金奖。中共安化县委、县政府提出了"安化黑茶，世界独有"的口号，并正式确定复兴安化黑茶作为全县重点产业战略。

2006 年 12 月 13 日，安化县人民法院依法裁定宣告湖南省白沙溪茶厂破产。12 月 14 日，安化县茶产业茶文化开发领导小组成立，县政府分管副县长蒋跃登兼任组长，吴章安任办公室主任。12 月 18 日，安化县茶业协会成立。12 月，中共益阳市委书记蒋作斌到安化县和益阳茶厂进行专题调查。

2007 年 3 月 5 日，益阳市茶业协会成立，中共益阳市委常委、市委宣传部长徐耀辉兼任第一任会长。3 月 7 日，"安化黑茶""安化千两茶""安化茶"商标设计启动。4 月 12 日，成立益阳市茶业工作领导小组，由中共益阳市委常委、市人民政府常务副市长李稳石兼任组长。5 月 18 日，中共湖南省委书记、省人大常委会主任张春贤到安化考察移民后扶工作后，视察茶产业，指出"要做大做强做优湖南黑茶产业"，号召人们"走茶马古道，品历史名茶"。5 月 29 日，中共安化县委、安化县人民政府印发《关于做大做强茶叶产业的意见》（安发〔2007〕1 号）。5 月，益阳市茶叶局成立，易梁生为第一任局长。

6月，湖南白沙溪茶厂改制成股份制企业，更名为"湖南省白沙溪茶厂股份有限公司"，刘新安为改制后的第一任总经理。6月28日，在安化县农业局加挂"安化县茶业局"牌子。8月6日，向国家工商总局申请"安化黑茶""安化千两茶"注册商标，并正式受理。9月23日，北京奥运会"迎奥运火炬"，两套12支，由北京奥运经济研究会茶产业专家委员会委托安化晋丰厚茶号制作。10月14日，由湖南白沙溪茶厂制作的"迎奥运2008安化千两茶王"，在第四届中国国际茶业博览会（北京）开幕式上，通过茶博会组委会转送给第29届奥运会组委会。11月28日，《安化黑茶》《安化千两茶》生产制作技术及《企业条件规范》作为第一部安化黑茶县级标准公布。

2008年4月13日，中共益阳市委、市人民政府印发《关于在全市统一打造"安化黑茶"品牌的通知》（益政办函〔2008〕40号）。4月15日，湖南省质量技术监督局发布《安化千两茶》湖南省地方标准（DB43/389-2008），于2008年5月15日开始实施。6月7日，安化千两茶、益阳茯砖茶制作技艺被列入第二批国家级非物质文化遗产保护名录。8月6日，安化县人民政府办公室印发《〈中共安化县委安化县人民政府关于做大做强茶叶产业的意见〉实施细则的通知》（安政办发〔2008〕113号）。8月16日，湖南省人民政府省长周强率省供销总社、省茶业有限公司及益阳市、安化县的领导到湖南省白沙溪茶厂有限责任公司调研。10月15日，湖南省政府副省长徐明华主持召开专题会议，研究加快发展安化黑茶产业问题。12月5日，《益阳市茶叶产业十年发展规划（2007-2016）》经湖南省茶叶专家组评审通过并按程序报批实施。

2009年元月，在国家工商总局成功注册了"安化黑茶""安化千两茶"证明商标和"天尖、贡尖、生尖、黑砖、花砖、花卷"保护性商标。9月，湖南华莱生物科技公司从长沙迁入安化冷市镇。10月18—20日，由湖南省人民政府主办，益阳市人民政府承办，以"首届中国·湖南（益阳）黑茶文化节暨安化黑茶博览会"在益阳举办，安化设置分会场。会上，中国茶叶流通协会授予益阳市为"中国黑茶之乡"。12月19日，国家技术监督局举行"安化黑茶"地理标志保护标志答辩会，曾学军参加答辩，并通过答辩。是年，"白沙溪·安化黑茶"品牌被国家确认为"中国黑茶标志性品牌"。

2010年4月20日，湖南省副省长甘霖在安化县主持召开专题会议，研究安化黑茶产业发展相关问题，并于5月4日出台《关于扶持安化黑茶出口及外销有关问题的会议纪要》（湘府阅〔2010〕36号）。5月1日至10月31日，在上海市举行第41届世界博览会。以"白沙溪""湘益"为代表的安化黑茶跻身"中国世博十大名茶"，入驻上海世博会联合国馆。8月4日，湖南省委副书记、代省长徐守盛来益阳考察指导安化黑茶产业发展。在第六届中国茶业年会上，安化县、桃江县被评为"2010全国重点产茶县"，并跻身全国十强。"安化黑茶"被国家质监总局列入国家地理标志产品保护目录。《安化千两茶》《安化茶通用技术要求》等 6 个湖南省地方标准发布实施。

2011 年 2 月，安化县职业中专学校加挂"安化黑茶学校"牌子，招收茶叶专业学生。5 月 4—24 日，"安化黑茶"欧洲行代表团分别在匈牙利、捷克、罗马尼亚、乌克兰、俄罗斯举行大型黑茶推介会，并签订了战略合作协议。6 月 27 日，益阳市人民政府印发《安化黑茶地理标志产品保护管理办法》（益政发〔2011〕14 号）。11 月，湖南省白沙溪茶厂股份有限公司荣获"湖南省农业产业化龙头企业"称号。是年，"安化黑茶"被国家工商总局认定为中国驰名商标。安化县提请益阳市人民政府制定并通过了《安化黑茶地理标志产品保护管理办法》。《安化黑茶包装标识运输贮存技术规范》《安化黑茶加工通用技术要求》等 7 个湖南省地方标准发布实施。

2012 年 3 月 1—7 日，湖南省农业厅和益阳市人民政府在湖南农业大学联合举办了"安化黑茶质量标准体系建设与审评技术高级培训班"。4 月 27 日，益阳茶厂有限公司的"湘益"商标被国家工商总局认定为"中国驰名商标"。7 月，"茶叶之路"与城市发展中俄蒙市长峰会在二连浩特举行，益阳市与 20 多个到会城市共同签署《"茶叶之路"国际联盟章程》。8 月 26 日，安化黑茶正式入驻老舍茶馆，9 月 23 日，由益阳市人民政府批准成立的"安化黑茶国际评鉴委员会"召开成立大会。陈宗懋院士任顾问，博士生导师刘仲华教授担任主任。9 月 24—28 日，第二届中国·湖南（益阳）黑茶文化节暨安化黑茶博览会以"绿色益阳、健康黑茶"为主题在益阳举办，安化设置分会场。11 月 23—30 日，安化县十六届人大第一次会议通过《关于加强茶旅一体化建设的决议》。12 月 31 日，湖南省白沙溪茶厂股份有限公司"白沙溪"商标被国家工商总局认定为"中国驰名商标"。是年，安化千两茶制作方法获国家发明专利。

2013 年 1 月，益阳茶厂有限公司与湖南农业大学合作的"黑茶保健功能发掘与产业化关键技术与创新"项目荣获 2012 年度湖南省科技进步奖一等奖。5 月 11 日，全国政协副主席、国家民委主任王正伟，在湖南省政府副省长张硕辅、省政协副主席武吉海的陪同下，到益阳茶厂有限公司调研。8 月 1 日，中共湖南省委书记，省人大常委会主任徐守盛到安化调研黑茶产业建设。9 月 18—22 日，在台北市举办"2013 湖南两岸文化创意产业合作周"活动，以安化黑茶为代表的湘茶首次亮相台湾。9 月下旬，在内蒙古二连浩特市召开的第二届"万里茶道"与城市发展中蒙俄市长峰会上，中蒙俄 3 国相关城市共同发起"万里茶道申请世界文化遗产"倡议。10 月，万隆黑茶产业园正式入驻县经开区并开工建设。11 月 21 日，从内蒙古二连浩特的伊林驿站出发，行经 8 省区市的"重走茶叶之路"驼队到达益阳，28 日抵达南下终点——安化。是年，安化县茶园面积 1.49 万 hm²，茶叶加工量 4.05 万 t，综合产值 60 亿元，茶产业税收过亿元。安化千两茶制作方法分别获得"湖南省重点发明专利"和"湖南专利奖一等奖"。

2014年3月4日，全国茶叶标准化技术委员会黑茶工作组在长沙正式成立。3月25日，安化县遵照国家质检总局要求，在"安化黑茶产业聚集区"的基础上筹建"全国安化黑茶产业知名品牌创建示范区"，正式成立创建办启动创建工作。4月16—18日，益阳市人民政府组织黑茶代表团参加哈萨克斯坦首都阿斯塔纳举办的第十七届国际食品及饮料展。5月，安化县人民政府印发《2014—2020年安化黑茶产业发展规划》。8月1—5日，第三届山西茶叶茶文化博览会暨首届安化黑茶（山西）文化节在中国（太原）煤炭博物馆举行。安化县人民政府向山西省茶叶学会、晋商博物馆、祁县人民政府等5个单位赠送安化千两茶。10月12日，安化黑茶产业发展科学家论坛在安化县举行。安化县聘请7位科学家担任安化黑茶产业发展首席顾问。10月20日，在第十届中国茶业经济年会上，安化县被中国茶叶流通协会授予"2014年度中国茶业十大转型升级示范县"称号，并位居第一。10月，《安化黑茶》杂志创刊发行。是年，浙江大学中国茶叶品牌价值评估课题组公布：安化县3个茶叶公用品牌估价28.8亿元。其中，安化黑茶13.58亿元，安化千两茶8.65亿元，安化茶6.55亿元。安化黑茶企业在哈萨克斯坦举办安化黑茶国际展销会。安化县有茶园面积1.68万 hm²，茶叶加工企业98家，厂房总面积32万 m²，茶叶加工量4.95万 t，年加工能力10万 t以上，综合产值78亿元，茶产业税收1.2亿元。

2015年4月14—16日，国际食品和饮料展在波兰华沙举行。湖南省政府牵头组织了十数家安化黑茶企业参展，并在匈牙利和捷克共和国首都举行了安化黑茶推介会。5月1日至10月31日，第42届世界博览会在意大利米兰市举行。"安化黑茶"公共品牌荣获百年世博中国名茶金奖。6月28日，国家民委事务委员会授予益阳茶厂有限公司、白沙溪茶厂股份有限公司2014年度全国民族贸易和民族特需商品生产"百强企业"称号。湖南省白沙溪茶厂股份有限公司投资2亿元"白沙溪黑茶文化产业园"正式建成开园。9月，国家质检总局正式批准安化县创建"全国安化黑茶产业知名品牌示范区"并授牌。9月，曾学军被湖南省农委任命为湖南省现代农业技术体系雪峰山区域茶叶综合实验站站长。10月20日，在第十一届中国茶业经济年会上，安化县继续稳居全国重点产茶县十强。10月22日，中国黑茶博物馆在安化县正式开馆，是中国第一个黑茶专业博物馆。10月22—25日，第三届中国湖南·安化黑茶文化节回归安化黑茶原产地安化举办。是年，安化县3个茶叶公用品牌估价达35.81亿元。其中，安化黑茶16.26亿元，安化千两茶10.92亿元，安化茶8.63亿元。是年，安化县茶园面积达1.88万 hm²，茶叶加工量5.6t，实现综合产值102亿元，茶产业税收1.5亿元。

2016年1月，经国家质量技术监督管理总局批准，"国家黑茶产品质量监督检验中心"在益阳挂牌成立。2月4日，中共湖南省委副书记、省长杜家毫视察安化，提出茶产业要帮助群众脱贫致富。3月17日，益阳市茶叶办制定发布《益阳市茶叶产业"十三五"

规划》。3月25日，第一届中国安化黑茶开园仪式在马路镇千秋界茶园基地举行。6月15日，美国世界茶业博览会在美国拉斯维加斯国际会展中心举办。益阳茶厂、湖南华莱等6家安化黑茶企业参展。7月1日，安化县茶业协会负责制定的《"安化黑茶"证明商标授权使用管理办法》生效施行。10月14日，湖南华莱生物科技有限公司被国家农业部、发改委等8部委认定为"农业产业化国家重点龙头企业"。10月22日，一支由30余辆车组成的车队，从安化县黄沙坪古镇出发，开启为期10天的重走万里茶道活动——安化黑茶少林·泰山行。10月，湖南省白沙溪茶厂股份有限公司列入湖南省非物质文化遗产安化天尖茶制作技艺保护单位。11月9日，安化"茶乡花海"正式开工建设。是年，安化荣登全国十大生态产茶县榜首，跻身全国重点产茶县四强，黑茶产量稳居全国第一。安化黑茶跨入中国茶叶区域公用品牌二十强，品牌估价19.13亿元。新建茶园基地2144hm²、改造老茶园369hm²，茶园总面积突破2万hm²；实现茶叶加工量6.5万t、综合产值125亿元，茶产业税收1.8亿元。由农业部牵头组织的全国茶叶公共品牌评选中，安化黑茶获"全国十大茶叶区域公共品牌"。安化黑茶荣获"湖南省十大农业品牌"第一名。白沙溪自主实施的《天茯茶关键技术研究与应用》获得湖南省科技发明二等奖。

2017年1月1日，国家质检总局、国家标准化管理委员会以2016年第8号公告发布的《黑茶第1部分：基本要求》《黑茶第2部分：花卷茶》《黑茶第3部分：湘尖茶》三项国家标准正式实施。1月9日，湖南农业大学刘仲华教授领衔的《黑茶提质增效关键技术创新与产业化应用》项目获得国家科学技术进步奖二等奖。安化黑茶北京联盟成立暨安化黑茶北京战略发布会在北京召开。4月28日至5月5日，法国巴黎国际博览会暨湖湘非遗文化展在法国巴黎凡尔赛门展览中心举行。白沙溪、益阳茶厂作为国家非物质文化遗产千两茶、茯砖茶制作技艺传承保护单位亮相展览中心。5月18—21日，以"品茗千年中国茶"为主题的首届中国国际茶叶博览会在浙江杭州举办。中共中央总书记、国家主席习近平致辞祝贺。展会公布了"中国十大茶叶区域公用品牌"，安化黑茶成功入选，名列第三。6月20日，益阳市启动国家级出口茶叶质量安全示范区创建，是年底完成省级验收。6月29日，第八届世界地理标志大会在扬州开幕，安化黑茶作为湖南唯一湘品参会。7月，湖南省人大常委原副主任蒋作斌带队，来安化进行黑茶产业专题调研，形成《安化黑茶产业发展调研报告》，省委书记杜家毫、省长许达哲等作了重要批示。9月6日，安化县人民政府与湖南华莱生物科技有限公司签订框架协议，由华莱公司全额投资建设的"安化黑茶特色小镇"项目建设正式启动。9月8日，在第九届湖南茶叶博览会上，安化县被评为2017湖南茶叶"十强生态产茶县（市）"。11月16日，褒家冲茶场建场百周年庆典在安化东坪举行。12月14—18日，第15届中国（深圳）国际茶产业博览会举办"安化黑茶文化周"活动。湖南华莱，中茶茶业等60家安化黑茶企业参会。12

月，白沙溪品牌荣获"2017湖南十大农业企业品牌"。是年，益阳市茶叶产业综合产值突破200亿元大关，达到200.18亿元，茶园面积3.1万hm²，茶叶加工总量14万t，茶产业税收达到3.5亿元。安化县茶园面积达2.21万hm²，实现茶叶加工量7.5万t、综合产值152亿元，茶产业税收达3亿元。《云台大叶茶栽培技术规程》作为湖南省地方标准发布实施。

2018年1月1日，《益阳市安化黑茶文化遗产保护条例》经益阳市人大六届第五次会议通过、湖南省人大十二届三十三次会议批准正式实施。3月4日，安化县人民政府与华莱生物有限公司签订"安化黑茶特色小镇"建设正式协议。3月31日，第三届中国安化黑茶开园仪式在白沙溪茶厂钧泽源生态观光茶园举行。3月，安化黑茶文化广场正式开工建设。4月28日至5月3日，益阳市人民政府与北京市石景山区委、区政府联合举办了"挑担茶叶上北京"为主题的"第十七届八大处中国园林茶文化节暨安化黑茶文化周活动"。6月20日，中共益阳市委办、市政府办印发《关于推进安化黑茶产业持续健康发展的实施意见》（益办〔2018〕29号）文件，推动黑茶产业高质量发展。8月16—18日，13家安化黑茶企业与3家安化红茶企业参展第十届香港国际茶展。10月13日，安化黑茶产业离岸孵化中心在长沙正式运营，标志着安化黑茶销售实现从传统方式向电商方式的转变。10月14日，益阳市人民政府在人民大会场北京厅内举行黑茶产业精准扶贫成果暨第四届中国·湖南安化黑茶文化节新闻发布会。10月27日，第六届中蒙俄万里茶道市长论坛在安化华天大酒店湖南厅举行。10月28—30日，第四届中国湖南·安化黑茶（国际）文化节在安化举行，并将10月28日定为首个"安化黑茶日"。10月，白沙溪、怡清源、中茶、华莱、高马二溪、云上等公司与铁路传媒公司合作，分别推出的"安化黑茶·白沙溪专列""安化黑茶·中茶专列""安化黑茶·怡清源专列"正式启程。是年，经省人民政府推荐，农业农村部批准安化县创建国家现代农业产业园。湖南卫视播出6集新闻纪录大片《黑茶大业》。安化县成为中国生态产茶第一县、黑茶产量第一县、茶叶科技创新第一县、茶叶税收第一县。安化县茶园面积达2.35万hm²，实现茶叶加工量8.2万t、综合产值180亿元，茶产业税收3亿元。

附录二

益阳市安化黑茶文化遗产保护条例

（2017年10月31日益阳市第六届人民代表大会常务委员会第五次会议通过。2017年11月30日湖南省第十二届人民代表大会常务委员会第三十三次会议批准）

第一条　为了保护安化黑茶文化遗产，继承和弘扬安化黑茶文化，促进安化黑茶产业健康可持续发展，根据《中华人民共和国文物保护法》《中华人民共和国非物质文化遗产法》等法律法规，结合我市实际，制定本条例。

第二条　本市行政区域内安化黑茶文化遗产的保护、保存工作，适用本条例。

第三条　本条例所称安化黑茶文化遗产，是指在安化黑茶长期生产经营实践中形成的、具有独特地理人文特性和历史文化科学价值的物质文化遗产和非物质文化遗产，包括：（一）属于不可移动文物的茶园、茶碑、茶亭、茶码头、茶道及风雨廊桥、茶行和其他与安化黑茶相关的重要史迹、代表性建筑等；（二）属于可移动文物的制茶运茶工具、茶包装、茶饮器具、茶籍等；（三）属于非物质文化遗产的安化黑茶制作技艺以及与安化黑茶相关的礼仪、行规、文学艺术等。

第四条　安化黑茶文化遗产的保护、保存工作坚持保护为主、合理利用、加强管理、传承发展的原则。

第五条　市、有关县（区）人民政府领导本行政区域内安化黑茶文化遗产的保护、保存工作，将安化黑茶文化遗产保护、保存工作纳入国民经济和社会发展规划，并将文物征集、修缮、黑茶制作技艺项目保护和代表性传承人补助等安化黑茶文化遗产保护、保存经费列入本级财政预算。

市、有关县（区）文化主管部门负责本行政区域内安化黑茶文化遗产保护、保存的监督管理工作，对安化黑茶文化遗产进行普查、评估、认定、收集、整理，依法做好保护名录的确定、公布等工作。其他相关行政主管部门，按照各自职责，依法做好安化黑茶文化遗产的保护、保存工作。

有关乡（镇）人民政府、街道办事处负责本辖区内安化黑茶物质文化遗产的保护工作，协助做好本辖区内安化黑茶非物质文化遗产的保护、保存工作。

第六条　任何单位和个人都有依法保护安化黑茶文化遗产的义务，对破坏、损害安化黑茶文化遗产的行为有权进行劝阻和举报。

市、有关县（区）人民政府对在安化黑茶文化遗产保护、保存和管理工作中作出突出贡献的单位和个人给予表彰和奖励。

第七条　市、有关县（区）人民政府应当对本级安化黑茶文物保护单位划定必要的保护范围，作出标志说明，建立记录档案，确定专门的机构或者专人负责管理。

市、有关县（区）人民政府根据保护文物的实际需要，可以在安化黑茶文物保护单位的周围依照法定程序划定建设控制地带，并予以公布。

尚未核定公布为文物保护单位的不可移动文物，由县级人民政府文化主管部门予以登记、公布，并制定具体保护措施。

第八条　安化黑茶文物保护单位保护范围内不得进行与文物保护无关的工程建设，不得进行可能影响文物保护单位安全及其环境的活动。

文物保护单位保护范围内原有的建筑物、构筑物和其他设施，不符合文物保护要求的，应当依法予以改建或者搬迁。

第九条　在安化黑茶文物保护单位的建设控制地带内新建、改建、扩建建筑物、构筑物和其他设施，不得破坏文物保护单位的环境和历史风貌。工程设计方案应当根据文物保护单位的级别经相应的文化主管部门同意后，报城乡规划、建设主管部门批准。

第十条　安化黑茶不可移动文物依法由所有人或者使用人负责修缮、保养并承担相关费用。非国有不可移动文物有损毁危险，所有人不具备修缮能力的，当地人民政府应当给予帮助。

文物保护单位的修缮、迁移、重建，应当由取得相应等级资质证书的单位承担。

第十一条　市博物馆、中国黑茶博物馆等市、有关县（区）国有文物收藏单位，应当加大安化黑茶文物的征集力度，丰富馆藏内容。

鼓励有关单位和个人将其收藏的安化黑茶文物捐赠给国有文物收藏单位或者出借给国有文物收藏单位展览和研究。

第十二条　公民、法人和其他组织收藏安化黑茶可移动文物，应当依法取得、合法流转、妥善保管，防止损毁、灭失。

第十三条　禁止下列破坏和危害安化黑茶物质文化遗产的行为：（一）损毁、侵占属于不可移动文物的茶园、茶碑、茶亭、茶码头、茶道及风雨廊桥、茶行和其他与安化黑茶相关的重要史迹、代表性建筑等；（二）损毁、非法买卖属于可移动文物的制茶运茶工具、茶包装、茶饮器具、茶籍等；（三）其他破坏、危害安化黑茶物质文化遗产的行为。

禁止损毁或者擅自移动安化黑茶物质文化遗产保护标志。

第十四条　市、有关县（区）人民政府应当组织对安化黑茶非物质文化遗产的调查，制定保护规划，进行有效保护。

境外组织或者个人在本市行政区域内进行安化黑茶非物质文化遗产调查，应当依法报请批准后进行。

第十五条　市、有关县（区）人民政府文化主管部门在确定本级非物质文化遗产项目的同时，应当明确代表性项目保护单位。保护单位应当依法履行非物质文化遗产的保护职责。

第十六条　市、有关县（区）文化主管部门对本级安化黑茶非物质文化遗产代表性项目，可以认定代表性传承人，并采取下列措施支持代表性传承人开展传承、传播活动：（一）建立传承培训基地；（二）资助开展授徒、传艺、交流等活动；（三）支持开展传承、传播活动的其他措施。

安化黑茶非物质文化遗产代表性传承人应当依法履行义务。

第十七条　禁止以歪曲、贬损等方式使用安化黑茶非物质文化遗产。任何单位、组织和个人应当合法使用安化黑茶非物质文化遗产标识。

第十八条　安化黑茶的生产应当符合国家标准、行业标准、地方标准。用于制作安化黑茶的毛茶应当经过杀青、揉捻、渥堆、干燥等独特工艺加工制作。茶树栽培、种植推广使用生物有机肥和病虫害综合防治技术，不得使用国家禁止使用的农药等化学物品。

第十九条　市、有关县（区）人民政府食品监督主管部门应当严格安化黑茶生产企业的生产许可管理，强化日常监督，定期开展监督抽查，做好安全风险评估，并会同相关部门建立食品安全追溯协作机制。

安化黑茶生产经营者应当建立安化黑茶安全追溯体系。

第二十条　以国家质检总局批准的安化黑茶地理标志产品保护范围内种植的茶叶为原料，在保护范围内按照安化黑茶制作特定工艺生产的安化黑茶，可以依照有关规定申请使用安化黑茶地理标志产品专用标志。

安化黑茶地理标志产品专用标志的使用单位，应当按照地理标志产品有关标准和管理规范加工制作安化黑茶，确保原料产地、加工工艺、场所、产品质量符合标准要求，并建立原料收购和产品生产、销售台账。

第二十一条　"安化黑茶""安化千两茶"等证明商标注册人应当按照使用管理规则对证明商标的使用进行有效管理或者控制。使用人应当接受注册人的检验监督，保证安化黑茶特定品质。

第二十二条　市、有关县（区）人民政府应当推进安化黑茶的国际互认、品牌评价体系建设，鼓励和支持安化黑茶生产者申请绿色食品、有机产品等产品质量认证，争创国际国内名牌产品。

第二十三条　鼓励具备条件的中、高等职业技术院校开设安化黑茶制作技艺等专业课程，采用职业教育与拜师学艺相结合等方法，培养安化黑茶技艺人才。鼓励中、小学校将安化黑茶文化纳入素质教育内容，因地制宜开展教育活动。

第二十四条　市、有关县（区）人民政府文化主管部门应当编制安化黑茶文化传播与推广规划。

市、有关县（区）国有图书馆、文化馆等，可以设立有关专门展室、展位，普及安化黑茶文化知识，提高全社会对安化黑茶文化遗产的保护意识。

鼓励和支持报刊、广播、电视、网络等新闻媒体宣传安化黑茶文化遗产及其保护工作。

鼓励公民、法人和其他组织创作安化黑茶文艺作品，制作发行与安化黑茶文化有关的出版物，开展安化黑茶文化的国内外交流、传播与推广工作。

第二十五条　市、有关县（区）人民政府旅游主管部门应当将安化黑茶文化遗产保护和展示工作纳入旅游专项规划。

合理利用安化黑茶文化遗产，发展特色旅游产业。鼓励和支持公民、法人和其他组织开发、制作体现安化黑茶文化特色的旅游产品。

第二十六条　国家工作人员在安化黑茶文化遗产保护、保存工作中玩忽职守、滥用职权、徇私舞弊的，依法给予行政处分；构成犯罪的，依法追究刑事责任。

第二十七条　公民、法人和其他组织，违反本条例规定的行为，有关法律法规规定处罚的，从其规定。

第二十八条　本条例经省人民代表大会常务委员会批准，由市人民代表大会常务委员会公布，自 2018 年 1 月 1 日起施行。

安化黑茶产业发展调研报告

湖南省人大常委会调研组（2017 年 12 月）

今年 7 月，为配合开展《益阳市安化黑茶文化遗产保护条例》制订工作，湖南省人大常委会原副主任蒋作斌、湖南省人大常委会预算工委原主任朱新民、湖南省人大常委会副秘书长罗述勇、湖南省大人常委会研究室副主任王向前、益阳市人大常委会原主任李稳石、周再华等一些同志组成调研组，到安化县围绕安化黑茶产业发展进行了 4 天的调研。调研组走访了华莱、建玲、云上、求喜、天茶、卧龙源、茶香花海、千秋界、八角、梅山文化生态园等茶叶生产、加工及茶文化企业，比较广泛地听取了益阳市和安化县党委、人大、政府及相关部门、企业的意见建议。调研期间，正值中央纪委原副书记夏赞忠同志回到安化老家，听闻我们此次专题调研，赞忠同志非常高兴，认为这次调研十分有意义、十分重要，并叮嘱调研组和在场的安化县委县政府领导同志："安化黑茶关键的关键是保护，一定要像保护生命一样保护好安化黑茶。要把安化黑茶作为安化产业发展龙头中的龙头、重点中的重点、支柱中的支柱，作为湖南的一张亮丽名片，采取有力措施推动安化黑茶持续健康发展。"调研组感到，自 2006 年起步以来，安化黑茶奇迹般崛起，十年铸就辉煌，走出了一条具有典型意义的农业现代化发展之路。安化黑茶发展的成功经验值得深入挖掘、总结、推广。

一、安化黑茶十年创造了奇迹

安化黑茶因产自安化县而得名，是中国古代名茶之一。早在唐代，安化黑茶已成为贡品。明清两代安化黑茶进入发展的黄金时期。解放初期，安化县有茶园 60 多万亩，茶市贸易十分繁荣。但是由于种种原因，从 20 世纪 80 年代开始安化黑茶走向衰落。到 2006 年时，安化黑茶乃至整个安化茶产业陷入低谷，当时安化茶产业一年的产值不到 2000 万元，税收只有四五十万元，仅有的几家茶厂都已困难重重甚至关门倒闭，现在的龙头企业白沙溪茶厂，当时要靠变卖资产和借债来发放留守职工的工资。因为茶叶卖不出去，许多茶场和农户毁掉茶园改种其他作物或者种上树木。2006 年底，中共益阳市委、市政府和中共安化县委、县政府在深入调研的基础上，确定了打造"安化黑茶"特色产业的发展战略，实施基地建设、龙头企业建设、市场建设、文化建设"四措并举"，高起点、高标准、高位推动安化黑茶发展。2016 年，安化县茶园面积恢复到 31 万亩，茶产量达到 6.5 万 t，茶产业综合产值达到 125 亿元，财政税收突破 2 亿元。安化黑茶占全国黑茶总量达到 32.5%今年预计茶产量将达到 7.5 万 t，综合产值达到 150 亿元，实现税收 3 亿元。在安化黑茶的影响和带动下，益阳市茶产业加速发展。2016 年，益阳市茶产量达到 12.2 万 t，茶产业综合产值 160 多亿元；今年预计茶产量突破 13 万 t，综合产值 200 亿元以上。安化黑茶已经成为益阳市和安化县农业产业化发展的标杆和脱贫攻坚的支柱产业，产品成功销往北京、上海、广州、深圳、香港、台湾等城市和地区，并远销俄罗斯、德国、日本、韩国等国家。2016 年，云南省普洱市全年茶产业综合产值为 203.4 亿元，按照目前发展的速度，益阳市茶产业综合产值不久就可能超过云南省普洱市。十年来，安化县先后被评为中国黑茶之乡、全国重点产茶县、中国茶叶科技示范县、中国生态产茶第一县、黑茶产量第一县、科技创新第一县、茶叶税收第一县、全国知名品牌创建示范区，并且连续五年位居全国重点产茶县前四强，连续十年黑茶产量居全国第一位。今年 7 月（2017 年 7 月），在德国汉堡举行的 G20 峰会上，国家有关部门把安化黑茶同中国高铁、中国航天、中国电信一起，作为新时代中国"四大名片"向世界推介，打出了"世界黑茶中心——安化"的品牌宣传横幅，这是安化黑茶前所未有的殊荣。在 12 月 6 日（2017 年）国家农业部发布的中国首批 62 个特色农产品优势区名单中，安化黑茶与邵阳油茶、华容芥菜作为湖南的代表名列其中。安化黑茶的飞速发展，带动了安化县及益阳市包装、物流、住宿、餐饮、旅游等诸多行业步入发展快车道。以益阳市邮政业务为例，去年全市邮政物流营业额历史性地达到了 3000 多万元，今年预计将突破 4000 万元，而其中 90% 以上的业务量来自黑茶物流。据了解，全省著名的连锁酒店华天酒店，在一些地方处于亏损状态，但安化县的华天假日酒店却车水马龙、十分热闹，出现当天订不到床位的火爆场面，成为华天集团的一面旗帜。在安化，大家现在谈得最多的是黑茶，想得最多的是黑茶，引以为荣的是黑茶，黑茶已经融入了安化及益阳人民群众的日常生产和生活，安化黑茶正演绎着一场创造历史的传奇。

二、安化黑茶产业已经具备进一步做大做优做强的核心竞争力

经过十年的高速发展，安化黑茶不仅在总量上占有较大优势，而且已经拥有核心竞争力，为进一步做大做优做强奠定了坚实的基础。

（一）有悠久的历史传承和得天独厚的自然条件

一是千年传承具有唯一性。安化县是中国黑茶发源地之一，黑茶文化源远流长。在中国黑茶史上，安化黑茶是"储边易马"的官茶，是农牧民族不可缺少的"生命之饮"和古丝绸之路上的神秘之茶。唐朝时期就有"渠江薄片，一斤八十枚"的记载。明万历

年间，安化黑茶确定为运销西北的"官茶"。清末民初，安化黄沙坪资江沿岸约 1.5km 沿线就有 13 个船码头，其中 9 个主要用来装运茶叶，仅仅 1km² 多的街区里聚集商铺百余家，茶号 52 家，差不多全国所有的大茶号都有分庄设在此处，常驻人口达到 4 万多，高峰期人口总数达 30 万之巨，呈现"茶市斯为最，人烟两岸稠"的盛况。民国时期，湖南省政府茶叶处设在安化。随着安化黑茶历史文化的深入挖掘，安化是中国黑茶家族许多产品的发源地和唯一生产地、万里茶路的重要起点、千年黑茶源自安化等形式定论和共识。安化是"万里茶道"申遗的重要支点，县内的鹞子尖古道、安化风雨桥、古茶厂、梅山传统村落、古茶园、资江两岸古茶市等文化遗存已列入"万里茶道申遗"筛选项目。千两茶、茯砖茶、天尖茶、黑砖茶、花砖茶等制作工艺已分别申报为国家、省、市非物质文化遗产。二是冰碛岩区和适度富硒区具有不可复制性。安化地处武陵山余脉和雪峰山余脉交汇处，是全世界冰碛岩最集中的地区，约占全球已探明总量的 85%，拥有这种 6 亿年前冰河世纪遗迹的地区，会形成一种相对独特的沙砾岩土壤条件，非常适合茶树生长。陆羽在《茶经》中写道："上者生烂石"。安化土壤富含硒元素。据检测，安化茶叶平均硒含量为 0.22ppm，是全国茶叶平均值的两倍，世界茶叶平均值的 7 倍。硒元素能刺激免疫蛋白及抗体的产生，增强人体对疾病和辐射的抵抗力。三是独特地理气候环境条件具有稀缺性。安化素有"山奇、水碧、洞幽、林茂、茶丰"的美誉。地处北纬 28° 左右的中国黄金产茶带，属亚热带季风性湿润气候，四季分明，热量充足，严寒期短；境内峰峦挺拔，溪流纵横，山高林密，无工业污染，森林覆盖率达到 76.2%，茶园基地平均海拔 500m 多，属典型的中山区，山中常年云雾缭绕，茶树"山崖水畔，不种自生"；资江流经全境达 110km 多，柘溪库区常年烟雨朦胧、云蒸霞蔚，给茶树生长提供了独特的自然环境。

（二）有国际性公共品牌和核心企业

益阳市和安化县高度重视品牌建设，集中力量打造"安化黑茶"公共品牌，发挥品牌的核心影响力和辐射力。2009 年，安化县在国家工商总局成功注册了"安化黑茶"证明商标，此后，又先后在国家质检总局、工商总局注册了"安化黑茶"地理标志保护产品，成功申报了两项国家级非物质文化遗产。"安化黑茶"的品牌价值迅速提升，目前"安化黑茶"公用品牌市场估价已达 30 亿元以上。近年来，随着"一带一路"战略的深入实施，安化黑茶已逐渐打开国际市场。在安化黑茶这一面旗帜下，安化县已发展黑茶加工企业 150 余家，其中规模企业 59 家。华莱科技被授予国家农业产业化重点龙头企业，白沙溪茶厂、中茶安化茶厂、怡清源、梅山、阿香茶果、建玲等 6 家企业被评为省级龙头企业，还有省级高新技术企业 4 家，市级龙头企业 21 家。有上市公司 1 家，还有 3 家正在申报上市。电商、微商、直供直销、个性定制、加工体验等新业态和新模式迅速崛起，已经形成了庞大的产业集群。同时，安化黑茶的现代企业生产、管理机制发展迅速，黑茶行业实现采摘、毛茶加工的机械化、自动化，包装、物流的机械化、自动化，多个企业已建成从鲜叶到成品的全自动化流水线，华莱科技、中茶安化茶厂、盛唐黑金的黑茶饮已建成保健食品级的 GMP 生产线。特别是国家农业产业化重点龙头企业华莱科技，下辖湖南华莱冷市黑茶产业园、万隆黑茶产业园、3 万亩有机黑茶种植基地、中国安化黑茶种苗繁育中心、GMP 深加工生产车间、叶子茶厂、水龙茶园等多个茶叶种植生产基地，年生产销售黑茶 3.8 万 t，占安化黑茶生产销售总量的 58%。2016 年产值达 50 亿元，税收 1.76 亿元，占安化县当年茶叶税收总额的 88%；今年预计将突破 60 亿元，税收 2.5 亿元。自 2011 年以来已累计上缴国家税收逾 5 亿元，累计赞助公益资金逾 3 亿元；安排长期就业人员 3500 人，涉及土地流转的农民、茶农及茶叶生产相关人员 9.67 万人，其中贫困农户 2.32 万人，为推动安化黑茶产业快速发展及落实国家精准扶贫工作做出了突出贡献。农业部《关于抓住机遇做强茶产业的意见》中提出，"到 2020 年，培育 5 个销售额超 50 亿元的茶叶集团，1~2 个具有国际影响力和品牌知名度的超大茶叶集团"，华莱科技是第一家。

（三）有核心技术支撑

益阳市和安化县集中进行技术攻关，在一些领域取得了突破性进展。由湖南农业大学刘仲华教授领衔的《黑茶提质增效关键技术创新与产业化应用》项目获得国家科学技术进步奖二等奖，这是中国茶业界的最高荣誉，更是安化黑茶技术的科学依据。在茶叶企业科技创新方面获得国家科学技术进步奖二等奖的只有安化黑茶。茯砖茶中的"金花"已经成为走俏市场的"卖点"。"金花"学名冠突散囊菌，内含对人体有益的多种活性成分和微量元素。安化黑茶的拼配技术已相当成熟，并已作为黑茶的核心技术之一加以保护。同时，安化还与各茶叶研究机构保持密切合作，聘请了陈宗懋、刘仲华等 7 位茶叶界顶级专家担任产业发展首席顾问，设置安化黑茶学校、安化黑茶研究院、安化黑茶工程研究中心、雪峰山茶叶研究工作站等科教机构，培养专门人才，利用劳动技校、农广校等开展茶艺师、评茶师、制茶工等专业培训。华莱科技建立了博士工作站，白沙溪牵头成立了企业创新联盟，其他骨干企业也纷纷投入科研与新产品研发。2016 年，安化县茶产业申请专利 260 项，其中发明专利 40 项。2017 年，中共安化县委、县政府大力实施人才引进工程，高薪聘请到入选国家"千人计划"青年项目的上海交大附属医院专家蒋玉辉及其团队，对安化黑茶的健康和药理功效进行基础性研究，这将为安化黑茶长远发展提供十分重要的战略支撑。

同时，调研也发现，安化黑茶也还存在一些不容忽视的瓶颈和问题。一是保护意识、危机意识、长远意识不强。一些同志存在自我陶醉、盲目乐观情绪，对黑茶产业发展存在的风险缺乏清醒认识，对黑茶产业发展中存在的问题重视不够、研究不够、采取有效措施解决不够。二是安化本地优质黑毛茶原料严重不足。安化黑茶产业快速发展与安化本地优质黑毛茶原料严重不足的矛盾日益突显。安化现有茶园基地 31 万亩，不到历史最高峰的一半。据了解，目前安化黑茶使用的原料只有 50% 左右来自安化本地及周边区域，还有一半的原料来自省外。外地黑毛茶大量涌入安化市场，质量上良莠不齐，甚至一些下脚料也倾销到了安化，对安化黑茶产品的质量安全造成严重隐患。同时，由于外地黑毛茶的冲击，安化一些本地优质黑毛茶因为价格高，反而卖不出去，造成安化本地优质黑毛茶滞销的假象。据了解，云南普洱茶现有茶园基地 140 多万亩，基本能保证普洱茶原茶的供应。相比之下，安化黑茶茶园基地还有很大差距。三是市场乱象存在隐忧。安化现有茶叶加工企业 150 多家、营销企业 200 多家、黑茶注册商标 4000 多个。企业数量多而杂，大多数企业规模偏小，产品雷同，同业竞争严重。黑毛茶收购缺乏统一标准，生产标准执行不严格不到位，产品质量参差不齐。有的企业为追求利润，降低产品质量标准，压价促销，严重扰乱了市场秩序。特别是有的企业在外地采购原料并组织生产，然后贴牌贱卖，监管难度很大。个别生产经营者甚至用一些低劣假冒原料进行加工，成为了新的"黑心棉"，严重损害了安化黑茶的声誉，影响安化黑茶的长远发展。一些钟爱黑茶的人士最担心的就是买不到正品。四是市场拓展存在瓶颈。安化黑茶销售目前主要还是国内市场，国外市场还处于起步阶段，营销力度还需进一步加大，营销手段还需更加多样化。安化黑茶还没有取得出口代码，产品出口只能借用普洱茶或者其他茶叶的"身份证"，很大程度制约着国外市场的拓展。以上这些虽然都是发展过程中出现的问题，但如果不引起高度重视，并采取有力措施加以解决，则可能会危及安化黑茶产业的健康发展。

三、着力打造安化世界黑茶中心的对策建议

打造安化——世界黑茶中心，是落实党的十九大精神，打赢脱贫攻坚战、推进农业供给侧结构性改革、实施乡村振兴战略、建设美丽中国的重要举措。在调研中，安化县广大干部群众、省和益阳市有关领导、各相关部门和单位、专家学者，特别是黑茶产业的生产经营者，纷纷给安化黑茶的未来发展把脉问诊，提出了许多好的对策建议。

（一）从更高层次、更大视野、更远眼光谋划安化黑茶未来发展

打造安化——世界黑茶中心，迫切需要从更高层面来谋划和推动，需要国家和省有关部门大力支持。大家建议，湖南省委省政府要将安化黑茶作为本省对接"一带一路"国家发展战略和实施创新引领开放崛起战略的重要产业来谋划，作为精准扶贫精准脱贫

的重要产业来扶持，作为实施乡村振兴战略、做大做强区域经济的重要产业来发展，大力支持安化特色经济产业县建设。湖南省发改委制定安化黑茶五年以及中长期发展规划，林业、农业、国土、旅游、科技、教育、检验、工商和财政金融等部门相应作出专项支持计划。湖南省有关部门积极争取国家相关部委支持，争取优先进入国家品牌计划，在制定"安化黑茶"出口目录、出口退税、质量检测等方面优先安排和支持。搭建省级宣传平台，湖南卫视、湖南经视、湖南日报、湖南电台、红网等湖南省内主流媒体将"安化黑茶"作为湖南名片加大对外宣传和推介力度。

（二）加强顶层设计，明确目标定位

调研中，大家提出，到 2020 年，实现黑茶年产量 15 万 t、综合产值 300 亿元以上、年税收 10 亿元以上；到安化黑茶产业快速发展下一个 10 年即 2026 年时，实现综合产值 500 亿元以上、税收 20 亿元以上，成为千亿湘茶的支柱。大家认为，这样的目标是建立在可靠的基础之上的，是可行的。一是安化黑茶的市场份额还有很大的提升空间。目前中国茶叶消费市场上，六大类茶各领风骚。2016 年，全国茶叶总量为 223 万 t，其中黑茶为 20 万 t，黑茶的占有量不到 9%；安化茶占全国茶叶总量只有 3%，无论是黑茶的占有量，还是安化茶叶的占有量，都还有很大的提升空间。二是黑茶的保健功效将催生巨大的消费群体。随着人们生活水平的提高，黑茶在助消化、解油腻、降"四高"等方面的明显功效，使黑茶成为越来越多的人选择的消费品。目前，黑茶产品正向普及化、大众化方向发展，黑茶将会迎来更大的市场机遇。三是黑茶历久弥香，极具收藏价值。黑茶不同于其他茶类，保质期长，而且历久弥香，味道更醇厚、悠香。目前市面上正兴起一种黑茶收藏热，在广东、香港、台湾以及东南亚一些地方年份黑茶市场很大。一些高端人群也钟爱收藏陈年黑茶。黑茶的这一特性，使其具备了持续发展的无限潜力。四是黑茶的国际市场特别巨大。黑茶是"一带一路"沿线许多国家的"刚需"，需求空间大、销路好。随着我国"一带一路"战略的深入实施，古丝绸之路沿线国家和地区以及欧美等发达国家的市场空间十分巨大。目前销往俄罗斯的黑茶供不应求。五是市场竞争"二八效应"提供了有力支撑。国人经常慨叹："七万家茶厂不敌一个英国立顿"。这其实就是市场竞争规律"二八效应"的体现。英国是一个不产茶叶的国家，但英国立顿公司却成为了全球最大的茶叶企业。立顿公司的发展告诉我们，在充分竞争的情况下，市场份额会向大规模、大品牌的企业集中，20% 的强势品牌，占有 80% 的市场份额。现在全国的茶业市场还处在一个发展的初步阶段，特别是黑茶属于新崛起的茶类，未来势必将出现强者更强的局面。安化黑茶已经具备了先行一步的基础，只要抓住机遇，发挥优势，开拓创新，就能在激烈的市场竞争中勇立潮头。

（三）着力打造"百里茶廊""百万亩茶园""全域旅游康养休闲目的地"

打造500亿的大产业，建设百万亩茶园基地是战略支撑。借鉴莱茵河两岸葡萄园和葡萄酒庄以及文化旅游相结合的成功经验，建设以安化为核心的"百里茶廊""百万亩茶园"基地，打造一批具有代表性的茶庄，深度开发茶旅文化，建设全域旅游康养休闲目的地。建设"百里茶廊"。以安化县境内资江两岸为核心区域，全力打造高标准有机茶园基地，建设一批高品质的茶庄和一流的茶叶生产加工企业，形成黑茶生产、加工、体验、文化旅游、健康养生百里走廊。建设"百万亩茶园"。以安化县为核心区域，适度考虑周边的雪峰山和武陵山宜茶区域，建设百万亩以上高标准生态有机黑茶基地。建设"全域旅游康养休闲目的地"。落实中央和省委全域旅游发展战略，安化县正在着力打造茶马古道、蚩尤故里、梅山文化等旅游景点，抓紧建设和完善黄沙坪古茶市、中国黑茶博物馆、中国黑茶大市场、安化黑茶主题公园、云上茶旅文化园、茶乡花海、中国黑茶旅游小镇、安化黑茶学校等茶旅文重点工程，力争通过3~5年的努力，将安化初步建设成为全域旅游的样板，打造成为世界级黑茶健康养生休闲度假旅游目的地。

（四）坚守安化黑茶核心价值高地和精神道德高地，打造湖南永久名片

坚定不移打造安化黑茶地理标志产品、坚定不移守护安化黑茶公共品牌，这是安化黑茶的核心价值高地。必须坚持做好"安化本地茶"这个根本，以安化地理区域为核心，以安化本地黑毛茶原料为主体，全力打造安化黑茶地理标志品牌。始终把安化黑茶品牌保护放在第一位，坚定维护安化黑茶公共品牌这一金字招牌，切实防止黑茶品牌内部恶性竞争。坚持信誉第一，质量至上，以做人的标准来做茶，坚守安化黑茶精神道德高地，使安化黑茶永远保持纯真自然的本味。牢固树立绿水青山就是金山银山的理念，始终坚持绿色发展，加强绿色有机生态茶园基地建设，建立健全全过程、全产业链质量追溯体系。进一步完善标准体系，严格标准执行。特别是要制定和严格执行黑毛茶的收购标准，加强对外地流入黑毛茶的监管验收，把好原料"入口关"，确保毛茶质量。加强质量管理，坚守最严厉的食品生产安全制度，坚持常态化巡查，持续推进清洁化、标准化生产。加强市场监管，坚决打击假冒伪劣产品，整治市场乱象，努力打造老百姓的放心茶、高品质的健康茶。加强立法保护，在益阳市安化黑茶文化遗产保护条例的基础上，开展湖南省黑茶条例的立法调研，适时将黑茶保护与发展的成熟做法上升为省级地方性法规。

（五）支持做大做强龙头企业，提升规模化集约化水平

坚持做大做强与做精做专相结合，加大黑茶企业整合力度，鼓励实施兼并重组，不断提升安化黑茶产业的组织化程度，推动全产业规模化集约化发展。支持龙头企业加强基地建设，实施"龙头企业＋基地＋农户"模式。推动"茶产业＋"新业态加快发展，

不断延伸产业链条，发展精深加工，提高黑茶产品附加值，着力打造综合产值上100亿的大型企业。加强重点品牌示范引领，强化行业约束和企业自律，努力打造百年老店。

四、安化黑茶发展的启示

习近平总书记对湖南提出了"三个着力"的要求，寄予殷殷希望，强调要着力推进供给侧结构性改革、着力加强保障和改善民生工作、着力推进农业现代化。湖南作为一个传统农业大省，如何推进农业现代化，是我们肩上沉甸甸的责任。推进农业现代化，关键是要推进农业产业化。抓好农业供给侧结构性改革，核心是推进农业转型升级，推动高质量高效益发展。安化黑茶产业十年的发展历程，为我们提供了深刻的启示。

（一）推进农业现代化，实施乡村振兴战略，打赢脱贫攻坚战，实现人民对美好生活的向往，第一位的是要做大做强产业

杜家毫书记（原湖南省委书记）湖南省委第四次全会上指出："实施创新引领开放崛起战略，最终要落到产业项目上。要坚持把培育产业、发展产业、壮大产业作为做好经济工作的重点，作为推动经济转型升级的关键，持之以恒、锲而不舍地抓下去。"安化黑茶产业快速发展的十年里，安化老百姓得到了实实在在的实惠，安化县财政得到了实实在在的收入。在安化黑茶产业的带动下，安化县大量的农村劳动力转移到从事茶叶种植、加工以及相关服务业。据调查，一户农民如果种植一亩茶园，一年的纯收入可达到5000元以上，高山有机茶可以达到1万多元。一个家庭种植一亩茶园，就能基本实现脱贫，种植2亩以上，就能稳定脱贫。同时，农闲时候还可以从事其他相关服务工作增加收入。目前，安化县从事与茶业相关的绿色包装、茶叶加工、现代物流、营销仓储以及茶馆茶楼、茶旅餐宿等行业的农村劳动力大幅度增加，许多农民从田间走向车间，从农民成为了商人，实现了脱贫致富。据统计，目前安化县茶产业及关联产业从业人员达到32万人，年劳务收入达35亿元以上。益阳全市从事茶产业及关联产业的从业人员达到了50万人，年劳务收入近60亿元。可以说，茶产业已经成为安化县及益阳市广大人民群众脱贫致富的重要支撑。2016年，安化县财政收入12.2亿元，其中茶产业税收为2亿元；2017年安化县财政收入为13.4亿元，其中茶产业税收为3亿元，茶产业成为了县财政收入增长的重要来源。安化黑茶的实践启迪我们，落实十九大精神，大力实施乡村振兴战略，打赢脱贫攻坚战，推动县域经济发展，必须把做大做强产业摆在首位，实现培育一个产业、带动一片经济、致富一方群众，实现一地小康。

（二）产业发展必须尊重规律，坚持因地制宜、突出资源优势和地域特色

产业发展必须要立足本地资源优势，围绕自然条件、历史传承、区位优势等资源禀

赋的差异性来谋划，克服粗放式、同质化、低水平重复建设。安化黑茶创造的奇迹正是最佳的注脚。湖南物华天宝、人杰地灵，许多地方都有独特的地域特点，形成了一些有地理标志特色的品牌，诸如邵阳衡阳等地的油茶、华容的芥菜、沅江的芦笋、湘西的猕猴桃、江永的香柚等等，要利用这些优势产品做大做强县域和乡村经济。以油茶为例，全球油茶产量90%以上来自中国，中国油茶产量近一半来自湖南，湖南的油茶面积、茶油产量、茶油产值和科技水平均居全国首位。茶油被称为"东方橄榄油"，其品质甚至超过橄榄油，优质茶油未来有着广阔的市场发展空间。杜家毫书记高度重视油茶产业发展，多次提出明确要求。前不久又专程到邵阳县调研，指出要大力发展油茶产业，助力精准扶贫精准脱贫工作。近年来，邵阳县举全县之力发展油茶产业，先后获得全国油茶基地示范县、"中国茶油之都""中国茶油之乡"、国家油茶交易示范中心等多个国字号金子招牌，"邵阳茶油"列为国家地理标志保护产品。前不久，邵阳县被国家农业部评为全国首批特色农产品优势区。近5年来，全县通过发展油茶产业，累计带动3.1万人实现了脱贫致富，占到全县累计脱贫人口的三分之一。可以预计，未来湖南油茶完全可能成为下一个安化黑茶，甚至会超过安化黑茶。"民以食为天"茶油是生活必须品，而且是高品质的必须品，完全可以做成一个非常大的产业。因此，对这些全省的优势产业，建议要集中攻关，一个产业组建一个班子，一个专题一个专题进行深入研究，出台针对性强的扶持政策措施，争取多一些产业进入国家笼子，获得更多的国家政策支持，这样持续抓上十年八年，全省培育出一批上千亿的产业、一批过百亿的企业，湖南的农业现代化就会迈上一个新的台阶。

（三）做大做强产业必须认真践行"创新引领、开放崛起"战略，持续推动创新、开放举措落地落实

湖南省第十一次党代会作出大力实施"创新引领、开放崛起"的战略部署，抓住了湖南发展的"牛鼻子"。安化黑茶的成功之路，不断创新、勇于开放是一条基本经验。十年来，安化黑茶立足传统优势，着力推进技术创新、产品创新、业态创新、营销模式创新，实现了一个又一个新的突破。截止2016年，安化累计申请茶叶专利700余件、授权专利279件，其中授权发明专利20余件。同时，加快黑茶科技成果转化速度，全力推进安化黑茶饮料的研发和市场推广，加快以安化黑茶为原料的茶点、茶席、美容、保健、医药、日化等新产品的研发，不断延伸产业链，大力推动黑茶产品大众化、方便化消费。湖南许多的行业都属于传统产业，如何做大做强，创新和开放是车之轮、鸟之翼。如果因循守旧，不思作为，缺乏创新的底气、开放的勇气，传统的优势也会消失殆尽。只要我们全力抓好省委创新引领开放崛起战略举措的落地落实，就能推动湖南成为创新的洼地和开放的

高地，为实现湖南的跨越发展插上腾飞的翅膀。

（四）抓产业发展必须坚持一张蓝图干到底，踏石留印、久久为功

杜家毫书记多次强调："要坚持一张蓝图干到底，一棒接着一棒干，推动经济持续健康发展。"安化黑茶十年锲而不舍正是对这一精神的最好诠释。在以习近平同志为核心的党中央坚强领导下，中国特色社会主义进入了新时代、开启了新征程。中央和省委大政方针已经确定，目标任务已经明确，各地只要认真落实习近平新时代中国特色社会主义思想，落实党的十九大精神和中央经济工作会议精神，结合本地实际，坚持一张蓝图干到底，一届接着一届干，一棒接着一棒跑，踏石留印，久久为功，就一定能够实现更高质量更高效益更高水平的发展，就一定能够实现富饶美丽幸福新湖南的美好明天。

益阳市人民政府办公室
《关于在全市统一打造"安化黑茶"品牌的通知》

益政办函〔2008〕40 号

各区县（市）人民政府，大通湖区管委会，市直有关单位，有关单位：

为规范我市黑茶市场，统一打造"安化黑茶"品牌，促进黑茶产业快速健康有序发展，经市人民政府同意，现作出如下通知：

一、统一思想，提高认识

安化是黑茶的故乡。安化黑茶是黑茶中的珍品，品质与风味独特，历史悠久，在国内外有较高的知名度和美誉度，市场前景广阔。品牌是名优产品的重要标志。在全市统一打造"安化黑茶"品牌，有利于建立统一的黑茶生产加工标准体系，提高黑茶质量；有利于规范黑茶市场，加强品牌保护；有利于整合资源，加强宣传推介，促进我市黑茶产业加快发展。各级各有关部门要统一思想，提高认识，密切配合，认真做好这项工作。

二、强化工作措施

一是加快申报注册"安化黑茶"地理商标。建立由益阳市农业局负责人牵头，益阳市工商局、市质监局、市茶叶局等单位负责人参加的"安化黑茶"地理商标申报注册工作领导小组，统一组织商标申报注册工作。益阳市茶叶局、益阳市茶叶协会和市工商局要安排专人负责商标申报注册工作。

二是安化市安化茶叶协会和市茶叶局要组织对全市黑茶生产、加工企业进行一次全面的调查摸底，掌握黑茶企业基本情况、技术水平和产品质量等方面情况，着手制定黑茶质量标准和生产加工技术规程，建立黑茶标准体系，加强品牌保护。

三是加强黑茶市场管理。由益阳市茶叶局牵头，益阳市工商局、市质监局参加，对全市黑茶企业进行一次清理整顿。对不符合规定条件的企业，依法予以取缔。加强黑茶企业管理。严把企业登记注册关，加强企业年检年审工作。

四是切实做好宣传推介工作。益阳市茶叶局和市茶叶协会要制订"安化黑茶"品牌宣传推介工作方案，有计划、有步骤地组织黑茶企业开展品牌宣传。益阳市茶叶协会要组织全市黑茶生产、加工企业、经营单位要在自创品牌上加注"安化黑茶"字样，在黑茶产品上粘贴"安化黑茶"标志。各级新闻媒体要积极配合做好宣传工作。

三、加强组织领导

各级各有关部门要加强对这项工作的组织领导，坚持政府引导与市场运作相结合，采取切实有效的措施，使统一打造"安化黑茶"品牌工作取得实效。益阳市茶叶产业工作领导小组要加强指导协调和督促检查。益阳市农业局和市茶叶局要精心组织，周密部署，认真搞好规划管理、资源管理、标准建设、品牌培育和政策协调等工作。益阳市工商局、益阳市质监局等单位要各司其职、各负其责，密切配合，加强市场监管和品牌保护，维护市场秩序，齐心协力打造好黑茶品牌。

二〇〇八年四月五日

中共安化县委　安化县人民政府
《关于做大做强茶叶产业的意见》

安发〔2007〕1号

　　茶叶产业是我县的传统优势产业。为进一步提高全县茶叶产业化、标准化、品牌化、国际化水平，重振安化茶叶产业雄风，加快推进富民强县进程，经县委、县人民政府研究，现提出如下意见。

一、提高认识，明确茶叶产业发展的思路和目标

（一）发展意义

　　我县是全国著名的黑茶之乡，产茶历史悠久，茶叶品质优良，加工工艺独特，文化底蕴深厚，在国内外享有盛誉。茶叶产业是我县传统的优势产业，历来是农民收入的重要来源。做大做强茶叶产业，是促进我县农村经济发展的重要举措；是推进我县现代农业建设和新农村建设的必然选择；是加快我县富民强县的客观要求。

（二）指导思想

　　坚持科学发展观，以"文化引路、科技先行、政府引导、政策扶持、市场运作、龙头带动"为发展方略，以"改良品种、提升品质、打造品牌、丰富品位"为着力点，培育壮大龙头企业和产业基地，提升茶叶整体品质和产业整体素质，促进茶叶产业又好又快发展。

（三）总体目标

　　通过5~10年发展，全县建成高标准、高产出、高效益茶园15~20万亩，年产茶叶30~40万担。同时，实现茶产业与旅游业的联体，将我县打造成为全国闻名的茶叶之乡、黑茶之乡。

二、规范生产，提高茶叶产业标准化水平

（一）发展优质茶园基地

　　近5年按照每年建茶园基地1万亩以上的要求，抓好云台山大叶种的选育推广，落实优质茶苗基地400亩。抓好生态茶园建设，使"安化茶"争取"无公害""绿色食品""有机食品"认证，并实行标准化生产。加速老茶园改造，在5年内对老茶园采取改种、补植、修剪、定型等措施改造完成5万亩，使其达到有机茶园标准。建立基地重点区域，以高

马二溪、"六洞"茶和云台山大叶种原生地区域及资江沿线乡镇为重点，建设集中连片的丰产示范茶园基地。

（二）提高茶叶栽培水平

新发展茶园都要种植无性良种种苗，良种率达 100%；所有茶园都要达到无公害产品要求，其中有机茶园面积 60%；努力扩大茶园机耕、机修、机采面积；积极推广以虫治虫、禽治虫、人工捕杀、农业防治害虫的措施，按国家规定使用药品防治病虫害，坚决禁止使用有毒有害药品。

（三）建立茶叶标准体系

围绕健康、绿色、有机的市场消费理念，坚持按照"天然无公害"的"安化茶"品质要求，全面推行生产管理、采摘、加工、出厂检验、包装销售标准，确保"安化茶""安化黑茶""安化千两茶"的品质水平和市场信誉。

（四）推进企业技术改造

加大力度支持规模大、基础好的茶叶加工企业，积极引进和利用先进设备，创新生产技术、改造不适应发展需要的加工工艺和设备。支持推广名优茶机械加工新工艺，引进和推广茶叶汽热杀青机、微波杀青机等高新技术设备，加快实现茶叶加工企业的清洁化、自动化生产。

（五）支持企业做大做强

集中力量扶持一批有规模、讲信誉、有潜力的茶叶生产龙头企业和"老字号"传统产品加工企业，使其尽快做强做大，增强产业带动作用。加快推进行业整合，促进中小茶叶企业向骨干企业、优势产品和品牌集中，形成集约化生产经营，走"公司 + 基地 + 农户"的路子。品牌授权生产企业和重点扶持企业必须在县境内建立 500 亩以上的茶园基地。鼓励和引导实力强、管理优的企业，以收购、参股、控股等多种形式参与茶叶企业改制重组。

（六）严格规范企业行为

县质监、工商、农业等部门和县茶业协会要按照国家、地方茶叶生产及加工技术标准，制定和完善相应的生产加工、质量监测、检验操作规程，指导和督促企业标准化生产。

（七）生产经营者必须诚信自律

要严格遵循市场经济规律，以最好的质量服务消费者，赢得消费者；不以次充好，不粗制滥造，不从事假冒伪劣活动，自觉接受消费者和社会监督，共同打造并维护"安化茶""安化黑茶""安化千两茶"等品牌良好的市场信誉和形象，推动安化茶叶产业持续健康发展。

三、发展茶叶文化，扩大"安化黑茶"品牌影响力

（一）发展茶文化

深入挖掘整理和弘扬茶文化，申报"安化千两茶""黑砖、茯砖、花砖""天尖、贡尖、生尖"非物质文化遗产保护；申请"中国黑茶之乡——安化"的命名；开展原产地证明商标保护和驰名商标及专利的申报。建立"安化茶"陈列馆，在全县征集茶行（庄）、茶亭、茶碑、茶钟、茶具、茶马古道及茶书、茶诗、茶联等实物及资料，并深入研究安化茶文化和茶历史，丰富安化茶文化内涵。兴办茶文化和茶叶产业的网页、网站，拍摄与茶叶相关的影视作品。

（二）开发茶旅游

保护现存的与安化茶产业历史密切相关的茶场、茶园和茶校旧址、遗址。加强古茶树资源的保护和利用，加快黄沙坪古茶市建设。要规划建设丰产观赏茶园，保护并建设以高城村川岩江景区为中心的茶马古道，打造一条集品茶、采茶、购茶、赏茶艺、看茶戏为一体的旅游、休闲、观光带。

（三）整合茶叶品牌

加大品牌整合力度，扶持茶叶知名品牌，鼓励一般茶叶品牌向名优品牌集中。规范茶叶市场管理，打击不正当竞争，杜绝假冒伪劣产品，提升"安化黑茶"品牌形象。鼓励企业按国际化标准进行生产和交易，塑造安化茶叶国际品牌形象，扩大安化茶叶市场影响力。

（四）强化市场体系建设

培训专业营销队伍，加快发展安化茶专卖店、专柜、连锁营销，在东坪和县外大中城市建设一批规模大、档次高、功能全、辐射广、带动力强的安化茶叶专业市场或展示中心。支持茶叶进口国的企业到安化投资进行茶叶生产、研发、加工和贸易，构建安化茶叶走向国际市场的多元渠道。实行全方位市场战略，进一步巩固国内西部省区市场，开拓东部省区市场和国际市场。

四、加大科技投入，增强茶叶产业持续发展后劲

（一）培养茶业专业人才

培养种茶和制茶能手，培养评茶员和茶艺员，茶叶企业要与科研机构和高等院校建立学生社会实践合作关系，吸引茶叶专业学生投身茶叶种植、加工、营销的社会实践。

（二）加强茶叶科研工作

农业、科技部门要联合组织力量，抓好茶叶长远发展，强化应用技术研究，重点抓

好专用茶新品种选育、有机茶生产技术、茶叶精制加工技术、贮藏保质技术、安全性评价技术、茶叶新用途以及加工工艺革新和新机械研发等重点项目的科研攻关。

（三）完善科技服务体系

农业技术推广部门和各乡（镇）要配备茶叶技术推广人员，茶业协会等中介组织要充分发挥作用。鼓励有条件、有技术、有实力的企业家兴建现代化茶园和加工企业，研制开发茶叶新产品。

五、健全机制，促进茶叶产业又好又快发展

（一）加强组织领导

各级及有关部门要切实加强对茶叶生产的组织领导和市场引导。安化县里成立由县长任组长，分管农业的副县长、人大副主任、政协副主席为副组长，农业、文化旅游、发展与改革、财政、扶贫、移民、林业、科技、国土、水利和农业发展银行等部门负责人为成员的茶叶产业化建设领导小组，负责全县茶叶产业发展规划的实施，及时协调在实施过程中出现的各种矛盾和问题。各乡镇和各有关部门要建立相应的管理机构，并根据要求尽快制定出符合本地实际的具体方案，形成促进我县（安化县）茶产业又好又快发展的合力。

（二）明确县茶业协会相应职能

确立安化县茶业协会在安化县茶叶产业化建设领导小组领导下对"安化茶""安化黑茶""安化千两茶"等知名品牌的所有权、管理使用权地位，凡生产经营上述品牌茶叶的企业，必须经安化县茶业协会授权许可（授权许可的操作办法另定），其产品包装必须印制"安化县茶业协会品牌授权"的防伪标识。对授权的企业按年度进行公示。安化县茶业协会要进一步发挥桥梁纽带作用，做好茶叶产业发展和市场营销的协调、服务和监督工作。

（三）明确扶持政策

① 允许退耕种茶。鼓励荒山种茶，允许将天水田、高坎田、冷浸田等低产稻田改造成茶园。

② 改革现有集体茶场所有制结构。通过宜股则股、宜卖则卖宜租则租等方式，促进茶园承包经营权向大户集中，培植一批茶叶种植大户。

③ 建立茶叶发展扶持基金。安化县财政每年捆绑一定规模资金，主要用于种苗基地的良种选育，云台山大叶种母本苗圃基地建设与技术培训，广告宣传与营销策划，生产加工的科技创新和新扩良种有机茶园建设与奖励等。

④ 鼓励开发新式茶园基地。重点鼓励集中连片建设有机茶园（奖励标准另定）。

⑤ 银信部门要给予茶产业支持。农业发展银行、农村信用社要扶持重点户、专业村组的基地建设，加工企业技术改造和茶叶机械的购置等；对开设安化黑茶的茶馆、茶楼的经营者给予贷款支持，促进消费。对贷款开发集中连片的有机茶 500 亩以上的投资者，经验收认可后县财政予以连续三年贴息奖励。

⑥ 支持鼓励干部、职工投资建设良种茶园。

⑦ 鼓励茶地流转。鼓励和支持企业（县内和县外投资商），通过收购、租赁、入股、扶持等方式从茶农手中获得企业占主导地位的茶地使用权、经营权或管理权，逐步建立起企业与茶农"统一标准、集中连片、企业经营、农户管理、利益分成"的开发模式，使企业逐步建立和扩大自己的原料基地。

⑧ 鼓励外商来安化投资创业。凡来安化投资办企业的单位和个人，必经授权使用"安化茶"等商标，必须开发建设 500 亩以上的新式茶园基地，同时，享受县内各项优惠政策。

2007 年 5 月 29 日

关于加快旅游产业发展
推进茶旅一体化工作的决议

（2012 年 11 月 28 日县第十六届人民代表大会第一次会议通过）

县第十六届人民代表大会第一次会议共收到 10 人以上代表联名提出的关于旅游、茶产业建设方面的议案 5 件。各代表团结合审议政府工作报告，对旅游产业、茶产业发展进行了认真讨论。多个代表团认为，发展旅游产业、茶产业，是"3+2"发展战略的关键内容，是富民强县的重要措施，同时具有巨大的融合空间和发展潜力。为此，会议特作出如下决议：

一、要高度重视茶旅一体化建设

我县旅游产业、茶产业具有十分丰富的资源，悠久的历史和厚重的特色文化，且目前已初具规模，广大人民群众也初步尝到了产业甜头。今后，要站在发展"无烟工业"、可持续发展和绿色崛起的高度，牢固树立持之以恒、做大做强的战略思想，推进旅游产业和茶产业的深度融合，彰显区域个性和发展潜力。

二、制定切实可行的规划，建立健全机制体制

要尽快启动可行性研究和系统规划，制定分阶段实施方案。整合旅游、茶叶资源，统一打造具有特色明显、竞争主动的旅游品牌。要研究发展机制做到有序、有度、有力开发，并组建相应的工作机构，协调行动，整体推进。

三、加强政策和资金支持，保障茶旅一体化健康快速发展

发挥我县茶文化深厚底蕴、旅游资源丰富和国家重点扶持的政策优势，积极向上争取项目和资金支持。捆绑使用相关项目资金，解决发展的引导和瓶颈问题。

四、妥善解决发展与保护的关系，实现有序健康发展

要在注重保护现有旅游资源的基础上，突出观光茶园基地、现代茶叶生产企业和重点景区景点建设。进一步加大宣传推介力度，全面提升我县茶产业、旅游产业的知名度。对一些历史悠久、特色明显的景点、景区，若开发条件尚不成熟，则应建立保护机制，等待时机，蓄积力量，迎接发展。

参考文献

王威廉. 湖南资水流域唐代的茶产地——益阳团茶校订 [J]. 茶叶通讯，1983（4）.

梁太济，包伟民. 宋史食货志补正 [M]. 北京：中华书局，1995：4565.

张彦笃，包永昌. 洮州厅志 [M].

王祯. 农书 [M]. 北京：中华书局，1956.

雷男. 湖南安化茶业调查 [M].

龙膺. 龙膺集 [M]. 长沙：岳麓书社，2012：366.

朱先明. 湖南茶叶大观 [M]. 长沙：湖南科学技术出版社，2000：368–383.

朱家驹. 国营茶业介绍——中国茶叶公司 [J]. 中农月刊，1943，4（7）.

中国第二历史档案馆. 民国档案史料汇编（第五辑）[M]. 江苏古籍出版社，1999：347.

蔡家艺. 清代新疆茶务探微 [J]. 西域研究，2010（04）.

成文出版社. 中国方志丛书 [M]. 台湾：成文出版社，1976：697.

但湘良. 湖南厘务汇纂 [M]. 北京：商务印书馆，1889.

罗玉东. 中国厘金史 [M]. 北京：商务印书馆.

沈冬梅. 茶经校注 [M]. 北京：中国农业出版社，2006：35.

刘解放. 烟溪老家. [内部资料]，2017.

王泽农. 中国农业百科全书·茶业卷 [M]. 北京：中国农业出版社，1988.

夏涛. 制茶学 [M]. 北京：中国农业出版社，1986.

廖奇伟. 安化茶树害虫的发生、发展及其控制 [J]. 茶叶，1987（3）.

廖奇伟. 茶细蛾的发生与防治简介 [J]. 茶叶通讯，1979（4）.

廖奇伟，吴章安，谌剑雄，等. 安化千两茶 [J]. 茶叶通讯，2007（2）.

廖奇伟，张红莲，李运华. 安化茶行史略 [J]. 茶叶通讯，2006（4）.

顾颉刚，刘起釪. 尚书校释译论 [M]. 北京：中华书局，2005.

汪绍楹，阴法鲁. 隋书 [M]. 北京：中华书局，1973.

董诰，阮元，徐松，等. 钦定全唐文 [M]. 上海古籍出版社，1990.

封演. 钦定四库全书 [M].

杨晔 . 续修四库全书 [M].

四川大学古籍整理研究所 . 宋会要辑稿 [M]. 上海古籍出版社，2014.

上海师范大学古籍整理研究所、华东师范大学古籍整理研究所 . 续资治通鉴长编 [M] 中华书局，2004.

马端临 . 文献通考 [M]. 北京：中华书局，1986.

张廷玉 . 明史 [M]. 北京：中华书局，1974.

李东阳 . 大明会典 [M]. 扬州：广陵书社，2007.

陈子龙 . 皇明经世文编 [M]. 上海古籍出版社，1996.

纪事本末类 [DB/OL]. 中国社会科学网，2013-9-29. http://db.cssn.cn/sjxz/xsjdk/zgjd/

刘衡如，刘山永 .《本草纲目》校注本 [M]. 北京：华夏出版社，2011.

陈德宁，方清 . 嘉靖安化县志（影印本）[M]. 台湾：成文出版社 .

周圣楷 . 楚宝 [M]. 长沙：岳麓书社，2016.

林之兰 . 山林杂记、明禁碑录 [M]. 湖南省图书馆 .

罗廪 . 茶解·说郛续第三十七卷 [M]. 宛委山堂，1646.

嵇璜刘埔 . 清朝通典（皇朝通典）[M].

赵尔巽 . 清史稿 [M]. 北京：中华书局，1998.

赵学敏 . 本草纲目拾遗 [M]. 北京：中国中医药出版社，1998.

吴任臣 . 十国春秋 [M]. 北京：中华书局，1983.

陶澍 . 陶澍全集 [M]. 长沙：岳麓书社，2010.

左宗棠 . 左宗棠全集 [M]. 长沙：岳麓书社，1996.

张之洞 . 张之洞全集 [M]. 河北人民出版社，1998.

军机处录副奏折 [DB]. 第一历史档案馆 .

贺长龄 . 皇朝经世文统编 [M]. [光绪及民国年间].

魏源 . 皇朝经世文续编 [M]. [光绪及民国年间].

葛士浚 . 皇朝经世文三编 [M]. [光绪及民国年间].

陈忠倚 . 皇朝经世文新编 [M]. [光绪及民国年间].

王先谦 . 湖南全省掌故备考 [M]. 长沙：岳麓书社，2009.

穆彰阿、潘锡恩 . 大清一统志 [M]. 上海古籍出版社，2008.

那彦成，容安 . 那文毅公奏议（家藏本）[M]. 1833.

李瀚章 . 光绪湖南通志 [M]. 长沙：岳麓书社，2009.

袁大化，王树楠 . 新疆图志 [M]. 上海古籍出版社，2017.

昇允，长庚 . 甘肃新通志 [M]. 1909.

姚明辉 . 蒙古志 [M]. 1907.

罗迪楚 . 清代边疆史料稿本汇编·新疆政见（抄本）[G]. 国家图书馆 .

邱育泉 . 同治安化县志 [M]. 安化县档案馆 .

三保公梓 . 保贡卷宗（湖南香木海有限公司藏本）[M]. [清].

王载庚 . 行商遗要 [M].

彭先泽 . 安化黑茶、安化黑砖茶（铅印本）[M]. 湖南省安化县茶叶公司，1950.

夏德渥 . 默庵诗钞 [M]. 湖南省图书馆，[民国].

安化县农业局 . 云台山茶树良种资源图谱 [G]. 1982.

安化县人民政府、中南地勘局三〇六大队 . 湖南省安化县地名录 [G]. 1983.

中国茶叶学会 . 吴觉农选集 [M]. 上海科学技术出版社，1987.

安化县农业局 . 安化县茶叶志 [M]. 1990.

安化县地方志编纂委员会 . 安化县志（1949—1985）[M]. 北京 : 社会科学文献出版社，1993.

贵州苗学会 . 苗学研究（三）[M]. 贵州人民出版社，1994.

益阳地区地方志编纂委员会 . 益阳地区志 [M]. 北京 : 新华出版社，1997.

中国茶叶流通协会边销茶专业委员会 . 边销茶史料选编 [G]. 1998.

黄纯艳 . 宋代茶法研究 [M]. 云南大学出版社，2002.

蔡正安，唐和平 . 湖南黑茶 [M]. 湖南科学技术出版社，2007.

施兆鹏，刘仲华 . 湖南十大名茶 [M]. 北京 : 中国农业出版社，2007.

安化茶厂厂史编辑领导小组 . 湖南省安化茶厂厂史（1985—2000）[M]. 2007.

边销茶项目课题组 . 边销茶 [M]. 北京 : 民族出版社，2008.

陈橼 . 茶业通史 [M]. 北京 : 中国农业出版社，2008.

伍湘安 . 安化黑茶 [M]. 湖南科学技术出版社，2008.

梁永宁 . 安化文化古迹觅踪 [M]. 2009.

湖南省白沙溪茶厂有限责任公司志编辑室 . 湖南省白沙溪茶厂有限责任公司志（1939—2008）[M]. 深圳市文光彩色印刷有限公司，2009.

曾至贤 . 方圆之缘—深探紧压茶世界 [M]. 2011.

范文澜，蔡美彪 . 中国通史 [M]. 北京 : 中国社会科学出版社，2013.

陈慈玉 . 近代中国茶业之发展 [M]. 北京 : 中国人民大学出版社，2013.

益阳市地方志编纂委员会 . 益阳市志 [M]. 北京 : 民主与建设出版社，2014.

安化黑茶文物实录编纂委员会.安化黑茶文物实录 [M]. 2015.

安化县安化黑茶收藏协会.安化黑茶养生与品藏 [M]. 2016.

郭红军.黑茶通史 [M].云南美术出版社，2017.

安化县万里茶道申遗办公室.万里茶道安化段碑刻集成 [M]. 2018.

蔡镇楚.世界茶王 [M].北京：光明日报出版社，2018.

湖南省益阳茶厂有限公司史志编委会.湖南省益阳茶厂有限公司史志（1958—2018）[M]. 2018.

后 记

"为一大事来，做一大事去。"这是陶知行先生的名言，也是一个有志之士应具有的抱负和承担的历史责任。

21 世纪以来，中国进入伟大复兴时期，举国欣欣向荣，繁荣昌盛。中国茶业在参与这场旷世复兴中，同样百舸争流，大事连连。正是在这一背景下，湖南大地演出了《黑茶大业》这部大戏。安化黑茶作为主角，它能扛起一片热土、几百万人的脱贫致富重任；它畅销全国，走向世界，成为湖南的一张靓丽名片；它力压群芳，成为中国十大茶叶品牌之一；它使核心产区安化县跃居全国产茶第一县；阿里巴巴对中国农产品区域品牌评估，认定 2020 年标杆品牌——安化黑茶品牌价值高达 639.9 亿元……串串荣誉与业绩，组合成当今的一大事。

安化黑茶演进历程中，既留下了灿烂而又厚重的优秀文化，又留下了具有鲜明特色的科学技艺；既涌现了众多为安化黑茶付出毕生心血的先贤、匠人、科研人员，又涌现了大批善谋实干的实业精英。这些经验与实践很值得总结、传承、发扬，唯有整理、记录、传播能成为一块瑰宝。换言之，编辑出版《中国茶全书·安化黑茶卷》同样是一大事。

在这大事中，我既是一名演员，又称当导演角色之一，同台共舞 12 年，自然对安化黑茶有浓浓情结。2018 年初夏，王德安、康建平先生找我，他们认为：中国是茶的故乡，茶是人们生活的必需品，也是产业经济的重要构成，很有必要对全国茶事进行系统、全面、权威地著书立说，并正在策划、动员全国产茶省、公共品牌区域共同行动，组织编写《中国茶全书》系列丛书，丛书包括总卷、省卷、区域品牌卷等，邀我加入总编队伍，我深感意义重大。益阳市及安化县得到编写该书策划后积极响应，由谢寿保副市长主持召开的益阳市人民政府办公会议认为，益阳是中国茶业大市，参与《中国茶全书》统一行动是应该的，编写地区卷很有必要。会议决定：支持编写益阳市卷，定名为《中国茶全书·安化黑茶卷》；由安化县人大常委会原主任、安化县茶产业茶文化开发领导小组组长蒋跃登担任主编。安化县委、县政府明确表态给予全力支持。责任和情结的驱使，我挑起了这幅担子。汤瑞祥副市长主管农业产业化后，多次督导该书编辑进度，并要求"客观、科学、真实、水平"。匡维波副秘书长多次主持编纂会议和审稿会议。

梭罗讲："书是世界的宝贵财富，是国家和历史的优秀遗产，是前人的经验。"关于茶叶的书籍，已有很多大作。关乎黑茶的文集也不断涌现。但比较系统、全面、准确地介绍安化黑茶的专著还比较少。同时，编写该书虽然有厚重历史和较大的产业作支撑，但正式编写中，遇到了史料零散、资料残缺，若干问题没有定性或定量等。为此，该书编写时，定下了几条基本原则：其一，秉承文须有益如天下；其二，把散落的珍珠串起来；其三，以益阳市域为基准，力求客观、公正、全面、准确，是史料还史料，是故事明故事；其四，就事而事，就茶而茶，涵盖在茶产业链上。其五，涉人以安化黑茶为要，以年龄大小为序，在职要员不收录人物详细介绍；涉企以国家、省市龙头企业和高新技术企业为序，其它企业以纳税额度为序（截至 2018 年），企业自愿。

根据编写大纲和安化黑茶产业的特点，全卷由序、专卷、大事记、附录、后记组成，专卷分为 12 章，共 65 万字，涵盖安化黑茶演进变化、产区地理特征、茶技、茶品、茶市、茶艺、茶文、茶旅、茶人、茶企等等。编辑中，先后经历了资料收集、甄别、编辑、征求意见、送审等几个环节，并注意求同存异、还原历史、还原客观，达到服务产业、丰富生活、促进发展的目的。对一些重大事件、重要技艺、主要人物进行了专题考证与调研，对缺失环节采取佐证或跨区域补正，力求完整。

落其实者思其树，饮其流者怀其源。该书编写中得到了益阳市、安化县、桃江县党委、政府和很多部门的支持，得到了编纂委员会成员和顾问委员会委员的重视与指导；得到了众多茶企、茶人的关注与帮助，特别是白沙溪茶厂有限公司、益阳茶厂有限公司、中茶安化茶厂有限公司提供了很多详实史料；国家图书馆、湖南省图书馆、晋商博物馆、安化县档案馆等给予了大力支持；特别要感谢湖南省人大常委会原副主任蒋作斌同志，他不仅是安化黑茶产业复兴的总设计师，而且为该书编写提出很高要求，亲自作序；特别感谢中国工程院士刘仲华等教授、专家和科研人员，他们是安化黑茶产业复兴的重要功臣，同时支持、指导该书编写，朱海燕教授还亲自执笔茶艺章节；该书编辑中李朴云主编的《安化黑茶》杂志提供了大量资料、图片，参考了彭先泽主编的《安化黑茶》《安化黑砖茶》、蔡正安教授主编的《湖南黑茶》、朱先明教授主编的《湖南茶叶大观》、廖奇伟先生主编的《安化茶叶志》、伍湘安先生主编的《安化黑茶》等专著，还参考采用了部分人员在相关刊物、网络、书籍上发表的文章及图片；刘国平、周德叔、刘昭球、李良兵等同志提供了部分很有价值和水准的照片；陈勋女士给予了很多支持。

知之非艰，行之惟艰。集主编和执行主编的我，颇有感慨。《中国茶全书·安化黑茶卷》终于搁笔了，实似挑夫卸担一身轻，又感编写人员不辱使命，克服困难，在不长的时间内完成了该书的编写。副主编欧阳建安、编写骨干周正平、刘国平等付出了很大努力，还有徐迪军、王凯、朱文武、陈勋等很多人员为该提供了较多文字记载、实物详情、历史照片，并提出编写、完善高见。由于时间、编辑水平等原因，书中必有遗憾和不足。同时，该书编写中，由于信息不对称等原因，可能在采用作者原创作品时沟通不及时，请予原谅，并请与我们联系，将表示感谢并按规定给付稿酬。

该书符合中宣部关于列入出版基金项目要"体现国家意志，传承优秀文化，推动繁荣发展，增强文化软实力"的要求，由中国林业出版社出版。读书补经验之不足，经验又补读书之不足。希望该书能为中国茶业走得更高更远有所帮助，希望能给茶产业持续健康发展增添力量，希望能给读者以启迪。

蒋跃登

2021 年 3 月